高分子架橋と分解の新展開

Crosslinking and Degradation of Polymers
for Sustainable Chemistry

《普及版／Popular Edition》

監修 角岡正弘，白井正充

はじめに

　本書は2004年に出版された「高分子の架橋と分解——環境保全を目指して——」の第2版である。編集の基本方針は前著と変わっていない。本書の性格上，実用的な見地から高分子の架橋と分解を紹介することに基本をおいているが，高分子の分解と架橋についての基礎およびこの分野の最近の動向についても取り上げた。

　材料開発の観点からポリマーを取り扱うと，架橋反応は重要な反応である。すなわち，ポリマーの力学的強度，耐熱性，あるいは溶解性など特異な物性を発現する。しかし，現在のようにポリマー材料が膨大な量で利用されるようになると，使用済みの材料の後処理，すなわちリサイクルを含めた廃棄の仕方が課題となる。特に，熱可塑性のポリマーと異なり架橋したポリマーではリサイクルを含めた廃棄の仕方が大きな課題となる。

　本書では基礎的な立場からは高分子の架橋と分解の理論および反応例（特に具体例として塗料）を取り上げただけでなく，これまで不可能とされていた架橋分子の架橋構造解析についての項目を取り上げた。

　架橋を利用したポリマー材料は多く利用されており，例を挙げるまでもないが，今でも進歩し続けているものが多い。例えば，汎用化が進んでいるフェノール樹脂および複合材料などについてはその現状と課題を含めた展望について解説をお願いした。さらに，今後重要になると考えられるトピックスとしては，物理的な架橋すなわちスライドリング架橋や植物由来の材料の架橋反応についても取り上げた。

　先端技術と関連して架橋反応を利用する表面加工（UV硬化）と微細加工（フォトレジスト）は実用的に関心の高いトピックスである。前者では高効率で経済的な光源として興味が持たれているLED（発光ダイオード）と酸素存在下で硬化阻害がないチオール・エンUV硬化など実用面でその動向が期待されるテーマを取り上げた。後者では，光酸・塩基の増殖の現状，無機有機ハイブリッド材料の利用，架橋と分解機能を持つ材料など興味深いトピックスを含めた。

　最近では架橋したポリマーのリサイクルが実用化に向けて進展を続けている。リサイクル技術構築においてはポリマーの架橋と分解をどう設計するかは興味深いテーマであるだけでなく，環

境保全の立場からは必須の技術である。本書でもリサイクルに関する現状と展望について多くの
テーマを取り上げた。

　高分子の架橋と分解は材料開発の観点から重要な反応である。実用性を加味した本書は新しい
材料開発に大いに役立つと思う。特に，本書がこの分野の基礎と応用を勉強するときのよき伴侶
となれば幸いである。

2007年7月

大阪府立大学名誉教授　角岡正弘
大阪府立大学大学院教授　白井正充

普及版の刊行にあたって

　本書は2007年に『高分子架橋と分解の新展開』として刊行されました。普及版の刊行にあたり，内容は当時のままであり加筆・訂正などの手は加えておりませんので，ご了承ください。

　2015年3月

シーエムシー出版　編集部

執筆者一覧（執筆順）

角岡 正弘	大阪府立大学名誉教授
白井 正充	大阪府立大学　大学院工学研究科　応用化学分野　教授
松本 昭	関西大学　化学生命工学部　化学・物質工学科　教授
桑島 輝昭	日本ペイント㈱　R&D本部技術センター　所長
大谷 肇	名古屋工業大学　大学院工学研究科　物質工学専攻　教授
稲冨 茂樹	旭有機材工業㈱　新規・開発本部　基盤技術グループ（愛知）旭有機材フェロー；主席研究員
長谷川 喜一	大阪市立工業研究所　加工技術担当　研究副主幹
石戸谷 昌洋	日本油脂㈱　筑波研究所　次世代技術担当部長
伊藤 耕三	東京大学大学院　新領域創成科学研究科　教授
山口 政之	北陸先端科学技術大学院大学　マテリアルサイエンス研究科　准教授
宇山 浩	大阪大学　大学院工学研究科　応用化学専攻　教授
川崎 徳明	堺化学工業㈱　中央研究所　B1　副主事
水田 康司	三井化学㈱　機能材料事業本部　開発センター　複合技術開発部　材料開発1ユニット　主席研究員
伊東 祐一	三井化学㈱　機能材料事業本部　開発センター　複合技術開発部　材料開発1ユニット　主席研究員
佐々木 裕	東亞合成㈱　新事業企画推進部　研究員
穴澤 孝典	㈶川村理化学研究所　理事　高分子化学研究室　室長
陶山 寛志	大阪府立大学　大学院工学研究科　応用化学分野　講師
木下 忍	岩崎電気㈱　光応用事業部　光応用開発部　部長
及川 貴弘	オムロン㈱　アプリセンサ事業部
澤田 浩	荒川化学工業㈱　光電子材料事業部　研究開発部　グループリーダー
小谷野 浩壽	荒川化学工業㈱　光電子材料事業部　研究開発部　主任
日口 洋一	大日本印刷㈱　知的財産本部　エキスパート
市村 國宏	東邦大学　理学部　先進フォトポリマー研究部門　特任教授
岡村 晴之	大阪府立大学　大学院工学研究科　応用化学分野　助教
玉井 聡行	大阪市立工業研究所　電子材料課　研究主任
松川 公洋	大阪市立工業研究所　電子材料課　研究主幹
関 修平	大阪大学　産業科学研究所　准教授
木原 伸浩	神奈川大学　理学部　化学科　教授
松本 章一	大阪市立大学　大学院工学研究科　化学生物系専攻　教授
知野 圭介	横浜ゴム㈱　研究本部　主幹
中川 尚治	松下電工㈱　先行技術開発研究所　エコプロセス研究室　室長
久保内 昌敏	東京工業大学　大学院理工学研究科　化学工学専攻　准教授
酒井 哲也	東京工業大学　大学院理工学研究科　化学工学専攻　助教
佐藤 千明	東京工業大学　精密工学研究所　准教授
福森 健三	㈱豊田中央研究所　材料分野　有機材料基盤研究室　主席研究員

執筆者の所属表記は，2007年当時のものを使用しております。

目　次

【高分子の架橋と分解の基礎編】

第1章　高分子の架橋と分解

1　高分子の架橋と分解 …………**白井正充**…… 3
　1.1　はじめに ……………………………………… 3
　1.2　架橋体の分類 ………………………………… 4
　　1.2.1　官能基を有する高分子から得られる架橋体 ……………………………… 4
　　1.2.2　官能基を有する高分子と架橋剤のブレンド系から得られる架橋体 …………………………………………… 4
　　1.2.3　多官能性モノマー及びオリゴマーから得られる架橋体 ………… 4
　1.3　架橋反応の分類 ……………………………… 5
　　1.3.1　熱架橋系 ………………………………… 5
　　1.3.2　光架橋系 ………………………………… 5
　1.4　分解反応の分類 ……………………………… 6
　　1.4.1　連鎖型分解反応 ………………………… 6
　　1.4.2　非連鎖型分解反応 ……………………… 9
　1.5　分解反応の理論 ……………………………… 10
　　1.5.1　ランダム分解反応 ……………………… 10
　　1.5.2　解重合型連鎖分解 ……………………… 10
　　1.5.3　架橋が併発する分解反応 ……………… 12
　1.6　おわりに ……………………………………… 13
2　架橋反応の理論——"偶然"と"必然"——
　　……………………………………**松本　昭**…… 15
　2.1　はじめに ……………………………………… 15
　2.2　一次ポリマー鎖長と停止反応の相関 …………………………………………………… 17
　2.3　架橋反応論に基づく架橋高分子の分子設計 ……………………………………… 20
　2.4　熱硬化性樹脂の脆性と架橋密度 ……… 23
　2.5　おわりに ……………………………………… 24

第2章　塗料分野を中心とした架橋剤と架橋反応技術　　**桑島輝昭**

1　はじめに …………………………………………… 28
2　汎用的によく使われる架橋型樹脂および架橋剤とその反応 …………………………………… 28
　2.1　エポキシ樹脂 ………………………………… 28
　2.2　アミノ樹脂 …………………………………… 31
　2.3　フェノール樹脂 ……………………………… 33
　2.4　ポリイソシアナート化合物 ………… 33
　2.5　熱硬化型アクリル樹脂 ……………………… 35
　2.6　熱硬化型ポリエステル樹脂 ………… 36
　2.7　熱硬化型シリコーン樹脂 …………… 37
　2.8　二重結合含有樹脂 …………………………… 38
3　新しい架橋反応系 ………………………………… 40

 3.1 活性メチレン化合物を用いたマイケル付加反応系 …… 40
 3.2 その他活性メチレン基を利用した架橋反応系 …… 40
 3.3 活性エステル基を利用した架橋反応系 …… 41
 3.4 官能基ブロック架橋系 …… 42
4 水性塗料の架橋反応技術 …… 43
 4.1 熱硬化性水性塗料用樹脂 …… 43
 4.2 水性焼き付け架橋系 …… 44
 4.3 水性常温〜強制乾燥架橋系 …… 45
  4.3.1 カルボニル基/ヒドラジド基の架橋反応 …… 45
  4.3.2 カルボジイミド基/カルボン酸基の架橋反応 …… 45
  4.3.3 アルコキシシリル基の架橋反応 …… 46
5 粉体塗料での架橋反応技術 …… 47
 5.1 ポリエステルウレタン粉体塗料 …… 47
 5.2 ポリエステルエポキシ粉体塗料 …… 47
 5.3 ポリエステルTGIC（トリグリシジルイソシアヌレート）粉体塗料 …… 47
 5.4 エポキシ粉体塗料 …… 47
 5.5 アクリル粉体塗料 …… 48
 5.6 その他の新しい硬化剤系 …… 48
6 おわりに …… 49

第3章　特異な分解反応を利用する架橋高分子の組成および架橋構造の解析

大谷　肇

1 はじめに …… 51
2 有機アルカリ共存下での反応Py-GCによる架橋構造解析 …… 52
 2.1 反応Py-GCの装置構成と測定手順 …… 53
 2.2 多成分アクリレート系UV硬化樹脂の精密組成分析 …… 54
 2.3 オリゴマータイプのアクリレートプレポリマー分子量の推定 …… 56
 2.4 UV硬化樹脂の架橋ネットワーク構造解析 …… 57
3 超臨界メタノール分解－マトリックス支援レーザー脱離イオン化質量分析による架橋連鎖構造解析 …… 59
 3.1 超臨界メタノール分解－MALDI-MS測定の操作手順 …… 60
 3.2 超臨界メタノール分解物のMALDI-MS測定による架橋連鎖構造解析 …… 60

【架橋および分解を利用する機能性高分子材料の開発編】

第4章　熱架橋反応の利用

1　工業的立場から見たフェノール樹脂の最近の展開 …………… **稲冨茂樹** …… 67
　1.1　はじめに ………………………………… 67
　1.2　フェノール樹脂の基礎 ………………… 67
　1.3　フェノール樹脂の用途 ………………… 69
　　1.3.1　レゾール樹脂の用途 ……………… 69
　　1.3.2　ノボラック樹脂の用途 …………… 70
　1.4　フェノール樹脂の硬化方法とその反応機構 ………………………………… 70
　　1.4.1　レゾール樹脂の硬化方法とその反応機構 ……………………………… 70
　　1.4.2　ノボラック樹脂の硬化方法とその反応機構 ……………………………… 71
　1.5　工業的フェノール樹脂合成技術の最近の進歩 ………………………………… 74
　　1.5.1　レゾール樹脂 ……………………… 74
　　1.5.2　ノボラック樹脂 …………………… 74
　1.6　まとめ …………………………………… 76
2　高分子複合材料（FRPを中心として）の最近の動向 ……………… **長谷川喜一** …… 79
　2.1　はじめに ………………………………… 79
　2.2　FRPにおけるVOC対策 ……………… 79
　2.3　非ハロゲン難燃化 ……………………… 80
　2.4　ケミカルリサイクル …………………… 82
　2.5　ナノコンポジットとその応用 ………… 84
　　2.5.1　耐熱性の向上：ナノクレイ/炭素長繊維強化フェノール樹脂コンポジット ……………………………… 85
　　2.5.2　収縮率の低減：ナノクレイ/不飽和ポリエステル常温硬化系コンポジット ……………………………… 86
　　2.5.3　環境劣化バリア性の向上：ナノクレイ分散ビニルエステル系GFRP ……………………………… 87
　　2.5.4　難燃性の向上：エポキシ樹脂系クレイナノコンポジット ……… 87
　2.6　おわりに ………………………………… 88
3　熱解離平衡反応を活用する架橋システムの実用化：現状と展望 …… **石戸谷昌洋** …… 90
　3.1　はじめに ………………………………… 90
　3.2　アルキルビニルエーテルによるカルボキシル基の潜在化 …………………… 90
　　3.2.1　ヘミアセタールエステル化反応 …………………………………… 90
　　3.2.2　多価カルボン酸ヘミアセタールエステル（ブロック酸）の性状 …………………………………… 91
　3.3　ブロック酸の熱解離反応 ……………… 91
　3.4　ブロック酸とエポキシドとの硬化反応 …………………………………… 92
　3.5　熱解離平衡反応を活用する架橋システムの実用化 ……………………… 93
　　3.5.1　耐酸性・耐汚染性塗料への応用 …………………………………… 93
　　3.5.2　液晶ディスプレー用コーティング材（カラーフィルター保護塗

　　　　　工液) ……………………… 94
　　　3.5.3 ノンハロゲン系反応性難燃への
　　　　　応用 ……………………… 96
　　　3.5.4 鉛フリーハンダペーストへの応用
　　　　　………………………………… 97
　3.6 まとめ ……………………………… 98
4 スライドリング高分子材料の開発
　　　　　　　　　　　伊藤耕三 …… 100
　4.1 はじめに …………………………… 100
　4.2 環動高分子材料の合成法 ………… 101
　4.3 環動高分子材料の力学特性 ……… 103
　4.4 環動高分子の構造解析 …………… 106
　4.5 準弾性光散乱 ……………………… 107
　4.6 刺激応答性環動高分子 …………… 108
　4.7 環動高分子材料の応用 …………… 109

5 臨界点近傍のゲルを利用した材料設計
　　　　　　　　　　　山口政之 …… 111
　5.1 ゾル-ゲル転移の基礎 …………… 111
　5.2 振動吸収材料 ……………………… 114
　5.3 成形加工性改質剤 ………………… 114
　5.4 自己修復材 ………………………… 118
6 植物由来の高分子材料開発における架橋反
　応の利用 ………………… 宇山　浩 … 121
　6.1 はじめに …………………………… 121
　6.2 植物油脂 …………………………… 122
　6.3 油脂ベース複合材料 ……………… 123
　6.4 天然フェノール脂質を基盤とする硬
　　　化ポリマー ………………………… 129
　6.5 おわりに …………………………… 131

第5章　UV/EB硬化システム

1 UV硬化技術：最近の話題と課題
　　　　　　　　　　　角岡正弘 …… 132
　1.1 はじめに …………………………… 132
　1.2 照射装置の観点から ……………… 132
　1.3 フォーミュレーションの観点から … 134
　　　1.3.1 UVラジカル硬化系 ………… 134
　　　1.3.2 UVカチオン硬化 …………… 138
　　　1.3.3 UVアニオン硬化 …………… 142
　　　1.3.4 硬化時における硬化度の測定：
　　　　　生産プロセスの追跡 ……… 143
　1.4 応用：加工プロセスの観点から … 144
　　　1.4.1 3D(三次元)-UV硬化 ……… 144
　　　1.4.2 インクジェットを利用する三次
　　　　　元造形法 …………………… 145
　1.5 おわりに …………………………… 146
2 チオール類の開発とUV硬化における応用
　　　　　　　　　　　川崎徳明 …… 147
　2.1 背景 ………………………………… 147
　2.2 チオール化合物の特徴 …………… 147
　2.3 チオール化合物の保存安定性 …… 148
　2.4 エン/チオールUV硬化系 ………… 149
　2.5 エン/チオール硬化系の特徴 …… 150
　　　2.5.1 酸素阻害を受けない ……… 150
　　　2.5.2 硬化速度向上 ……………… 152
　　　2.5.3 硬化物の接着性とTg ……… 152
　2.6 おわりに …………………………… 154
3 カチオンUV重合の高速化──開始系の観
　点から ──　　水田康司, 伊東祐一 … 155

3.1　はじめに ……………………………… 155
3.2　オキシラン化合物とオキセタン化合物からなるUVカチオン重合系 … 156
3.3　α-アルキル置換オキシラン化合物の添加効果 ………………………… 157
3.4　UVラジカル開始剤の添加効果 …… 158
3.5　計算化学による検証 ……………… 158
3.6　他のカチオン源によるUVカチオン重合の速硬化 ………………………… 160
3.7　まとめ ……………………………… 163
4　UVカチオン硬化型材料の高速硬化に向けて ……………………… 佐々木　裕 … 164
　4.1　はじめに ……………………………… 164
　4.2　カチオン重合型材料に使用する官能基 ………………………………… 165
　4.3　環状エーテル類のカチオン開環重合性 ………………………………… 166
　4.4　計算化学による検討 ……………… 167
　　4.4.1　各種パラメタの計算 ………… 167
　　4.4.2　連鎖移動反応の検討 ………… 169
　4.5　脂環式エポキシのカチオン重合における連鎖移動の影響 ……………… 171
　4.6　高速カチオン重合のために ……… 173
5　UV硬化における相分離挙動とその活用 ……………………… 穴澤孝典 … 175
　5.1　はじめに ……………………………… 175
　5.2　相構造の決定因子 ………………… 176
　　5.2.1　相図 …………………………… 176
　　5.2.2　相構造を決める他の因子 …… 180
　5.3　液状相分離系の相分離挙動とその活用～多孔質体の形成～ …………… 182
　　5.3.1　液状の相分離剤系に於ける相分離挙動 ………………………… 182
　　5.3.2　UV樹脂多孔質体の活用 …… 184
　5.4　ポリマー相分離剤を用いた系の相分離挙動とその活用～UV塗膜の物性改良～ …………………………………… 184
　　5.4.1　UV樹脂／リニアポリマー系に於ける相分離挙動 ……………… 184
　　5.4.2　相構造と物性 ………………… 188
　5.5　おわりに …………………………… 190
6　光塩基発生剤の開発とアニオンUV硬化システムの最近の動向
　……………… 陶山寛志，白井正充 … 192
　6.1　はじめに ……………………………… 192
　6.2　光で生成するアニオンを利用したUV硬化システム …………………… 192
　6.3　第一級または第二級アミン生成を利用したUV硬化システム ………… 194
　6.4　第三級アミンやアミジン生成を利用したUV硬化システム …………… 199
　　6.4.1　アンモニウム塩 ……………… 199
　　6.4.2　ニフェジピン ………………… 200
　　6.4.3　α-アミノケトン ……………… 200
　　6.4.4　アミジン前駆体 ……………… 200
　　6.4.5　アミンイミド ………………… 200
　6.5　おわりに …………………………… 200
7　UVおよびEB硬化における照射装置の最近の動向 ……………… 木下　忍 … 202
　7.1　はじめに ……………………………… 202
　7.2　UVの基礎技術 …………………… 203
　7.3　UV硬化装置 ……………………… 203
　　7.3.1　光源（ランプ） ………………… 204
　　7.3.2　照射器 ………………………… 206

7.3.3	電源装置 …………………… 209		9.4.1	オリゴマーの設計 …………… 226
7.4	EB硬化装置 …………………… 209		9.4.2	光開始剤 …………………… 227
7.4.1	EBの発生と装置の構造 …… 210		9.5	水溶性・水希釈型UV/EB硬化性樹脂 …………………… 228
7.4.2	EB装置から放出されるEBの能力 …………………… 211		9.5.1	モノマーへの水の溶解度 … 228
7.4.3	小型EB硬化装置紹介 ……… 213		9.5.2	水希釈可能なワニス配合 … 229
7.4.4	照射センター ……………… 214		9.5.3	硬化性と硬化膜物性 ……… 230
7.5	おわりに …………………… 215		9.6	エマルション型UV/EB硬化性樹脂 …………………… 231

8 LEDの開発と光硬化システムにおける利用 ………………… 及川貴弘 … 216

8.1	はじめに …………………… 216		9.6.1	強制乳化型 ………………… 231
8.2	製品品質の向上について …… 216		9.6.2	自己乳化型 ………………… 232
8.3	生産効率の向上について …… 217		9.7	水系UV/EB硬化性樹脂の最近の動向 …………………… 233
8.4	ランニングコストの削減 …… 219			
8.5	生産設備の設計自由度向上 … 220			
8.6	設備の導入コストの削減 …… 221			
8.7	今後の課題 ………………… 221			

10 高精細スクリーン印刷法の開発とその応用 ………………… 日口洋一 … 235

9 環境保全を指向した水性UV硬化技術の最新の動向 …… 澤田 浩, 小谷野浩壽 … 223

9.1	はじめに …………………… 223		10.1	はじめに …………………… 235
9.2	UV/EB硬化型樹脂（無溶剤型）の特性と問題点 …………… 223		10.2	電子部品の小型・積層化技術動向 …………………… 235
9.3	水系UV/EB硬化性樹脂の分類 … 224		10.3	超高密度プリント配線基板の技術動向 …………………… 237
9.4	水系UV/EB硬化性樹脂の設計 … 226		10.4	スクリーン印刷における製版材料と回路パターン印刷技術 …… 239
			10.5	高精細スクリーン印刷法の開発 … 241
			10.6	おわりに …………………… 246

第6章　微細加工における光架橋の活用

1 光開始・酸および塩基の熱増殖とその応用 ………………… 市村國宏 … 248

1.1	はじめに …………………… 248		1.2.2	酸増殖剤とその応用 ……… 251
1.2	光酸の増殖 ………………… 249		1.3	光塩基の増殖 ……………… 256
1.2.1	酸増殖反応 ………………… 249		1.3.1	光塩基発生反応と塩基増殖反応 …………………… 256
			1.3.2	多官能性塩基増殖剤 ……… 257

- 1.4 おわりに……………………259
- 2 光架橋および熱分解機能をもつ高分子の最近の動向………岡村晴之,白井正充 261
  - 2.1 はじめに……………………261
  - 2.2 可逆的架橋・分解反応性を有する機能性高分子……………………261
  - 2.3 不可逆的架橋・分解反応性を有する高分子……………………262
    - 2.3.1 熱架橋・熱分解系……………262
    - 2.3.2 熱架橋・試薬による分解系…264
    - 2.3.3 光架橋・熱分解系……………265
    - 2.3.4 光架橋・光誘起熱分解系……267
    - 2.3.5 光架橋・試薬による分解系…268
  - 2.4 微細加工への応用………………269
  - 2.5 おわりに……………………272
- 3 感光性有機無機ハイブリッド材料の合成と応用………玉井聡行,松川公洋 274
  - 3.1 はじめに……………………274
  - 3.2 有機金属ポリマーフォトレジスト材料……………………274
  - 3.3 有機無機ハイブリッドレジストによる3次元微細加工………………276
  - 3.4 アクリルポリマー／シリカハイブリッドポジ型電子線アナログレジスト……………………277
  - 3.5 原子間力顕微鏡によるハイブリッドの構造評価……………………278
  - 3.6 電子線アナログレジストの構造と特性……………………280
  - 3.7 光硬化性有機無機ハイブリッド…280
  - 3.8 おわりに……………………282
- 4 放射線を用いるポリマーの形状制御………関 修平 284
  - 4.1 はじめに……………………284
  - 4.2 放射線によるポリマーの化学反応……………………284
  - 4.3 ナノワイヤーの形成過程………288
  - 4.4 ナノワイヤーの形状制御を支配する因子……………………289
  - 4.5 ナノワイヤーの制御と応用……293
  - 4.6 まとめ……………………296

第7章　分解反応：機能性高分子の開発およびケミカルリサイクル

- 1 酸化分解性ポリアミドの合成とその応用………木原伸浩 298
  - 1.1 酸化分解性ポリマー………………298
  - 1.2 ナイロン-0,2………………299
  - 1.3 ポリ（イソフタルヒドラジド）……301
  - 1.4 酸化分解性ポリマーの応用：分解性接着剤……………………303
  - 1.5 おわりに……………………304
- 2 ペルオキシド構造をもつポリマーゲルの合成と分解………松本章一 306
  - 2.1 はじめに……………………306
  - 2.2 ポリペルオキシドの特徴………306
  - 2.3 ポリペルオキシドの機能化………307
  - 2.4 分解性ポリマーゲルの合成………309
  - 2.5 分解性ポリ乳酸ゲル………309
  - 2.6 分解性ポリアクリル酸ゲル………311

2.7 その他の分解性ポリマーゲル …… 313
 2.8 新規分解性ポリマーゲルの特徴 … 314
3 熱可逆ネットワークの構築とリサイクル性エラストマー …… **知野圭介** …… 316
 3.1 はじめに …… 316
 3.2 可逆的共有結合ネットワーク …… 316
  3.2.1 Diels-Alder反応 …… 316
  3.2.2 エステル形成反応 …… 316
 3.3 可逆的イオン結合ネットワーク … 317
  3.3.1 アイオネン形成 …… 317
  3.3.2 アイオノマー …… 317
 3.4 可逆的水素結合ネットワーク …… 317
  3.4.1 ポリマーへの核酸塩基の導入 …… 317
  3.4.2 エラストマーの架橋…ウラゾール骨格 …… 317
 3.5 熱可逆架橋ゴム「THCラバー」 …… 317
  3.5.1 合成 …… 318
  3.5.2 物性 …… 318
  3.5.3 解析 …… 320
  3.5.4 配合 …… 321
  3.5.5 他のエラストマー材料との物性比較 …… 321
 3.6 おわりに …… 322
4 FRP（繊維強化プラスチック）の亜臨界水分解リサイクル技術 …… **中川尚治** …… 324
 4.1 はじめに …… 324
 4.2 FRPの亜臨界水分解リサイクルのコンセプトとプロセス・フロー …… 324
 4.3 FRPの亜臨界水分解リサイクルの技術開発 …… 326
  4.3.1 高温（360℃）における亜臨界水分解反応 …… 326
  4.3.2 亜臨界水分解反応の最適化 … 326
  4.3.3 スチレン-フマル酸共重合体の構造解析 …… 328
  4.3.4 UP樹脂の再生 …… 329
  4.3.5 スチレン-フマル酸共重合体（SFC）の低収縮剤化 …… 330
  4.3.6 亜臨界水分解プロセスのベンチスケール実証 …… 331
 4.4 まとめ …… 332
 4.5 将来展望 …… 332
5 架橋エポキシ樹脂硬化物の分解とリサイクル …… **久保内昌敏，酒井哲也** …… 334
 5.1 はじめに …… 334
 5.2 エポキシ樹脂の分解とケミカルリサイクル …… 334
 5.3 ケミカルリサイクルの研究動向 … 335
  5.3.1 超臨界・亜臨界流体を利用した分解 …… 335
  5.3.2 加溶媒分解 …… 336
  5.3.3 水素供与性溶媒を利用した分解 …… 336
  5.3.4 有機アルカリによる方法 …… 337
  5.3.5 有機溶媒とアルカリを組み合わせる方法 …… 338
 5.4 硝酸を用いたエポキシ樹脂のケミカルリサイクル …… 338
  5.4.1 アミン硬化エポキシ樹脂の硝酸による分解 …… 338
  5.4.2 硝酸によるケミカルリサイクルの検討 …… 339
  5.4.3 リサイクル成形品の作製と評価

……………………………………… 340	6.4.2 解体性および接着強度 ……… 348
5.5 おわりに ………………………… 342	6.4.3 解体のメカニズム …………… 349
6 解体できる接着剤の構築とリサイクル	6.5 最近の進歩 ……………………… 349
………………………**佐藤千明**…… 344	6.6 おわりに ………………………… 351
6.1 はじめに ………………………… 344	7 自動車用架橋高分子の架橋切断とリサイクル
6.2 解体性接着剤の種類 …………… 344	………………………**福森健三**…… 353
6.3 発泡剤の種類と特徴・特性 …… 345	7.1 はじめに ………………………… 353
6.3.1 熱膨張性マイクロカプセルとその構造 ……………………… 346	7.2 自動車用架橋高分子のリサイクルの現状と課題 ……………………… 353
6.3.2 熱膨張性マイクロカプセルの膨張力 ……………………………… 347	7.3 自動車用架橋ゴムの高品位マテリアルリサイクル技術 ……………… 355
6.4 高強度解体性接着 ……………… 347	7.3.1 ゴム再生技術 …………………… 356
6.4.1 熱膨張性マイクロカプセル混入エポキシ樹脂の膨張特性 …… 348	7.3.2 ゴム機能化技術 ……………… 360
	7.4 おわりに ………………………… 362

高分子の架橋と分解の基礎編

第1章 高分子の架橋と分解

1 高分子の架橋と分解

白井正充[*]

1.1 はじめに

　架橋とは，複数の官能基を有する低分子化合物の分子間反応や高分子化合物が分子間で共有結合し，三次元網目構造を形成する事である。架橋体形成に利用される分子間結合のタイプには共有結合だけでなく，イオン結合，配位結合，水素結合などがあるがここでは共有結合に限って述べる。十分に架橋した高分子では分子量が無限大であり，どのような溶剤にも溶解しないし，加熱しても溶融しない。架橋体を形成する事で始めて生じる物性・特性はいろいろな分野で利用され，極めて重要なものである。架橋体形成に利用される化学反応自体は特別なものではなく，有機化学や無機化学で取り扱われる一般的な反応である場合が多い。しかし，架橋体形成が可能な物質としては，これらの反応を起こしうる官能基を1分子中に複数個含む化合物や官能基を側鎖に含む高分子としてデザインされているのが特徴である。

　高分子の分解反応は高分子を構成している原子間の結合エネルギーに相当する，あるいは上回る熱や光・放射線などのエネルギーが外部から加えられたときに起こる。高分子の分解には直接主鎖が切断されるもの，側基が分解するもの，側基の分解から誘発される主鎖切断などがある。高分子の分解を理解することは，高分子材料の劣化と安定化あるいは長寿命化の観点から重要であるだけでなく，高分子の分解反応を積極的に活用し，高分子のリサイクルや高機能化に関連して重要である。主鎖切断による分子量の低下や側基の分解による極性変化を利用した高機能性材料も多数開発されている。

　高分子の架橋や分解をもたらす化学反応には，連鎖型反応と非連鎖型反応の2つのタイプがある。また，それぞれのタイプの反応を引き起こす因子としては，熱的因子，機械的因子，光化学的因子，放射線化学的因子，化学薬品による因子などがある。ここでは熱や光を用いた高分子の架橋や分解の概念を示すとともに，それぞれについて具体的な反応例を示して解説する。

---

[*] Masamitsu Shirai　大阪府立大学　大学院工学研究科　応用化学分野　教授

1.2 架橋体の分類[1~4]

1.2.1 官能基を有する高分子から得られる架橋体

　反応性の官能基を側鎖あるいは主鎖に有する高分子が分子間で反応して架橋構造を形成したものである。希薄な溶液中での反応では高分子内でもおこりうるが，濃厚溶液や固体・膜状態では主な反応は分子間反応であり，効率良く架橋体が形成される。架橋体形成による溶剤への不溶化の効率は，高分子の分子量が大きいものほど高い。また，固体での架橋反応では高分子のガラス転移温度（高分子の主鎖が自由に運動し始める温度）が架橋反応効率に重要な影響を与える。

1.2.2 官能基を有する高分子と架橋剤のブレンド系から得られる架橋体

　反応性の官能基を側鎖あるいは主鎖に有する高分子と複数の官能基を持つ低分子量体あるいはオリゴマー（架橋剤）とのブレンド物の架橋反応で得られるものである。通常，高分子鎖中の官能基と架橋剤中の官能基との反応で架橋反応がおこる。しかし，高分子鎖中の官能基間や架橋剤の官能基間での反応が競争的に起こる場合もある。この系では架橋剤の選択に対する自由度は大きいが，高分子と架橋剤とは相溶であることが必要である。非相溶系の場合は使用できない。

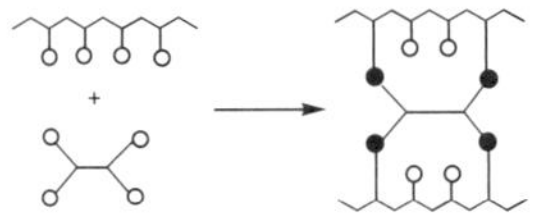

1.2.3 多官能性モノマー及びオリゴマーから得られる架橋体

　多官能性モノマーの重合や多官能性オリゴマーの反応で形成される架橋体である。タイプの異なる多官能性モノマーをブレンドして使用される場合も多い。ブレンド系での使用では，それぞれのモノマー・オリゴマーの相溶性が重要な因子になる。通常，これらの系は液体あるいは粘性体であるが，架橋反応後は硬化物になるので塗膜・塗料や接着剤などとして多用される。

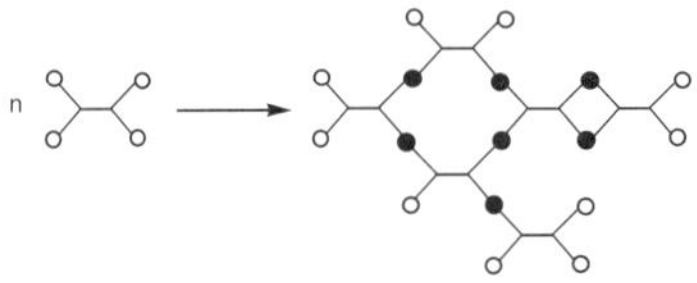

第1章　高分子の架橋と分解

1.3 架橋反応の分類
1.3.1 熱架橋系

加熱によってはじめて架橋反応が起こるものや，加熱を必要としないで室温で放置すれば架橋反応を起こすものなど，利用目的に合わせていろいろなタイプのものがある。しかしこれらは何れも熱エネルギーによって架橋反応が進行するものである。熱架橋反応で得られる代表的な樹脂には以下に挙げるようなものがある。①フェノールとホルムアルデヒドをアルカリ条件下あるいは酸性条件下で反応させて得られるフェノール樹脂，②フェノール樹脂と同様，弱アルカリ性条件下で，尿素やメラミンとホルムアルデヒドとの付加縮合反応によって得られるアミノ樹脂，③反応活性な3員環であるエポキシドと一級あるいは二級アミン，ルイス酸，カルボン酸，カルボン酸無水物，イソシアナート，ポリメルカプタン，ノボラックのようなポリフェノール，ジシアンジアミドなどと反応させて得られるエポキシ樹脂，④無水マレイン酸とエチレングリコール（その他，プロピレングリコール，ジエチレングリコール，1,3-ブタンジオールも使用される）との重縮合反応で得られる不飽和ポリエステル樹脂にスチレンやメタクリル酸メチルなどのビニルモノマーを混ぜ，ラジカル重合させて得られる架橋・硬化不飽和ポリエステル樹脂，⑤多官能アルコールと多官能イソシアナートの重付加で得られるポリウレタン樹脂，⑥クロロシランやアルコキシシランの加水分解反応に続く，脱水縮合反応によって得られるシリコーン樹脂などがある。

1.3.2 光架橋系[5〜8]

架橋反応を起こす引き金に光が使われる系を光架橋系として分類することができる。大別して2つのタイプに分けられる。①高分子鎖に結合した官能基（この場合は感光基とも呼ぶ）やオリゴマー中の官能基が光のエネルギーによって直接反応し，架橋を形成するタイプと，②官能基を含む高分子や多官能性モノマー・オリゴマーに添加した特殊な化学物質（感光剤）が，先ず光で反応し，その結果生成した活性化学種が熱的架橋反応を引き起こすタイプがある。後者のタイプでは感光剤の光反応で生成する活性種として，ラジカル，強酸，アルキルアミンが活用される。代表的な光架橋系を以下に挙げる。

① 光で直接架橋するタイプ

側鎖にケイ皮酸エステルユニットを含む高分子，例えばポリケイ皮酸ビニルがその代表である。ケイ皮酸エステルユニットは光照射により効率よく2量化する。同様な2量化反応をする官能基として，シンナミリデン基，ベンザルアセトフェノン基，スチルベン基，α-フェニルマレイミド基などがある。

② 感光剤が架橋剤として働くタイプ

ビスアジド化合物と環化ゴムのブレンド系では，光照射により，アジド基が分解し高活性なナ

イトレンを生成する。このものは高分子中の2重結合に付加したり，C-H結合に挿入反応をしたりする。ビスアジド化合物は2官能であるので，光架橋剤として働く。

③ 光ラジカル発生を利用するタイプ[5]

基本的な構成は，光照射により重合開始種となるラジカルを発生する化合物（光ラジカル発生剤）と多官能アクリルモノマーの混合物である。光で発生したラジカルがアクリルモノマーの重合を引き起こし，架橋体が生成する。代表的な光ラジカル発生剤としては，ベンゾインアルキルエーテル型，ベンジルケタール型，α-ヒドロキシアセトフェノン型，α-アミノアセトフェノン型，アシルホスフィンオキシド型などがある。

④ 光酸発生を利用するタイプ[9]

基本的な構成は，光照射により強酸を発生する化合物（光酸発生剤）と酸で重合する多官能性モノマーあるいは酸で反応する官能基を側鎖に有する高分子を組み合わせたものである。光で発生した酸が多官能モノマーの重合や，高分子側鎖の官能基間の反応により，架橋が形成される。代表的な光酸発生剤としては，スルホニウム塩型やヨードニウム塩型のようなイオン性のものの他，非イオン性のものではフェナシルスルホン型，O-ニトロベンジルエステル型，イミノスルホナート型，N-ヒドロキシイミドのスルホン酸エステル型などがある。エポキシ基やビニルエーテル基が反応基として使われる。

⑤ 光アミン発生を利用するタイプ[9]

アミンと反応したり，アミンを触媒として反応する官能基を複数個有するモノマー，オリゴマーあるいは高分子と光によりアミンを発生する化合物（光塩基発生剤）との組み合わせで構成される。アミンを触媒あるいは反応試剤として架橋体を形成するものとしては，エポキシ化合物を中心に多数開発されている。一方，光塩基発生剤の種類は多くないが，代表的なものとしては，Co-アミン錯体，オキシムのカルボン酸エステル，カルバミン酸エステル，4級アンモニウム塩化合物などがある。

1.4 分解反応の分類[10～14]

1.4.1 連鎖型分解反応

(1) 光による連鎖型分解反応

光により誘起される連鎖型分解反応の例としては，ポリエチレンやポリプロピレンの光酸化分解がある。これらのポリオレフィン類では，成形加工時の熱酸化により，微量のヒドロペルオキシドおよびペルオキシド基が生成すると考えられている。これらは不安定であり，光でも容易に開裂し，活性なラジカルを与えるので高分子の光酸化劣化の重要な開始種になる。生じた活性なアルコキシラジカル（RO・）はβ-位結合の開裂，他の高分子からの水素原子の引き抜き，およ

び他のヒドロペルオキシド基の分解を誘発しながら連鎖的に高分子の分解を起こす（スキーム1）。

汎用の高分子ではないが，マイクロエレクトロニクス用のフォトレジスト材料では，高感度化を達成するために光誘起される連鎖反応が利用されている。この系では，スキーム2に示すように，アルキル基で保護したフェノール性OH基やCOOH基を側鎖に有する高分子に，光によって強酸を発生する光酸発生剤を極少量加え，光照射後加熱する。光で生成した酸が触媒となり脱保護反応が連鎖的に進行する。光照射した部分だけがアルカリ水溶液に溶解し，ポジ型のパターンが得られる。これは，高分子側鎖の連鎖型分解を積極的に活用する例である[15]。

(2) **熱による連鎖型分解反応**

熱による連鎖型分解反応の例としては，ポリメタクリル酸メチル（PMMA）の解重合型熱分解反応がある。ラジカル重合で得たPMMAは不均化停止により，二種類の異なった構造の末端基を有している。また，再結合停止が起こった場合は頭-頭構造が主鎖中に生成している。ラジカ

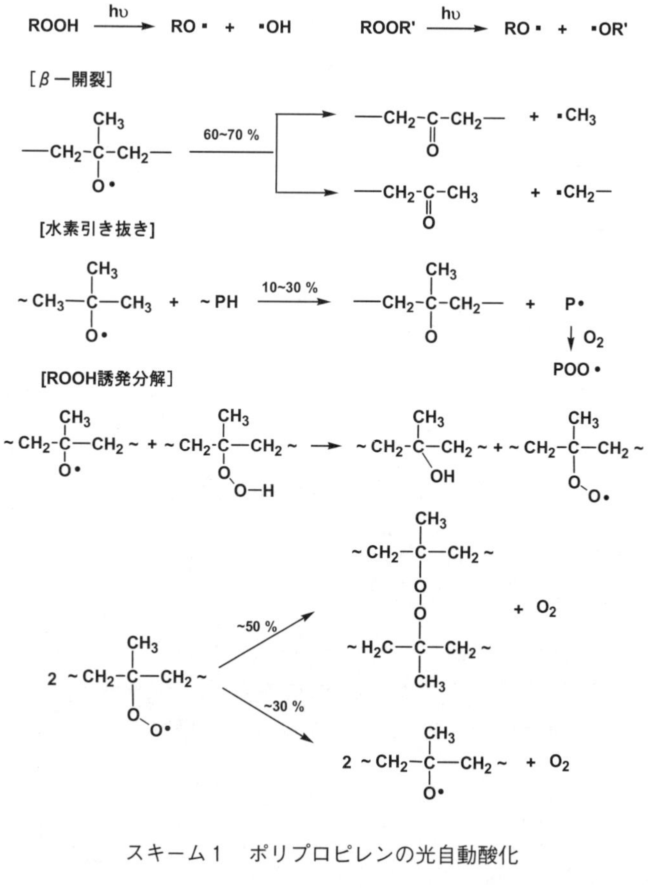

スキーム1　ポリプロピレンの光自動酸化

ル重合で得たPMMAの窒素雰囲気下での熱分解は，熱重量分析の結果から，165，270，および360℃の三段階に分かれて進行することが知られている。165℃での分解は再結合停止により生成した頭-頭結合の切断によるものである。また，270℃での分解はビニリデン型末端からのものであり，360℃での分解は通常の頭-尾結合の高分子鎖のランダム切断によるものである。高分子鎖が1箇所で切断されると，末端から順次モノマーが脱離する。高分子鎖中にモノマー単位の異種配列がなければ，その高分子鎖はすべてモノマーに変換される（スキーム3）。

ポリ塩化ビニルの窒素雰囲気下での熱分解による脱HCl反応による2重結合の生成は連鎖型分解反応の例である。この場合，解重合は起こらない。200℃よりも少し高い温度での加熱により，C-CやC-Hに比べて比較的弱いC-Cl結合が解裂し，Clラジカルが生成する。このものが連鎖型分解反応を開始する（スキーム4）。

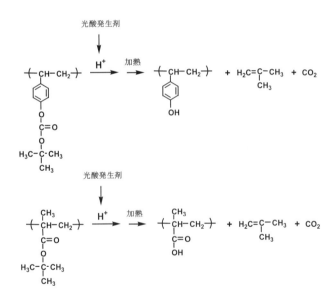

スキーム2　光誘起脱保護基反応

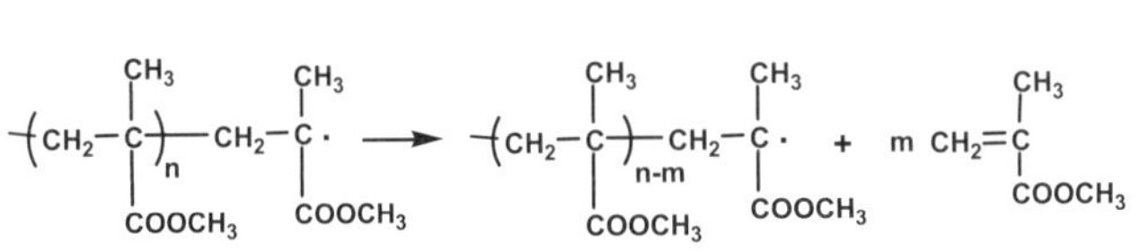

スキーム3　PMMAの解重合

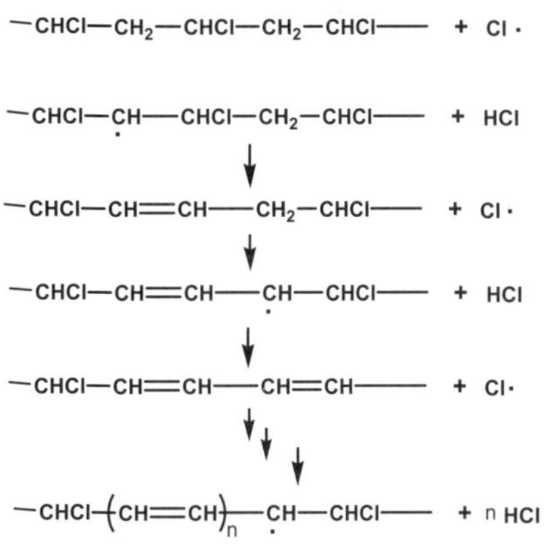

第1章　高分子の架橋と分解

```
—CHCl—CH₂—CHCl—CH₂—CHCl——   + Cl·

—CHCl—ĊH—CHCl—CH₂—CHCl——   + HCl
                ↓
—CHCl—CH=CH—CH₂—CHCl——   + Cl·
                ↓
—CHCl—CH=CH—ĊH—CHCl——   + HCl
                ↓
—CHCl—CH=CH—CH=CH——   + Cl·
                ↓↓
—CHCl—(CH=CH)ₙ—ĊH—CHCl——   + n HCl
```

スキーム4　ポリ塩化ビニルの脱HCl反応

1.4.2　非連鎖型分解反応

(1)　光による非連鎖型分解反応

　光による非連鎖型分解反応には多くの例があるが，ここではカルボニル基を含む高分子の光分解を例に挙げる。主鎖や側鎖にカルボニル基を有する高分子に紫外線を照射すると，カルボニル基が光吸収し，Norrish I型およびNorrish II型と呼ばれる反応により主鎖切断や側鎖の脱離がおこる（スキーム5）。このような高分子の光分解においてはその固体物性が重要な因子になる。高分子の固体物性はガラス点転移温度（Tg）や融点（Tm）を境にして著しく変化する。例えば，カルボニル基を有するエチレン－一酸化炭素共重合体のNorrish II型の光反応の量子収率（Φ）は-25～-50℃および-95～-150℃の間で変化する。炭素数20-40のセグメントの運動が始まる温度（Tg）は-30℃であり，これより高温になるとΦ値は大きくなり，一定になる。この値は液相で

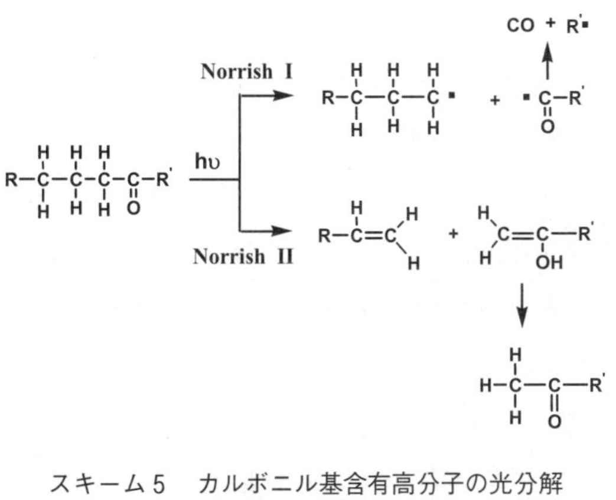

スキーム5　カルボニル基含有高分子の光分解

の値とほぼ等しい。Norrish II型反応が起こるためには局部的な主鎖の運動が必要である事がわかる。スチレン-フェニルビニルケトン共重合体についても同様の結果が得られている。しかし側鎖が回転する温度（Tγ，-110℃）以下ではNorrish II型反応は起こらない。高分子固体の反応では高分子主鎖の動きが重要な因子になる。

(2) 熱による非連鎖型分解反応

熱による非連鎖型で分解する高分子は多い。解重合型で分解しない高分子はすべてこの型に分類でき，多くの汎用高分子はこの型で分解する。分解反応機構は複雑であり，個々の高分子について研究されている。これらの研究は高分子のケミカルリサイクルやサーマルリサイクルに関連して重要である。

1.5 分解反応の理論[16~20]

1.5.1 ランダム分解反応

直鎖状の高分子に関しては，ランダムな主鎖切断が起こると切断反応の収率が低くても，最初の分子量が大きければ，平均分子量が著しく低下する。従って，主鎖切断の生成を証明するためや，反応機構を解明するためには分子量測定が有効である。通常，合成高分子は種々の分子量をもつ高分子化合物の混合物である。枝分れがない鎖状高分子に関しては，主鎖がランダム切断した場合の分子量分布の変化は理論的に取り扱うことができる。鎖状高分子において，ランダムな主鎖切断が起こると，その数平均分子量Mnは，分子当たりの切断数αが増大するとともに(1)式に従って減少する。

$$\frac{Mn}{Mn_0} = \frac{1}{1+\alpha} \tag{1}$$

ここでMn_0は分解反応前の数平均分子量である。一方，重量平均分子量Mwについては，(2)式のように示される。

$$\frac{Mw}{Mw_0} = \frac{2}{\alpha\sigma_0}\left\{1 + \frac{1}{\alpha}\left[\left(1+\frac{\alpha}{b_0}\right)^{-b_0} - 1\right]\right\} \tag{2}$$

ここでMw_0は最初の重量平均分子量を示し，$\sigma_0 = Mw_0/Mn_0$，$b_0 = Mn_0/(Mw_0 - Mn_0)$である。種々のσ_0値を有する高分子について，いろいろな分解率での高分子の分子量を求め，Mw/Mw_0対Mn/Mn_0のプロットを行うと図1のような理論曲線が得られる。σ_0値が既知の高分子の分解を行った場合について，Mw/Mw_0対Mn/Mn_0のプロットが理論曲線に合致すればその分解はランダム分解であることがわかる。

1.5.2 解重合型連鎖分解

高分子の主鎖切断にはランダム分解のほかに，解重合により分解するタイプがある。解重合で

第1章 高分子の架橋と分解

分解する場合は切断が主鎖のどこか一箇所で起こると，末端から順次モノマーが脱離する。ポリメタクリル酸メチル（PMMA）やポリ（α-メチルスチレン）（PαMST）の熱分解は解重合型で起こる代表例である。解重合反応は重合反応の逆反応である。ある高温度では重合反応と解重合反応が同時に進行し，平衡状態になる（(3)式）。

$$M_n \cdot + M \rightleftarrows M_{n+1} \cdot \tag{3}$$

このような平衡状態をもたらす温度を天井温度（Tc）と呼ぶ。たとえば，PMMAのTcは220℃，PαMSTのTcは7℃である。図2に示すように，解重合反応は重合反応の逆反応であるので，高分子の熱分解機構と重合熱の間には深い関係がある。一般に，解重合型で熱分解する高分子は，その高分子を合成する時の重合熱が小さい。メタクリル酸メチルとα-メチルスチレンの重合熱は，それぞれ54.8 kJ/molと35.1 kJ/molである。一方，ランダム分解型のポリスチレン（PST），ポリアクリル酸メチル（PMA）あるいはポリエチレン（PE）を得るためにそれぞれ対応するモノマーを重合させた時の重合熱は，それぞれ，69.8 kJ/mol，84.8 kJ/molおよび92.9 kJ/molである。PMMAやPαMSTを熱分解すると，ほぼ100％の収率でモノマーを得ることができる。しかし，PSTの熱分解でのスチレンモノマーの収率は50％程度であり，PMAおよびPEのようなポリオレフィンの熱分解では，モノマーはほとんど回収できない。

解重合型で分解する高分子については，熱分解途中で残存する高分子の分子量を測定することで解重合連鎖長に関する知見を得ることができる。重合度が異なるPMMAを270℃で熱分解したときの残存PMMAの重合度（DP）とモノマーへの変換率の関係は図3のようになる。重合度が

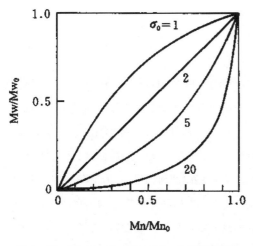

図1　Mw/Mw_0 対 Mn/Mn_0 プロットの理論曲線

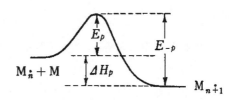

図2　重合・解重合素反応のエネルギー図

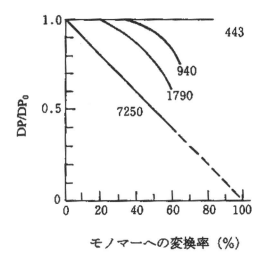

図3 PMMAの熱分解におけるモノマーへの変換率とDP/DP₀の関係
図中の数字は分解前の試料の平均重合度（DP₀）を示す。

443のものではモノマーへの変化率が90%においても残存PMMAの重合度は変化しない。重合度が大きいPMMAの熱分解では，モノマーへの変化率が増大するにつれて残存PMMAの平均重合度は低下する。このことは，PMMAの熱分解の解重合連鎖長が400程度であることを示している。

1.5.3 架橋が併発する分解反応

高分子の分解反応では，ラジカル活性種中間体を経るものが多く，主鎖切断と架橋が競争的に起こる場合がある。このような現象は紫外線や高エネルギーの放射線による高分子の分解で見られる。分解と架橋が同時に起こる場合に，それぞれの反応の割合を定量的に評価する方法として，Charlesby-Pinner(4)式を用いた解析が有用である。

$$S + S^{1/2} = \frac{G(S)}{2G(X)} + \frac{100N_A}{Mw_0 \, G(X) mD} \tag{4}$$

ここで，Sは反応で生成した不溶分率，G(S)は主鎖切断の収率，G(X)は架橋の収率，Mw_0は重量平均分子量，mは高分子の繰り返し単位の分子量，N_Aはアボガドロ定数，Dは照射線量を示す。重量平均分子量が既知の高分子に放射線を照射し，照射線量Dと不溶化分率Sを求める。得られたデータについて，$S + S^{1/2}$対$1/D$のプロットを行い，得られた直線の傾きと切片からG(S)値とG(X)値を求めることができる。種々の高分子の主鎖切断収率と架橋収率を表1に示す。高分子主鎖が$-(CH_2-CR_1R_2)-$で示されるとき，R_1とR_2がともにH原子でない場合は主鎖切断が優先する傾向にある。一方，R_1とR_2のどちらかがH原子である場合は架橋反応が優先する傾向にある。

第 1 章　高分子の架橋と分解

1.6　おわりに

　熱，光，放射線などによる高分子の架橋と分解について，その基礎概念を示すと共に具体的な反応例を通して概説した。架橋反応や分解反応を利用する高分子材料は多くの分野で利用されており，材料化学（科学）の視点から高分子の架橋と分解は重要な項目である。

　熱や光による架橋反応には実にさまざまなものがある。熱架橋と光架橋を組み合わせることによって，さまざまな目的・用途に応じた架橋体を分子設計することが可能であり，新しい架橋系の創出が期待されている。また，従来より，高分子材料の劣化と安定化あるいは長寿命化の観点から，高分子の分解反応に関する研究がなされてきた。高分子の分解反応は多岐にわたるので，一義的に分類することは容易ではない。ここでは反応のタイプとそれらの反応を引き起こす因子に注目して概説した。ここでは述べなかったが，ずり応力の影響下でおこる機械的因子による高分子の分解も重要である。このような分解は固体のみならず，高分子溶液を高速撹拌した場合や超音波振動を与えた場合にも起こる。また，当然のことながら，化学薬品による高分子の分解もある。最近では高分子の分解反応を積極的に活用し，高分子の高機能化やリサイクルにつなげる試みがなされている。研究の進展が期待されている。

表 1　種々の高分子の放射線による主鎖切断と架橋の収率

高　分　子	G(S)	G(X)	主な過程
Polyethylene		2.0	架橋
Polyisobutene	1.5〜5.0	<0.05	切断
Polystyrene	0.02	0.03	架橋
Poly（α-methylstyrene）	0.25		切断
Poly（methyl methacrylate）	1.2〜2.6		切断
Polytetrafluoroethylene	0.1〜0.2		切断
Poly（ethylene oxide）	2.0	1.8	架橋
Poly（phenyl vinyl ketone）	0.35		切断
Poly（propylene sulfide）	0.4〜0.7		切断
Polydimethylsiloxane	0.07	2.3	架橋
Poly（butene-1 sulfone）	12.2		切断
Poly（hexane-1 sulfone）	10.7		切断
Cellulose	3.3〜6.8		切断

文　　献

1) 石倉慎一ほか,『架橋システムの開発と応用技術』, 技術情報協会 （1998）
2) 堀江一之ほか,『新高分子実験学4, 高分子の合成・反応(3)』, 共立出版 （1996）
3) 古川淳二ほか,『高分子新材料』, 化学同人 （1987）
4) 今井淑夫ほか,『高分子構造材料の化学』, 朝倉書店 （1998）
5) 市村國宏ほか,『光硬化技術実用ガイド』, テクノネット社 （2002）
6) 永松元太郎,『感光性高分子』, 講談社サイエンティフィク （1984）
7) 山岡亜夫,『フォトポリマー・テクノロジー』, 日刊工業新聞社 （1987）
8) 上野巧ほか,『短波長フォトレジスト材料』, ぶんしん出版 （1988）
9) M. Shirai, *Bull Chem. Soc. Jpn.*, **71**, 2483 （1998）
10) W. Schnabel著, 相馬純吉訳,『高分子の劣化』, 裳華房 （1993）
11) 大澤善次郎,『高分子の光劣化と安定化』, シーエムシー出版 （1986）
12) 大澤善次郎,『高分子材料の劣化と安定化』, シーエムシー出版 （1990）
13) 西原一監修,『高分子の長寿命化技術』, シーエムシー出版 （2001）
14) 白井正充, 第23回高分子の劣化と安定化基礎と応用講座要旨集, p7 （2003）
15) 市村國宏監修,『光機能と高分子材料』, シーエムシー出版 （1991）
16) W. Schnabel著, 相馬純吉訳,『高分子の劣化』, 裳華房 （1993）
17) 大澤善次郎,『高分子の光劣化と安定化』, シーエムシー出版 （1986）
18) 大澤善次郎,『高分子材料の劣化と安定化』, シーエムシー出版 （1990）
19) 西原一監修,『高分子の長寿命化技術』, シーエムシー出版 （2001）
20) 村橋俊介,『高分子化学』, 共立出版 （1993）

2 架橋反応の理論 ——"偶然"と"必然"——

松本　昭*

2.1 はじめに

　高分子は形状によって，線状，分岐および架橋高分子の三つに大別される。高分子を溶媒中に入れるとしだいに溶媒を吸収して膨潤し，前2者では個々の高分子鎖が完全に溶媒中に分散した溶解状態に達するのに対し，架橋高分子では有限の膨潤性を示し溶解状態に至らない。この有限の膨潤度をもつ架橋高分子はゲルともよばれる。換言すれば，ゲルはあらゆる溶媒に不溶であり，その複雑な架橋構造のために不融でもある。このようにゲルは一般に，"不溶，不融の三次元網目構造をもつ高分子"と定義され，三次元高分子，架橋高分子あるいは網目高分子（ネットワークポリマー）ということになる。また，線状および分岐高分子は，通常，溶媒に溶け加熱によって融解する，いわゆる熱可塑性樹脂であるのに対して，不溶，不融の架橋高分子は熱硬化性樹脂ともよばれる。このような架橋高分子の歴史は古く，1907年にBaekelandによって人類史上初の合成高分子である"Bakelite"（フェノール樹脂）の発明がなされた[1]。その後の合成高分子の発展は文明の変遷をもたらしたことからも明らかなように，まさに20世紀の輝かしいプラスチック時代の幕開けであった。ちなみに，本年は丁度その100周年にあたり，Baekelandの生誕の地であるベルギーのゲント大学で記念シンポジウム"Thermosets: 100 years after Bakelite"が開催される。科学技術の進歩は，通常，基礎科学の進展をベースに新技術の開発がなされるという手順になるが，架橋高分子のベースである線状高分子の合成が本格的に行われるようになった1930年代を大きく遡ってなされた20世紀初頭の"Bakelite"の発明は，通常とは逆に技術開発の方が基礎科学を飛び越えるようにして先行したケースに相当し，科学技術論の視点からすると"偶然"の所産であるといえる。

　Staudingerによって，"高分子は共有結合によって結び付けられた高分子量の分子である"との概念が確立されたのが1930年頃のことであることを思えば，最も複雑な構造を有する架橋高分子によってプラスチック時代の幕開けがなされたことは非常に興味深い。言うまでもないが，1930年以降の高分子合成化学の進歩を踏まえて考察すると，Baekelandによる"Bakelite"の発明は"必然"のことでもあるともいえる。なお，この必然性については後に触れることにして，ここでは，フェノール樹脂で代表される架橋高分子の生成反応は複雑であり，特にゲル化点以降の反応解析が難しく，未だ不明の点が多い現状にあることを指摘しておきたい。反応解析の進展した熱可塑性樹脂と対照的に，最終硬化物の物性との関連において最も重要なゲル化点以降の架橋反応機構は未だブラックボックス的である。

---

*　Akira Matsumoto　関西大学　化学生命工学部　化学・物質工学科　教授

高分子架橋と分解の新展開

　前著（第一版）[2]では，科学が格段に進展した21世紀初頭にあっても複雑極まりない架橋高分子は手強い研究対象であり，その精細なキャラクタリゼーションとなると不溶・不融性のため最先端の分析機器も歯が立たず，新しい反応解析方法の開発をも含め，ゲル化点以降の架橋反応の究明は21世紀に残された重要な研究課題であり，"温故知新"に倣って，複雑なネットワーク構造をもつ架橋高分子を今一度見直してみることは，21世紀社会を先導する新技術の開発といった観点から，ひいては架橋高分子の復権にもつながるとの期待感を抱かせるものであることを強調した。本節の主題である"架橋反応の理論"については，詳しくは前著（第一版）[2]，さらには成書[3~8]を参照していただくことにして，この第二版では応用的立場からの現代的解釈に焦点を合わせ，"偶然"と"必然"をキーワードとしてこれまでの発展を振り返り，筆者の独断と偏見による架橋反応論を展開することによって将来展望を試みることにしたい。

　一般に，架橋高分子は3官能以上の多官能モノマー存在下での重合によって，あるいは線状高分子やオリゴマーに架橋反応を施すことによって合成される。例えば，付加縮合によるフェノール，尿素あるいはメラミン樹脂，重縮合によるアルキドやポリイミド樹脂，エポキシ樹脂，ポリウレタン樹脂，付加重合によるスチレン／ジビニルベンゼン架橋高分子や不飽和ポリエステル樹脂，ポリエチレンの放射線架橋，ゴムのイオウ架橋，ポリケイ皮酸ビニルの光架橋などが挙げられる。このように一口に架橋高分子といってもその範疇はまさに多種多様であり，膨大である。高分子合成化学の進歩は著しく，21世紀初頭の現在にあっては，その架橋方法・条件を選ばないときにはあらゆる低分子化合物や線状高分子から架橋高分子の合成が可能であるといっても差し支えないまでになっている。ここで，熱可塑性樹脂である線状高分子の大半は付加重合による連鎖重合系樹脂（ビニル樹脂）であるのに対し，それとは対照的に熱硬化性樹脂である架橋高分子の場合には，付加縮合や重縮合による逐次重合系樹脂が大半を占めることを指摘しておきたい。なお，逐次重合系樹脂が大半を占めることの"必然"については後に触れる。

　上述のように多種多様な架橋反応によって工業的に重要な多くの架橋高分子の合成が可能であるばかりでなく，架橋の程度によっても物性は大きく変化する。例えば，架橋密度の低いものであれば，高分子鎖の流動性は失われるものの可塑変形が可能であり，ゴム弾性を示すのに対して，架橋密度の増大とともに高分子鎖の可撓性が減少し，柔軟なプラスチックから，剛直な耐熱性の樹脂へと変化することになる。したがって，各種各様の架橋重合系について一律に議論することは難しく，また架橋の本質を究めるうえで意義あることとも思われないので，ここでは多官能ビニルモノマーの架橋重合を主として取り上げ，その洞察を試みることにする。最初に，なぜ多官能ビニルモノマーの架橋重合を代表事例として選んだのかということであるが，勿論，筆者が長年にわたって取り扱ってきたことはいうまでもないが，それに加え，次の様な事情が挙げられる。すなわち，1940年代前半にFlory[9]やStockmayer[10]によってゲル化の基礎理論（FS理論）

が提案されているが，その適合性は，重縮合系へはほぼ良好であったのに対し，多官能ビニル架橋重合系へは極端に乏しいのが一般的であるからである．すなわち，典型事例であるジビニル架橋重合系へのFS理論の適合性となると無力であるといって差し支えないほど悪く，通常，そのずれは実測ゲル化点が理論値よりも1～2桁大きいといった具合である．この理論と実験の大きな乖離は，逆に，大変魅力的な研究課題となっており，新しいゲル化理論の提案，反応論の立場からの究明，あるいは最新の機器分析手段を適用してのゲルのキャラクタリゼーションへの挑戦といったように，工業的に重要な分野でもあるだけに，多くの研究グループによって活発な議論が展開されてきた．

しかるに，筆者らは多官能ビニルモノマーの架橋重合を取り上げ，反応論の立場から複雑な三次元化機構の究明に取り組み，FS理論に合致するような理想的ネットワークポリマーの生成は疑問視されていたこれまでの常識を覆し，重合条件さえ厳密に選定すれば，理想的ネットワークポリマーの合成が可能となることを明らかにし，新規な両親媒性ネットワークポリマーの創出へと応用展開した．従来の分子量無限大の巨大な剛構造を有するネットワークポリマーのイメージとは大きく異なり，逆に，柔構造を有するビニル系両親媒性ネットワークポリマーであり，新規な高機能材料の開発への応用展開が期待される．この架橋密度の均一な理想的ネットワークポリマーの対極にあるのが究極の不均質ネットワークポリマーであるミクロゲルである．言うまでもないことながら，両者の中間に膨大で多様なビニル系ネットワークポリマーの世界が広がっており，このような展開は"偶然"と"必然"の交錯によって可能となったものである．

2.2　一次ポリマー鎖長と停止反応の相関

Stockmayer[10]は理想的な三次元網目の形成を仮定して，モノビニル／ジビニル架橋共重合系におけるゲル化式(1)を誘導した．ここで，α_cはゲル化点でのビニル基の反応率，ρはジビニル単位に属するビニル基の割合，P_wは一次ポリマー鎖の重量平均重合度である．

$$\alpha_c = (1/\rho)(P_w - 1)^{-1} \tag{1}$$

なお，式(1)の誘導にあたって仮定された理想的三次元網目の形成条件は次のようである．① 反応はすべて分子間で進行し，したがって同一分子内での環化反応は生起せず，ポリマー鎖へのジビニル単位の取り込みは架橋に有効なペンダントビニル基の生成をもたらす，② ポリマー中のペンダントビニル基の反応性はモノマーのそれに等しい．

このFS理論は直ちにWalling[11]やSimpson[12]によって実験的検証が試みられた．"偶然"のこととはいえ，両報告はゲル化と密接に関連する一次ポリマー鎖の重合度が対極的であり，それらがほぼ同時に独立して発表されたのは興味深い．すなわち，式(1)から明らかなように理論ゲル

化点の算出にあたって一次ポリマー鎖長は最重要因子であり，Walling[11]が取り扱ったモノビニル／ジビニル架橋共重合では非常に長くなるのに対し，Simpson[12]が取り上げたフタル酸ジアリル（DAP）の架橋重合では逆に極端に短いからである。ここで注目すべきは，この両者の違いのキーポイントが反応論の立場からすると成長反応ではなく停止反応にあることであり，次にその点について少し詳しく述べることにする。

前者のモノビニル／ジビニル架橋共重合では，先にも述べたように通常は大きなずれが認められる。一般にビニル系架橋共重合では成長ラジカル間の2分子停止反応の抑制のためゲル効果が生じ易く，成長ラジカルがリビングタイプとなるために一次ポリマー鎖が長くなり，同時に，分子内架橋反応の生起を伴って，図1に示すように重合初期からミクロゲル様ポリマーパーティクルが生成し，その"必然"としてFS理論に合致しないことになる[11,13,14]。なお，Walling[11]の報告では少量のジビニルモノマー存在下での架橋共重合において実測ゲル化点は式(1)から算出した理論ゲル化点とほぼ一致するとされている。しかしながら，Wallingが粘度測定から一次ポリマー鎖長の間接的な見積もりを行っているところから，その後，同重合系について筆者らが光散乱法によって直接的に重量平均分子量を測定し，一次ポリマー鎖長を再評価したところ，実測ゲル化点は理論値の5倍以上と求まった[15]ことを念のため付記しておく。

一方，後者のDAPの架橋重合においては，アリル重合に特有の成長ラジカルのモノマーのアリル水素引き抜き反応による退化性連鎖移動反応が実質的な停止反応であり[16]，ゲル化点以降においてさえゲル効果が生じることなく，ゲル化と密接に関連する一次ポリマー鎖が"偶然"のことながら全重合過程を通じて一定となり，FS理論の適合性を検討するのに適している。Simpsonら[17]は実測ゲル化点が理論値よりも高重合率側へとずれることについて反応論的に追究し，大きなずれをもたらす要因としての分子内環化反応の重要性を指摘した。このSimpsonらの実験結果を踏まえ，Gordon[18]はジビニルモノマーの単独重合について分子内環化反応の補正を加えた理論式を誘導し，DAPの架橋重合挙動が理論に従うことを示した。その後直ちにSimpsonら[19]は，DAP以外の各種

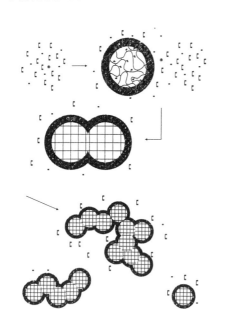

図1 重合初期からミクロゲル様ポリマーパーティクルの生成を伴ったモノビニル／ジビニル架橋共重合

第1章 高分子の架橋と分解

ジアリルエステルの架橋重合に対するGordonの理論式の適合性を実験的に検証しようと試みた。しかしながら，実測ゲル化点と理論値の間には残念ながら大きな乖離が認められた。

一方，筆者らは1960年代になってオリゴマーの分子量測定法として新たに開発された蒸気圧浸透圧計を駆使してDAPプレポリマーの一次ポリマー鎖長の精密な見積もりを行ったところSimpsonらの報告に比して約2.5倍と実験誤差をはるかに越える大きな値が求められ[20]，ここにおいても理論と実験が一致するとしたGordon説[18]も振り出しに戻ることになった。このような事情から，筆者らの多官能ビニルモノマーの架橋重合に関する研究の出発点はDAPで代表されるジアリルエステルの重合であった。すなわち，典型的な多官能アリルモノマーであるジアリルエステルのラジカル架橋重合機構を反応論の立場から追究し，それをベースに多官能ビニル架橋重合機構の解明に関する基礎的研究に取り組んできた[21,22]。上述のようにジアリルエステルの架橋重合では一次ポリマー鎖が短く，ゲル効果を伴わないなどの特長が複雑な三次元化機構を反応論的に究明する上で大きな利点となっており，単にジアリルエステルの架橋重合にとどまらず広く多官能ビニルモノマーの架橋重合の三次元化機構に関する議論を深化させるとともに，いくつかの新しい提案を行うことができた。ここではその詳細について述べる余裕はないが，興味をもたれる読者諸兄は拙論[21,23]を参照されたい。

通常のモノビニル／ジビニル架橋共重合では成長ラジカル間の2分子停止反応の抑制のためゲル効果が生じ，成長ラジカルがリビングタイプとなるため一次ポリマー鎖が長くなり，同時に，分子内架橋反応の生起を伴って，図1に示すように重合初期からミクロゲル様ポリマーパーティクルが生成することになるのに対して，モノアリル／ジアリル架橋共重合ではその様相が大きく異なり，図2に示すように一次ポリマー鎖が短いため，重合の進行とともに線状オリゴマー → 分岐高分子 → 架橋高分子へと成長することになり，コア部から周辺へ逐次的に拡大成長していく三次元化の樹木モデル（図3）[9]とも合致するのでFS理論の適合性が良好になる。敷衍すれば，通常の多官能ビニルモノマーの架橋重合であっても連鎖移動剤を添加することによって一次ポリマー鎖を短くすればジアリルエステルの架橋重合と同様にFS理論の適合性はよい[21,24]。一方，井手ら[25,26]はニトロキシラジカルをドーマント種とするリビングラジカル重合系[27]によるスチレン／4,4'-ジビニルビフェニル架橋共重合を取り上げ，重合の進行とともにコアから周辺へと拡大成長していくリビング架橋重合のゲル化挙動においてもFS理論の有効性を支持する結果を得ている。また，一次ポリマー鎖が長い場合であっても，ゲル効果が発現しない条件を設定し，ゲル化遅延因子の熱力学的排除体積効果や分子内架橋反応が無視できるように重合条件を絞り込むとFS理論によく合致する結果が得られた[28〜31]。

多官能ビニル架橋重合反応機構を複雑化させる主要因として成長反応の複雑さがよく指摘されるところであるが，上述の議論から明らかなように反応論の立場からすると，多官能ビニル架橋

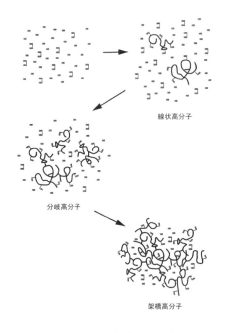
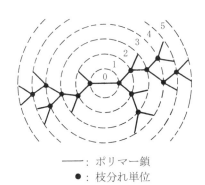

図2　コア部から周辺へ逐次的に拡大成長し三次元化するモノアリル／ジアリル架橋共重合

図3　3官能分岐単位を有する三次元化の樹木モデル

重合におけるキーポイントは，これまで見過ごされがちであった停止反応にあることを本項では強調しておきたい。この点を踏まえると，通常，重合初期からミクロゲル様ポリマーパーティクルの生成を伴う多官能ビニル架橋重合系へのFS理論の適合性は極端に乏しいとされるのはむしろ"偶然"の所産としての特殊解であって，決して，広く多官能ビニル架橋重合に適用し得る一般解ではないといえる。その一方で，筆者らが偶々取り上げた多官能アリルモノマーの架橋重合はFS理論に従いはするものの一次ポリマー鎖長は極端に短く，決して通常の多官能ビニル架橋重合反応機構の究明といった観点での一般解とはいえない。両者の中間に多様な多官能ビニル架橋重合の世界が広がっており，とりわけ架橋樹脂の不均質性と関連するミクロゲル化の反応論的究明は今後に残された喫緊の研究課題であることを指摘しておきたい。

2.3　架橋反応論に基づく架橋高分子の分子設計

元来，モノビニル／ジビニル架橋共重合に基づくビニル系ネットワークポリマーは熱硬化性樹脂の範疇にあり，その工業的重要性は高性能構造材料としてのものであった。しかるに近年，ハイドロゲルが夢多き機能材料として富に注目されるようになり，その骨格をなすビニル系ネットワークポリマーの精細なキャラクタリゼーションが重要な研究課題となっている。そこで筆者ら

第1章 高分子の架橋と分解

は，先に述べた架橋重合反応機構に関する基礎的研究を踏まえたうえで理想的ネットワークポリマーの応用展開として，従来型の油性ゲル（リポゲル）と親水性ゲル（ハイドロゲル）の中間に位置し，両者を仲介するものとして重要な両親媒性ネットワークポリマーの開発を試みた。

　先にも述べたように，通常のモノビニル／ジビニル架橋共重合では，ゲル効果に基づく2分子停止反応の抑制のために重合初期から生成ポリマーの鎖長が巨大化し，それに伴って三次元化機構が複雑化し，同時に，ミクロゲル化が進行すると考えられてきた。それに対して通常の多官能ビニル架橋重合であっても，ゲル効果が発現しないように成長ラジカル間の2分子停止反応をコントロールした重合条件下ではFS理論は有効であり，三次元化機構が単純化されることになる。その際のモノビニル／ジビニルラジカル架橋共重合反応スキームを示したのが図4である。すなわち，成長ラジカルの，1)モノビニルあるいはジビニルモノマーとの分子間成長反応，2)小さな環を形成する成長末端での同一モノマーユニット内での分子内環化反応，あるいはループ構造を形成する同一成長鎖のペンダントビニルとの分子内環化反応，3)プレポリマーとの分子間架橋反応，および4)多重架橋をもたらす別の一次ポリマー鎖のペンダントビニル基との分子内架橋反応からなる。したがって，ビニル系ネットワークポリマーの網目構造の制御の課題は，反応論的には取りも直さず如何にしてこれらの成長反応をコントロールするかに還元されることになる。ここで，3)の分子間架橋反応はネットワークポリマーが無限大の巨大分子[32]となるうえで必須の反応である。しかし，この反応のみでは網目構造の形成に至らないことに注意する必要がある。むしろ，ネットワークポリマーの網目構造との関連においては4)の分子内架橋反応の方がより重要であるといえる。すなわち，分子内架橋反応の生起によってはじめて網目が形成され，その度合に依存して高膨潤性のゲルから低膨潤性のミクロゲルまで変化することになる（図5）。加えて，分子内架橋反応が局所的に不均一に生起すれば，架橋密度の密な部分と粗な部分が局在化した不均一な網目構造をもつネットワークポリマーが形成されることになる。付言すれば，ネットワークポリマーの三次元網目構造は必ずしも系全体に均一なものではなく，むしろ一般的には，巨大分子であるネットワークポリマーのどの部分に注目するかによって網目構造が変化することになり，この非エルゴード性の問題[33]はネ

1) Intermolecular propagation with monomer:

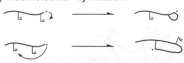
2) Intramolecular cyclization:

3) Intermolecular crosslinking with prepolymer:

4) Intramolecular crosslinking:

図4　モノビニル／ジビニル架橋共重合における成長反応機構

ットワークポリマーの構造を議論する際の重要な課題であることを指摘しておきたい。

それはそれとして，図5(A)の理想的ネットワークポリマーをベースに，一次ポリマー鎖をオリゴマー領域まで短くし，他方，架橋単位を一次ポリマー鎖長に匹敵するまでに長くし，一次ポリマー鎖と架橋セグメントの極性を対照的にすると新規な両親媒性ネットワークポリマーのデザインが可能となる。具体的には，連鎖移動剤であるラウリルメルカプタン（LM）存在下でのベンジルメタクリレート（BzMA）／トリイコサエチレングリコールジメタクリレート（PEGDMA-23）架橋共重合が挙げられる[34]。BzMAは非極性，かつ，剛直な一次ポリマー鎖の形成をもたらし，PEGDMA-23は極性，かつ，柔軟な架橋セグメントの導入をもたらすことになる。短い非極性一次ポリマー鎖と長い極性架橋単位であるポリオキシエチレン鎖を有する，新規な両親媒性ネットワークポリマーが合成され（図6），さらに生成両親媒性ゲルの膨潤特性に及ぼす自由

図5 ネットワークポリマーの2つの極限構造：(A)理想的ネットワークポリマー，(B)ミクロゲル

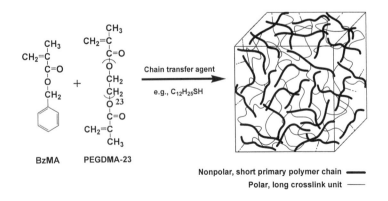

図6 短い非極性一次ポリマー鎖と長い極性架橋単位からなる両親媒性ネットワークポリマーの合成

鎖の影響が詳細に調べられた[35]。これとは逆に，LM存在下での2-ヒドロキシエチルメタクリレート／ヘンイコサプロピレングリコールジメタクリレート架橋共重合をゲル化点以降まで進めることによって，短い極性一次ポリマー鎖と長い非極性架橋単位であるポリオキシプロピレン鎖を有する，新規な両親媒性ネットワークポリマーが合成され，生成ゲルの膨潤挙動がBzMA／PEGDMA-23架橋共重合によって得られた両親媒性ゲルと比較考察された[36]。

理想的ネットワークポリマーの応用展開については上述の通りであるが，その対極にあるのがミクロゲルである。通常の多官能ビニルモノマーの架橋重合，あるいはモノビニルモノマーとの架橋共重合においては，ゲル化点以前においてミクロゲル化し，最終硬化物は不均質なネットワークポリマーとなり，硬くて脆い材料となるとされてきた。しかるに，筆者らはDAPのラジカル架橋重合において，その実測ゲル化点が理論値から大きくずれる要因の反応論的究明を行っていた際，"偶然"にもゲル化点までのミクロゲル化が生じないことを見出した[37]。この発見を端緒として，筆者らはミクロゲル化についての見直しの必要性を痛感するようになり，その後一連の研究を展開してきた[21,38～40]。また，ミクロゲルのモデルとしての擬似ミクロゲルの合成およびその反応特性，さらにはそれを架橋サイトとする不均質ネットワークポリマーの創製についても検討した。その詳細については拙論[41～46]を参照されたい。

2.4　熱硬化性樹脂の脆性と架橋密度

架橋高分子のマクロな性質である熱的性質，剛性，衝撃強度，脆性，粘弾性などは分子運動と関連するところから，架橋密度との相関が種々検討されている。さらには，架橋の度合とその不均一性の程度等々によって物性は大きく変化することになる。例えば，架橋密度の低いものであれば，高分子鎖の流動性は失われるものの可塑変形が可能であり，ゴム弾性を示すのに対して，架橋密度の増大とともに高分子鎖の可撓性が減少し，柔軟なプラスチックから，剛直な耐熱性の樹脂へと変化する。加えて，架橋密度の粗密差，すなわち不均一性が拡大するとミクロゲルの集合体のようになり脆弱な架橋樹脂が得られることになる。

元来，架橋高分子の長所は耐熱性，耐久性等の向上，改良にある。架橋密度と強度の相関の議論の原点には，優れた特性を有する線状高分子に橋を架け，その物性を増強しようとの発想があったものと推察される。すなわち，網目高分子という名称で象徴されるように，網目構造が二次元的に，例えばテニスコートのネットのような均一な網目が形成され，それらが架橋しながら三次元的に積み上げるように成長すると，ダイアモンドには及ばないものの，超高強度の架橋樹脂が得られるであろうとの期待感があった[47]。しかしながら，通常，多量の架橋剤存在下での架橋密度の高い最終硬化物は脆く，その機械的強度は予想をはるかに下回るものであり，ミクロゲルの集合体からなる不均質な架橋樹脂が得られるためであることが電子顕微鏡観察から指摘されて

いることは周知の通りである[48]。ここで重要なことは架橋高分子は三次元ポリマーであるということである。先にも指摘したように、熱硬化性樹脂である架橋高分子の場合には、付加縮合や重縮合による逐次重合系樹脂が大半を占めることを考慮すると、言うまでもなく、反応論的には重合の進行とともに三次元空間に樹木状に成長し（図3）、基本的にはデンドリティック構造をしたプレポリマーとなり、それらの分子間架橋によって最終硬化状態に至ることになる。周知のように、このような三次元ポリマー前駆体である粒子状構造をしたデンドリティック高分子の特徴として、末端基数が多く、そのため結晶性や粘性が低い[49]ことが挙げられ、このことは架橋高分子の物性との相関で重要である。すなわち、線状高分子の強度発現の原点である分子鎖間の部分結晶化や絡み合いのような物理的相互作用に基づく分子間力が架橋高分子のセグメント鎖間では働かないことを示唆しており、デンドリティック構造をしたプレポリマーの集合体ともみなし得る架橋高分子は基本的に脆弱な構造体であるともいえる。その欠点をカバーしているのがプレポリマー分子間の架橋反応であり、これが完璧に進行すれば高強度の架橋樹脂となろう。しかしながら、反応論の立場からすると、分子間架橋反応を完結させ分子量を巨大化させることは至難の業であるといわざるを得ない。すなわち、架橋反応の進行とともに架橋高分子のT_gが上昇し、反応温度よりも高くなると基本的に硬化反応は進まなくなってしまうからである。このことは熱硬化性樹脂の調製時に、通常、所定の条件下で充分に硬化させた後、さらに温度を上昇させ短時間の後硬化が施されることからも理解されよう。換言すれば、架橋高分子はいうなればリビングな中間体ともいえるものであり、反応が完結した本当の意味での最終硬化物では決してないのである。しかも、熱硬化性樹脂の大部分が逐次重合系であることを考えると、架橋反応が最終段階に近づくにつれ、残り僅かの反応が硬化物の物性に決定的に影響する可能性があることを肝に銘じる必要がある。周知のように、線状高分子であっても究極の物性への挑戦となると分子あるいは分子集合体中に残存する僅かの欠陥を如何にして取り除くかが最重要課題となる。翻って、架橋高分子においては上述のように元来多くの欠陥を内包するものであり、硬化反応の最終段階に近づくとほんの僅かな反応の進行が多くの欠陥の修復に相当することになる。分子間架橋反応という最大の武器を如何に有効に活用するかが最終硬化物の物性との関連でキーポイントであるといえよう。

2.5 おわりに

高分子の概念がStaudingerによって確立された後急速に進展した高分子合成化学の知見に基づくと、"偶然"の所産であったBaekelandによる20世紀初頭の"Bakelite"の発明が線状高分子の開発に先行して行われたことは"必然"のことであったといえる。すなわち、大気中でのラジカル重合においては酸素の重合禁止剤的作用が致命的ともいえる問題であり、重縮合による高分

第1章 高分子の架橋と分解

子合成において線状高分子の鎖長を実用レベルまで伸ばすためには反応面での制約が多いのに対し，多官能モノマー存在下での逐次重合による架橋高分子の合成は比較的容易に達成されるからである。また，熱硬化性樹脂の高性能化にあたっては一般に無機充填剤が使用されることは周知のところである。これも前項で議論したように架橋高分子がデンドリティック構造をしたプレポリマーの集合体であり脆弱な構造体であることを考慮すると，補強剤として充填剤は"必然"のことであり，言うなれば，充填剤は鉄筋コンクリートの鉄筋に相当するものともいえよう。無機充填剤が使用されるようになったきっかけは"偶然"のことであったと推察されるが，多くの末端官能基を有するデンドリティック構造をしたプレポリマーは無機充填剤との親和性に優れることを考えると，高性能複合材料が得られるのも"必然"のことといえる。付加縮合や重縮合による逐次重合系樹脂が熱硬化性樹脂の大半を占めることの所以でもある。付言すれば，一次ポリマー鎖の長いビニル系架橋高分子においては非相溶性の制約があるため一般に異種材料と親和性が悪く，複合材料の開発は容易でない。なお，ビニル系熱硬化性樹脂として不飽和ポリエステル樹脂が広く使用されているが，この場合にもオリゴマーである線状不飽和ポリエステルがベースポリマーとなっていることは注目に値する。このような高性能熱硬化性樹脂は現代的解釈をすれば立派な有機／無機ハイブリッド材料であり，ナノテクノロジーの視点からの構成成分の再評価，さらにはそれらの組み合わせの多様性を考えると，Floryの架橋理論の原点である"無限大"にあやかるまでもなく熱硬化性樹脂の未来は無限に広がっており，21世紀初頭の現在が，今まさに，その広大な未来開拓の出発点に相当するともいえる。

　"偶然"と"必然"をキーワードとして架橋高分子の歴史を振り返り，独断と偏見による架橋反応論を展開してきたが，当然のことながら，その必然性の解明が未だ十分でない偶発的現象が架橋高分子の分野では沢山残されている。特に，長い歴史のゆえに現在ではごく常識となっている現象にスポットライトを当て，"温故知新"に倣って，その必然性を問い直すことによって新たな展開が期待されよう。

　本稿で取り上げたのは主として熱硬化性樹脂で代表されるハードな高性能化学架橋ネットワークポリマーであるが，近年，ソフトマテリアルである高機能材料としての物理架橋高分子ゲルの発展には目を見張るものがあり，架橋高分子の輝かしい未来には大いなる夢を抱かせるものがあることを最後に付記しておく。

高分子架橋と分解の新展開

文　献

1) 日本化学会編,「日本の化学百年史――化学と工業の歩み」, 東京化学同人 (1978)
2) 角岡正弘ほか監修,「高分子の架橋と分解――環境保全を目指して――」, シーエムシー出版 (2004)
3) P. J. Flory 著, 岡小天ほか訳,「高分子化学(下)」, 丸善, p.323 (1956)
4) 大岩正芳, 高分子学会編,「共重合 2」, 培風館, p.400 (1976)
5) 垣内弘, 高分子学会編,「重縮合と重付加 (高分子実験学 5)」, 共立出版, p.53 (1980)
6) 大岩正芳, 高分子学会編,「高性能液状ポリマー材料 (先端高分子材料シリーズ 1)」, 丸善, p.67 (1990)
7) J.-P. Pascault et al., "Thermosetting Polymers", Marcel Dekker, New York, p.67 (2002)
8) K. Dusek, "Polymer Networks", R. F. T. Stepto Ed., Blackie Academic & Professional, London, p.64 (1998)
9) P. J. Flory, *J. Am. Chem. Soc.*, **63**, 3083 (1941)
10) W. H. Stockmayer, *J. Chem. Phys.*, **11**, 45 (1943); **12**, 125 (1944)
11) C. Walling, *J. Am. Chem. Soc.*, **67**, 441 (1945)
12) W. Simpson, *J. Soc. Chem. Ind.*, **65**, 107 (1946)
13) K. Dusek et al., *Polym. Bull.*, **3**, 19 (1980)
14) K. Dusek et al., *Prog. Polym. Sci.*, **25**, 1215 (2000)
15) 角英行ほか, 高分子学会予稿集, **30**, 804 (1981)
16) P. D. Bartlett et al., *J. Am. Chem. Soc.*, **67**, 812, 816 (1945)
17) W. Simpson et al., *J. Polym. Sci.*, **10**, 489 (1953)
18) M. Gordon, *J. Chem. Phys.*, **22**, 610 (1954)
19) W. Simpson et al., *J. Polym. Sci.*, **18**, 335 (1955)
20) A. Matsumoto et al., *Nippon Kagaku Zasshi*, **90**, 290 (1969)
21) A. Matsumoto, *Adv. Polym. Sci.*, **123**, 41 (1995)
22) A. Matsumoto, *Prog. Polym. Sci.*, **26**, 189 (2001)
23) 松本昭,「高分子の合成と反応(1) (高分子機能材料シリーズ 1)」, 高分子学会編, 共立出版, p.94 (1992)
24) A. Matsumoto et al., *Polymer*, **41**, 1321 (2000)
25) N. Ide et al., *Macromolecules*, **30**, 4268 (1997)
26) N. Ide et al., *Macromolecules*, **32**, 95 (1999)
27) C. Hawker et al., *Chem. Rev.*, **101**, 3661 (2001)
28) A. Matsumoto et al., *Makromol. Chem., Macromol. Symp.*, **93**, 1 (1995)
29) A. Matsumoto et al., *Angew. Makromol. Chem.*, **240**, 275 (1996)
30) A. Matsumoto et al., *Polym. J.*, **31**, 711 (1999)
31) A. Matsumoto et al., *Macromolecules*, **32**, 8336 (1999)
32) H. Staudinger et al., *Chem. Ber.*, **67**, 1174 (1934)
33) P. N. Pusey et al., *Physica A*, **157**, 705 (1989)
34) A. Matsumoto et al., *J. Polym. Sci., Part A: Polym. Chem.*, **38**, 4396 (2000)

35) M. Doura *et al.*, *J. Polym. Sci., Part A: Polym. Chem.*, **42**, 2192 (2004)
36) M. Doura *et al.*, *Macromolecules*, **36**, 8477 (2003)
37) 松本昭ほか，熱硬化性樹脂，**9**, 141 (1988)
38) 松本昭ほか，ネットワークポリマー，**17**, 139 (1996)
39) A. Matsumoto *et al.*, *Angew. Makromol. Chem.*, **268**, 36 (1999)
40) A. Matsumoto *et al.*, *Designed Monomers and Polymers*, **7**, 687 (2004)
41) 松本昭ほか，熱硬化性樹脂，**16**, 131 (1995)
42) A. Matsumoto *et al.*, *J. Macromol. Sci.-Pure Appl. Chem.*, **A35**, 1459 (1998)
43) A. Matsumoto *et al.*, *Macromolecules*, **33**, 8477 (2000)
44) A. Matsumoto *et al.*, *Polym. J.*, **33**, 636 (2001)
45) A. Matsumoto *et al.*, *Eur. Polym. J.*, **39**, 2023 (2003)
46) 岡本倫子ほか，第16回高分子ゲル研究討論会講演要旨集，5 (2005)
47) J. H. de Boer, *Trans. Faraday Soc.*, **32**, 10 (1936)
48) E. H. Erath *et al.*, *J. Polym. Sci.*, **C3**, 65 (1963)
49) 青井啓悟ほか監修，「デンドリティック高分子── 多分岐構造が拡げる高機能化の世界 ──」，エヌ・ティー・エス，p.5 (2005)

第2章　塗料分野を中心とした架橋剤と架橋反応技術

桑島輝昭＊

1　はじめに

　塗料は，一般に液状（粉体塗料は粉末であるが焼付け時に熱溶融して液状となる）で被塗物に塗布・塗装され，乾燥硬化して固体状の塗膜になり，その被塗物に美観を与え，保護する機能を有するものである。また，この塗膜は各種環境下で長期間劣化してはならない。塗料は塗装性・塗膜外観・塗膜品質を両立させるため，比較的低分子量の液状高分子を用いて調整され，架橋反応により高分子量化・三次元化して固体膜に変化し，耐久性を有する塗膜になる。そのため，架橋反応技術は，塗料の重要な基盤技術の一つとなっている。また，昨今の環境・安全問題に対して，有機溶剤削減のためのハイソリッド化，水性化，粉体化などの環境対応型塗料開発では，その架橋反応技術の重要性はますます高くなっている。

2　汎用的によく使われる架橋型樹脂および架橋剤とその反応

2.1　エポキシ樹脂

　分子内にエポキシ基を有する高分子で，もっとも代表的なものとしてエピクロルヒドリンとビスフェノールAから合成されるビスフェノールA型エポキシ樹脂がある（図1）。

　この樹脂は一分子中に多数の機能性基を合わせ持ち有用な熱硬化性樹脂として広く用いられている。他に脂環式エポキシ・ハロゲン化エポキシ・ノボラック型・グリシジルエステル型・グリ

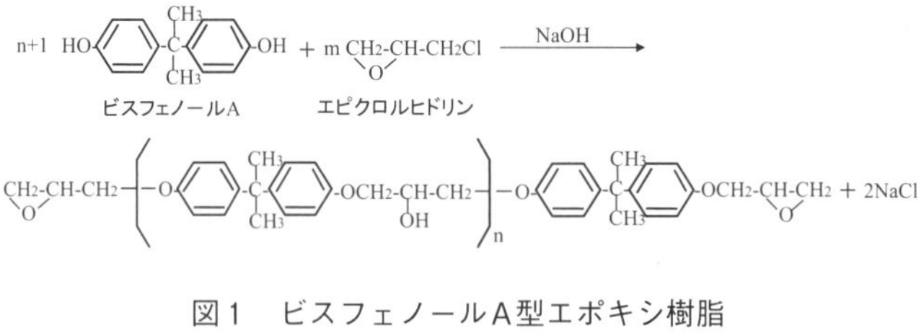

図1　ビスフェノールA型エポキシ樹脂

＊　Teruaki Kuwajima　日本ペイント㈱　R&D本部技術センター　所長

第2章　塗料分野を中心とした架橋剤と架橋反応技術

表1　代表的な各種エポキシ樹脂

タイプ	構造	特徴
脂環式エポキシ樹脂	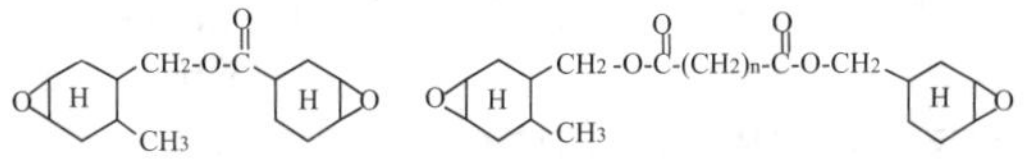 (構造式)	高温での電気特性などに優れる。環状にあるエポキシ基はアミンと反応しにくく、酸と反応し易い。
臭素化エポキシ樹脂	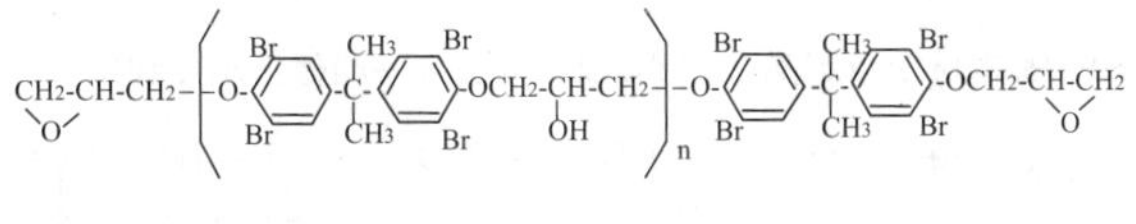 (構造式)	難燃性，自己消火性。
ノボラック型エポキシ樹脂	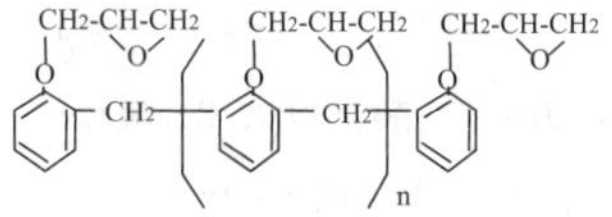 (構造式)	耐熱性，耐薬品性良好。
グリシジルエステル型エポキシ樹脂	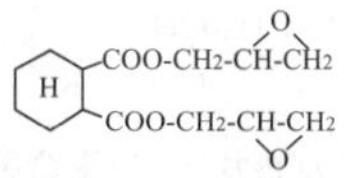 (構造式)	反応性高い，耐水性弱い。
グリコールエーテル型エポキシ樹脂	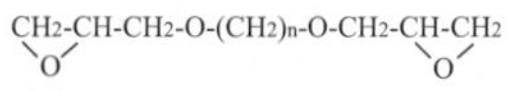 (構造式)	低粘度(反応性希釈剤)，耐水性・耐熱性弱い。

コールエーテル型・グリシジル基含有モノマーを共重合したアクリル樹脂まで含めると多種類のエポキシ樹脂がある（表1）[1]。

　これらエポキシ樹脂を利用した架橋反応はそのエポキシ基への活性水素の開環付加反応，エポキシ基のカチオン開環重合，またそこに発生する2級の水酸基を利用した反応の3つがある。アミンとエポキシ基は常温で開環付加反応するが，塗料ではポリアミンと共に2液型として用いられる。アミンをケトンでブロックしたケチミンを利用すると，硬化時に加水分解により可逆的にアミンが生成し，一液タイプとして利用される。酸とエポキシ基との反応は常温ではかなり遅く，一般には加熱が必要である。この場合ジカルボン酸やポリカルボン酸化合物，カルボン酸担持のポリマーなどが用いられる。この際，3級アミンや4級アンモニウム塩などが硬化触媒として用いられる[2]。エポキシ基のカチオン開環重合は熱や光によりカチオン種を発生させ架橋反応させる。各種の触媒がある[3]。これら多様な架橋反応を図2にまとめた。また，図3に架橋反応温度について整理した[4]。このようにエポキシ樹脂は多種多様な骨格および反応形態を有することから，塗料用途はじめ電子材料，土木材料用途など非常に多く利用されている材料である。

1) エポキシ基／アミノ基反応系（架橋剤：ジエチレントリアミン、トリエチレンテトラミンなど）

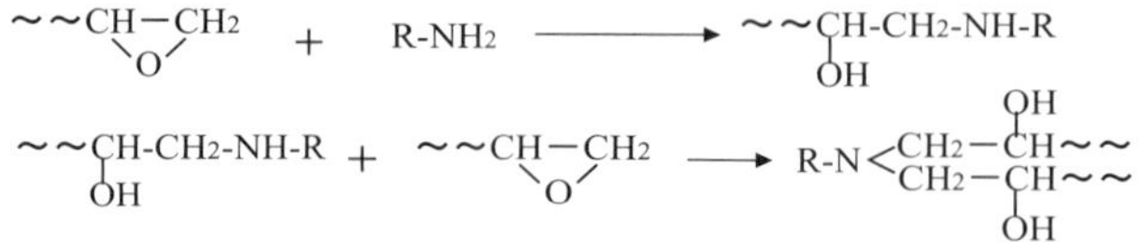

$$\sim\sim CH-CH_2 \underset{O}{\diagdown} + R-NH_2 \longrightarrow \sim\sim \underset{OH}{CH}-CH_2-NH-R$$

$$\sim\sim \underset{OH}{CH}-CH_2-NH-R + \sim\sim CH-CH_2 \underset{O}{\diagdown} \longrightarrow R-N\begin{cases}CH_2-\underset{OH}{CH}-\sim\sim \\ CH_2-\underset{OH}{CH}-\sim\sim\end{cases}$$

ケチミン：加水分解でアミノ基が生成する→1液タイプで利用

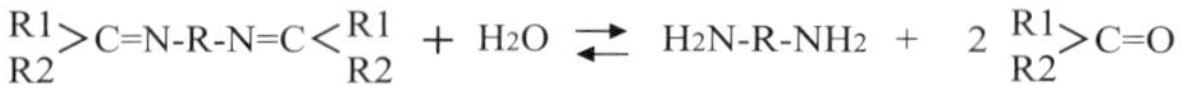

$$\underset{R_2}{R_1}>C=N-R-N=C<\underset{R_2}{R_1} + H_2O \rightleftarrows H_2N-R-NH_2 + 2\underset{R_2}{R_1}>C=O$$

ジシアンジアミド（固体）：融点が高く、150℃以上で反応→粉体塗料で利用

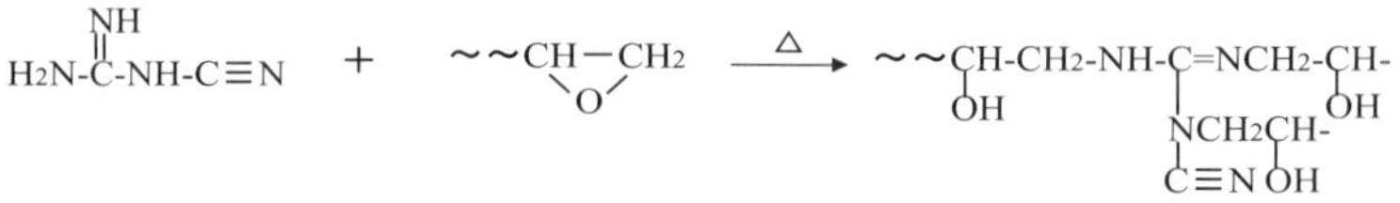

$$H_2N-\underset{NH}{\overset{\|}{C}}-NH-C\equiv N + \sim\sim CH-CH_2\underset{O}{\diagdown} \xrightarrow{\Delta} \sim\sim \underset{OH}{CH}-CH_2-NH-C=NCH_2-\underset{OH}{CH}\sim\sim \\ \hspace{8cm} NCH_2-\underset{OH}{CH}\sim\sim \\ \hspace{8cm} C\equiv N$$

2) エポキシ基／カルボン酸反応系（架橋剤：ポリカルボン酸、ジカルボン酸など）

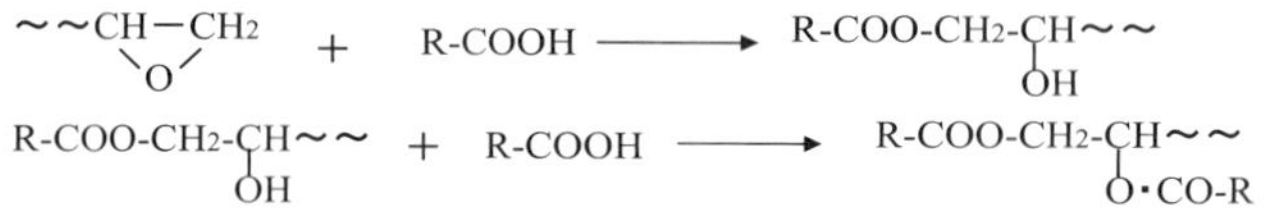

$$\sim\sim CH-CH_2\underset{O}{\diagdown} + R-COOH \longrightarrow R-COO-CH_2-\underset{OH}{CH}\sim\sim$$

$$R-COO-CH_2-\underset{OH}{CH}\sim\sim + R-COOH \longrightarrow R-COO-CH_2-\underset{O\cdot CO-R}{CH}\sim\sim$$

3) ルイス酸（三フッ化ホウ素、塩化第二錫、塩化アルミ）触媒での熱カチオン重合系

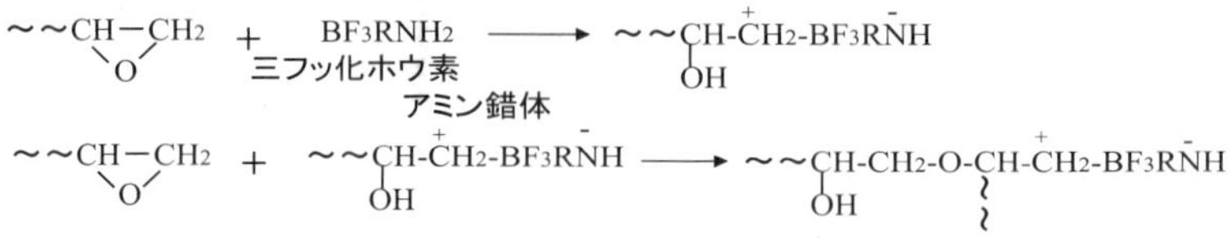

$$\sim\sim CH-CH_2\underset{O}{\diagdown} + \underset{三フッ化ホウ素\\アミン錯体}{BF_3RNH_2} \longrightarrow \sim\sim \underset{OH}{CH}-CH_2-BF_3\overset{+}{R}NH$$

$$\sim\sim CH-CH_2\underset{O}{\diagdown} + \sim\sim \underset{OH}{CH}-CH_2-BF_3\overset{+}{R}NH \longrightarrow \sim\sim \underset{OH}{CH}-CH_2-O-\underset{OH}{CH}-CH_2-BF_3\overset{+}{R}NH$$

光で分解し、酸を発生させるものは、光カチオン重合触媒となる。
フッ化金属（B、P、As、Sbなど→触媒活性：Sb＞As＞B）錯塩

4) 3級アミン触媒でのアニオン重合系

3級アミンが触媒的作用によってエポキシ基相互の開環結合反応が起こる。
3級アミンとエポキシ基の反応によるイオン中間体がさらにエポキシ樹脂と反応する。

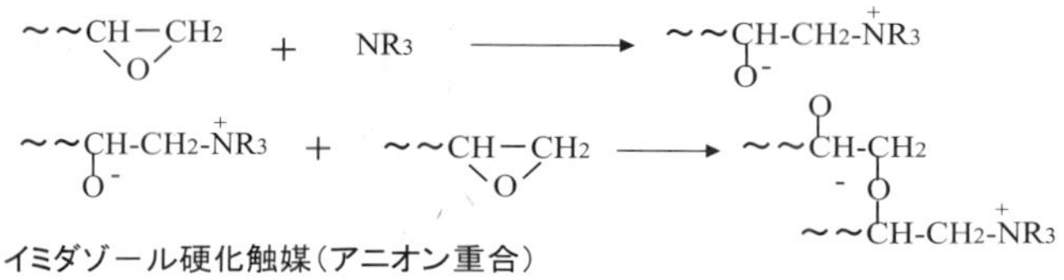

$$\sim\sim CH-CH_2\underset{O}{\diagdown} + NR_3 \longrightarrow \sim\sim \underset{O^-}{CH}-CH_2-\overset{+}{N}R_3$$

$$\sim\sim \underset{O^-}{CH}-CH_2-\overset{+}{N}R_3 + \sim\sim CH-CH_2\underset{O}{\diagdown} \longrightarrow \sim\sim \underset{O-}{CH}\underset{\sim\sim CH-CH_2-\overset{+}{N}R_3}{|}$$

イミダゾール硬化触媒（アニオン重合）

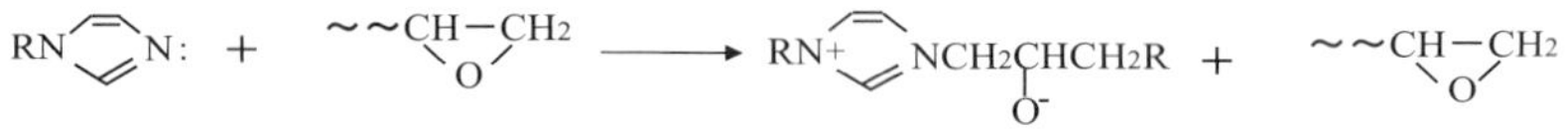

$$RN\underset{}{\diagup}N: + \sim\sim CH-CH_2\underset{O}{\diagdown} \longrightarrow R\overset{+}{N}\underset{}{\diagup}NCH_2CHCH_2R + \sim\sim CH-CH_2\underset{O}{\diagdown}$$

5) エポキシ樹脂／酸無水物反応系

水酸基による酸無水物の開環。
酸無水物ハーフエステルのカルボン酸とエポキシ基の反応。
（水酸基とエポキシ基の反応。）

6) エポキシ樹脂／イソシアナート反応系

エポキシ樹脂をアルカノールアミン変性し水酸基導入した変性樹脂との反応。
エポキシ樹脂の2級水酸基とイソシアナートとの反応。

7) エポキシ樹脂／メチロールもしくはアルキル化メチロール反応系

エポキシ樹脂の2級水酸基とレゾール型フェノール樹脂の硬化反応。
エポキシ樹脂の2級水酸基とアルキル化メチロール尿素樹脂・メラミン樹脂の硬化反応。

図2　エポキシ樹脂の代表的な架橋反応

第2章 塗料分野を中心とした架橋剤と架橋反応技術

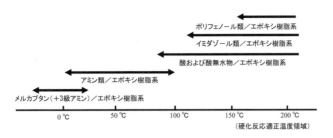

図3　エポキシ樹脂の硬化系と反応温度

2.2　アミノ樹脂

塗料用架橋剤として使用されるアミノ樹脂の代表的なものは，尿素系，メラミン系，ベンゾグアナミン系樹脂などがあり，図4に示すようにアミノ基にホルマリン付加しメチロール化，アルコール縮合してアルコキシ化した誘導体として使用される。このホルマリン付加数，アルコキシ化度，アルコールの種類，さらにはそのものの縮合度などが架橋剤としての選択特性となる。塗料用途では，変性メラミン樹脂がコスト，架橋剤としての諸性能から一般的に幅広く利用されている。一般的な変性メラミン樹脂の基本構造を図5に示す。

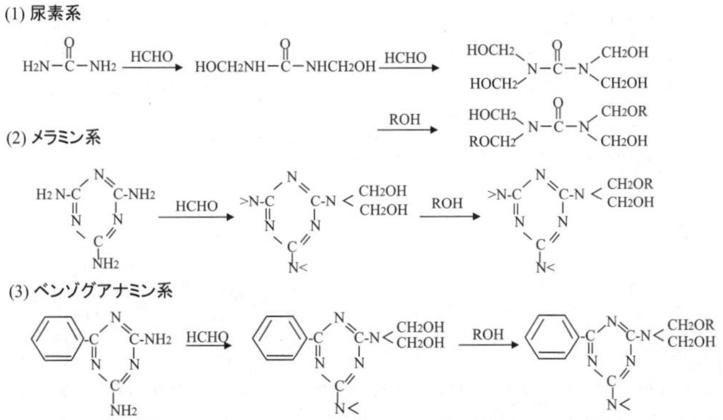

図4　硬化剤として用いられるアミノ樹脂の誘導体

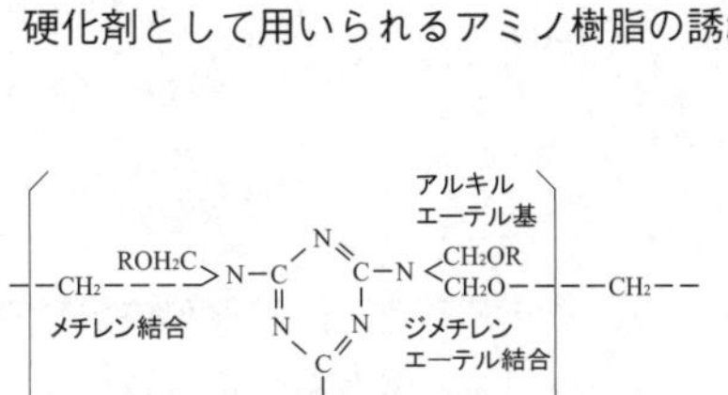

図5　変性メラミン樹脂誘導体の基本構造

このメラミン樹脂誘導体の架橋反応は，一般的には水酸基を含有する高分子との組み合わせで用いられ，表2に示すように，そのもの自体の自己縮合反応と水酸基との共縮合反応がある。この架橋反応はいろいろな反応が平行して進むことから材料選択や反応条件選択には充分な注意が必要である。その素反応は硬化温度によって相対的反応速度が異なるため，同組成でも反応温度により架橋構造が変わることもある[5]。また，アミノ樹脂の反応は酸性雰囲気下で速く進行するため，カルボン酸やスルホン酸が触媒として有効に作用する[6]。

最近，水性化や粉体化の目的に合わせて図6に示すような新規アミノ樹脂原料[7]の提案もある。

表2 変性メラミン樹脂と水酸基含有高分子との架橋素反応と反応速度

	素 反 応			$K(kg \cdot mol^{-1} \cdot min^{-1}) \times 10^3$	
				120℃	140℃
自己縮合反応	$>NCH_2OH + HOCH_2N<$	→	$>NCH_2OCH_2N< + H_2O$	18	42
	$>NCH_2OH + HN<$	→	$>NCH_2N< + H_2O$	84	176
	$>NCH_2OH$	→	$>NH + HCHO$	17	22
	$>NCH_2OCH_2N<$	→	$>NCH_2N< + HCHO$	14	40
	$>NCH_2OCH_3 + HOCH_2N<$	→	$>NCH_2OCH_2N< + CH_3OH$	<2	<5
	$>NCH_2OCH_3 + CH_3OCH_2N<$	→	$>NCH_2N< + CH_3OCH_2OCH_3$	0	0
	$>NCH_2OCH_3 + HN<$	→	$>NCH_2N< + CH_3OH$	<1	<4
共縮合反応	$>NCH_2OH + HOR'$	→	$>NCH_2OR' + H_2O$	15	36
	$>NCH_2OCH_3 + HOR'$	→	$>NCH_2OR' + CH_3OH$	5	13
	$>NCH_2OH + HOCOR'$	→	$>NCH_2OCOR' + H_2O$	3	7
	$>NCH_2OCH_3 + HOCOR'$	→	$>NCH_2OCOR' + CH_3OH$	0	2
加水分解	$>NCH_2OCH_3 + H_2O$	→	$>NCH_2OH + CH_3OH$	5	15

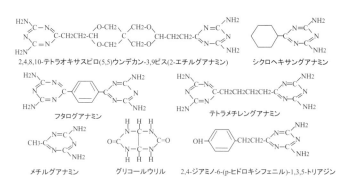

図6 新規なアミノ樹脂原料

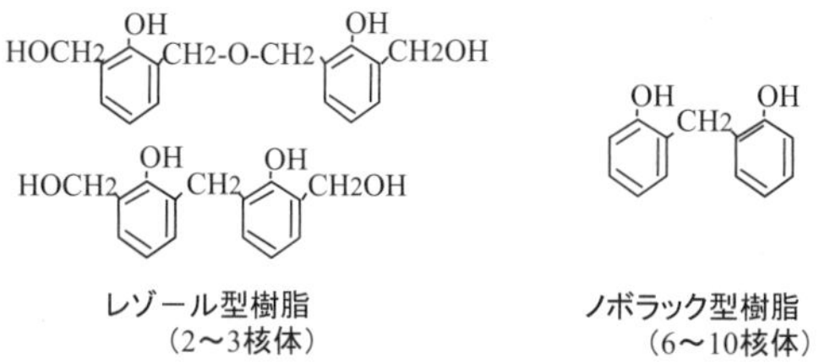

第2章　塗料分野を中心とした架橋剤と架橋反応技術

図7　各種フェノール樹脂のタイプ

2.3　フェノール樹脂

　フェノールとホルマリンの反応で反応量比，触媒および反応条件の選択により，図7に示すようなレゾール型とノボラック型のフェノール樹脂が得られる。このフェノール樹脂は耐候性が悪く用途が限定されるが，耐食性・付着性において優れているため，よく使用される熱硬化型樹脂である。架橋反応はメチロール基を有するレゾール型が加熱により自己縮合し架橋反応する。また，さらにアルキルエーテル化やアリルエーテル化することにより，他の水酸基含有高分子との相溶性を改善し縮合架橋型硬化剤として用いられる。特にビスフェノールA型エポキシ樹脂との架橋組成物は耐食性の良好な塗膜として利用されている。

2.4　ポリイソシアナート化合物

　イソシアナート基を2個以上含有するものをポリイソシアナート化合物とよぶ。このイソシアナート基はその二重結合の分極のため高い反応性を持っている（図8）。この二重結合の分極度合は，イソシアナート基（R-N=C=O）のRが電子吸引性であるほど大きく，その反応性が高い。反応性の順列はおおよそ芳香族イソシアナート＞芳香族アルキルイソシアナート＞脂肪族イソシアナートとなり，芳香環のパラあるいはオルト位に電子吸引性位置換基導入でさらに反応性が高くなる。ジイソシアナート単量体は毒性の面で取り扱いには注意を要するため，オリゴマータイプで利用される（図9）。

　イソシアナート基は，その高い反応性のため活性水素化合物と容易に反応する（図10）。特に

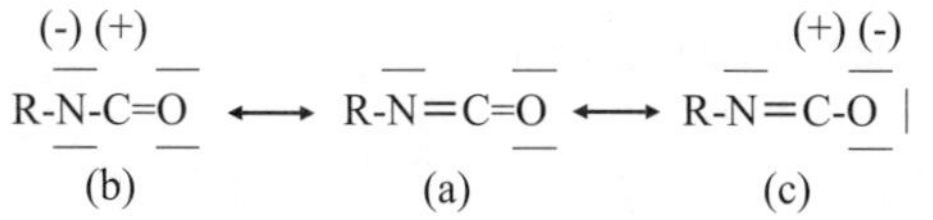

イソシアナート基との反応性
$RNH_2 > R_2NH > ArNH_2 > RCH_2OH \geqq H_2O > R_2CHOH \geqq R_3COH > ArOH > RSH > RCOOH > RCONH_2$

図8　イソシアナート基の共鳴構造と反応性

高分子架橋と分解の新展開

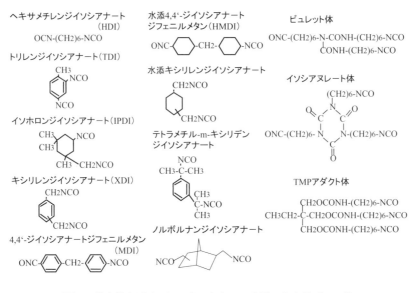

図9　代表的なジイソシアナートとHDIを用いたオリゴマー体

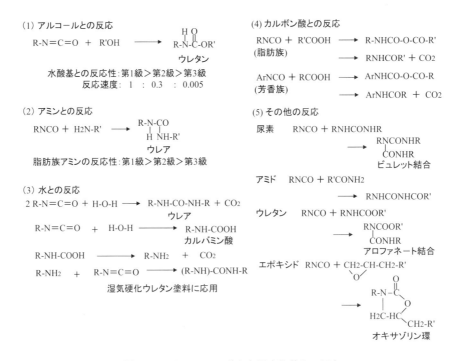

図10　イソシアナート基と各種官能基との反応

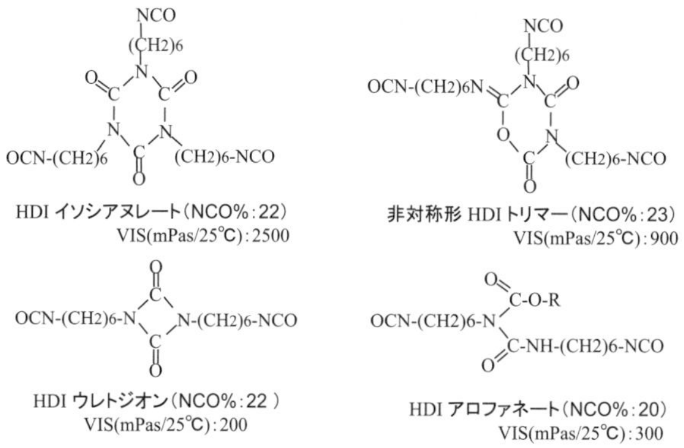

第2章 塗料分野を中心とした架橋剤と架橋反応技術

図11 新規な低粘度ポリイソシアナート

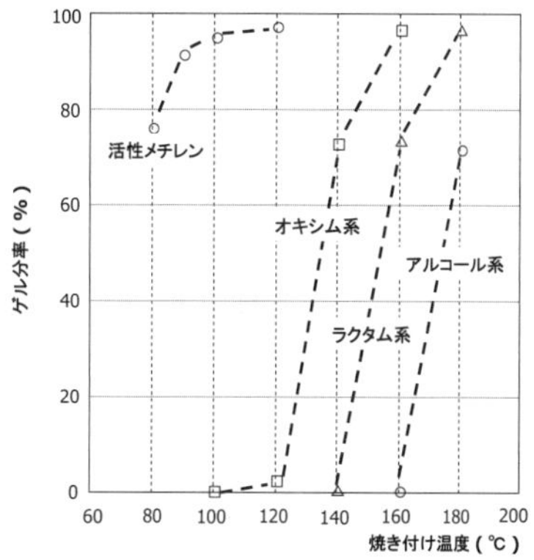

図12 ブロックイソシアナート種と硬化性

アルコール性水酸基を有するポリマーとの架橋反応で形成するウレタン結合は結合エネルギーも高く安定で，塗料用途ではアクリルポリオールとの組み合わせで得られるアクリルウレタン塗膜は高耐久品質を有する。常温架橋型では触媒の選定も重要な技術で，有機錫化合物が好適に使用され，主剤，硬化剤の2液型として使用される。昨今，VOC削減を目的とした塗料のハイソリッド化検討で，新規な低粘度ポリイソシアナート化合物の提案[8]もある（図11）。

一方，1液型焼き付けタイプとして使用する場合は，予めイソシアナート基をカプロラクタム，フェノール，三級アルコール，オキシムや活性メチレン化合物などでブロックしたブロックイソシアナート化合物が利用される[9]。活性水素含有高分子と組み合わせ，焼き付け時にそのブロック剤が解離して架橋反応を起す。この時，ブロック剤の解離温度が重要で比較的低温であるオキシムブロック体，活性メチレンブロック体などがよく使用されている。図12に各種ブロックイソシアナートを用いた硬化性を示す。ここで活性メチレンブロック体が比較的低温で硬化しているが，この反応は解離反応ではなく，エステル交換反応が進行しているとの報告がある[10]。塗料用途ではカチオン型電着塗料でオキシムブロック体がビスフェノールA型エポキシ樹脂のアミン変性体との組み合わせで大量に使用されている。その他，粉体塗料や焼き付け型水性塗料での使用も多くなっている。

2.5 熱硬化型アクリル樹脂

アクリル酸やメタクリル酸，それらのアルキルエステルなどの誘導体，スチレンなどの不飽和二重結合を有する単量体をラジカル重合して得られるアクリル系高分子は，さまざまな重合方式があり，また単量体の種類も多く多種多様な特性を有する高分子が得られる。共重合する単量体の選択により，スチレンやメタクリル酸メチルは高Tgの剛直系，アクリル酸ブチルやアクリ

表3 熱硬化性アクリル樹脂の設計のための代表的な官能基モノマー

構造式	名称
$CH_2=C(CH_3)-COOH$	methacrylic acid
$CH_2=C(CH_3)-CO-OCH_2CH_2OH$	2 hydroxyethyl methacrylate
$CH_2=C(CH_3)-CO-OCH_2CH(CH_3)OH$	2 hydroxypropyl methacrylate
$CH_2=CH-CO-NHCH_2OH$	N-methylol acrylamide
$CH_2=C(CH_3)-CO-NHCH_2OC_4H_9$	N-butoxymethyl methacrylamide
$CH_2=C(CH_3)-CO-OCH_2CH_2N(CH_3)_2$	dimethylaminoethyl methacrylate
$CH_2=C(CH_3)-CO-OCH_2CH\text{-}CH_2\ (\text{epoxide})$	glycidyl methacrylate
$CH_2=C(CH_3)-CO-OCH_2CH_2N=C=O$	isocyanatoethyl methacrylate

酸2エチルヘキシルなどは低Tgの軟質系であり，それらを適宜組み合わせることで高分子物性が調整できる。熱硬化型としては，架橋官能基を有する単量体（表3）を共重合することで，側鎖に架橋官能基を有する熱硬化型樹脂が容易に合成できる。

2.6 熱硬化型ポリエステル樹脂

ポリオールとポリカルボン酸を縮合反応することでポリエステル樹脂が得られる。塗料用途では表4に示すように架橋官能基を導入し，架橋剤との組み合わせで熱硬化型樹脂として使用される。その代表的な架橋官能基は水酸基やカルボン酸，不飽和二重結合であり，ポリオール，多塩基酸や不飽和脂肪酸などの縮重合反応で熱硬化型樹脂となる。

表4 塗料用ポリエステル樹脂の特徴

用途	樹脂の種類	数平均分子量	結晶性	特性	架橋官能基
塗料	アルキッド樹脂	1000〜5000	無	熱硬化型	-C=C-, -OH
	不飽和ポリエステル樹脂	500〜5000	無	熱硬化型	-C=C-
	オイルフリーポリエステル樹脂	500〜20000	無〜有	熱硬化型	-OH, -COOH
繊維	PET	10000<	有	熱可塑型	無
フィルム	PET	10000<	有	熱可塑型	無

2.7　熱硬化型シリコーン樹脂

-Si-O-Si-の結合をシロキサン結合といい，-C-C-共有結合と比較すると結合エネルギーが大きく安定で，その結合からなるシリコーン樹脂は耐久性などが良好なことで知られている。このシリコーン樹脂での架橋反応は加水分解性シリル基を用いるものと，シラノール基を用いるもの，ヒドロシリル基を用いるものが代表的である。加水分解型シリル基でもっとも一般的に使用されているのはアルコキシシラン基で，触媒（有機錫化合物など）存在下，脱アルコール縮合する。この官能基はアミノ官能シラン，メルカプト官能シラン，イソシアナート官能シランなどの反応性を利用しポリマーに導入できる（図13）[11, 12]。また，不飽和基含有シラン化合物（図14）を共重合することでも導入できる。

アセトキシシランはシラノール基と脱酢酸して縮合反応をするが，これもよくシリコーンゴム用として使用される反応である（図15）[13]。また，付加型液状シリコーンゴムの硬化反応としては，図16に示すようにビニル基とヒドロシリル基が白金触媒で付加反応し，シリコーンエラストマーを与える[14]。

W～～
W
W
+ 3 Y～～Si(OR)3
(RO)3Si～～～
Si(OR)3
Si(OR)3

W	Y
イソシアナート基 含有ポリマー	アミノ官能シラン メルカプト官能シラン
エポキシ基 含有ポリマー	アミノ官能シラン
水酸基 含有ポリマー	イソシアナート 官能シラン
不飽和基 含有ポリマー	メルカプト官能シラン ヒドロシラン

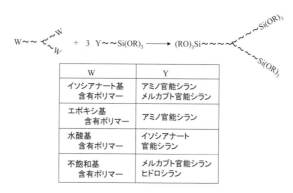

（実用例）アミノ官能シラン+MDI+ポリプロピレングリコール
→シーリング剤に応用（特公昭46-30711）

図13　化学反応によるアルコキシシラン基担持高分子の合成法

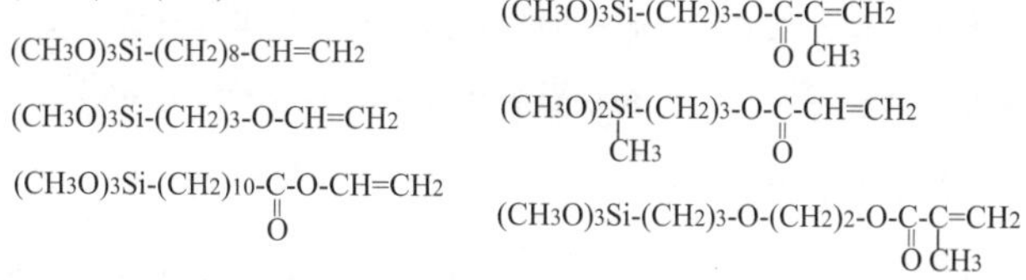

(CH3O)3Si-CH=CH2
(CH3O)3Si-(CH2)4-CH=CH2
(CH3O)3Si-(CH2)8-CH=CH2
(CH3O)3Si-(CH2)3-O-CH=CH2
(CH3O)3Si-(CH2)10-C-O-CH=CH2
O
(CH3O)3Si-
-CH=CH2
(CH3O)3Si-(CH2)3-O-C-C=CH2
O CH3
(CH3O)2Si-(CH2)3-O-C-CH=CH2
CH3
O
(CH3O)3Si-(CH2)3-O-(CH2)2-O-C-C=CH2
O CH3

図14　アルコキシシラン基を有する単量体例

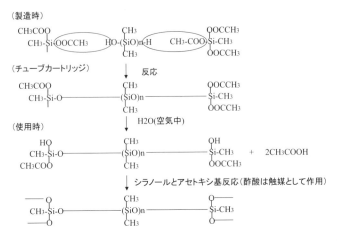

図15 一液型室温硬化型(RTV; RoomTemp. Vulcanizing)液状シリコーンゴムの脱酢酸反応(アセトキシシラン)

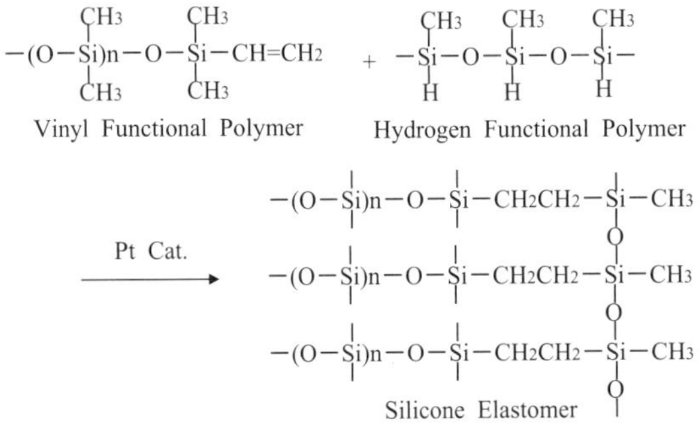

図16 付加型液状シリコーンゴムの架橋反応

2.8 二重結合含有樹脂

二重結合を含有する樹脂の架橋反応は酸化重合架橋とラジカル重合架橋に大別できる。

酸化重合架橋はすでに述べたアルキド樹脂に代表される天然乾性油の酸化重合反応を利用したものや，ポリブタジエンなどの合成乾性油などがある。架橋反応はCo，Pb，Ni，Zr，Alなどの金属酸化物（ドライヤーとよぶ）が触媒として作用する（図17）。

ラジカル重合架橋反応での代表は不飽和ポリエステル樹脂とスチレンなどの混合系で，レドックス系ラジカル開始剤を触媒として，常温〜加熱架橋として利用される（図18）。

光ラジカル重合系も二重結合を有する多官能オリゴマーと重合性モノマー（図19）の組み合わせ系で設計される。開始剤はアセトフェノン系，ベンゾフェノン系，ホスフィン系などの，水素引き抜き型や分子内開裂型が利用される（図20）。光ラジカル重合は水分による重合反応阻害がないため，水性組成物としても利用できる。

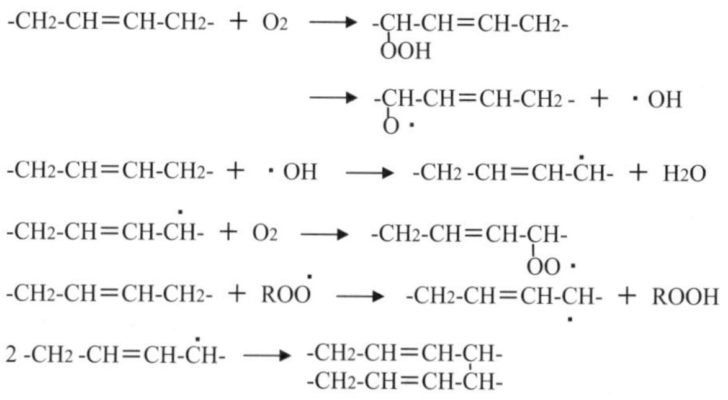

第2章　塗料分野を中心とした架橋剤と架橋反応技術

$-CH_2-CH=CH-CH_2- + O_2 \longrightarrow -CH-CH=CH-CH_2-$
　　　　　　　　　　　　　　　　　　　　$\underset{OOH}{|}$

　　　　　　　　　　　　　$\longrightarrow -CH-CH=CH-CH_2- + \cdot OH$
　　　　　　　　　　　　　　　　$\underset{O\cdot}{|}$

$-CH_2-CH=CH-CH_2- + \cdot OH \longrightarrow -CH_2-CH=CH-\overset{\cdot}{CH}- + H_2O$

$-CH_2-CH=CH-\overset{\cdot}{CH}- + O_2 \longrightarrow -CH_2-CH=CH-CH-$
　　　　　　　　　　　　　　　　　　　　　　　　　　$\underset{OO\cdot}{|}$

$-CH_2-CH=CH-CH_2- + ROO\cdot \longrightarrow -CH_2-CH=CH-\overset{\cdot}{CH}- + ROOH$

$2 -CH_2-CH=CH-\overset{\cdot}{CH}- \longrightarrow -CH_2-CH=CH-CH-$
　　　　　　　　　　　　　　　　　　　　$\underset{-CH_2-CH=CH-CH-}{|}$

図17　空気酸化重合硬化の反応スキーム

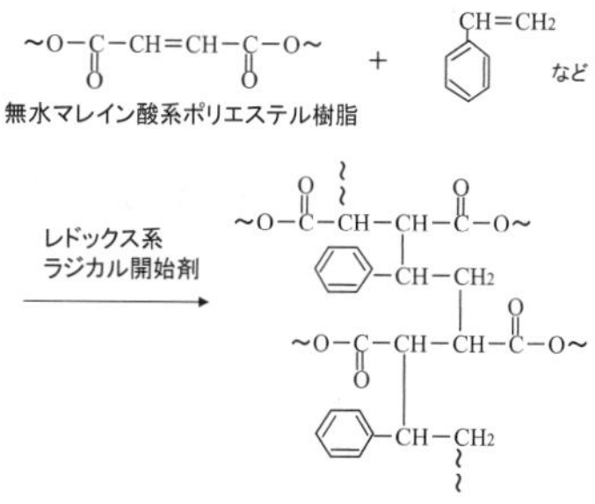

図18　不飽和ポリエステル樹脂とスチレンモノマーなどによる架橋反応

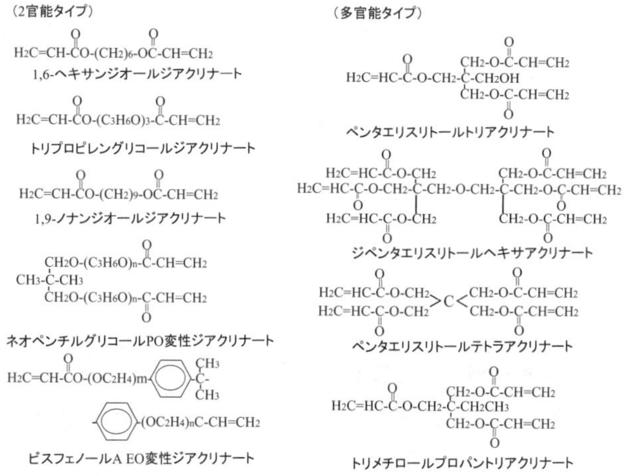

図19　光ラジカル重合系モノマーの代表例

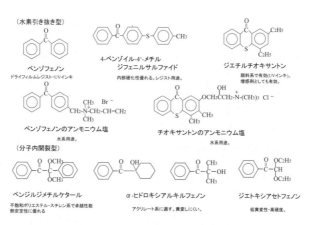

図20　光ラジカル重合開始剤の代表例

3 新しい架橋反応系

3.1 活性メチレン化合物を用いたマイケル付加反応系

マイケル付加反応は，図21に示すように活性化された炭素–炭素二重結合へのカルバニオンの付加反応で，そのマイケルドナーとしてはアミン，ブロックドアミン（ケチミン，アルジミンなど）などが知られている。また，活性メチレン化合物，ポリエナミンや水酸基などの検討もあるが，活性メチレンや水酸基の二重結合への付加反応触媒は，強塩基性の金属水酸化物や金属塩，3級アミン，4級アンモニウム塩などが使用されてきた[15]。

活性メチレン化合物を利用したマイケル付加反応を塗料の架橋反応として応用すると，安定な炭素–炭素結合が生成するが，強塩基触媒を用いるため，各種問題点がある。触媒活性のない一般の4級アンモニウムハライドをエポキシ化合物と併用することで触媒活性を発現することが報告されている[16]。この現象を利用し，2-ヒドロキシエチルメタクリレートとジケテンから得られるアセトアセトキシエチルメタクリレート（AAEM）[17]，メタクリル酸グリシジル（GMA）を含む共重合体と多官能アクリレートとしてペンタエリスリトールトリアクリレート，テトラブチルアンモニウムナイトレートを添加することで，焼付けタイプの塗料が得られたと報告されている[16]。

3.2 その他活性メチレン基を利用した架橋反応系

アセトアセトキシ基に代表される活性メチレン基は前述したように反応性が高いため架橋官能基となる（図22）。アセトアセトキシ基は金属アルコキシド，金属キレートによるキレート架橋[18]や芳香族アルジミンとの反応も可能である。さらに，アミノシラン化合物[19]，エポキシ基とアミノ基[20]，エポキシ基とカルボキシル基とアルミキレートと強塩基などの複合架橋反応[21]など数多くある。

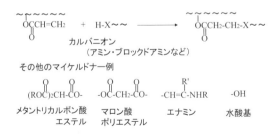

図21 マイケル付加反応の代表的架橋反応例

第 2 章　塗料分野を中心とした架橋剤と架橋反応技術

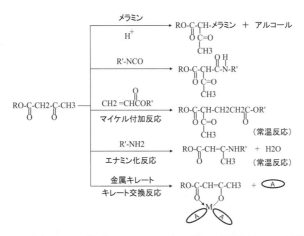

図22　活性メチレン基（アセトアセトキシ基）の架橋反応への応用例

3.3　活性エステル基を利用した架橋反応系

　活性エステル基はエステル基のアルコール側に酸性度の高い電子吸引性基を有して求核反応を活性化する反応活性の高いエステルを意味するとされている（西久保）[22]。また活性エステル基は普通のエステル基よりはるかに求核置換反応性の高い官能基である（富岡）[23]とされている。そのものの活性度の目安は塩基性条件下での加水分解速度の大きさも１つである[24]。コーティング領域での架橋反応に利用できる代表例を図23に示す。

　図24はもっとも代表的な活性エステル基含有アクリルモノマーのメチルアクリルアミドグリコ

図23　代表的な活性エステル構造

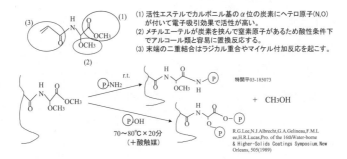

図24　メチルアクリルアミドグリコラートメチルエーテル(MAGME)とその架橋反応例

ラートメチルエーテル (MAGME) で，分子中に異なる3つの反応点を有している。それはメチルエステル基が活性エステル基で，さらにメチルエーテル基，末端の二重結合で，それぞれの反応例を示す[25]。

3.4 官能基ブロック架橋系

塗料では高反応性のもの同士を混合して架橋反応を起すものは一般に2液調合型として使用されているが，塗料の使いやすさの面からは1液タイプが望まれる。また水性系などを設計する場合，官能基保護が重要である。そこで必要となるのが架橋官能基のブロック化技術である。化学的に活性な官能基または触媒をブロック剤で1次的にマスクし貯蔵時は安定に存在させ，架橋反応過程でブロック剤が解離し，官能基が再生して反応が進むという技術である。従来，その代表格はブロックイソシアナートであったが，その他の官能基への適用検討が活発である。

アミノ基のブロックとしては前述した1級アミノ基をケトンでブロックしたケチミンが，またアミノアルコールをオキサゾリジンとしてブロックしたものも含め，これらはイソシアナート基，エポキシ基，カルボン酸無水物，アセトアセトキシ基などとの架橋反応の1液化で検討，一部実用化されている。カルボキシル基のブロック化例としては図25に示すようにエステル型，アミド型，t-ブチルエステル型，シリルエステル型，アセタールエステル型などがあるがエステル型，アミド型の解離には高温が必要であること，シリルエステル型は水分に敏感であるなど問題が多い[26]。アセタールエステル型はエポキシ樹脂との組み合わせで自動車用クリヤーへの利用報告がある[27]。

カルボン酸無水物のブロック的なものにハーフエステル化がある。自動車クリヤー用架橋系として利用されている（図26）[28]。

エポキシ基のブロックは，炭酸ガスによるシクロカーボネート基への変換技術がある[29]。シクロカーボネート基は室温では安定に存在するが，4級アンモニウム塩などの触媒で90～140℃に

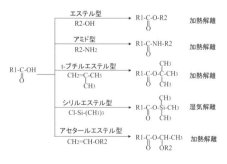

図25 カルボキシル基のブロック化技術例

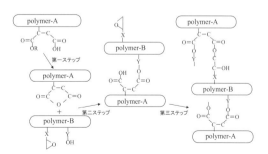

図26 酸無水物のハーフエステル/エポキシ複合架橋系

第2章 塗料分野を中心とした架橋剤と架橋反応技術

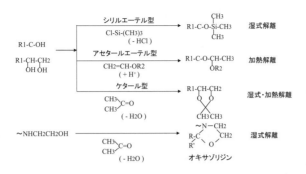

図27 水酸基のブロック化技術例

加熱することで脱炭酸しエポキシ基を再生する。この特性を利用したシクロカーボネート基／カルボキシル基硬化システムの検討例がある[30]。

水酸基のブロックとしては図27に示すようにシリルエーテル化[31]，アセタール化[32]，オキサゾリジン[33]などがある。特にイソシアナート架橋系として加水分解型のシリルブロック技術が幅広く検討されている[34]。

4　水性塗料の架橋反応技術

　水性系での架橋剤，架橋反応技術は，今まで述べた架橋反応技術の延長線上で考えられるが，媒体が水であるため材料を水に分散もしくは溶解する必要があり，さらに活性水素含有化合物である水と反応し所望の架橋反応が生じないものは工夫が必要となる。まず，水への分散・溶解性の付与は一般的に直接親水性基を導入する，もしくは親水性基を含有する材料で分散するという方法をとる。親水性基としてはカチオン性基，アニオン性基，ノニオン性基があり適宜選択される。水媒体中での存在状態はその分散粒子径や分散方法により分類されているが，溶解タイプ〜分散タイプまで各種ある。水性系の基本的な特徴は不均一分散系であるということで，このことを利用すると反応性が高い架橋反応系でも1液化を図ることが可能となるという特徴がある。本節では特に水性系特有の架橋反応技術について述べる。

4.1　熱硬化性水性塗料用樹脂

　水性塗料用樹脂の中でアクリル樹脂はもっとも便利に使用され，架橋官能基モノマーを共重合し熱硬化性樹脂としている。有機溶媒中で重合する水性アクリル樹脂は，親水性（イオン性）モノマーを共重合，中和，水分散することで得られる。また水媒体中で直接重合できる乳化重合法は，低コストで架橋系設計では種々の工夫ができる。例えば，水性樹脂の存在下，共重合モノマ

ーを分散重合すると水性樹脂が樹脂粒子の表面部，共重合したアクリル樹脂はコア部を形成し，水性アルキド樹脂やポリブタジエン樹脂などを分散剤とすると酸化重合架橋機能を有する熱硬化性エマルションが得られる。また，多段重合プロセスでは組成の選択により多層構造粒子ができ，特に2段重合ではコアシェルエマルションとよばれ，それぞれの組成で複数機能をもたせられ，架橋官能基を導入する上でも重要なテクニックとなっている[35]。

ポリエステル樹脂も汎用的な水性塗料用樹脂で，前述した溶剤型同様に水性熱硬化型樹脂として使用される。エポキシ樹脂は水性塗料分野でも防錆用として有用なビスフェノールA型エポキシ樹脂の使用が多い。その水性化方法は親水性基を導入する場合と乳化剤による強制乳化する場合がある。エポキシ基へのアミン付加によるカチオン化，エポキシ基や水酸基への酸付加によるアニオン化などがあり，架橋官能基としてはエポキシ基，水酸基，カルボキシル基，アミノ基などを有する熱硬化性樹脂である。

4.2 水性焼き付け架橋系

焼き付け型に使用する架橋系は常温では安定であり高温になってはじめて架橋反応する。これは水や溶剤が揮発した後であるため，基本的な架橋反応は水系でも溶剤型でも同じとなるため前述した内容がそのまま適用できる。但し，溶液状態で架橋官能基が水や他の親水性基と共存しても安定である必要があること，また，反応時に親水成分と疎水成分が不均質に分布するため架橋構造が均一溶解系とは異なるなど注意が必要である。よく使用される架橋系としてはアミノ樹脂系とポリオールの組み合わせ，酸化重合系，ブロックイソシアナートとポリオール系，エポキシ基／カルボン酸系などである。それぞれの架橋系では架橋剤を如何に水に安定（官能基保護と水系への均一分散）に存在させるかがポイントとなる。さらに，水性樹脂には水和官能基が導入されているが，図28に示すような架橋反応によって水和官能基が消失するような架橋系が耐水性などの面から好ましい[36]。

水性焼付け塗料で特徴的なものに電着塗料分野がある。現在の主流は，カチオン型電着塗料で，アミノ化変性ビスフェノールA型エポキシ樹脂とMEKオキシムブロックイソシアナートの組み合わせで実用化されている。この架橋系も水和官能基であるアミノ基と水酸基がイソシアナートと反応する一例で，焼付け架橋した結合はウレタンウレア結合となり，高い架橋密度と防錆性を発現する。また，クレゾールノボラック型エポキシ樹脂を出発原料として，プロパルギルアルコールをエポキシ基に付加しプロパルギル基を担持，またスルフィドをエポキシ基に付加したスルホニウム基を水和基とした水性樹脂からなる電着塗料用樹脂がある[37]。この樹脂は図29に示すように，陰極電析（塩基性雰囲気中）でプロパルギル基がアーレン転位を起し，焼付け自己架橋反応する。

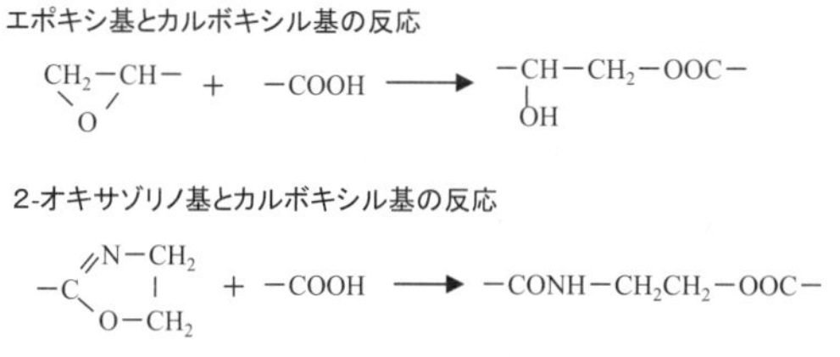

第2章　塗料分野を中心とした架橋剤と架橋反応技術

図28　水和官能基を消失させる代表的な架橋反応

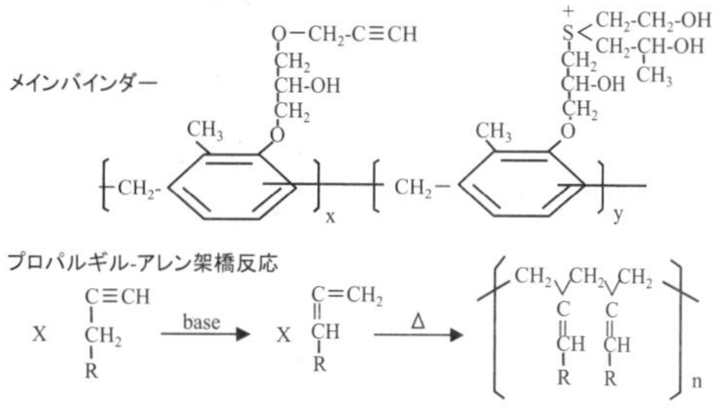

図29　電解活性型電着塗料の架橋反応

4.3　水性常温～強制乾燥架橋系

　水性系の特徴である不均一分散系を利用し，反応性の高い材料同士の1液安定化が図れる分野である。相互に反応する2種の官能基を別々の高分子に担持，それぞれを分散樹脂粒子として共存させる場合，または片方が分散樹脂粒子でもう一方が水溶性もしくは水性分散体の場合，さらにはその対象が架橋反応触媒であったりもする。また分散樹脂粒子内の疎水性度を利用した架橋官能基の水との遮断による保護，粒子内層構造（コアシェルエマルションなど）を利用した共存化の場合などがある。これらは，塗装後，水が蒸発し分散樹脂粒子が融着合一，官能基が接触し架橋反応が進む。但し，イソシアナート系やエポキシ基／アミノ基系などの反応活性の高いものではむずかしい。

4.3.1　カルボニル基／ヒドラジド基の架橋反応

　ヒドラジド基やアミノ基はカルボニル基と常温で脱水縮合反応が進行する。ダイアセトンアクリルアミド（DAAM）を共重合したカルボニル基担持アクリルエマルションと水溶性のアジピン酸ジヒドラジド（ADH）を組み合わせた建築用塗料が一般的である[38]。セミカルバジド化合物（SC）はより反応性の高いものとして報告されている[39]。DAAMおよびADH，SCの構造および反応メカニズムを図30に示す。

4.3.2　カルボジイミド基／カルボン酸基の架橋反応

　カルボジイミド基はカルボン酸基，アミノ基，水酸基などと反応するが，カルボン酸とは反応性が高く常温架橋系として利用できる[40]。溶剤型などの均一系では1液化は不可能だが，水性系の場合はその反応性と安定性を制御することが可能であるとの報告がある。カルボジイミド化合物は両末端イソシアナート基含有オリゴマーとして合成される。その末端イソシナート基を利用した鎖伸長や親水化変性などで，水性塗料用架橋剤として安定性，反応性，架橋剤品質が設計できる（図31）。鎖延長化反応はポリアルキレングリコール，また親水化変性は片末端アルコキシポリエチレングリコールを用いる。これら変性反応により，水性塗料中では分散体として存在し，カルボン酸との接触が抑制され，水の蒸発とともに反応が進むという設計が可能となっ

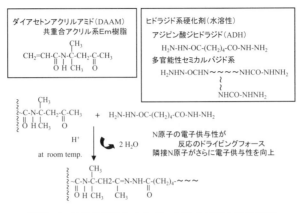

図30 ヒドラジド基とカルボニル基の反応とその材料

(1) カルボジイミド基含有化合物→ジイソシアナートの脱炭酸反応で得られる
OCN-~(-N=C=N-~)ₙ-NCO

(2) 水性塗料用カルボジイミド基含有硬化剤の変性設計方法

塗膜性能	設計方法
反応性、安定性	ノニオン性親水オリゴマーによる分子末端変性での反応性制御
密着性、可撓性	ジオール(柔軟成分)とのウレタン化による高分子量化

(3) →水溶液ではカルボン酸とカルボジイミド基が分離存在して、
水が蒸発することでカルボン酸とカルボジイミド基が接触し反応する。

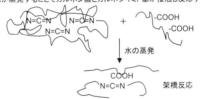

図31 カルボジイミド化合物の親水化変性とその反応

た[36, 41]。

4.3.3 アルコキシシリル基の架橋反応

　アルコキシシリル基の架橋反応は，水性系でも非常に強固な膜を形成できるが，水が存在するためアルコキシシリル基が非常に不安定となる。そこで乳化重合時，疎水性の高い長鎖モノマーを併用することで安定なエマルションが得られると報告されている[42]。さらに，分散樹脂粒子内に疎水性が高く，沸点の高い水酸基含有化合物を含有させることで安定性が向上できるとの報告もある[43]。本架橋系は建築用途で耐久性を向上するための有力手段となっている。

5 粉体塗料での架橋反応技術

粉体塗料の架橋システムとしての制約条件として，架橋剤は常温で固体であり，熱溶融混練温度（～110℃）以下で反応が進行しない，硬化焼付けは幅広い条件（150℃～）で硬化が完了することである。これらの特性をバランスよく有する樹脂・架橋剤は限られている。

5.1 ポリエステルウレタン粉体塗料

水酸基末端ポリエステル樹脂をブロックイソシアナートで架橋させるもので，密着性，耐候性および表面平滑性が良好なため国内ではもっとも多く使用されている。但し，焼き付け温度が高い（160℃～）こと，焼き付け時にブロック剤の揮散があるという課題がある。架橋剤としてはイソホロンジイソシアナート系がほとんどで3量体であるイソシアヌレートタイプのε-カプロラクタムブロック体が代表的である。その他，トリメチロールプロパン変性の3官能タイプやエチレングリコールやジエチレングリコール変性の2官能タイプなどがある。架橋系の低温化については低温解離ブロック剤の検討がされているが，外観品質などとの両立でむずかしい点がある。ブロック剤の揮散に対してはウレトジオン結合の自己ブロックタイプのイソシアナートが提案されている[44]。

5.2 ポリエステルエポキシ粉体塗料

カルボキシル基含有ポリエステル樹脂とエポキシ樹脂のブレンド系で耐色性，耐薬品性が優れているがエポキシ樹脂が配合される分，耐候性が劣る。架橋反応は触媒としてイミダゾール類，ホスフィン類，4級アンモニウム塩類などが用いられ180℃20分の焼付け条件が用いられる。エポキシ基へのカルボキシル基の付加開環反応であるため，揮散物がなく安価である。

5.3 ポリエステルTGIC（トリグリシジルイソシアヌレート）粉体塗料

カルボキシル基含有ポリエステル樹脂をトリグリシジルイソシアヌレート（TGIC）で架橋するもの（図32）で，耐候性，物性，耐熱黄変性が優れ，揮発成分もないし，硬化温度も150℃ぐらいまで低温化できる。但し，TGICの毒性（変異原性，皮膚刺激性）の点で避けられている[45]。

5.4 エポキシ粉体塗料

エポキシ樹脂と架橋剤としてアミン類や酸無水物との組み合わせで用いる。付着性と耐食性・耐薬品性に優れるが耐候性に劣る。アミン類の代表は前述したジシアンジアミドであるが高温焼付けが必要なことから低温タイプとして酸ヒドラジド類，イミダゾール類などが使われている。

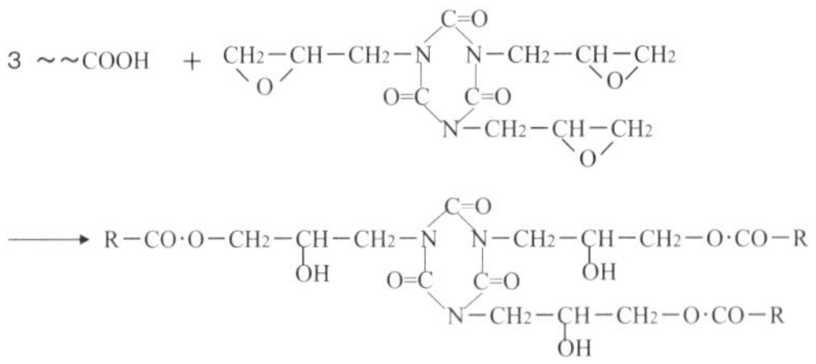

図32 カルボン酸担持ポリエステル樹脂とTGICの架橋反応

5.5 アクリル粉体塗料

グリシジル基含有アクリル樹脂とデカンジカルボン酸（DDA）を組み合わせて使用する。耐候性，耐薬品性，鮮映性に優れるがコストが高い。自動車用のトップコートとしてポリ酸無水物系の硬化剤なども提案されている[46]。

5.6 その他の新しい硬化剤系

粉体塗料での課題は焼付け硬化温度の低温化であり，TGICがもっとも有力視されていたが，毒性の面で使用拡大できず，新規な架橋剤が求められている。中でも欧州から広がりを見せているプリミド硬化系が注目されている[47]。欧州ではかなりの使用が確認されている。図33にその構造と反応式を示す。

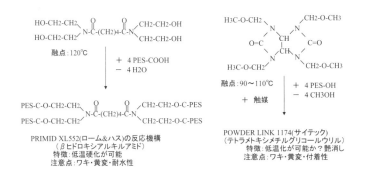

図33 粉体塗料用の新規な硬化剤

6 おわりに

新旧取り混ぜて各種架橋反応，架橋剤を紹介した。塗料の架橋技術は溶剤型塗料から始まり，昨今では環境対応の面から粉体用，水系へと進化が見られるが，基本的な要件は材料の安全性，揮散有害物質のゼロ化，架橋反応温度の低温化と時間短縮（省資源，CO_2削減），低コスト，使いやすさ，高品質であることで言い尽くせると思う。

文　　献

1) 北岡協三，「塗料用合成樹脂入門」，高分子刊行会（1974）
2) T. F. Mike, *J.Appl. Chem.*, **6**, 365（1956）
3) 山田光夫，日本接着学会誌，**27**，401（1991）
4) 宮澤賢史，「エポキシ樹脂の高性能化と硬化剤の配合技術および評価，応用」，p.179，㈱技術情報協会（1997）
5) 江口芳雄，*TECHNO-COSMOS*, **2**, 57（1992）
6) K. Holmberg, "Organic Coatings Science and Technolgy Volume 8", p.125, Marcel Dekker（1986）
7) 安達浩，2000.10.26.セミナーテキスト，技術情報協会（2000）
8) 桐原修，「自動車用塗料・コーティング技術の動向と今後の展望」，p.25，㈱情報機構（2002）
9) 田華尚文，塗装工学，**32**(8)，324（1997）
10) 鈴木紳次，臼井健敏，コーティング時報，No.211，9（1999）
11) 伊藤邦雄編集，「シリコーンハンドブック」，日刊工業新聞社（1990）
12) 特公昭46-30711
13) 和田正，今井聖，日本ゴム協会誌，**46**，314（1973）
14) 島本登，「シリコーンの応用展開」，p.248，シーエムシー出版（1991）
15) E. D. Bergmann, D. Ginsburg, R. Pappo, *Org.React.*, **10**, 179（1959）
16) 青木啓，*TECHNO-COSMOS*, **8**, 17（1995）
17) F. Del Rector, W. W. Blouut, D. R. Leonard, the 15th Waterborne & Higher Solids Coatings Symp., p.68（1988）
18) F. Del Rector *et al.*, *J.Coat. Tech.*, **61**(771), 31（1989）
19) 特開平04-189774，特開平07-62251
20) 特開平04-180975
21) 特開平06-88053
22) 西久保忠臣，有機合成協会誌，**49**(3)，218（1991）
23) 有機合成協会編，「有機合成実験法ハンドブック」，p.432，丸善（1990）

24) K. Othmer, "ENCYCLOPEDIA OF CHEMICAL TECH.", 9, p.315 (1980)
25) H. B. Lucas, *J. Coat. Technol.*, **57**, 49 (1985)
26) 特開平01-65163
27) 中根喜則, 石戸谷昌洋, 色材, **67**(12), 766 (1994)
28) 奥出芳隆, 接着学会誌, **31**(7), 297 (1995)
29) W. J. Peppel, *Ind. Eng. Chem.*, **50**, 767 (1958)
30) 特開平04-132781
31) Chem. Ab. 80, 27373n (1974)
32) 特開平04-153268
33) A. Noomen, *Poly. Paint Col. J.*, **176**, 76 (1986)
34) 特開昭62-283163
35) 桑島輝昭,「水溶性高分子の新展開」, 野田公彦監修, p.59, シーエムシー出版 (2004)
36) 桑島輝昭, *Material Stage*, **3**, 53 (2005)
37) 川上一郎, *TECHNO-COSMOS*, **15**, 33 (2002)
38) 堀田巌, 塗装工学, **38**(4), 130 (2003)
39) 佐藤弘一, 枡田一明, 桑島輝昭, 大垣敦, 2004年度色材研究発表会（色材協会）(2004)
40) J. W. Taylor, M. J. Collins, D. R. Bassett, *J. Coat. Tech.*, **67** (846), 43 (1995)
41) 枡田一明, 大杉宏治, 桑島輝昭, 2000年度色材研究発表会（色材協会）(2000)
42) 栗山智, 塗装と塗料, **515**(1), 40 (1994)
43) 久司美登, *TECHNO-COSMOS*, **17**, 8 (2004)
44) Manfred Bock, "Polyurethanes for Coatings", p.90, Vincentz Hannover (2001)
45) 薮田雅己,「自動車用塗料・コーティング技術の動向と今後の展望」, p.15, ㈱情報機構 (2002)
46) H. Schmidt, *Paint & Ink international*, **7**(3), 3 (1994)
47) 大西和彦,「環境対応型塗料の開発と応用およびコーティング技術」, p.230, ㈱技術情報協会

第3章 特異な分解反応を利用する架橋高分子の組成および架橋構造の解析

大谷　肇*

1　はじめに

　高分子鎖を互いに橋かけした三次元構造を持つ架橋高分子は，あらゆる溶媒に不溶となる。こうした不溶性高分子では，その物性と密接に関連した架橋構造等の解析がしばしば求められるにもかかわらず，適用できる分析手法は非常に限定されており，十分満足できる解析がなされているとは限らない。これまで，不溶性架橋高分子の架橋密度の解析には，膨潤度やガラス転移点および各種の機械的な特性の測定が，主として用いられてきた。膨潤度測定は，膨潤平衡に達した架橋高分子の膨潤度が，その架橋密度に大きく依存することを利用したものであるが，実際に膨潤度を測定する際には，通常煩雑な試料前処理と長時間の測定を必要とする。また，架橋間の平均連鎖長に相関して変化することが示されているガラス転移点の測定も，架橋密度を解析する上で重要なものである。しかしながら，この方法は実際には架橋度が比較的小さな試料にしか適用できないうえに，試料中の配合剤や共重合組成の影響を受けやすいという問題がある。さらに，振動伝達のタンデルタ（$\tan\delta$）などの機械的特性の測定も含め，上述した方法はいずれも化学構造を直接観察しているわけではなく，観測される物性値から間接的に架橋構造を解析しているにすぎない。

　また，分子分光分析法のうち，高分子の一般的な化学構造の解析に古くから活用されてきた赤外分光法（IR）は，錠剤法や薄膜法，あるいは各種の反射測定法を用いることによって，固体試料についても比較的分解能の高いスペクトルが得られることから，種々の硬化樹脂の同定に用いられてきた。さらに，近年では，フーリエ変換（FT）IRを用いることによって，感度および分解能がかなり向上したスペクトルの測定が可能である。しかし，高分子の様々な微細構造解析に，現在最も大きな威力を発揮している溶液法の核磁気共鳴法（NMR）は，試料の溶液化が困難な硬化樹脂については，直接適用することが難しい。近年，固体高分解能NMRが著しい進歩を遂げてはいるものの，加硫ゴム・エラストマーなどの一部の例を除いては[1]，架橋高分子の詳細な化学構造の解析を行うにはまだまだ分解能が十分とはいえない。

　こうした中で，本来難揮発性の高分子試料を500℃前後の高温で瞬間的に熱分解し，生じた揮

---

*　Hajime Ohtani　名古屋工業大学　大学院工学研究科　物質工学専攻　教授

発性生成物をガスクロマトグラフィー（GC）によりオンラインで分析する熱分解GC（Py-GC）は，高分子の構造情報を提供するユニークな手法として活用されてきた[2~4]。Py-GCは，試料の形態や溶解性などの制約をほとんど受けることなく，通常何の前処理もせずに0.001～0.1 mgというごく微量の試料を用いて測定を行うことができることから，さまざまな不溶性高分子の分析にも広く適用されている。これまでに，各種エポキシ樹脂の主骨格と硬化剤の解析[5,6]，およびそれらの熱硬化過程の解析[7]，あるいは漆膜などの天然樹脂硬化物の構造解析にPy-GCを適用した例が報告されている[8~11]。また，含イオウ化合物に選択的に応答する炎光光度検出器を備えたPy-GCのシステムが，各種ゴムのイオウ加硫形態および加硫機構の解析に活用されている[12~16]。

しかしながら，縮合系高分子を中心にして，強固な化学構造を有する架橋高分子では，熱エネルギーのみでそれらを分解しても，分解効率が一般に低い上，図1（a）にモデル的に示したように，しばしば架橋点が相対的に熱分解しやすく，その過程で肝心の架橋構造情報が失われることになる。したがって，通常のPy-GCにより架橋構造そのものを解析した報告例は，実際にはあまり多くない。これに対して，分解の過程で適切な化学反応を加味することによって，分解効率を向上させると同時に，図1（b）のように分解反応に特異性を誘起して，架橋点近傍の構造情報を保持した分解物を選択的に生成させることができれば，それらを分析することによって，架橋構造そのものの解析が可能になる。本章では，このような特異な試料分解反応を用いる架橋高分子の架橋構造等の解析について，紫外線（UV）硬化樹脂に関する結果を具体例として述べる。

2　有機アルカリ共存下での反応Py-GCによる架橋構造解析

近年，有機アルカリ等の反応試薬共存下において化学反応を加味した熱分解を行う反応Py-GCの手法が，通常のPy-GCによる解析が一般に難しいとされている，各種縮合系高分子の精密

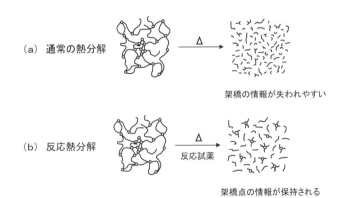

図1　架橋高分子の通常の熱分解反応および架橋部の情報を保持する特異的分解反応のモデル図

第3章 特異な分解反応を利用する架橋高分子の組成および架橋構造の解析

組成分析や微細構造解析を可能にする手法として注目されている[17,18]。この反応試薬として最もよく用いられている，水酸化テトラメチルアンモニウム（TMAH）共存下でポリエステルやポリカーボネートを反応Py-GC測定した場合には，試料中のエステル結合やカーボネート結合が選択的かつ効率的に加水分解されると同時に，分解物はGC測定に適したメチル誘導体に変換されて，パイログラム上に観測される。従って，例えばアルキド樹脂[19]や不飽和ポリエステル樹脂[20]などの縮合系の硬化物試料を，TMAH共存下で反応Py-GC測定することにより，それらの正確かつ詳細な構造情報が得られることが報告されている。さらに，架橋高分子試料中の架橋ネットワーク構造が，主としてエステル結合やカーボネート結合により分画されている場合には，試料中の架橋構造に関する局所情報を保持した分解生成物を，この方法によりパイログラム上に観測することができる。たとえば，高温処理した芳香族系ポリエステル[21]やポリカーボネート[22,23]中に形成される，分岐および架橋構造を詳しく解析することなどが可能である。ここでは，まずTMAH共存下での反応Py-GCの手法を概説し，さらにこの方法を，架橋ネットワーク構造が主としてエステル結合を介して構成されている，アクリレート系UV硬化樹脂の精密組成分析や架橋連鎖構造解析に応用した例を紹介する。

2.1 反応Py-GCの装置構成と測定手順

図2に，縦型加熱炉型の熱分解装置を直結した反応Py-GCシステムの装置系統図を示す。一般に，反応Py-GCの測定操作は，試料採取の際に反応試薬を添加する以外は，通常のPy-GCの場合とほぼ同じである。まず，50～100 μg程度の高分子試料を，微量天秤を用いて試料カップに秤取する。この試料カップ中に，反応試薬として1～2 μl程度のTMAH溶液をマイクロシリンジを用いて添加した後，試料カップを熱分解装置上部の導入部（常温）に設置する。次に，この試料カップを，反応熱分解に適した温度（300～400℃）に保たれた熱分解装置の炉心へと自由落下させて，Heキャリヤーガス中で試料の瞬間的な反応熱分解を行う。この際，十分に高い反

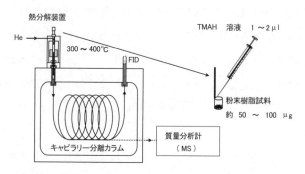

図2　有機アルカリを用いる反応Py-GCのシステムおよび測定操作の模式図

応効率を達成するために，試料はあらかじめ凍結粉砕機などを用いて，可能な限り微細な粉末状にしておくことが望ましい。

市販のTMAHは，25 wt％のメタノール溶液か水溶液，あるいは固体の5水和物として入手することができる。これらの中では，溶媒がメタノリシス反応に関与し得るメタノール溶液が，最もよく選択される。また，反応熱分解に際して競合して関与することが危惧される，過剰な熱エネルギーによる分解をできるだけ抑制するために，反応熱分解の温度は，反応試薬を用いない通常のPy-GC測定の場合（500～600℃）よりもかなり低い，300～400℃程度の温度に設定して，測定を行うのが一般的である。

2.2 多成分アクリレート系UV硬化樹脂の精密組成分析

UV硬化樹脂は，モノマーあるいは光開始剤の種類や組み合わせを調整することにより，物性の異なる様々な樹脂を設計することが可能であり，さらに比較的低温において，少ないエネルギーで短時間に硬化反応が達成されることから，近年，塗料から歯科材料に至るまで，種々の分野で用いられている。樹脂の設計・開発および品質管理を行う上で，硬化した樹脂の化学構造の解析は欠かすことができないが，実用的なUV硬化樹脂は不溶性であるだけでなく，一般に多成分系であるために，分光学的手法などでは詳細な分析が困難であり，Py-GCの手法がしばしば有効に活用されてきた。しかしながら，アクリレート系UV硬化樹脂を，一般的な高分子と同様の熱分解温度500～600℃で，通常のPy-GC測定に供すると，ポリマー鎖のランダムな熱分解によりアルデヒド等の極性化合物が多数生成し，パイログラムの解析が困難となる。これに対し，アクリレート系UV硬化樹脂試料にTMAHを添加し，300～400℃の比較的低温で反応Py-GC測定すると，エステル結合が選択的に切断され，樹脂を構成する原料オリゴマーや反応性希釈剤等の骨格を反映したメチルエステルやメチルエーテルが生成する。そこで，これらの生成物を手がかりにして，多成分アクリレート系UV硬化樹脂の組成分析などを行うことができる[24]。

表1に，アクリレート系UV硬化樹脂に用いられる典型的な単官能～多官能アクリレートモノマー（プレポリマー）と，それらから構成されるUV硬化樹脂をTMAH共存下で反応熱分解した際の，各アクリレート単位からの主な分解生成物をまとめて示した。エステル結合が加水分解－メチル誘導体化されることにより，各構成単位に由来するメチルエーテルが特徴的に生成するが，メチル誘導体化は必ずしも定量的に進行するわけではないので，水酸基を有する分解物もかなり生成する。また，多官能のエリスリトールアクリレートの場合には，環状エーテルの生成もしばしば確認される。

図3に一例として，2-ヒドロキシエチルアクリレート（HEA），テトラヒドロフルフリルアクリレート（THFA），ペンタエリスリトールトリアクリレート（PET3A），およびビスフェノ

第3章 特異な分解反応を利用する架橋高分子の組成および架橋構造の解析

表1 アクリレート系UV硬化樹脂の構成成分と主な反応熱分解生成物

	アクリレートの構造	反応熱分解生成物
HEA	(構造式)	(構造式)
POA	(構造式)	(構造式)
THFA	(構造式)	(構造式)
EDEGA	(構造式)	(構造式)
BA4EODA (m+n=4)	(構造式)	(構造式)
NPGA	(構造式)	(構造式)
DPHA	(構造式)	(構造式)
PET3A	(構造式)	(構造式)

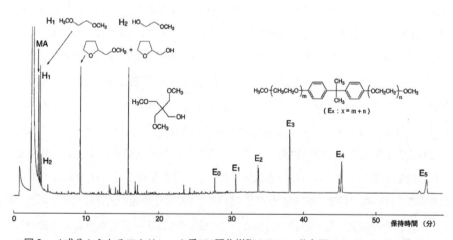

図3 4成分からなるアクリレート系UV硬化樹脂のTMAH共存下におけるパイログラム

ールAエチレンオキシド付加物のジアクリレート（BA4EODA）の4成分からなるUV硬化樹脂を，TMAHの共存下，400℃で反応熱分解して得られたパイログラムを示す．まず，未反応のアクリロイル基から，メチルアクリレート（MA）が特徴的に生成しており，そのピーク強度から硬化（重合）反応の進行度を定量的に論ずることができる．一般に，アクリレート系UV硬化樹

脂の硬化反応の進行度は，IR測定により観測される．アクリロイル基に由来する特性吸収強度の減少から見積もられることが多いが，この方法では充填材や顔料等の添加剤，あるいはラミネート基材による吸収が妨害となり，実用的な系ではしばしば正確な測定が困難になる．こうした場合には，共存物の影響を受けにくい反応Py-GCの方法により，パイログラム上に観測されるMAの強度から硬化反応度を計測する方法が非常に有効である[25]．

さらに，パイログラム上には，表1に示したような，各成分の骨格を反映したメチルエーテルを中心とする生成物が検出されている[24]．そこで，アクリレートから生成する特性的な分解物のピークの相対強度を，実験的に予め求めて検量線を作成しておけば，未知のUV硬化樹脂の組成を比較的容易に求めることができる．また，BA4EODAは，実際にはエチレンオキシドの重合度が異なるオリゴマーの混合物であり，パイログラム上に観測されるそれぞれを反映するピークの強度から，もとの重合度分布を求めることができる．さらに，全体として重合度が同じでも，ビスフェノールA単位の両端でのエチレンオキシドの重合度組み合わせがそれぞれ異なる異性体が存在し得るが，実際のパイログラム上でも，それらに対応したピーク分裂が観測されているので，それらの相対強度から，各異性体の存在比率を推算することも可能である．

2.3 オリゴマータイプのアクリレートプレポリマー分子量の推定

図3に例示したように，重合度の異なる同族体成分からなるアクリレートを用いて調製したUV硬化樹脂を，TMAH共存下で反応熱分解すると，たとえばBA4EODAからは，エチレンオキシドの付加モル数に対応したメチルエーテル化合物がそれぞれ検出されるため，それらのピーク強度から，もとのアクリレートのおおよその分子量や，その分布を知ることが可能である．しかしながら，オリゴマータイプのビスフェノールA（BA）ジグリシジルエーテル型エポキシアクリレート（BAE）などのように，さらに分子量の大きなアクリレートをプレポリマーとして合成したUV硬化樹脂では，分解物がエステル結合の反応熱分解のみによって生成するとすれば，それらは依然としてプレポリマーとほぼ同様の分子量を保持しており，GCカラムを通過して検出することは一般に困難である．ただし，BAE型UV硬化樹脂の場合には，反応熱分解に際してエーテル結合の開裂も部分的に進行するため，GCでも解析可能な程度に分子量が低い分解物が生成して，パイログラム上に観測されるそれらのピーク強度に基づいて，もとのプレポリマーの分子量などを解析することも可能になる[26]．

図4に一例として，平均分子量約3,000のBAEプレポリマーを用いて調製したUV硬化樹脂の，TMAH共存下におけるパイログラムを示す．また，図5には，その反応熱分解過程を，図4の各ピークの帰属と併せて示した．パイログラム上には，単一のBA単位からなる生成物（M_1〜M_3）が主として観測されるが，微小ながらBA単位を2つ持つメチルエーテル化合物のピーク（D_1

第3章 特異な分解反応を利用する架橋高分子の組成および架橋構造の解析

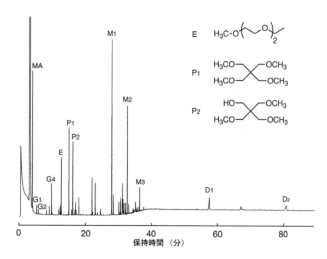

図4 ビスフェノールAエポキシアクリレートUV硬化樹脂のTMAH共存下における
典型的なパイログラム

〜D_2）も認められる。図5の分解過程から分かるように，これらの「2量体」は，複数のBA単位を持つエポキシアクリレート部分からしか生成し得ないため，それらのピーク強度は，もとのBAEの分子量に相関して変化することが予想される。実際に，BAEプレポリマーの平均分子量が大きくなるほど，2量体のピークの相対強度が高くなることが実験的に確かめられている[26]。したがって，この2量体のピーク強度と，エポキシアクリレートの分子量との相関関係を予め求めておけば，硬化樹脂に配合されているエポキシアクリレートの分子量を，樹脂の反応Py-GC測定により推定することができる[26]。

2.4 UV硬化樹脂の架橋ネットワーク構造解析

最近，反応Py-GCを用いて，アクリレート系UV硬化樹脂の，架橋ネットワーク構造を中心とした詳細な化学構造解析を行った例が報告されている[27]。ここでは，数平均分子量約400のポリエチレングリコール（PEG）の両末端に，重合反応性のアクリレート基を有している2官能のプレポリマーを光開始剤と混合し，紫外線照射することにより硬化させた樹脂について解析が行われている。図6に，当該樹脂について推定される架橋構造とその反応分解過程，ならびに実際に観測されたパイログラムを示す。このUV硬化樹脂試料をTMAH共存下で反応熱分解することにより，樹脂中のほぼ全てのエステル結合が選択的にアルカリ加水分解されるとともに，生じた分解生成物がメチル誘導体化される。したがって，元の三次元網目構造中の架橋構造を保持した構成成分を，それらのメチルエステルあるいはメチルエーテルとして，パイログラム上にほぼ定量的に観測することができる。図6の例では，PEGジメチル誘導体および光開始剤やその

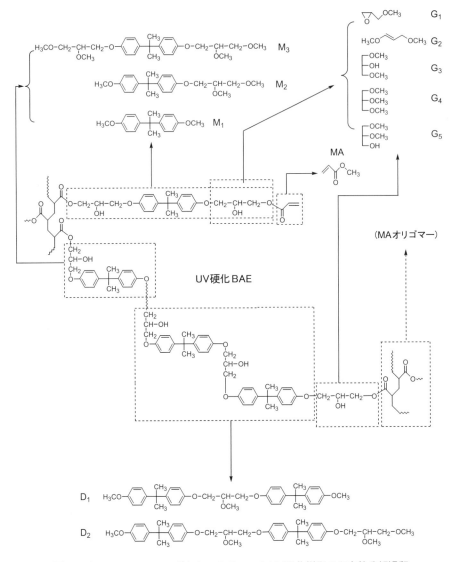

図5　ビスフェノールAエポキシアクリレートUV硬化樹脂の反応熱分解過程

フラグメントに加えて，架橋したアクリレート連鎖を反映するアクリル酸メチル（MA）オリゴマーの一連のピーク群が，微小ながら少なくとも6量体まではっきりと観測されている。これらの特徴的なピーク群から，もとの樹脂の三次元網目構造についての知見が得られ，当該試料については，アクリレート基が少なくとも6単位結合した架橋構造が存在していることが示唆された。

第3章　特異な分解反応を利用する架橋高分子の組成および架橋構造の解析

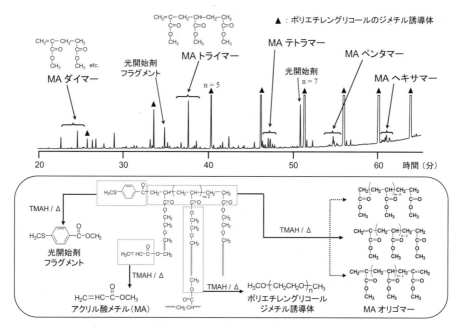

図6　アクリル系紫外線硬化樹脂試料の推定構造と反応熱分解過程および観測されたパイログラム[28]

3　超臨界メタノール分解－マトリックス支援レーザー脱離イオン化質量分析による架橋連鎖構造解析[29]

　前述のように，アクリレート型紫外線硬化樹脂試料の反応Py-GC測定を行うと，パイログラム上には，未反応のアクリレートを反映するMAモノマーに加えて，硬化前の樹脂のパイログラム上には認められない，MAの2～6量体の多数の微小ピーク群が観測される。しかし，パイログラム上に観測されるMAモノマー及びオリゴマー成分の相対ピーク強度は，もとの重合反応性末端基の存在量から化学量論的に推算される値より，実際にはかなり小さいことが報告されている。すなわち，GCでは観測不可能な7量体以上のMAオリゴマーが，長連鎖の架橋部から相当量生成しているものと推測され，反応Py-GCだけでは，紫外線硬化樹脂のネットワーク構造全体を評価することは難しいことが示唆されている。

　そこで，紫外線硬化樹脂中に存在すると予想される，比較的長いアクリレート連鎖からなる架橋構造を反映した，オリゴマー領域の反応分解生成物について，それらの解析に威力を発揮する，マトリックス支援レーザー脱離イオン化－質量分析法（MALDI-MS）を用いて観測すれば，ネットワーク構造のより詳細な解析が可能になると考えられる。また，アクリレート系硬化樹脂試料の特異な分解反応を誘起する際に，MALDI-MS測定に適した分解生成物を得るために，超臨界メタノール分解法が選択肢の一つとして上げられる。

3.1 超臨界メタノール分解-MALDI-MS測定の操作手順

硬化樹脂試料の超臨界メタノール分解は，試料を凍結粉砕した後，例えば図7に示すような，ステンレス製容器（内容積10 ml）内にメタノールとともに密閉し，ガスクロマトグラフの恒温槽内で臨界点以上の温度及び圧力で加熱することにより，行うことができる。ここでは，具体的な解析例として，重合反応性基を6つ有するジペンタエリスリトールヘキサアクリレート（DPHA）をモノマーとし，開裂型光開始剤を加えて紫外線照射することにより，ラジカル重合反応を誘起して硬化した樹脂を試料とした結果を紹介する。

図8に示すように，このアクリレート型紫外線硬化樹脂の場合，適正条件で超臨界メタノール分解すれば，樹脂中のエステル結合が選択的に開裂するとともにメチルエステル化され，硬化により生成した架橋部の連鎖構造を反映したポリアクリル酸メチル（PMA）が生成することになる。そこで，この分解生成物をそのまま，またはサイズ排除クロマトグラフィー（SEC）により分画した各フラクションがMALDI-MS測定される。

3.2 超臨界メタノール分解物のMALDI-MS測定による架橋連鎖構造解析

このUV硬化樹脂を，最適化した条件（290℃，21 MPa，4時間）で超臨界メタノール分解し

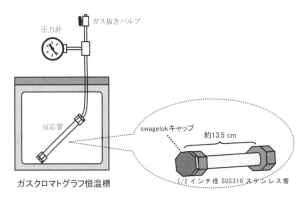

図7 超臨界メタノール分解処理に使用する器具の模式図

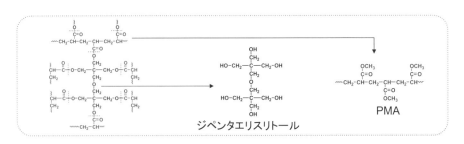

図8 DPHA系紫外線硬化樹脂の超臨界メタノール分解過程

第3章　特異な分解反応を利用する架橋高分子の組成および架橋構造の解析

て得られた分解生成物をSEC測定すると，ポリスチレン換算の溶出時間で分子量数十万程度までに相当する，架橋構造を反映した分解生成物であると考えられるピークがクロマトグラム上に観測される。そこでまず，この分解生成物をそのままMALDI-MS測定した結果，図9に示した質量スペクトルが得られた。このスペクトル上には，MA単位に相当する，m/z 86間隔で一連のピークが観測されており，さらにそれぞれのピーク成分は，それらのm/z値より，図中に構造を示したPMAのナトリウムイオン付加分子であると帰属された。したって，図8に示した反応過程に従って試料の超臨界メタノール分解が進行していることが裏付けられた。

しかしながら，この質量スペクトル上に観測されるPMA成分は高々50量体程度までであり，SEC測定の結果から推測される分解物の分子量に比較するとはるかに小さい。この現象は主として，分子量分布の広い試料の場合，高分子量の成分ほどMALDI質量スペクトル上に観測されにくくなる，マスディスクリミネーションの影響によるものであると考えられる。そこで次に，この分解生成物のSECによる溶出成分を10秒間ずつ分取し，分子量ごとに分画された各フラクションについてMALDI-MS測定を行った[30]。図10に，(a)のクロマトグラム上の，保持時間 (b) 19.5分，(c) 17.5分，(d) 15.5分及び (e) 13.5分付近の各フラクションのMALDI質量スペクトルを示す。図10(b)の比較的低分子量域のフラクションについては，m/z 1,000～2,000付近にMA単位に相当するm/z 86間隔で，図9中に示した構造に対応するPMA成分由来のピークが主として観測されている。また，図10(e)の最も高分子量領域のフラクションでは，重合度ごとにピーク分離したスペクトルは得られないが，PMA成分と推定される溶出物が，最大でMA 2000連子以上に相当する，m/z 180,000程度の領域まで観測されている。これらの結果から，当

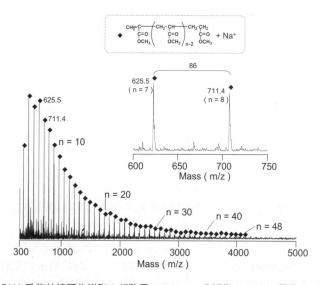

図9　DPHA系紫外線硬化樹脂の超臨界メタノール分解物のMALDI質量スペクトル[29]

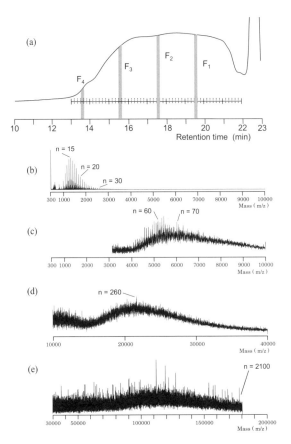

図10 硬化樹脂試料の超臨界メタノール分解物のSEC分取および分取物のMALDI質量スペクトル[29]

該試料中には,少なくとも2000連子程度のアクリレート連鎖が紫外線硬化により生成し,三次元ネットワーク構造を形成していることが示唆される。

文　　献

1) 河原成元, 日ゴム協誌, **79**, 487 (2006)
2) 柘植　新, 大谷　肇, 渡辺忠一,「高分子の熱分解GC/MS基礎およびパイログラム集」, テクノシステム (2006)
3) S. C. Moldoveanu, "Analytical Pyrolysis of Synthetic Organic Polymers", Elsevier (2005)
4) T. Wampler ed., "Applied Pyrolysis Handbook, 2nd ed.", CRC Press (2006)
5) H. Nakagawa, S. Tsuge, T. Koyama, *J. Anal. Appl. Pyrolysis*, **12**, 97 (1987)

第 3 章　特異な分解反応を利用する架橋高分子の組成および架橋構造の解析

6) T. Yamada, T. Okumoto, H. Ohtani, S. Tsuge, *J. Anal. Appl. Pyrolysis*, **33**, 159 (1995)
7) H. Nakagawa, S. Wakatsuka, S. Tsuge, T. Koyama, *Polym. J.*, **20**, 9 (1988)
8) 新村典康, 宮腰哲雄, 塗装工学, **33**, 166；204；252；296；338 (1998)
9) N. Niimura, T. Miyakoshi, *Talanta*, **70**, 146 (2006)
10) Y. Kamiya, R. Lu, T. Kumamoto, T. Honda, T. Miyakoshi, *Surf. Interface Anal.*, **38**, 1311 (2006)
11) R. Lu, Y. Kamiya, T. Miyakoshi, *J. Anal. Appl. Pyrolysis*, **78**, 172 (2007)
12) H. Nakagawa, S. Tsuge, K. Murakami, *J. Anal. Appl. Pyrolysis*, **10**, 31 (1986)
13) 奥本忠興, 山田隆男, 柘植　新, 大谷　肇, 高分子論文集, **5**, 108 (1997)
14) 奥本忠興, 日ゴム協誌, **71**, 78 (1998)
15) 奥本忠興, 山田隆男, 柘植　新, 大谷　肇, 日ゴム協誌, **74**, 283 (2001)
16) 奥本忠興, 山田隆男, 大谷　肇, 柘植　新, 日ゴム協誌, **75**, 113 (2002)
17) 石田康行, 大谷　肇, 柘植　新, 分析化学, **47**, 673 (1998)
18) J. M. Challinor, *J. Anal. Appl. Pyrolysis*, **61**, 3 (2001)
19) J. M. Challinor, *J. Anal. Appl. Pyrolysis*, **18**, 233 (1991)
20) J. M. Challinor, *J. Anal. Appl. Pyrolysis*, **16**, 323 (1989)
21) K. Oba, Y. Ishida, H. Ohtani, S. Tsuge, *Polym. Degard. Stab.*, **76**, 85 (2002)
22) K. Oba, Y. Ishida, Y. Ito, H. Ohtani, S. Tsuge, *Macromolecules*, **33**, 8173 (2000)
23) 柘植　新, 大谷　肇, 大場恵史, 高分子化工, **50**, 9 (2001)
24) H. Matsubara, A. Yoshida, H. Ohtani, S. Tsuge, *J. Anal. Appl. Pyrolysis*, **64**, 159 (2002)
25) H. Matsubara, H. Ohtani, *Anal. Sci.*, **23**, 513 (2007)
26) H. Matsubara, H. Ohtani, *J. Anal. Appl. Pyrolysis*, **75**, 226 (2006)
27) H. Matsubara, A. Yoshida, Y. Kondo, S. Tsuge, H. Ohtani, *Macromolecules*, **36**, 4750 (2003)
28) 大谷　肇, 柘植　新,「先端の分析法」, 梅澤喜夫ら監修, エヌ・ティー・エス, p.567 (2004)
29) H. Matsubara, S. Hata, Y. Kondo, Y. Ishida, H. Takigawa, H. Ohtani, *Anal. Sci.*, **22**, 1403 (2006)
30) H. Sato, N. Ichieda, H. Tao, H. Ohtani, *Anal. Sci.*, **20**, 1289 (2004)

架橋および分解を利用する機能性高分子材料の開発編

第4章 熱架橋反応の利用

1 工業的立場から見たフェノール樹脂の最近の展開

稲冨茂樹*

1.1 はじめに

最も古い合成樹脂であるフェノール樹脂が，ドイツの技術者レオ・E・ベークランドによって工業的に実用化されて百年が経過した。この間，比較的安価で耐熱性，強度などの優れたパフォーマンスを有するこの樹脂は，日用品から機械部品などの工業材料，ロケット・飛行機などの航空材料，集積回路周辺の電子材料用などの高機能材料，カーボン前駆体用途に至るまで，極めて幅広い用途に用いられてきている[1]。

1.2 フェノール樹脂の基礎

フェノール樹脂は，付加反応主体で得られ自硬化性を有するレゾール型と，縮合反応を主体としてそれ自身では硬化しないノボラック型に大きく分類され，触媒系（反応時pH）とアルデヒド／フェノールのモル比によって作り分けられる。それぞれの特徴を表1に，代表的なフェノール樹脂とその合成条件マトリックスを図1に，得られる樹脂の代表構造を図2に示した。

ノボラック樹脂及びレゾール樹脂の生成反応機構を，両者を対比しつつ図3に示した。

表1 レゾール樹脂とノボラック樹脂の比較

	ノボラック	レゾール
代表構造	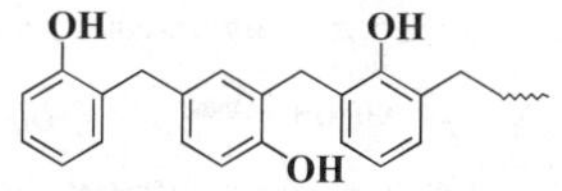 (構造式)	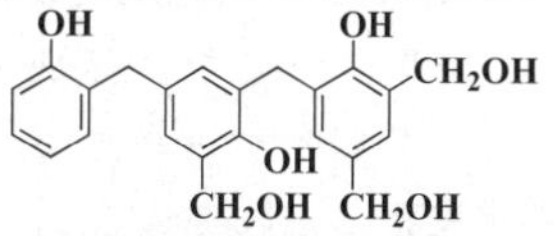 (構造式)
For／Phenol	0.6～0.95（フェノール過剰）	1.0～3.0（ホルムアルデヒド過剰）
反応触媒	酸（蓚酸，塩酸，スルホン酸等）	アルカリ（NaOH，アンモニア，アミン等）
熱官能基	殆ど存在しない	$-CH_2OH$，$-CH_2O\ CH_2-$基等
樹脂の分類	熱可塑性	熱硬化性
硬化方法	硬化剤（ヘキサメチレンテトラミン，エポキシ樹脂等）と加熱	加熱and/or酸硬化
別名称	二段法フェノール樹脂	一段法フェノール樹脂

---

* Shigeki Inatomi 旭有機材工業㈱ 新規・開発本部 基盤技術グループ（愛知）
旭有機材フェロー；主席研究員

高分子架橋と分解の新展開

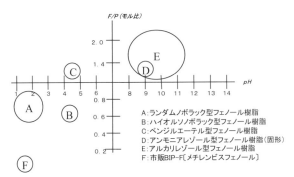

A:ランダムノボラック型フェノール樹脂
B:ハイオルソノボラック型フェノール樹脂
C:ベンジルエーテル型フェノール樹脂
D:アンモニアレゾール型フェノール樹脂（固形）
E:アルカリレゾール型フェノール樹脂
F:市販BIP-F〔メチレンビスフェノール〕

図1　フェノール樹脂の種類

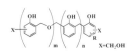

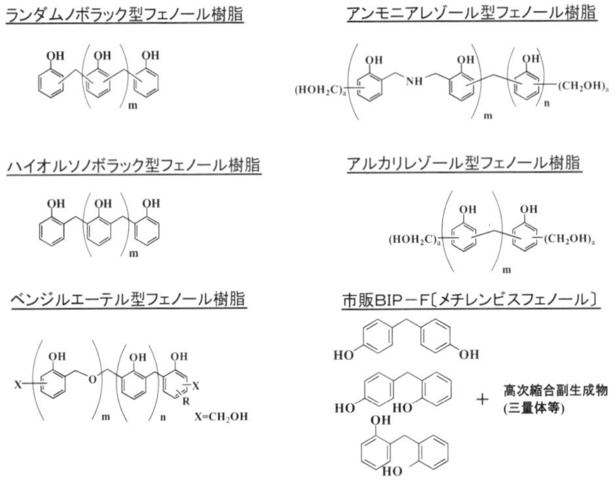

図2　フェノール樹脂の構造

1) レゾール樹脂の生成反応機構

1-1) ホルムアルデヒドの水和反応

1-2) フェノール核へのホルムアルデヒドの付加反応

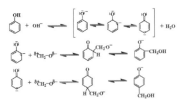

1-3) 逐次反応による樹脂の生成
このメチロール基付加反応を主体とし、一部メチレン化による高次縮合物を生成しながら、構造異性体を含む様々な核体数からなる、多成分系の混合物を作って樹脂化する。

2) ノボラック樹脂の生成反応機構

1-1) ヒドロキシメチレンカルボニウムイオンの生成

1-2) ホルムアルデヒドの付加及び縮合反応

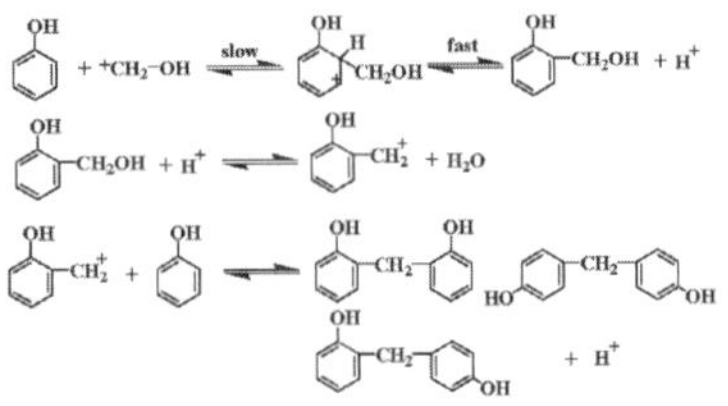

1-3) 逐次反応による樹脂の生成
この反応メチレン化反応の繰り返しにより、異性体を含む様々な核体数からなる、多成分系の混合物を作って樹脂化する。

図3　フェノール樹脂の生成反応機構

第4章　熱架橋反応の利用

1.3　フェノール樹脂の用途

フェノール樹脂の2005年までの用途別統計資料を表2に示した。エポキシ樹脂やフォトレジスト等の電子材料用途は「その他」のカテゴリーに入っていると思われる。このカテゴリーの大きさがフェノール樹脂用途の多様性を示している。成型材料，積層品，木材加工接着用以外の用途としては以下のものが代表的に挙げられる。

- 建材ボード用途…無機質ボード，フェルトボード等
- 摩擦材用途…クラッチフェーシング，ディスク＆ドラムブレーキパッド用
- 耐火物用途…溶鉱炉マッド材，押湯保温材，高炉補修材等
- 鋳型材料用途…シェルモールド，自硬性鋳型，コールドボックス用
- アブレーシブ材用途…レジノイド砥石，サンドペーパー用
- ゴム配合用途…タイヤ配合及び接着剤用，ゴム変性接着剤
- 塗料用途…自動車・船舶用塗料，印刷インク用
- 炭素材用途…CCコンポジット，カーボン電極
- 酸化防止剤用途…ヒンダードフェノール誘導体

1.3.1　レゾール樹脂の用途

レゾール樹脂の最大の用途は「水もの」と呼ばれる木材接着用で，近年，ホルムアルデヒドのVOC問題で尿素樹脂が使用できなくなり，比較的放出量が少なく対応の取り易いフェノールレゾール樹脂のこの需要が急速に拡大している。他には桐油などで変性されたレゾール樹脂が積層板に，成型材料の分野ではジメチレンエーテル結合を有するベンジルエーテル型レゾール樹脂が金属腐食の原因となるアンモニア放出を嫌う特殊な電気用途に用いられている。また，フェノール樹脂の難燃性と低発煙性を活かした断熱建材や，吸水性と座屈性を利用した生花の剣山等の発泡用途も注目に値する。さらに，やはり，難燃性に注目したFRPやSMC用途が，特に，欧州や

表2　フェノール樹脂の分野別生産量推移

〔単位：t，（ ）内は伸び率（％）〕

種別	2001年	2002年	2003年	2004年	2005年
成形材料	39,078（△14）	40,613（＋4）	36,290（△11）	37,983（＋5）	35,859（△6）
積層品	7,714（△42）	20,867（△8）	24,443（＋17）	25,847（＋6）	19,395（△25）
（化粧板コア）	14,929（＋5）				
木材加工接着用	43,454（＋17）	51,026（＋17）	65,468（＋28）	76,761（＋17）	79,192（＋3）
その他	99,642（△18）	127,539（＋1）	132,319（＋4）	146,870（＋11）	145,370（△1）
シェルモールド用	27,073（△12）				
合計	231,890（△11）	240,045（＋4）	258,520（＋8）	287,461（＋11）	279,816（△3）

（経済産業省化学工業統計）

※2002年統計区分変更，積層品＋化粧板コア＝積層品，その他にシェルモールド用も包含

韓国と中国で先行しており，新たなレゾール樹脂の用途として今後世界に広がる可能性がある。エポキシ樹脂の用途では，ビスフェノールAとホルムアルデヒドからのレゾール樹脂が，飲料缶の内面塗料用硬化剤として用いられていたが，環境ホルモン問題から現在は使用されていない。

1.3.2 ノボラック樹脂の用途

レゾール樹脂のように自硬化性でないがゆえにポットライフの心配がないこと，ヘキサメチレンテトラミンという常温では極めて安定で，加熱時の硬化性に優れるメチレンドナーが存在したこと，硬化物の強度などの物性が優れていることによって，ノボラック樹脂は前述したレゾール樹脂の用途以外のすべての工業的な用途で幅広く使われている。先端の電子材料用感光性樹脂分野では，集積回路を光学的にシリコン基板上に，あるいは，LCDの微細構造をガラス基板上に形成させる際の加工制御に用いる感光性樹脂である，g-線及び，i-線対応フォトレジスト用途があり，特殊なクレゾール系ノボラック樹脂が大量に用いられている。エポキシ樹脂の分野においては主にIC封止材の分野で，多官能性樹脂の合成原料となるエポキシ樹脂前駆体用途，及び，多官能性硬化剤としてその優れた耐熱性と剛性によりノボラック樹脂系が好んで使われている。

1.4 フェノール樹脂の硬化方法とその反応機構
1.4.1 レゾール樹脂の硬化方法とその反応機構

熱官能性のメチロール基やジメチレンエーテル基をフェノール核1個に対して1個以上付加させた構造を有するレゾール樹脂は，加熱，及び（又は）酸硬化触媒の添加により，官能基がフェノール核の間を繋ぐリンケージであるメチレン基に転化することで架橋が進み，それ自身で硬化する。酸硬化反応の変形であるエステル硬化反応には多官能の高アルカリレゾール樹脂が用いられる。また，フェノール樹脂をポリオールとするイソシアネート化合物とのウレタン硬化反応ではジメチレンエーテル結合を有するベンジルエーテル型レゾール樹脂が好んで用いられる。エポキシ樹脂との硬化反応はレゾール樹脂ではあまり重要でない。

(1) 加熱及び酸触媒（併用を含む）による自硬化

レゾール樹脂は自硬化性であるから，高温での加熱によって樹脂生成時とまったく同様の反応が加速促進され三次元網目状の巨大分子となりゲル化する。加熱温度は用途によって様々である。硬化剤と呼ばれることもあるが正確には硬化触媒である酸を加えて系のpHを酸性領域に持ってくると，ノボラック生成とまったく同じ反応が急激に起こり，フェノールユニットに対して過剰のメチレン結合が生成して，やはり硬化物を得ることができる。この場合，強酸を用いると常温で硬化させることが可能であるが，必要に応じて加温されることも多い。これらの硬化プロセスは木材接着用途を筆頭に広範囲の用途で用いられている。

第4章　熱架橋反応の利用

(2) 高アルカリレゾールのエステル硬化

　一般的にエステル硬化と呼ばれるこの反応について，代表例として硬化剤にギ酸メチルを用いた場合の反応スキームを図4に示した[2]。オルソ位のメチロール基は，高アルカリ下でフェノラートイオン化したフェノール性水酸基と分子内水素結合を介する6員環を形成し安定化するため，パラ位のメチロール基と比較すると硬化反応に対して鈍感である。系内にエステルやラクトンが投入されると，アルコール性水酸基であるメチロール基との間でエステル交換反応が起こる。生成したエステルが水酸化物イオン触媒で加水分解され，反応種であるキノンメチド（酸性触媒下での攻撃種であるベンジルカチオンと実質的に同一）が生成し，抑制されていたオルソ位のメチロール基による縮合反応が一気に加速される。従って，脱離酸で中和消費される以上にアルカリが添加されていることが必須である。この反応もアルカリ硬化鋳型造形プロセス，木材接着剤用途で実用化されている。

1.4.2　ノボラック樹脂の硬化方法とその反応機構

　ノボラック樹脂はそれ自身では熱可塑性なので，硬化させるには典型的なメチレンドナーであるヘキサメチレンテトラミンを用いて加熱する[2,3]か，エポキシ樹脂やイソシアネートなどとフェノール性水酸基を反応させる必要がある。

(1) メチレンドナーを用いる硬化方法

　反応してメチレン基を供与できる化合物を用いてノボラックを硬化させる方法である。ドナーとしてはヘキサメチレンテトラミンが最も一般的で，ノボラックフォーム発泡剤としてのニトロソ化合物，トリオキサンやパラホルムを使う方法，レゾール樹脂を用いる方法などがある。

① ヘキサメチレンテトラミンによる硬化

　この硬化反応に関わる図式を図5にまとめて示した[4〜6]。

　ヘキサメチレンテトラミン（HMTA）はアンモニアとホルムアルデヒドの反応で簡単に得られる結晶性物質〔$(CH_2)_6N_4$〕で，尿路消毒用としてはウロトロピンとも呼ばれる。（図5①）

　HMTAがフェノール樹脂中の水分で加水分解され，α-アミノ-アルコール類を経由してカルボニウムイオンが生成してフェノール核を攻撃し，まずベンジルアミン類が生成する。（図5②）

　^{13}Cでラベルしたホルムアルデヒド，^{13}Cと^{15}NでラベルしたHMTAを用い，NMRによる硬化物の構造解析が行われ，ベンゾキサジン型やベンジルアミン型の含窒素構造を一旦経由し，そ

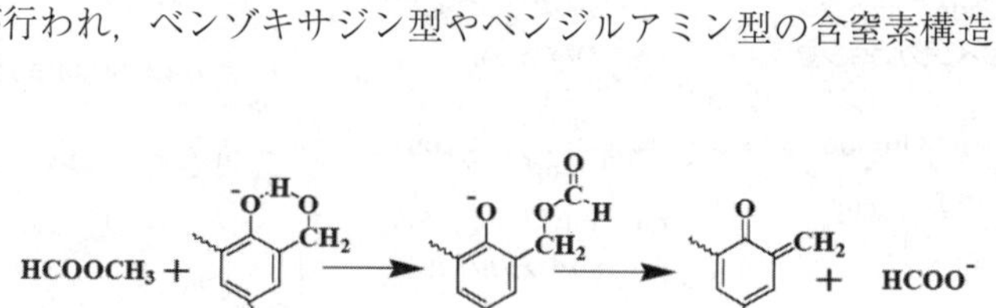

図4　ギ酸メチルを用いるエステル硬化反応

の後，高温で脱窒素反応が起こる。（図5③）

　メチレン基で架橋された構造となること，窒素の一部はアミド類，イミド類，イミン類などの構造で硬化物中に残存することなどが明らかにされた。また，硬化物中にはメチルフェノール（クレゾール）構造や，ヒドロキシベンズアルデヒド構造も認められた。ノボラック／HMTA硬化物に特徴的な黄色はアゾメチン構造に由来する。

　HMTAの加水分解反応は酸性物質によって促進されるので，硬化促進剤として例えば安息香酸などの有機酸を用いることができる。また，同じ理由で遊離フェノールの存在は硬化を促進するが，これらの硬化促進機構はHMTAの窒素原子の電子対に活性水素が配位することにより，その対称性に歪が生じて不安定化されることで説明できる。（図5④）

　速硬化性ノボラックとして，二価金属の酸化物・水酸化物・塩を触媒としてキレート化反応で得られるハイオルソ・タイプがある。HMTA由来の攻撃種がフェノール性水酸基のブロックを受けないパラ位を容易く攻撃できること，及び，分子内水素結合が可能なハイオルソノボラックの分子構造に由来する超酸性がHMTAの分解を促進する効果も指摘されている。（図5⑤）

② ニトロソ化合物による発泡硬化

　ノボラック発泡体を作る場合には，硬化剤兼発泡剤ニトロソ化合物としてHMTAを亜硝酸で処理して得られるジニトロソペンタメチレンテトラミンが使用される。

③ パラホルムやトリオキサンによる硬化

　耐候性，特に耐水性を要求される屋外用の比較的高級な合板に用いられるレゾルシン・ホルム

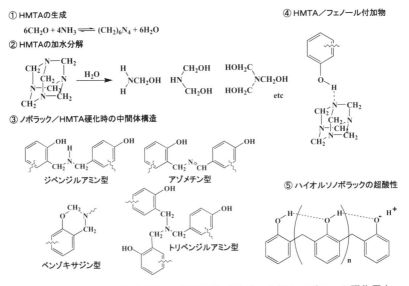

図5　ヘキサメチレンテトラミン（HMTA）の生成・分解とノボラック硬化反応

第4章 熱架橋反応の利用

アルデヒドノボラック樹脂の硬化剤としてパラホルムが，タイヤコード接着剤用のこの樹脂の水性ワニスの硬化剤としてホルマリンが使用される。レゾルシンのホルムアルデヒドに対する反応活性が非常に高く，短い時間でのダイレクト反応が可能である。

④ レゾール樹脂との組合せ

ノボラックの硬化剤としてメチロール基を有するレゾール樹脂を用いることができる。

(2) ベンゾキサジン，オキサゾリン，ジビニルベンゼン硬化

ベンゾキサジン構造を有する樹脂をあらかじめ調整しておき，開環反応を利用して硬化させるシステムで，BIP-A／アニリン型やノボラック／アニリン型の多官能ベンゾキサジン化合物を加熱することで，硬化反応過程で揮発性副生物を発生させることなくフェノール樹脂系硬化物が得られる[7]。また，ベンゾキサジン樹脂とエポキシ樹脂を組合せる方法なども提案されている[8]。

ポリ-p-ビニルフェノールの硬化剤にフェニレンビスオキサゾリン〔2,2'-(1,3-フェニレン)ビス(オキサゾリン)〕を用いると硬化収縮率が低く，強靭で耐熱性に優れた硬化物が得られる[9]。

塩化アルミニウムなどのルイス酸やスルホン酸などのプロトン酸を触媒として，2個のビニル基を有するジビニルベンゼンをノボラック樹脂の架橋剤とする。フリーデル・クラフツ型の付加反応であり，非極性のDVBとの溶液反応には低分子量のハイオルソノボラック樹脂が適している。硬化物は機械的強度，耐熱・耐水・耐アルカリ性，電気特性に優れる[9]。

(3) エポキシ樹脂による硬化

エポキシ基は活性水素を有するフェノール性水酸基と1対1で求核的に開環反応する。従って，高い剛性，強度と十分な耐熱性を有する硬化物を得るには，エポキシ樹脂と硬化剤のいずれもが少なくとも二官能性以上であり，流動性を考慮しつつ，両者がさらに多官能性であることが望ましい。硬化促進触媒としてはイミダゾール類などの塩基性物質，あるいはトリフェニルホスフィンなどの酸性物質が用いられる。硬化促進触媒は硬化特性と硬化物の物性に大きく影響を与えると同時に，封止後の金属配線腐食や吸湿などによる物性劣化，加水分解の促進などの問題も考慮して，注意深く選択される[10]。

(4) 酸化重合による硬化（ウルシやカシュー塗膜）

ウルシの主成分ウルシオールはカテコール骨核，カシューナッツ殻液（CNSL）のカルダノールはフェノール骨核，同カルドールはレゾルシン骨核を有するフェノール化合物で，不飽和の長鎖を側鎖に有している。ウルシでは，銅を含む金属錯体酵素のラッカーゼによって，加湿下の穏やかな温度条件で，C-C及びC-Oカップリング反応による硬い架橋構造ができる。続いて不飽和側鎖二重結合部の空中酸素による自動酸化で柔軟で粘りのある架橋構造が形成される。フェノールのカップリング反応はビフェノールの製造（C-C）やポリフェニレンエーテルの製造（C-O）で重要であり，フェノール樹脂の合成にも検討されている[11]。フェノール樹脂の硬化反応におけ

る酸化重合法の適用は，今後，十分に検討されるべきであろう．

1.5 工業的フェノール樹脂合成技術の最近の進歩
1.5.1 レゾール樹脂

フェノール樹脂の基礎で示したように，レゾール樹脂はF/Pモル比を広範囲に変えられ，触媒種，反応度の違いによっても樹脂種が広がる．また，アンモニアやアミンなど，樹脂構造中に取り込まれる触媒や，各種変性剤の使用でさらにバリエーションが広くなる．レゾール樹脂の工業的な合成技術は成熟しており，反応が複雑で多種の分子種を含む複雑な混合物となるので，革新的な精密合成手法の開発が出難い状況にある．現在は，環境的な側面から遊離フェノールやホルムアルデヒドの少ない樹脂や硬化時の放出ホルムアルデヒドの少ない樹脂などが提案されている．

フェノール類をアルカリ触媒でフェノラート化し，量論比のホルムアルデヒドを穏やかな条件で付加させた後に精製して得られる結晶性のメチロール化合物が電子材料など高機能分野で，そのまま架橋剤として，あるいはフェノールオリゴマーの原料として用いられる．

1.5.2 ノボラック樹脂

レゾール樹脂ほど多分子性ではなく経時変化も無いので，ノボラックの精密構造制御は，特に電子材料用などの高機能分野をターゲットに現在も活発に行われている．また，常法で得られる汎用品のノボラック樹脂に対しては，レゾール樹脂と同様に環境的な面からフェノールモノマーは極限まで減らし，場合によっては揮発性のダイマーまで減らすことが要求されている．

(1) 分子量分布の狭いノボラック

硬化物の耐熱性を犠牲にせずに，取扱いや作業性の面から溶融粘度を低くできる分子量分布の狭いノボラックが様々な分野で要求されてきた．従来から，高純度のメチロール体を過剰のフェノール類と反応させるステップワイズ法，酒石酸，クエン酸，有機ホスホン酸を多量に用いる方法，常法で得られたノボラックから薄膜や水蒸気蒸留法，あるいは溶剤抽出や再沈殿法で2核体成分を除去する方法が提案されている[12]．

旭有機材工業㈱では大量のリン酸触媒を用いて原料と生成物の物質移動を有機無機相間で制御することにより2核体メイン樹脂から，2核体含有量の少ない4核体ピークトップ樹脂，2核体の殆ど無い高分子量ノボラックまでを，自在に作り分ける技術を開発した．フェノール系の例を図6に示したが，これらはPAPS樹脂シリーズとして上市され，主に電子材料用途で市場開発を行っている[13, 14]．

(2) 超高分子量ノボラック

耐熱性及び機械的強度の両面からノボラックの高分子量化が試みられ，常法でF/Pを高く設定

することが一般的であるが，ゲル化の危険を伴うことと低分子量体が残存したまま反応が進行するので限界があった。フェノール樹脂の良溶媒となる有機溶媒中で塩酸を用いて均一反応でランダム形を，オートクレーブ中の無触媒反応でハイオルソ型の超硬分子量ノボラックを得る方法などが提案されている[15]。

旭有機材工業㈱ではリン酸相分離反応を適用して，4核体以下を殆ど含まない高分子量ノボラックを工業的に容易に合成できる方法を見出した。図7にその一例を示したが，硬化剤を用いない樹脂単体での熱重量減少率は400℃で約6％で，従来品の1/4に改善された[16]。

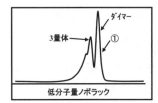 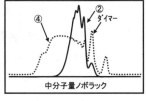 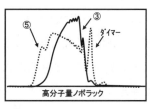

	樹脂種	数平均分子量(MN)[*1]	重量平均分子量(MW)[*1]	分散度(MW/MN)	ダイマー量[*2]	軟化点(℃)	溶融粘度at 150℃(Pa·s)
PAPS樹脂	低分子①	340	412	1.21	45	49	0.04
	中分子②	615	720	1.17	6	83	0.21
	高分子③	688	1035	1.50	1	111	3.03
従来樹脂	中分子④	631	2028	3.22	12	85	0.97
	高分子⑤	864	2623	3.04	11	105	1.38

[*1]：ポリスチレン換算　[*2]：GPC面積　使用カラム＝G2000HXL+G4000HXL

図6　PAPS-PN樹脂のGPCチャート

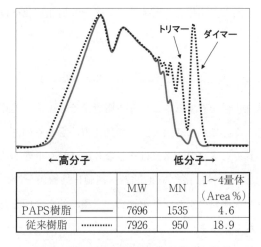

		MW	MN	1～4量体(Area%)
PAPS樹脂	———	7696	1535	4.6
従来樹脂	………	7926	950	18.9

図7　高分子量PAPS樹脂と汎用品の比較

(3) ハイオルソノボラック

　二価金属の酸化物，水酸化物や塩を用いることで，フェノール骨核にホルムアルデヒドを，水酸基のオルト位にキレート中間体を経てメチレン化させる古典合成法が現在も一般的である。新たにグリニヤール試薬を用いる方法や，非極性溶媒を添加あるいは無添加で無触媒高温加圧反応を用いる方法も提案されているが，製造が困難で一般的ではない[17]。

(4) エポキシ樹脂硬化剤用特殊ノボラック

　ノボラック樹脂はエポキシ樹脂の分野においても重要で，主に半導体封止材料用途で，エポキシ樹脂の母核と硬化剤の両方に好んで使用されている。半導体集積度の増加と新たな封止方法の提案に伴って，フィラー高充填，耐ハンダリフロー性，ハロゲンフリー難燃性付与などの技術要求に合わせて，初期の基本材料であったo-クレゾールノボラック型エポキシ樹脂とフェノールノボラック硬化剤の組合せから多くのノボラック構造が提案されてきた。

　表面実装型パッケージ用に球状溶融シリカを用い，結晶性で極めて低溶融粘性かつ高靭性の硬化物を与えるビフェニル型エポキシ樹脂と硬化剤としてザイロック型ノボラックを用いて，耐ハンダリフロー・クラック性に優れた封止材料が開発された。また，片面封止時の反りを低減するために多官能でエポキシ当量の低いトリフェノール型エポキシ樹脂を用いる高Tg（ガラス転移温度）の封止材料が提案された。また，吸湿性を抑えるためにエポキシ当量を上げて架橋密度を下げる手法として，ザイロックなどのキシリレン型，ジシクロペンタジエン型などの新規エポキシ樹脂が開発された。環境的側面から，三酸化アンチモンと臭素系難燃剤を使わないノンハロゲン難燃対応材料として，さらに芳香族環濃度の高いビフェニレンメチレン型のエポキシ樹脂が脚光を浴びている[18]。

　図8に封止材料用のノボラック樹脂と誘導されるエポキシ樹脂の構造を示した。

　対応するエポキシ樹脂と同じ基本構造を有するフェノール樹脂硬化剤は，得られる硬化物の特長も当然同じ傾向にある[19]。

1.6 まとめ

　最も古い合成樹脂で熱硬化性を有するフェノール樹脂はその用途の変更と拡張を繰り返しながら現在まで生き永らえてきた。これに伴って，その硬化方法も多くのプロセスが提唱されては淘汰されており，現在使われているプロセスにはそれなりのメリットがあるものと思われる。

　現在，ホルムアルデヒドの毒性に絡むVOC問題，熱硬化性樹脂全般の問題であるリサイクル性，カーボンニュートラルな原料のグリーン調達など，環境的な側面を意識した新たな硬化プロセスの提唱が強く期待されている。

　具体的にはホルムアルデヒドに替わるフェノール核間結合ユニットの探索，樹脂硬化時，及

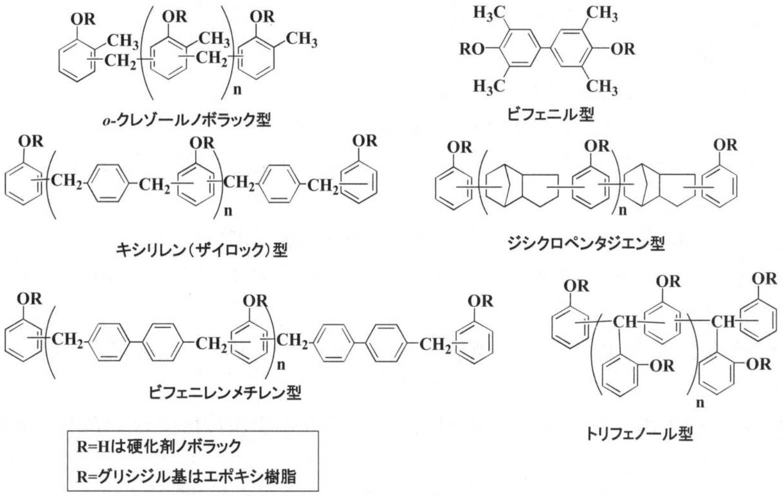

第4章　熱架橋反応の利用

図8　半導体封止材料用エポキシ樹脂と原料ノボラック（硬化剤）

び，特に一般消費者使用環境での部材からのホルムアルデヒド逸散防止方法の開発，ノボラック硬化におけるヘキサメチレンテトラミンに替わる高性能硬化剤の開発などが挙げられる。

文　　献

1) A. Knop, L. A. Pilato,「フェノール樹脂」，㈱プラスティックエージ（1987）
2) L. F. Lorenz, A. H. Conner, Abstract of the Wood Adhesives 2000 symposium, pp.95-96（2000）
3) A. Knop, L. A. Pilato,「フェノール樹脂」，㈱プラスティックエージ，p.54（1987）
4) 松本明博,「フェノール樹脂の合成・硬化・強靭化および応用」，㈱アイ・ピー・シー，p.32（2000）
5) 鶴田四郎, 熱硬化性樹脂, **3**（4），204（1982）
6) 鶴田四郎, 熱硬化性樹脂, **9**（4），228（1988）
7) 松本明博,「フェノール樹脂の合成・硬化・強靭化および応用」，㈱アイ・ピー・シー，p.34（2000）
8) H. Kimura et al., J. Appl. Polym. Sci., **68**, 1903（1998）
9) 松本明博,「フェノール樹脂の合成・硬化・強靭化および応用」，㈱アイ・ピー・シー，pp.36-37（2000）
10) M. Ogata, et al., J. Appl. Polym. Sci., **48**, 583（1993）
11) 宇山浩, ネットワークポリマー, **20**（2），90（1999）

12) 松本明博,「フェノール樹脂の合成・硬化・強靭化および応用」, ㈱アイ・ピー・シー, pp.14-15（2000）
13) 田上昇ほか, 科学と工業, **77**（10）, 525-534（2003）
14) 田上昇ほか, ネットワークポリマー, **25**（2）, 86-97（2004）
15) 松本明博,「フェノール樹脂の合成・硬化・強靭化および応用」, ㈱アイ・ピー・シー, pp.18-21（2000）
16) 竹原聡ほか, 第56回ネットワークポリマー講演討論会講演要旨集, pp.193-194（2006）
17) 松本明博,「フェノール樹脂の合成・硬化・強靭化および応用」, ㈱アイ・ピー・シー, pp.23-27（2000）
18) 岡部勝彦ほか,「総説エポキシ樹脂」, 基礎編Ⅰ, エポキシ樹脂技術協会, pp.180-183（2003）
19) 竹田敏郎,「総説エポキシ樹脂」, 応用編Ⅰ, エポキシ樹脂技術協会, p.144（2003）

2 高分子複合材料（FRPを中心として）の最近の動向

長谷川喜一*

2.1 はじめに

　ここでいう高分子複合材料は高分子をマトリックスとして，無機材料（繊維など）で強化された複合材料を指す。この節ではFRPを中心とした最近の動向を述べることになっているが，筆者は，フェノール樹脂やエポキシ樹脂などの熱硬化性樹脂の高性能化を専門としているので，マトリックスから見た記述になってしまうことをまずお断りしたい。

　FRPを中心とした高分子複合材料における最近の話題としては，まず，環境対応問題が挙げられる。その一つは揮発性有機化合物（VOC）の削減である。1995年ごろから顕著になってきたシックハウス症候群の原因物質としてホルムアルデヒドを始めとするVOCが槍玉にあがってから，熱硬化性樹脂において低分子化合物の処理は大きな問題となっている。熱硬化性樹脂はそもそも反応性に富む低分子化合物を出発原料としているため，熱硬化過程に放散するVOC，および硬化後の残留VOCは避け得ないといえる。それではVOCを削減するためにはどうするかという困難な命題に各メーカーは積極的に取り組み，そのめどが立ってきたところである。環境対応問題の二つ目は，ダイオキシン問題であり，これは難燃性を付与するために用いられてきたハロゲン化合物にかわる材料の開発である。三つ目はリサイクル問題である。熱硬化性樹脂は，硬化後は不溶不融になってしまう上に，ガラス繊維などで強化して使用するため，リサイクルが困難であった。最近になって，ケミカルリサイクルを中心としたリサイクル手法が研究され，漸くその端についたというのが実情である。またリサイクルを念頭に置いた材料設計もなされ始めてきている。環境問題以外の話題としては，ナノコンポジットを挙げることができる。ナノコンポジットは熱可塑性樹脂においては実用化されてきているが，熱硬化性樹脂においてはまだその端緒に立ったところである。熱硬化性樹脂はそもそもマクロあるいはミクロオーダーで複合化されることによって実用されるため，ナノオーダーでの複合化による効果が明確でないという点が，実用化が進まない原因であろう。

　本稿では，FRPのVOC対策，非ハロゲン難燃化，ケミカルリサイクルについて簡単に述べた後，ナノコンポジットについてその現状を記述したい。

2.2　FRPにおけるVOC対策

　ホルムアルデヒドはシックハウス症候群の原因と目され，2003年に改正された建築基準法において，基準放散量などの規制がなされた。そのため，住宅用ユリア樹脂系接着剤が大打撃を受

---

*　Kiichi Hasegawa　大阪市立工業研究所　加工技術担当　研究副主幹

け，ユリア樹脂から硬化の早いメラミン樹脂やフェノール樹脂に代替が進行した。ちなみに1995年には生産量が36万トンを超えていたユリア樹脂は2005年には約12万トンと，この10年間で3分の1に減少した。FRPの場合，マトリックスである不飽和ポリエステル中のスチレンは現在のところ法的規制の対象とはなっていないが，厚生労働省が2002年に室内濃度について暫定目標値を定めたシックハウス症候群の原因と推定される13種類のVOCの中に含まれており，その中でスチレンは室内濃度220 μ g/m^{3}となっている。将来的にはホルムアルデヒドと同様に規制対象に追加される事が予想され，また作業者の健康への影響が懸念されることから，業界では様々な対策がなされてきている。対策の一つは，硬化速度を速め，残留スチレン量を低減することであり，不飽和基の多いプレポリマーの使用，高活性な過酸化物や複数の過酸化物の使用がなされている。もう一つは，スチレンモノマーの不使用であり，スチレンから高分子アクリルモノマーなどの低揮発性モノマーへの代替が行われている。しかしながら，この場合，代替モノマーはスチレンに比べ，割高であるため，スチレンとの併用系も用いられている。各材料における材料コストとスチレン放散量との相関図を図1に示した[1]。

2.3 非ハロゲン難燃化

難燃化が特に要求されている分野は，電気・電子材料用途である。この用途で用いられている複合材料は主にエポキシ樹脂をマトリックスとしているので，エポキシ樹脂における難燃化について述べたい。

エポキシ樹脂は燃えやすいという欠点を有しており，半導体封止材やプリント配線基板用エポキシ樹脂には従来からハロゲン系難燃剤が利用されてきた。ところが，ハロゲン化合物はダイオキシン発生の原因となりうることから，現在，非ハロゲン系難燃剤への代替が進行しつつある。代替材料としてはリン系難燃剤が有効であるが，半導体装置が高温高湿条件にさらされると，リ

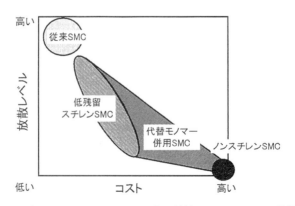

図1　VOC対策SMC（Sheet Molding Compound）の材料コストとスチレン放散レベルの相関図

第4章 熱架橋反応の利用

ン系難燃剤が加水分解されてリン酸が生成し,このリン酸がアルミ配線を腐食させ,信頼性を低下させるという大きな問題があった。また,無機質充てん材で難燃化を図ることも行われているが,水酸化アルミニウムや水酸化マグネシウム等の水酸化物は難燃効果が低いため,難燃組成とするためには,エポキシ樹脂組成物中に水酸化物を多量に添加しなければならず,その結果,組成物の粘度が上昇し,成形不良が発生するという問題がある。

したがって,最近では,①芳香環含有率を大きくしてチャー生成能を上げる,②トリアジン環などの難燃性含窒素環状化合物を導入する,③低粘度エポキシ樹脂硬化系に無機質充てん材を高充てんする,④官能基間距離や官能基数を制御して,架橋構造を柔軟にし,燃焼時の発泡断熱効果を推進する,⑤無害と言われるシリコーン系難燃剤を導入する,⑥層状ケイ酸塩を添加する,などが行われており,今後,ますます非ハロゲン,非リン系難燃材料に移行していくものと考えられる。表1にエポキシ樹脂の難燃化技術の例を示した[2~5]。なお,⑥の層状ケイ酸塩に関して

表1 エポキシ樹脂の難燃化技術の例

番号	方法	例	化合物例	文献
①	芳香環含有率を大きくしてチャー生成能を上げる	ビフェニル基やナフタレン骨格を含むアラルキル型樹脂	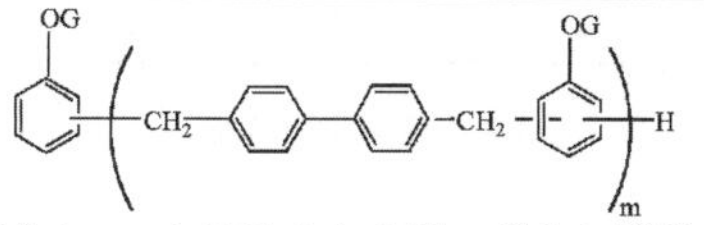 ビフェニルアラルキル型エポキシ樹脂（G：グリシジル基） 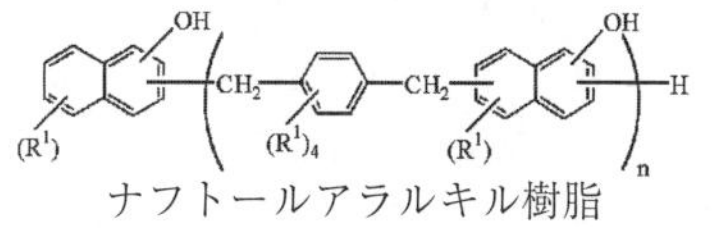 ナフトールアラルキル樹脂	2)
③	低粘度エポキシ樹脂硬化系に無機質充てん材を高充てんする			
②	トリアジン環などの難燃性含窒素環状化合物を導入する	トリアジン環含有リン化合物	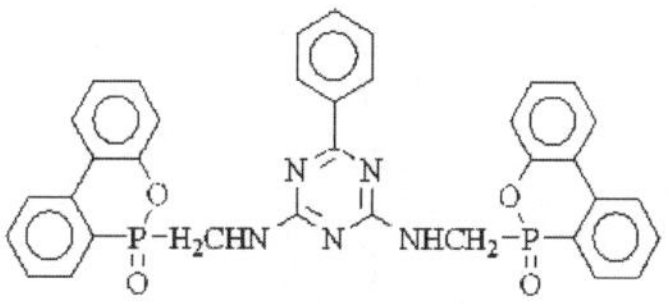	3)
④	官能基間距離や官能基数を制御して、架橋構造を柔軟にし、燃焼時の発泡断熱効果を推進する	ビフェニレン骨格をノボラック構造に含むフェノールアラルキル型のエポキシ樹脂と硬化剤	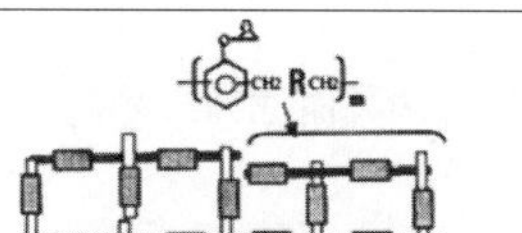	4)
⑤	シリコーン系難燃剤を導入する	シロキサン変性エポキシ樹脂	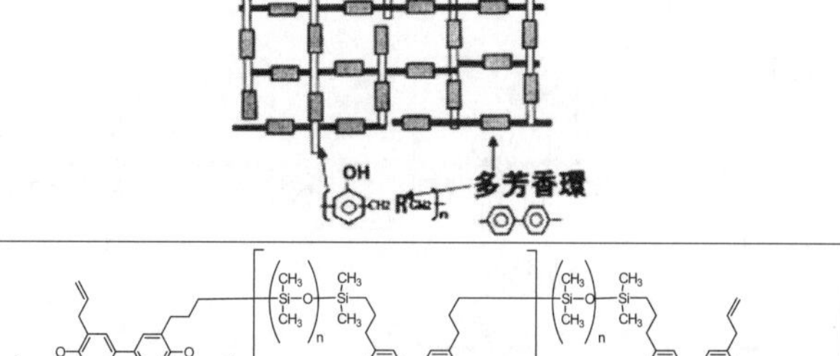	5)

はナノコンポジットの項で解説する。

2.4 ケミカルリサイクル

高分子複合材料（FRP）は無機物と有機物の複合系であり，分離が困難なためリサイクル性が良くない。したがって，従来，廃FRPを粉砕し，廃熱可塑性樹脂と混合して，セメント原燃料化手法が主として用いられてきた。この手法は，樹脂分は熱として回収（サーマルリサイクル）され，充てん材やガラス繊維などはセメント成分としてマテリアルリサイクルされる。しかし，近年，石油枯渇問題，地球温暖化問題など，環境保全の観点から高分子複合材料のケミカルリサイクル技術も開発されてきた。それらを表2にまとめた[6]。

松下電工は，亜臨界水を利用して不飽和ポリエステル系FRPをケミカルリサイクルする方法を確立している[7]。そのコンセプトは図2に示したが，スチレン架橋部の熱分解温度（230℃）以下においてアルカリ共存下で反応させることにより，熱分解反応を抑制させ，エステル結合の

表2　FRPリサイクル技術比較

項目	熱分解 気中	熱分解 液中	超臨界液体	亜臨界液体 液相分解	加溶媒分解 液相分解	加溶媒分解 液相分解	加溶媒分解 グリコール分解	常圧溶解
溶媒	無	植物油	水 アルコール	水	水 フェノール	テトラリン	グリコール	アルコール アミド
触媒	無	有・無	有・無	有	有	有	有	有
温度	>400℃	300-500℃	200-500℃	230-360℃	260℃	250-450℃	200-300℃	100-200℃
圧力	常圧	常圧-2MPa	5-40MPa	<5MPa	7MPa	0.5-5MPa	0.5-2MPa	常圧
対応樹脂*	EP, UP	UP	EP, UP, PF	EP, UP, PF	PF	EP, UP, PF	UP	EP, UP
回収物	ガス、油	モノマー	モノマー プレポリマー	モノマー プレポリマー	モノマー プレポリマー	モノマー プレポリマー	グリコール	プレポリマー
予備加工	粉砕	粉砕	粉砕	粉砕	粉砕	粉砕	粉砕	無
研究機関			住友ベークライト	松下電工	住友ベークライト	産業技術総合研究所	和歌山県工業技術センター	日立化成工業

*EP：エポキシ樹脂，UP：不飽和ポリエステル，PF：フェノール樹脂

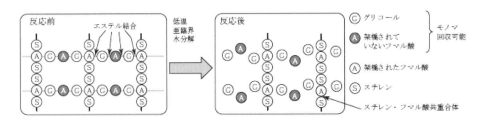

図2　不飽和ポリエステルの低温亜臨界水分解のコンセプト

第4章　熱架橋反応の利用

加水分解を主反応とすることを主眼としている。その結果，浴室ユニット用FRPを樹脂成分・無機物ともに再度FRP原料として水平リサイクルすることを可能にした。この方法では70％の再資源化率が達成でき，さらに回収された不飽和ポリエステル（UP）成分モノマーは再生UP樹脂化して，回収された無機物とともに再度FRP原料とすることができた。ベンチプラントの全体フロー図を図3に示した。

　また住友ベークライトは，超臨界流体技術を用いて，フェノール樹脂硬化物のケミカルリサイクル技術を開発している[8,9]。本ケミカルリサイクル手法の最大の特徴・利点は，高温高圧の超臨界あるいは亜臨界流体技術を応用することで三次元に架橋したフェノール樹脂を短時間で完全に分解して，化学原料として（再生）レジンを高収率で回収できる事にある。通常のケミカルリサイクルではモノマーを回収することが多いが，レジンはモノマーよりも化学的な付加価値が高いため，より経済的に優れたプロセスを構築することが可能となる。たとえば，硬化樹脂の粉砕品を水，フェノールおよび触媒存在下，260℃，7MPaで20分間反応させて得た再生レジンの物性を表3に示した[9]。この再生レジンを用いたフェノール樹脂硬化物の物性は対照品とほぼ同等であった。同様な研究が，多数行われており，たとえば山口県と山口大学においては，UP系FRPを1級アルコール及び触媒の存在下において，温度が200～350℃，圧力が5～15MPaの，亜臨界状態から超臨界状態で溶解させることに成功している[10]。さらには，大阪府立大学でも，アルコールなどの存在下，300℃の亜臨界状態でUP硬化物の可溶化を行っている[11]。

　また，産業技術総合研究所が開発した液相分解法を利用して，クリーンジャパンセンターが中

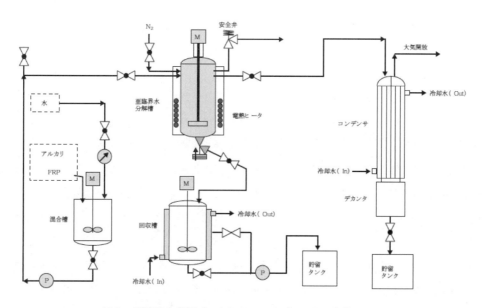

図3　亜臨界水分解プロセスのベンチプラントの全体フロー

表3 再生レジンの物性

物 性	一般品	再生レジン
Mn	912	518
Mw	4605	2591
Mw/Mn	5.0	5.0
ゲル化時間*(秒)	126	113

*ヘキサメチレンテトラミン 15phr，150℃

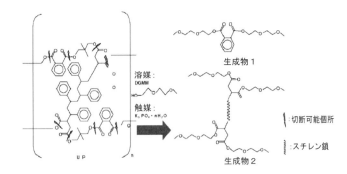

図4　常圧溶解法における推定UP分解機構

心となって，紙フェノール樹脂銅張積層板のケミカルリサイクルが行われている。液相分解法というのは，反応圧力4〜7MPa，300-440℃の条件下において，水素供与性溶剤を使用して分解する方法であり，超臨界法に比べ，装置の腐食性がないという特徴を持つ。テトラリン溶媒中，Fe_2O_3を触媒として430℃の条件で紙基材フェノール樹脂積層板を分解したところ，90％以上の転化率を示した[12]。

もう一つの注目すべき技術は常圧溶解法である[13]。この方法では，粉砕などの予備加工が不要なこと，常圧下で処理ができるという特徴をもち，従来法に比べ処理コストの低減が図れるとしている。具体的にはリン酸三カリウム（K_3PO_4）触媒下，ジエチレングリコールモノメチルエーテルを溶媒とし，常圧下，190℃，4時間反応させることにより，UP系FRPをUP分解物溶液，ガラス繊維，充てん材を分離回収することに成功している。反応機構はエステル交換反応と推定され，その模式図を図4に示した。また，溶解品から回収したガラス繊維を用いてFRPを成形し，外観，強度とも量産品と同等のものを得ている。

2.5　ナノコンポジットとその応用

モンモリロナイトなどの層状ケイ酸塩をポリマーマトリックスにナノ分散させた有機・無機ハイブリッド材料（クレイナノコンポジット）が注目を集め，熱可塑性樹脂の分野では，機械的強度やガスバリア性が飛躍的に向上することから，実用化が進行している。一方，エポキシ樹脂などの熱硬化性樹脂においても，同様な検討がなされている。これらのナノコンポジットの大きな特徴は，きわめて少量の層状ケイ酸塩含有量で，弾性率[14]やガスバリア[15]の改善だけでなく，難燃性[16]も向上することである。しかしながら現在のところ，工業材料としての実用化までにはいたっていない。この理由として，熱硬化性樹脂は元々，FRPに代表される，各種強化材との複合系（コンポジット）として多用されてきており，その系にナノクレイを分散させたとしても，熱可塑性樹脂系ナノコンポジットのように引張強さ・弾性率などの機械的性質が格段に向上

第4章　熱架橋反応の利用

することは期待できない。したがって，最近の研究開発においては，ガスバリア効果による耐熱酸化性，耐薬品性，難燃性の向上，ナノクレイとマトリックスとの相互作用による耐熱性や接着性の向上，ナノクレイの剛性を活かした熱膨張率の低減化などの高機能化に焦点があてられている。本項では，それらの2，3の例を紹介する。

2.5.1　耐熱性の向上：ナノクレイ／炭素長繊維強化フェノール樹脂コンポジット[17]

FRPは機械的性質に優れているが，繊維とマトリックスの界面に水や低分子が侵入すると，界面強度が実質的に低下し，接着破壊が界面近傍で起こりうる。一方，クレイナノコンポジットにおいてはマトリックスのバリア特性が向上する。このFRPとナノコンポジットの利点を組み合わせて機械的性質，熱的性質に優れた高性能フェノール樹脂コンポジットの創製が検討されている。フェノール樹脂クレイナノコンポジットは，Na^+-クレイ（Cloisite Na^+, Southern Clay社）を用いて，塩酸触媒下，フェノールとホルマリンからin-situ重合で合成した。このナノコンポジットをエタノールに溶解し，硬化剤として所定量のヘキサメチレンテトラミンを加えた溶液に炭素繊維を含浸し，乾燥後，圧縮成形によりCFRPを調製し，それらの機械的性質，および熱的性質について検討した。クレイおよびナノコンポジットのX線回折結果を図5に示した。クレイ単独の層間距離は1.1nmで，フェノール樹脂ナノコンポジットにおいては，硬化前，硬化後とも，ピークが消失しており，クレイが層剥離していることを示している。これは，Na^+-クレイは水中では容易に層剥離するため，水溶液中でのフェノール樹脂合成反応においては，クレイの層間にフェノールとホルムアルデヒドが挿入される。酸性条件下では，H^+イオンがNa^+-クレイのナトリウムイオンと容易に交換し，層間で酸触媒反応が起こる。その大きい反応熱により，ク

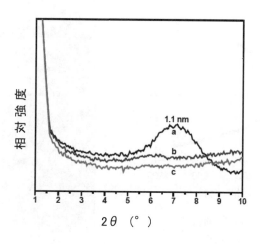

図5　X線回折結果：(a) Cloisite Na^+クレイ，(b) クレイ5％添加フェノール樹脂（硬化前），
　　　　　　　　　(c) クレイ5％添加フェノール樹脂（硬化後）

レイの層間が広がり，さらには層剥離する。硬化時においてもこの層剥離が維持された結果，層剥離型フェノール樹脂ナノコンポジットが形成されたと考えられる。機械的性質については記されていないが，クレイ未添加系で荷重たわみ温度が207℃であったのが，クレイ3％の導入で233℃，5％の導入で247℃に向上したとしている。これはフェノール樹脂マトリックスとクレイ層との間に強固な相互作用が存在し，分子の動きを制限するからだと考えられる。

2.5.2 収縮率の低減：ナノクレイ／不飽和ポリエステル常温硬化系コンポジット[18]

不飽和ポリエステル（UP）は硬化過程で収縮する欠点があり，その解決方法の一つとして低収縮剤（LPA）の添加がある。LPAとしては通常熱可塑性樹脂が用いられ，硬化過程で熱膨張し，冷却過程でマイクロボイドとなり，低収縮効果を発現する。この効果はSMCやBMC（Bulk Molding Compound）の成形時のような高温成形の時には極めて有効だが，レジントランスファモールディング（RTM）やハンドレイアップ成形のように低温成形の時にはうまく働かない。UP/St/LPA系では，反応誘起型相分離がおこる。もし，マイクロボイドがLPAリッチ相で生ずれば，重合収縮は熱的効果なしに減少させることができる。一方，LPAリッチ相はUPリッチ相に比べ反応速度が小さいことが知られており，通常，UPリッチ相の硬化収縮の歪を液状LPA相が吸収する。LPAリッチ相の硬化が早ければ，歪を吸収できないのでマイクロクラックがLPAリッチ相で生じ，体積膨張をもたらす。そのためLPAリッチ相の硬化速度を高め，早期の体積膨張／マイクロボイドをおこさせる工夫がなされている。ここでは低収縮剤としてポリビニルア

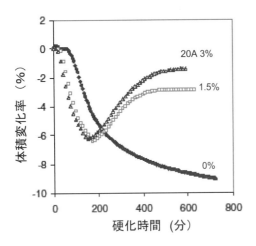

図6　ナノクレイ（Closite 20A：Southern Clay社）添加量とUP/St/LPA系の体積変化率
硬化温度：35℃，触媒：メチルエチルケトンパーオキサイド

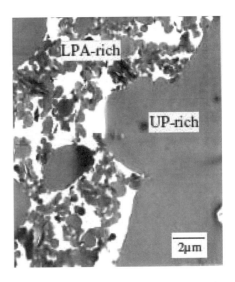

図7　UP/St/LPA系常温硬化物のTEM写真
1.5％ ナノクレイ添加

セテート(PVAc)を用いた系に1-3wt％のナノクレイを添加することにより，常温硬化不飽和ポリエステル樹脂の体積収縮を制御できることを見出している(図6)。表面処理をしたナノクレイはLPAリッチ相に偏在(図7)し，反応速度を高くし，マイクロクラッキングの早期生成をもたらしている。

2.5.3 環境劣化バリア性の向上：ナノクレイ分散ビニルエステル系GFRP[19]

ガラス繊維強化プラスチック(GFRP)の劣化は，ガラスとマトリックス樹脂の界面へ水分の侵入により，ガラスのはく離や樹脂の加水分解を引き起こすことが原因とみられている。マトリックス樹脂のバリア性を向上させる一つの方法として，バリア性をもつナノフィラーの分散があり，ここでは，ナノクレイを分散させることにより，達成している。4級アンモニウム塩処理モンモリロナイト(Cloisite 10A, Southern Clay社)をビニルエステル樹脂に撹拌混合後，ハンドレイアップ成形によりGFRPを成形した。クレイ5％添加したE-ガラス強化ビニルエステル樹脂を9週間蒸留水に浸漬し，1週間毎に，切断面のSEM写真により劣化状況を判断すると共に，引張試験を行った。クレイの添加量と共に，水の浸入が減少する現象が見られ，9週間の浸漬試験後の引張強さは，クレイ未添加系では，30％以上の劣化になっているのに対し，クレイ添加系では，11％の低下にとどまり，クレイの環境劣化バリア効果が明らかになった。

2.5.4 難燃性の向上：エポキシ樹脂系クレイナノコンポジット

トリアジン骨格とフェノール骨格とを有する化合物を硬化剤として用いたエポキシ系樹脂に有機化層状珪酸塩を1～40phr添加した系は，難燃性だけでなく，強靭性，耐熱性にも優れた硬化物を与える[16]。層状珪酸塩の層剥離の程度は諸物性と密接に関係があり，平均層間距離が3nm以上であり，かつ，一部又は全部が5層以下に分散している系が，優れた難燃性，力学的物性，高温物性，耐熱性，寸法安定性等の諸性能を発現したとしている。平均層間距離が3nm未満であると層状珪酸塩のナノメートルスケールでの分散による効果が充分に得られず，力学物性，難燃性の改善は通常の無機充填材を複合した場合と同じ範囲に留まる。一方，平均層間距離が5nmを超えると，層状珪酸塩の結晶薄片が層毎に分離し，層状珪酸塩の相互作用が無視できるほど弱まるので，燃焼時の被膜形成速度が遅くなり，難燃性の向上が充分に得られない。

筆者らも，クレイナノコンポジットを作製し，難燃性の向上を確認している[20]。すなわち，エポキシ樹脂／アクリレートIPN硬化系に有機化クレイを添加することにより作製したナノコンポジットが，接着性，強靭性，耐熱性，難燃性に優れていることを見出した。図8にコーンカロリーメータ試験結果を示した。発熱速度が小さいほど難燃性に優れている。ナノコンポジット化により難燃性が向上したことが分かる。

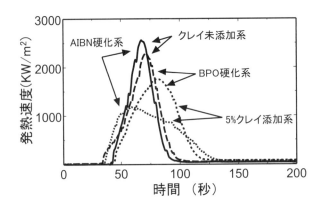

図8 エポキシ樹脂/アクリレート系IPNクレイナノコンポジット（エポキシ樹脂硬化剤：2E4MZ）のコーンカロリーメータ試験結果

2.6 おわりに

　この節は執筆してみると，非常に広い範囲にわたっており，筆者の手にあまる部分が多かったことを読者の方々にまずお断りしたい。FRPのマトリックスは熱硬化性樹脂が主として用いられており，そのため，環境，特にリサイクル性の面から問題視されがちである。これをどのようにクリアしたか，あるいはクリアしていくか，現在の動向について筆者の知る範囲について記述した。複合化手法も，ミクロンオーダーからナノオーダーに関心が移っており，マトリックス自身の構造制御も精密化が進行している。2007年4月から㈳高分子学会に「精密ネットワークポリマー研究会」が設立されたことがその表れである。高分子複合材料（FRP）は，将来的には，最終製品の要求性能に合わせた分子設計を行い，さらに最適な複合化手法を選択し，新規用途を拡大していくものと考えている。これから伸びる用途としては，軽量化がさらに進行すると考えられる自動車や車両，航空機などの輸送機器分野であろう。その際，いわゆる高性能・高機能化に加えて，いかに長持ちし（耐久性），いかに省資源か（リサイクル性），いかに環境に優しいか（安全性）がキーワードとなると考えている。

文　　　献

1) 三牧博昭，小田敬一，強化プラスチックス，**52**，256（2006）
2) 信越化学工業㈱：特開2003-26779

3) 大日本インキ化学工業㈱:特開2006-111808
4) M.Iji, Y.Kikuchi, *Polym, Advan. Tech.*, **12**, 393 (2001)
5) 長谷川喜一, 門多丈治, 科学と工業, **80**, 499 (2006)
6) 前川一誠, 強化プラスチックス, **52**, 251 (2006)
7) 中川尚治, 卜部豊之, 前川哲也, 日高優, 宮崎敏博, 岡健司, 松下電工技報, **54**(1), 23 (2006)
8) 後藤純也, 堀江靖彦, 松井泰雄, 第51回ネットワークポリマー講演討論会要旨集, p.159 (2001)
9) 石川真毅, 下谷地一徳, 後藤純也, 第15回ポリマー材料フォーラム要旨集, p.181 (2006)
   住友ベークライト:特開2004-161983
10) 山口県, 山口大学:特開2006-219640
11) 大阪産業振興機構(大阪府立大学):特開2006-213873
12) 伊澤弘行, 清水浩, 柴田勝司, 佐藤芳樹, 第52回ネットワークポリマー講演討論会要旨集, p.53 (2002)
13) 前川一誠, 柴田勝司, 岩井満, 遠藤顕, 日立化成テクニカルレポートNo.42, 21 (2004)
14) G.Zhou, L.J.Lee, J.Castro, SPE ANTEC 2003 Proceedings, 2094 (2003)
15) 加藤誠, 月ヶ瀬あずさ, 下俊久, 谷澤秀美, *Polymer Preprint Japan*, **51**, 2293 (2002)
16) 積水化学工業㈱:特開2004-2882
17) G. Zhou, L. J. Lee, SPE ANTEC 2005, p.1630 (2005)
18) L. Xu, L.J. Lee, SPE ANTEC 2004, p.1451 (2004); *Polymer*, **45**, 7325 (2004)
19) N. Ravindran, R. K. Gupta, SPE ANTEC 2006, p.243 (2006)
20) 大阪市:特開2004-099786

3 熱解離平衡反応を活用する架橋システムの実用化：現状と展望

石戸谷昌洋*

3.1 はじめに

熱硬化性樹脂の開発者にとって，高い硬化性と優れた貯蔵安定性の両立は究極の課題である。著者等は，上記課題を解決する手法として，カルボキシル基とビニルエーテル類との熱解離平衡反応を利用した新しい熱潜在化技術を見出した（式1）[1]。本節ではカルボキシル基の熱解離平衡反応を利用した新しい架橋システムおよびこれの実用化に関して紹介する。

3.2 アルキルビニルエーテルによるカルボキシル基の潜在化

3.2.1 ヘミアセタールエステル化反応

カルボキシル基を分子内に複数個含有する多価カルボン酸類は，エポキシ樹脂に代表される反応性ポリマーの硬化剤として有益と考えられていたが，以下の課題が存在しその実用化の障害となっていた。

① カルボキシル基の反応性は高く，エポキシ樹脂との硬化反応が室温でも進行し，貯蔵安定性に劣る。

② 多価カルボン酸類は，結晶性が高く，樹脂や有機溶剤への溶解性が極めて低い。

著者等は，これら課題の解決にはカルボキシル基を一時的に他の構造に変換する化学的潜在化手法が有効と考え，典型的な親核試薬であるビニルエーテル類によるヘミアセタールエステル化について検討した。その結果，ビニルエーテル類は，カチオン重合を起こすことなく，定量的にカルボキシル基へ付加し，ヘミアセタールエステル体（以下，ブロック酸）を生成した[2]。このヘミアセタールエステル化反応（以下，ブロック化反応）は，式1に示すような熱解離平衡反応であり，加熱により元のカルボン酸を再生することが可能であった。

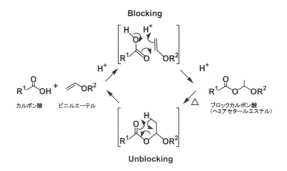

式1 ヘミアセタールエステルの熱解離平衡反応を利用したカルボン酸の熱潜在化

---

* Masahiro Ishidoya 日本油脂㈱ 筑波研究所 次世代技術担当部長

3.2.2　多価カルボン酸ヘミアセタールエステル（ブロック酸）の性状

表1に汎用多価カルボン酸類のプロピルビニルエーテルによるブロック化反応前後の性状をまとめた[3~6]。表1の全ての多価カルボン酸類は，ブロック化されることにより固体から液体に変換された。また，これらブロック酸は，水素結合性を有さず，かつその構造内に溶解性を向上させるエステル部位とエーテル部位を併せ持つため，さまざまな有機溶媒や樹脂に対して優れた溶解性を示した。

3.3　ブロック酸の熱解離反応

ブロック酸の熱解離反応は，分子構造内にあるアルコキシ基の電子供与性の強さに依存した。すなわち，ブロック剤として使用するアルキルビニルエーテルのアルキル基の種類が，第三級＞第二級＞第一級の順に高い活性を示し，より低温で元のカルボン酸を再生した[4,7,8]。また，カルボン酸種の酸強度もブロック酸の熱解離性に影響を及ぼしており，酸強度が高い酸ほど，すなわち芳香族≧不飽和脂肪族＞飽和脂肪族カルボン酸の順に高い活性を示した。

以上のことから，アルキルビニルエーテルによるカルボキシル基の潜在化技術は，対象となるカルボン酸種とブロック剤であるアルキルビニルエーテルの種類を変えることにより，その解離反応を制御することが可能であった。

表1　多価カルボン酸のブロック化前後の性状

カルボン酸種	潜在化前の性状	*潜在化後の性状	カルボン酸種	潜在化前の性状	*潜在化後の性状
イソフタル酸	白色結晶 330℃で昇華	無色液体 粘度 58.5cP	1,2,4-トリメリット酸	白色結晶 融点 238℃	無色液体 粘度 95.7cP
ピロメリット酸	白色結晶 融点 279℃	無色液体 粘度 845cP	CIC酸	白色結晶 融点 223~226℃	無色液体 粘度 4530cP
アジピン酸	白色結晶 融点 153℃	無色液体 粘度 6.4cP	ブタンテトラカルボン酸	白色結晶 融点 180℃以上	淡黄色液体 粘度 90.9cP
マレイン酸	白色結晶 融点 133℃	無色液体 粘度 5.9cP	フマル酸	白色結晶 200℃で昇華	淡黄色液体 粘度 7.1cP
イタコン酸	白色結晶 融点 162℃	淡黄色液体 粘度 13.9cP			

*　プロピルビニルエーテルでブロック化。粘度は，25℃にて測定。

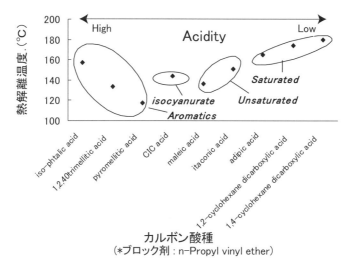

図1　各種ブロックカルボン酸の熱解離反応性の比較

3.4　ブロック酸とエポキシドとの硬化反応

　当初，ブロック酸とエポキシドの硬化反応は，ブロック酸の熱解離反応，これに続く再生カルボン酸とエポキシドとのエステル化反応で進行するものと考えられた。しかし，この硬化反応は，硬化触媒の影響を大きく受けることが判明した。すなわち，無触媒下では，上記の2段階の反応が進行し，主架橋構造として2-ヒドロキシエチルエステル体を与えたが，一方，比較的弱いルイス酸である2-エチルヘキシル酸亜鉛が触媒として存在する場合には，その構造中に水酸基を含有しない，2-アセタールエチルエステル体が主生成物として得られた（式2）[9, 10]。

　この2-アセタールエチルエステル体の生成に関しては，式2の2通りの経路が考えられるが，ブロック酸基が分子内分極を起こし，カルボキシアニオンおよび1-アルコキシ炭素カチオンとして直接エポキシドに付加する反応経路がDSC分析結果から優勢と考えられている[5, 11~13]。

　ブロック剤として使用したアルキルビニルエーテルの大部分が，系外へ排出されることなく架橋構造中に化学的に組み入れられるこの特異的な反応は，従来のカルボキシル基とエポキシドとの架橋システムの欠点とされる，2-ヒドロキシエチルエステル体の生成による耐水性低下を抑えるとともに，揮発性有機化合物（VOCs）の削減も可能とするものである。

　以上のことから，カルボキシル基とビニルエーテル類の熱解離平衡反応を利用した新しい架橋システムは，従来の遊離カルボン酸を利用する架橋システムの課題であった，貯蔵安定性と硬化性の両立および低溶解性を解決するのみならず，性能向上や環境保護にも有効である。

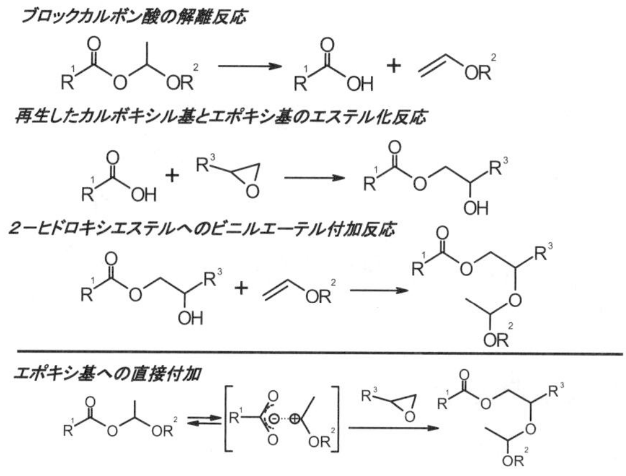

第4章　熱架橋反応の利用

式2　ブロック酸とエポキシド硬化反応

3.5　熱解離平衡反応を活用する架橋システムの実用化
3.5.1　耐酸性・耐汚染性塗料への応用

　自動車塗料や建物用外装塗料には，長年にわたりポリマーポリオールとホルムアルデヒド樹脂を配合した，メラミン硬化塗料が使用されてきた。しかし近年の地球環境の悪化により，この弱塩基性を有する硬化塗膜が酸性雨により容易に加水分解を受け，洗浄できないシミ（エッチング）や汚れを発生する問題が多発した。この問題を根本的に解決するには，メラミン架橋システムに代わる耐酸性・耐汚性に優れる新しい架橋システムの開発が必要となった[14]。

　図2にブロック酸／エポキシド架橋システムを利用した耐酸性・耐汚染性塗料の構成を示す。これら屋外用塗料には，長期間日光に曝されても変退色しない耐候性や，一液型塗料として使用できる貯蔵安定性が同時に求められるため，耐候性や透明性に優れるアクリルエポキシ樹脂が主剤として採用され，かつ加熱硬化時に初めて活性を示す熱潜在性触媒が併用されている。

　図3に，従来のメラミン硬化型自動車塗料とブロック酸硬化型自動車塗料の耐酸性雨性を調べた促進試験の結果を示す。試験方法は，塗膜に40wt％濃度の硫酸水溶液を0.2ml垂らし，図中の横軸にある温度で1時間加熱した際に加水分解され，溶け出した膜厚を測定して評価した。従来のメラミン硬化型自動車塗料は，50℃で25ミクロン以上加水分解を受け溶け出すのに対し，ブロック酸硬化型塗料は，80℃の高温においても殆んど影響を受けず，優れた酸性雨耐性を示した[12, 15]。

　また，図4に各種汚染物質に対する，ブロック酸硬化型塗装鋼板用塗料と従来使用されてきたポリエステル／メラミン硬化塗料およびポリフッ化ビニリデン／アクリル溶融型の耐汚染性促進試験結果を示す。本促進試験では，図中に示す汚染物質を各塗料の硬化膜に塗布し，図中横軸の温度にて1時間熱処理した後，水洗浄し，汚染が除去できた最高温度を耐汚染性の評価とした。

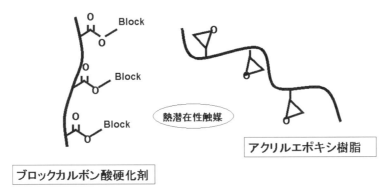

図2　ブロック酸硬化型塗料の構成

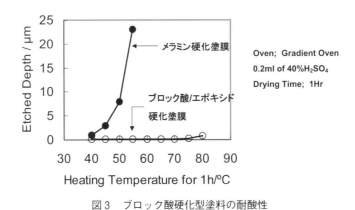

図3　ブロック酸硬化型塗料の耐酸性

図中に記載されている温度が高い程，優れた耐汚染性を有する。ブロック酸硬化型塗装鋼板用塗料は，全ての汚染物質に対し高い耐性を示した[16]。これら耐酸性・耐汚染性塗料は既に実用化され，市場において高い評価を得ている。

3.5.2　液晶ディスプレー用コーティング材（カラーフィルター保護塗工液）

図5にTFT型液晶ディスプレーのパネル構成を示す。カラーフィルター（CF）は液晶ディスプレーのフルカラー表示を可能とする重要な部材であり，このCFにはRBG顔料レジスト層からのイオン性物質の浸透を防ぐ目的とRGB顔料レジスト層の凹凸を平坦化する目的で保護塗工液が塗装されている。CF保護塗工液には，鮮明な画像表示を実現させるため，膜厚の均一性，高い透明性，バリアー性および製造プロセスへの対応から耐熱透明性や耐化学薬品性が求められる。潜在性硬化剤を利用したブロック酸CF保護塗工液は，上記の諸性能を満足させるため，高Tgのアクリルエポキシ樹脂と高架橋密度を実現するブロック酸硬化剤から成る。

表2には，ブロック酸CF保護膜を高温で熱処理した際の，各波長における透過率を示した。

第4章　熱架橋反応の利用

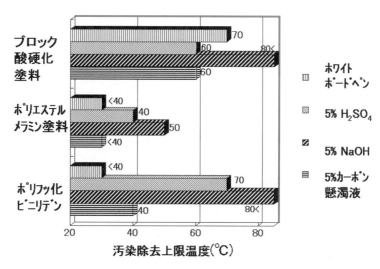

図4　建物用外装塗料の耐汚染性促進試験結果

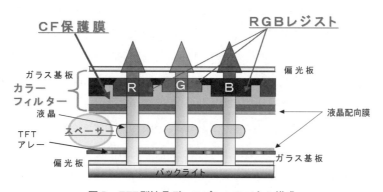

図5　TFT型液晶ディスプレーのパネル構成

表2　ブロック酸硬化保護膜の耐熱透明性

波長 [nm]	200℃, 30分 [%]	230℃, 30分 [%]	230℃, 10時間 [%]
380	100.00	99.24	94.56
400	99.36	99.61	96.47
480	99.95	99.54	99.27
530	100.00	99.70	99.88
700	99.88	100.00	99.84

評価条件：膜厚；2μm

230℃で10時間処理した後も，400nmの短波長光の透過率は99％を超えており，優れた耐熱透明性を有している。

従来使用されてきたCF保護塗工液は，二液型の遊離カルボン酸とエポキシドとの架橋システムを採用しており，2液を混合した後のポットライフ（可使時間）は1日程度と短く，これがユーザーでの生産性を低下させる原因となってきた。潜在性硬化剤を使用したブロック酸CF保護塗工液は，活性なカルボキシル基をブロックしてあるため，一液型化が可能となりユーザーでの生産性の向上にも大きく寄与している。

3.5.3 ノンハロゲン系反応性難燃への応用

高分子材料に難燃性を付与させるため，ハロゲン系難燃剤が広く利用されてきたが，焼却処理において有害なダイオキシン類似化合物を副生することから，その使用が制限されてきている。ハロゲン系に代わり，リン化合物にカルボキシル基を導入して，エポキシ樹脂等の反応性ポリマーに化学的に組み入れることを目的とした，式3に示す構造の反応性難燃材が検討されている（2-(10-oxo-10H-9-oxa-10-^{5}-phospha-phenanthren-10-ylmethyl)-succinic acid，商品名Macid^{TM}，三光㈱製）。しかし，この反応性難燃剤は，それ自身が結晶性の難溶解性物質であり，反応性ポリマーとの均一な混合・硬化ができず実用化に限界があった。リン系反応性難燃剤の上記の欠点を改良するためMacid^{TM}のカルボキシル基のブロック化を検討した（式3）。

ビニルエーテルでブロック化されたMacid^{TM}（以下，ブロック化Macid^{TM}）は，カルボキシル基をブロック酸基であるヘミアセタールエステル基に変換することにより，溶解パロメーターの異なる各種有機溶媒に完全に溶解し，またエポキシ樹脂に対しても完全相溶性を示した。このブロック化Macid^{TM}とエポキシ樹脂（YDPN638，製品名，東都化成社製）を混合調製し，加熱硬化させ，その性能を評価した。結果をMacid^{TM}との比較で表3にまとめた。Macid^{TM}をそのまま使用した組成物は透明性，電気特性，強度，Tg等の性能が劣るのに対し，ブロック化Macid^{TM}を使用した組成物は，全ての性能において極めて高い性能を示した。また，その難燃性においてもV-0の高度な難燃性を示した。

以上の結果から，ブロック化Macid^{TM}を利用することにより，従来不可能とされた，ノンハロ

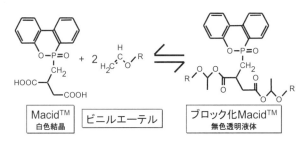

式3　ブロック化反応性リン系難燃剤

第4章 熱架橋反応の利用

ゲン，ノンフィラーで，かつ透明な硬化物を得ることを可能とする難燃化技術が実現できた[17]。

3.5.4　鉛フリーハンダペーストへの応用

　プリント配線基板への電子部品の実装に使用されている，ハンダペースト中の鉛による環境汚染が問題となっており，鉛合金ハンダの使用が禁止される事が決まっている[18, 19]。ハンダペーストは，ハンダ粉末とカルボン酸化合物を活性剤とするフラックスと呼ばれる液状成分から成っている。このフラックス成分は，ただ単にハンダ粉末をインク化するためだけではなく，ハンダが熱溶融する際に金属表面の酸化物（高融点化合物）を還元除去し，濡れ広がり性を付与し，かつハンダ溶融後は金属表面を被覆して再酸化を防止する役割も併せて持っている。

　鉛合金に代わるハンダとして，Sn-Ag系とSn-Zn系合金が主として検討されているが，これら合金の酸化を受けやすい事が大きな課題となっている。すなわち，酸化を受けやすい鉛フリーハンダ合金を使用したハンダペーストでは，フラックス中の活性剤であるカルボン酸化合物が貯蔵中にハンダ合金と反応してしまい，増粘やゲル化あるいは，ハンダ溶融時に十分なフラックス特性が発揮できないといった問題を生じていた。

　そこでカルボン酸活性剤を一時的に保護するブロック化技術の応用が検討された。図6に，ブロック化されたグルタル酸，アジピン酸，セバチン酸の熱解離挙動（TG-DTA測定結果）を示す。この図から明らかなように，これらブロック化カルボン酸はその分子設計により，Sn/3.5Agハンダ（融点221℃）およびSn/9Znハンダ（融点199℃）合金の融点温度で熱解離を起こし，遊離カルボン酸を再生してフラックスとして初めて活性を示すことが可能であった[20~22]。

　また，これらブロック酸は，遊離酸が40℃で1週間の保存でハンダ金属の表面が腐食を受け変化しているのに対し，試験前のハンダ粉末と変わらない形状を維持し安定であることが確認された（図7）。

　以上のことから，ブロック化カルボン酸化合物をフラックス成分として使用することにより，

表3　従来型難燃材剤とブロック化難燃剤硬化物の性能比較

	Macid™	ブロック化Macid™
外　　観	白色不透明	無色透明
誘 電 率	4.7	3.8
誘電正接	0.056	0.039
破断強度	19.7MPa	44.2MPa
弾 性 率	2480MPa	2850MPa
熱分解温度	257℃	342℃
ガラス転移温度	84℃	173℃
線膨張係数	58ppm	62ppm
難 燃 性	規格外	UL94TMV-0

酸化を受け易い鉛フリーハンダ合金ペーストの貯蔵安定性とハンダ溶融性の両立が可能となった。

3.6 まとめ

ビニルエーテル類によるカルボキシル基のヘミアセタールエステル化の熱解離平衡反応を利用した架橋システムは，優れた硬化性と高い貯蔵安定性とを実用レベルで両立するのみではなく，カルボン酸の種類，保護基の種類を適宜選択することにより，その溶解性や極性を変換することが可能となる。今後，単に熱潜在性硬化剤としての展開に留まらず，プリント配線板実装，フォトリソグラフィー，感熱印刷版等の新たな分野への応用展開が進められていくと考えられる。

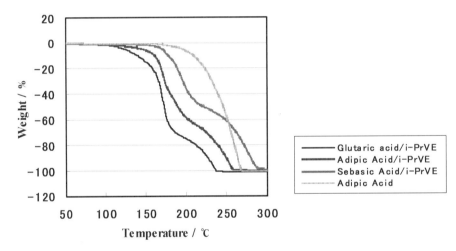

図6　ブロック化脂肪族ジカルボン酸の熱解離性

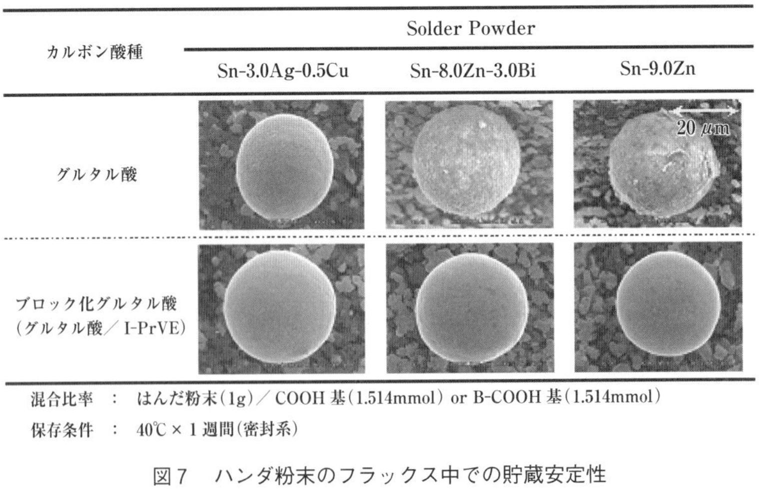

図7　ハンダ粉末のフラックス中での貯蔵安定性

第4章 熱架橋反応の利用

文　　献

1) 中根喜則, 石戸谷昌洋, 色材, **67**, 766（1996）
2) 中根喜則, 石戸谷昌洋, 遠藤剛, 日本接着学会誌, **34**, 246（1998）
3) 石戸谷昌洋, 中根喜則, 柴藤岸男, 大江収, 遠藤剛, 日本化学会誌, **12**, 831（2000）
4) 佐藤浩史, 石戸谷昌洋, 遠藤剛, ネットワークポリマー, **19**（4）, 215（1998）
5) 石戸谷昌洋, 佐藤浩史, 遠藤剛, ネットワークポリマー, **22**（3）, 124（2001）
6) 石戸谷昌洋, 斎藤俊, 遠藤剛, ネットワークポリマー, **22**（4）, 218（2001）
7) 中根喜則, 石戸谷昌洋, 遠藤剛, 日本接着学会誌, **34**, 352（1998）
8) Y.Nakane, M.Ishidoya, T.Endo, *J.Polym.Sci., PartA: Polym. Chem.*, **37**, 609（1999）
9) 中根喜則, 石戸谷昌洋, 遠藤剛, ネットワークポリマー, **19**（2）, 95（1998）
10) 中根喜則, 石戸谷昌洋, 遠藤剛, ネットワークポリマー, **19**（3）, 123（1998）
11) 中根喜則, 石戸谷昌洋, 色材, **69**（11）, 735（1996）
12) Y. Nakane, M. Ishidoya, *Prog. Org. Coat.*, **31**, 113（1997）
13) 中根喜則, 石戸谷昌洋, 遠藤剛, ネットワークポリマー, **19**（4）, 228（1998）
14) 安保敏, 伊藤英二, 色材, **65**, 605（1992）
15) 石戸谷昌洋, 塗装工学, **30**, 57（1995）
16) T. Yamamoto, M. Ishidoya, *Prog. Org. Coat.*, **40**, 267（2000）
17) T. Fujimura, T. Yamada, Y. Oshibe, M. Ishidoya, *Pro. 8th. Japan International SAMPE Symposium*, Nov. 18-21（2003）
18) M. Kitajima and T. Shono, *Journal of Japan Institute of Electronics Packaging*, **6**（5）, 380-385（2003）
19) T. Shima, *Journal of Japan Institute of Electronics Packaging*, **6**（5）, 386-393（2003）
20) S. Saitoh, K. Nakasato, Y. Katoh, Y. Oshibe and M. Ishidoya, *Microjoining and Assembly Technology in Electronics.*, Vol.9th, 247-252（2003）
21) S. Saitoh, K. Nakasato, Y. Katoh, Y. Oshibe and M. Ishidoya, *Microjoining and Assembly Technology in Electronics.*, Vol.10th, 51-56（2004）
22) S. Saitoh, K. Nakasato, Y. Katoh, Y. Oshibe, M. Ishidoya, *Materials Transactions*, **45**（3）, 759-764（2004）

4 スライドリング高分子材料の開発

伊藤耕三[*]

4.1 はじめに

　高分子の架橋（化学架橋）は1839年のグッドイヤーに端を発すると言われている。グッドイヤーが天然ゴム（ポリイソプレン）と硫黄を混ぜてストーブの上に置いていたとき，両者が反応して硫黄がポリイソプレン間を架橋した結果，弾性のあるいわゆる「ゴム」が誕生した。これが，共有結合による化学架橋の最初の発見とされており，それまでの高分子の架橋は，非共有結合による物理架橋のみであった。そのため，後に述べる物理ゲルと同様に，応力伸長特性に架橋点の組換えに由来する大きな履歴が生じた。これは，高分子を変形したときにすぐに元の形には戻れないことを意味している。これに対して化学架橋では，架橋点の結合エネルギーがはるかに大きく架橋点の組換えが起こらないために，高分子の形態変化のみで変形することになる[1]。その結果，応力伸長特性にほとんど履歴が見られず，変形してもすぐに元の形に戻ることができる。いわゆる弾性ゴムやタイヤは，このような化学架橋の発見に起因する。

　最近，超分子構造の一種であるポリロタキサン（図1(a)）を応用し，架橋点が自由に動く新しい架橋構造が提案された[2]。このような高分子材料を環動高分子材料またはスライドリングマテリアル（slide-ring material）と呼ぶことにする（図1(c)）。ポリロタキサンは，ひも状の高分子に多数の環状分子が通ったネックレス状の分子集合体構造であり，トポロジカル超分子（幾何学的拘束を含んだ分子集合体構造）の代表例として，世界的に注目を集めている[3,4]。一般に，化学的に架橋された高分子材料では，架橋に伴う不均一性の増大のために，外部からの張力が最も短い高分子鎖に集中し，高分子の潜在強度を十分に活かすことなく破断することが多い。これに対して，架橋点が自由に動く環動高分子材料では，線状高分子が架橋点を自由に通り抜けることができるため，高分子鎖の張力が均等になるような平衡位置に架橋点が移動し，高分子材料全体の構造および応力の不均一性を分散することが可能である。架橋点が滑車のように振る舞うことから，このような高分子鎖間に働く協調効果を滑車効果（Pulley Effect）と呼ぶことにする。環動高分子材料は，当初は環動ゲル（slide-ring gel，トポロジカルゲルまたはポリロタキサンゲルとも呼ばれている）として世の中に登場したが，ごく最近では繊維や塗料など液体を含まない高分子材料にも展開し，高分子材料全般において滑車効果の有効性が明らかになりつつある。本節では，環動高分子材料の中心的な特性である滑車効果を理解してもらうために，環動ゲルが示す様々な物性を紹介し，最後に，環動高分子材料の応用とその将来の展望について簡単に述べる。

　＊　Kohzo Ito　東京大学大学院　新領域創成科学研究科　教授

第4章 熱架橋反応の利用

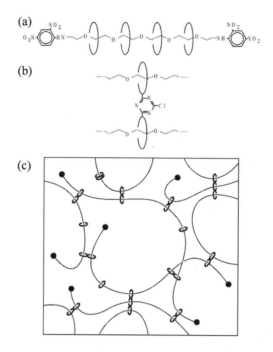

図1 (a)ポリロタキサン，(b)8の字架橋点，(c)環動高分子材料の模式図

4.2 環動高分子材料の合成法

まず，TEMPO酸化を用いて，高分子量（平均分子量2万～50万）のポリエチレングリコール（PEG）の両末端をカルボキシル化し，次にα-シクロデキストリン（α-CD）との包接錯体（ポリロタキサン）を形成する[5]。高分子量のPEGを用いるとシクロデキストリンがすかすかに包接した低密度のポリロタキサンが容易に調整できる。図1(a)のようなポリロタキサン中のα-CDが1分子当たり18個の水酸基を有するのとは対照的に，主鎖であるPEGは両末端以外には官能基がない。このため，ポリロタキサンの溶液中に塩化シアヌルやカルボニルジイミダゾールなど水酸基に反応する架橋剤を投入すると，必然的にポリロタキサンに含まれるシクロデキストリン間が化学架橋されて図1(b)のような「8の字架橋点」を形成し，透明で強いゲルが得られる。ゲル中において両端がかさ高い置換基でとめられた高分子鎖は，図1(c)に示すように8の字架橋点により位相幾何学的に（トポロジカルに）拘束されることで線状高分子のネットワークを保持している。

実際にゲルのネットワークがトポロジカルな拘束で保持されていることを検証するため，以下のような実験が行われた[2]。まず，両端がかさ高い置換基でとめられたPEGとα-CDをポリロタキサンと同じ組成で混合して同様の架橋反応を行ったところ，トポロジカルな拘束がないために

高分子架橋と分解の新展開

ゲル化が起こらない。またこのゲル中の高分子鎖の末端の置換基を強アルカリ中で加熱して切断するとゲルは液化する。したがって図1(c)のような8の字架橋点によってゲルが実際に構成されており、しかも架橋点に拘束された状態でも高分子が分子鎖に沿った方向に自由に動けることが明らかになった。このような環状分子が自由に動ける構造を持つゲルを特に環動ゲルと呼ぶことにする。

図2に化学架橋によりネットワークを形成している化学ゲルと環動ゲルを伸長させたときの比較の模式図を示す。化学ゲルでは高分子溶液のゲル化に伴って、動かない化学架橋点により本来1本だった高分子が力学的には別々で長さが異なる高分子に分割されている。そのため、外部からの張力が最も短い高分子に集中してしまい順々に切断されるため、高分子の潜在的強度を生かすことなく容易に破断することになる。一方、環動ゲルに含まれる線状高分子は、架橋点を大量に導入しても架橋点を自由に通り抜けることができるため、力学的には高分子は1本のままとして振る舞うことができる。この協調効果は1本の高分子内にとどまらず、架橋点を介して繋がっている隣り合った高分子同士でも有効なため、ゲル全体の構造および応力の不均一を分散し、高分子の潜在的強度を最大限に発揮することが可能だと考えられる。この効果は、線状高分子の長さの不均一性を解消し、大幅な体積変化や優れた伸長性などを生み出していると考えられ、従来の物理ゲル、化学ゲルとは大きく異なる環動ゲルの特性をもたらす要因になっている。

膨潤収縮挙動についても、化学ゲルと環動ゲルでは大きな違いが生じる。化学ゲルでは膨潤の限界が一番短い高分子鎖で決まってしまい、長い高分子鎖は膨潤に何ら寄与しないのに対して、

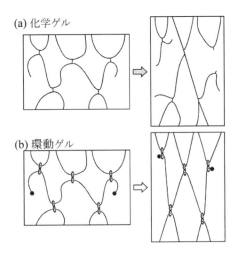

図2 化学ゲルと環動ゲルの伸長の比較
(a)化学ゲルの破壊と (b)環動ゲルの滑車効果のイメージ。

第4章　熱架橋反応の利用

環動ゲルでは滑車効果によって高分子鎖どうしで長さを互いにやり取りできるため，化学ゲルに比べて大きな膨潤収縮挙動が予想される。実際に，環動ゲルは乾燥重量の約24,000倍と大幅に膨潤・収縮をすることが明らかになっている。また環動ゲルを伸長したときには，架橋の程度にもよるが最高で24倍にも伸長することも分かっている。さらに環動ゲルは透明・均一なゲルであり，長期にわたってその透明度が維持される。以上のような環動ゲルの特性は，滑車効果と密接に関連していると考えられている。

4.3　環動高分子材料の力学特性[6]

物理ゲルは疎水性相互作用や結晶化などの非共有結合いわゆる物理架橋により高分子がネットワークを形成しているが，その一軸応力伸長特性は，通常の加硫ゴムでよく見られるＳ字曲線とは大きく異なり，伸長とともに下に凸のカーブを描くＪ字曲線となる点や，応力伸長曲線が大きな履歴を伴う点などに特徴がある。物理ゲルの場合には，伸長に伴い架橋点が組み変わるために，Ｓ字曲線から大きく外れるだけでなく，力を緩めても同じカーブ上を元に戻らない。これに対し，化学ゲルはゴムと同様のＳ字状の応力－伸長曲線を示す。すなわち，低伸長領域では上に凸の曲線を描き，高伸長領域では高分子鎖の伸び切りに起因して急速に立ち上がるLangevin関数的挙動を示す。ゴム風船を膨らましていくと，最初は強い圧力を感じ，次に弱くなり，最後にまた強くなるような気がするのはこのためである。

化学ゲルの応力伸長曲線は，ゴムと同様に固定された3方向の高分子鎖の変形を考える固定架橋点モデルによって説明されている。化学ゲルの場合には架橋点が固定されているので，3方向の高分子鎖の長さが一定であるため，アフィン変形の仮定を導入すると，よく知られている次式が得られる。

$$\sigma = \nu kT \left(\lambda - \lambda^{-2} \right) \tag{1}$$

ここで，σは応力，λは伸長度，νは架橋点密度，kTは熱エネルギーを表す。高分子材料を変形させると，材料中の高分子もそれに比例して変形することになる（アフィン変形の仮定）。このとき，伸長方向に平行な高分子鎖は伸長とともに伸びるのに対して，垂直な高分子鎖は逆に圧縮されることになる。伸びた高分子の寄与は，(1)式の右辺カッコ内の第1項に現れている。すなわち，伸びた高分子鎖は，伸びに比例する応力を発生させる。もし，材料内部の高分子鎖がすべて伸長するのであれば，通常のバネのように伸びと力は比例するはずである。ところが，架橋点が固定されている場合には，前述したように必ず圧縮される高分子鎖も存在する。この圧縮された高分子鎖は，(1)式の右辺カッコ内の第2項を与える。したがって，一軸応力伸長特性が低伸長領域で上に凸になるのは，この圧縮された高分子に起因するものである。

これに対し環動ゲルの場合には，架橋点が自由に動けるために，化学ゲルのように3方向の高分子鎖のそれぞれの長さが一定なのではなく，その総和のみが一定と考えられる。このような束縛条件に基づいて自由エネルギーを最小にすれば，応力の伸長度依存性が解析的に求まる。これを自由架橋点モデルと呼ぶことにする。このとき，x, y, z方向を向いた3本の高分子鎖の状態数Wは以下の式で与えられる。

$$W(N_x, N_y, N_z; R_x, R_y, R_z) = \left(\frac{3}{2\pi b^2}\right)^{9/2} (N_x N_y N_z)^{-3/2} \exp\left[-\frac{3}{2b^2}\left(\frac{R_x^2}{N_x} + \frac{R_y^2}{N_y} + \frac{R_z^2}{N_z}\right)\right] \tag{2}$$

ここで，N_x, N_y, N_zはそれぞれx, y, z方向の高分子の長さ，R_x, R_y, R_zはそれぞれx, y, z方向の高分子の末端間距離，bはセグメント長を表す。環動ゲルを伸長率λでz方向に一軸伸長した場合に，固定架橋点モデルと同様にアフィン変形を仮定すれば，$R_x = R_y = R_0/\sqrt{\lambda}$，$R_z = \lambda R_0$（ここで$R_0 = \sqrt{N}b$）であることから，エントロピーは以下のように与えられる。

$$S(N_x, N_y, N_z; \lambda) = -\frac{3k}{2}\left[\ln(N_x N_y N_z) + \frac{N}{\lambda N_x} + \frac{N}{\lambda N_y} + \frac{\lambda^2 N}{N_z}\right] + \frac{9k}{2}\ln\left(\frac{3}{2\pi b^2}\right) \tag{3}$$

このとき，N_x, N_y, N_zに対してエントロピー最大の条件$\partial S/\partial N_x = \partial S/\partial N_y = 0$を課すと，$N_x = N_y$および$N_z(\lambda)$が以下の3次方程式の解として与えられる。

$$\frac{1}{N_z} - \frac{\lambda^2 N}{N_z^2} = \frac{2}{3N - N_z} - \frac{4N}{\lambda(3N - N_z)^2} \tag{4}$$

応力σは，自由エネルギー

$$F(\lambda) = \frac{n}{2}kTV\left[\ln\frac{N_z(3N - N_z)^2}{4} + N\left(\frac{\lambda^2}{N_z} + \frac{4}{\lambda(3N - N_z)}\right)\right] \tag{5}$$

より，$\sigma(\lambda) = \partial F(\lambda)/\partial(\lambda V)$で与えられる。ここで，$n$と$V$は，架橋点間の高分子鎖数，全系の体積をそれぞれ表し，kTは熱エネルギーである。

図3に，固定架橋点モデルおよび自由架橋点モデルの一軸応力伸長曲線を示す。図から分かるように，固定架橋点モデルでは応力伸長特性は上に凸の曲線を描くのに対して，自由架橋点モデルでは，伸長の初期には架橋点の移動のみが起こるので応力がほとんどゼロになっており，その後，直線状に上昇していく。これは，自由架橋点モデルでは，高分子鎖の圧縮が起こらずに，すべての高分子鎖が伸長されていることを示している。両方のモデルとも高分子はガウス鎖を仮定しているが，高伸長領域ではガウス鎖からずれるので，その影響がそれぞれの点線で表されている。その結果，固定架橋点モデルはS字型の応力伸長特性を示すのに対して，自由架橋点モデルの場合にはJ字型の応力伸長特性を与えることになる。すなわち，環動ゲルは通常の架橋点が固定された高分子材料とは本質的に異なる力学特性を示す。

図4に環動ゲルの応力伸長特性を示す。架橋時間の短い環動ゲルでは，自由架橋点モデル理論

第4章 熱架橋反応の利用

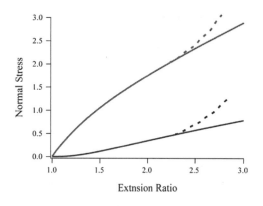

図3 固定架橋点モデル（上）と自由架橋点モデル（下）の一軸応力伸長曲線の比較
点線は，高伸長領域でのガウス鎖からのずれを表している。

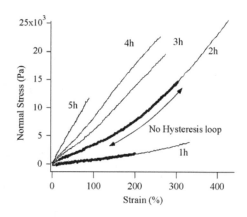

図4 異なるゲル化時間における環動ゲルの応力－伸長曲線（ゲル化時間1時間〜5時間）
太線は伸長してから0％へ戻すときの履歴曲線。

と同様に下に凸のJ字型の応力伸長特性が現れており，実験と理論は定性的に一致していることが分かる。一方，架橋密度が高くなると，応力伸長曲線が下に凸から固定架橋点モデルと同様に上に凸の形に変化している。これは，架橋密度の増加に伴い，3個以上のシクロデキストリンが架橋し，その結果，いわゆる滑車効果が十分に機能しなくなっていることを示していると解釈している。

図5に，固定架橋点モデルと自由架橋点モデルの一軸応力圧縮曲線の比較を示す。固定架橋点モデルでは，圧縮するとすぐに力が発生するのに対して，自由架橋点モデルは応力がしばらくはゼロのままであり，半分程度に圧縮されたあたりから応力が著しく立ち上がることになる。これは，固定架橋点モデルでは，一軸方向に圧縮すると，圧縮と垂直方向に高分子が伸長されるのに対して，自由架橋点モデルの場合には，圧縮もまた均等に起こることを示している。このような力学特性の本質的な違いは，環動ゲルを応用する場合にきわめて重要な基礎的知見であり，材料開発の処方箋を与えるものである。特に，環動ゲルを人工軟骨として利用する場合に，従来の架橋点が固定された高分子材料に比べて大きな優位性がある可能性を示唆している。

このようなJ字型の応力－伸長曲線は，哺乳類の皮膚や筋肉，血管などの生体組織でよく見られる。すなわち皮膚などの場合は，小さな力では柔らかくよく伸びるのに対して，ある程度伸びたところでは突然伸びなくなり大きな抵抗力が発生する。このような特性は，皮膚などの場合には亀裂を防いだり，血管の場合には動脈瘤を作りにくくするなど，生体機能の上で重要な意味を持っている。たとえば，応力－伸長曲線がS字曲線になる場合には，弾性不安定性と呼ばれ，圧力の伸長比依存性が負になる領域が生じることが知られている。このとき，ある圧力に対して，

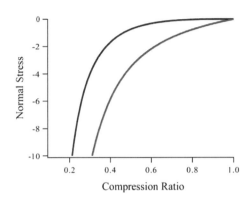

図5　固定架橋点モデル（下）と自由架橋点モデル（上）の一軸応力圧縮曲線の比較

2つの安定な伸長比が存在することになる．細長い風船を強く膨らますと，所々に膨らんだ塊ができるのはこのためである．つまり，応力－伸長曲線がS字曲線を描く円筒状の材料には，局所的に膨らんだ塊ができやすい．このことは，健康でない血管に動脈瘤が生じやすい原因の1つと言われている．これに対して，健康な血管はJ字型の応力－伸長曲線を描くため，圧力の伸長比依存性が常に正となり，弾性不安定性が起こらない．すなわち，応力－伸長曲線がJ字曲線を描く健康な血管では，局所的に膨らんだ塊はできにくいことになる．その他にも，J字型の力学特性は，破壊エネルギーの蓄積を防ぐなど生体材料として様々な利点があり，生体機能の維持にきわめて重要な役割を果たしている．

環動ゲルは，上記で説明したように，生体のようなJ字型の力学特性を，滑車効果によって実現している．生体の場合には，筋肉を用いた能動的機構でJ字型の応力－伸長特性が現れるのに対して，環動ゲルの場合には，滑車効果を利用した自己組織化的機構で同じ特性を実現している点が異なる．以上のように，環動ゲルは滑車効果によって生体組織代替材料としては理想的な力学特性を示すことが分かる．

4.4　環動高分子の構造解析[7~9)]

ゲルのナノスケールでの構造や不均一性を調べるのに中性子散乱やX線小角散乱はよく使われる有効な手段である．通常の化学ゲルを一軸方向に延伸しながら小角中性子散乱パターンを測定すると，延伸方向に伸びたパターンが観測される．これをアブノーマルバタフライパターンと呼んでいる．延伸によってその方向に高分子鎖が配向すると，延伸と垂直方向に引き伸ばされたパターン（ノーマルバタフライパターン）が見られるはずであり，実際に高分子溶液やフィルムではそのようなパターンが観測されている．これに対し，ゲル中には固定した架橋点分布の不均一

第4章　熱架橋反応の利用

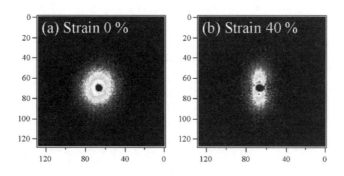

図6　(a)伸長していない（Strain 0%）環動ゲルの散乱パターンと，(b)横に伸長した環動ゲル（Strain 40%）で観察されたノーマルバタフライパターン
ゲルで観察された初めてのノーマルバタフライパターンであり，環動ゲルがきわめて均一であることを表している。

性が存在するため，高分子鎖の配向よりもむしろ凍結した揺らぎの影響の方が大きくなるために，アブノーマルバタフライパターンが生じるものと考えられている。しかも，延伸に伴い不均一性が増大するため，散乱強度も増加するという傾向が一般的である。

一方，環動ゲルでは，図6に示すように，架橋されたゲルとして初めてノーマルバタフライパターンが観測された。これは，環動ゲルの架橋点が自由に動くために，ゲル内部の不均一な構造・ひずみを緩和するような配置を自己組織的にとった結果であると考えている。また，延伸に伴い散乱強度の減少が見られた。以上の結果は，可動な架橋点を持つ環動ゲルが，架橋点が固定された通常の化学ゲルと大きく異なる特性を持つということを顕著に示している。すなわち，環動ゲルと化学ゲルの架橋点におけるナノスケールの構造の違いが，マクロな物性に大きな影響を与えていることになる。

4.5　準弾性光散乱[10]

環動ゲル中の架橋点が実際に運動していることを直接観察するために，ポリロタキサンおよび環動ゲルの準弾性光散乱が測定された。

充填率が25%程度とシクロデキストリンがすかすかに詰まったポリロタキサンの準希薄溶液（濃度10%）の準弾性光散乱を測定すると，図7のように3つのモードが観測される。それぞれのモードの角度依存性の測定から，いずれのモードも散乱ベクトルの大きさの2乗に比例するため拡散に起因することが明らかになった。通常，高分子の準希薄溶液の準弾性光散乱を測定すると，自己拡散モードと協同拡散モードが観測され，この2つのモードの濃度依存性が逆になることが知られている。ポリロタキサンの濃度を変化させながら準弾性光散乱が測定された結果，最も早いモードがポリロタキサンの協同拡散に対応し，最も遅いモードが自己拡散に対応すること

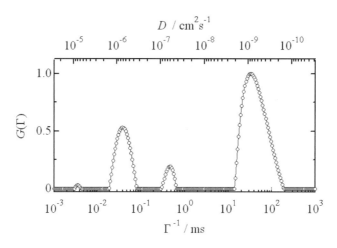

図7　ポリロタキサン溶液（充填率25%，濃度10%）の準弾性光散乱のCONTIN解析結果

が明らかになった。濃度に依存しないモードは，ポリロタキサン中のシクロデキストリンの拡散に起因したスライディングモードであることが考えられる。これを検証するため，充填率が65%と高いポリロタキサンの準弾性光散乱が測定されたところ，2つのモードしか観測されなかった。これは，充填率が高くなるとポリロタキサン中のシクロデキストリンがほとんど動けなくなることを示している。すなわち，トポロジカルゲルで架橋点が自由に動くためには，シクロデキストリンが疎に包接したポリロタキサンを調整する必要がある。

次に，シクロデキストリンがすかすかに詰まったポリロタキサンを架橋してゲル化しながら，準弾性光散乱が測定された。ゲル化に伴い，通常の化学ゲルと同様に自己拡散モードが消失するが，協同拡散モード（ゲル化した後にはゲルモードと呼ばれている）およびスライディングモードはほとんど変化しない。このことは，ゲル化後も環動ゲル中の架橋点がスライディングしていることを示唆している。

4.6　刺激応答性環動高分子[11〜13]

外部環境の変化に応じて可逆的に物性を変化させることのできる高分子材料は，基礎と応用の両見地から強く関心が持たれている。もし環動ゲルの滑車効果が外部刺激によって自由自在に制御できれば，ゲルの力学特性が外部刺激によって劇的に変化し，柔らかく良く伸びるゲルが突然硬く伸びなくなる，あるいはその逆が起こり得る。

我々は，アルキル基等で化学修飾したポリロタキサンを用いて環動ゲルを作成したところ，低温領域で透明で柔らかく膨潤した環動ゲルが温度上昇に伴い，転移的かつ可逆的に白濁し硬く収縮したゲルに変化することを明らかにした。また8の字架橋点が電荷を持ったイオン性環動ゲル

では，イオン環境の変化によって同様の現象が観察されている。力学測定や放射光を用いた小角X線散乱測定から，この現象は，温度上昇に伴い疎水性相互作用により架橋点の凝集が起こり，滑車効果が抑制されたためであることが明らかになった。このとき，応力伸長特性がJ字型からS字型に大きく変化することが報告されている。すなわち，環動ゲル独特の自由度であるナノスケールの環状分子（滑車）の運動性を外部刺激を用いて制御することが可能であり，これによりマクロな力学物性が実際に大きく変化することが分かる。

4.7 環動高分子材料の応用

以上のように，環動高分子材料は滑車効果により，従来の架橋点が固定された高分子材料とは異なる力学特性と構造を示す。このような特徴は，程度の差はあるものの，ゲルだけに限らず液体を含まない環動高分子材料全般に及ぶものと考えている。前述したように，環動高分子の特徴的な力学特性は，バイオマテリアルへの応用という点で高い優位性を示すだけでなく，繊維，塗料，接着などへの応用も期待されている[14]。

液体を含む高分子ゲルの材料としての最大の特徴は，構成成分がほとんど液体でありながら液体を保持し固体（弾性体）として振舞う点である。従来の化学ゲルの材料設計では，高い液体分率と機械強度は相反するベクトル軸を形成していた。これに対して環動ゲルは，可動な架橋点を導入することで高分子を最大限に効率よく利用することにより，従来のゲル材料では実現不可能であった高い液体分率と機械強度を両立させることが可能である。以上のような理由から，環動ゲルの応用先としては，ゲルのあらゆる分野に及ぶと考えられている。特に，ポリエチレングリコールとシクロデキストリンからなる環動ゲルは生体に対する安全性・適合性が高いので，生体適合材料・医療材料分野への応用が期待されている。具体的には，ソフトコンタクトレンズ，眼内レンズ，人工血管，人工関節，化粧品などへの応用展開が進められている。

本技術については，物質に限定されない基本特許が日米中で成立している[15]ことから，2005年3月に本技術の実用化を促進するためのベンチャー「アドバンスト・ソフトマテリアルズ株式会社」が設立された。

架橋点が自由に動く高分子材料という概念は，実は1980年代以降，高分子多体系の絡み合い効果を説明するために盛んに研究されてきたスリップリンクモデルとして理論家の間ではよく知られていた。環動高分子材料は，スリップリンクモデルを具現化した材料という点からも興味が持たれており[16]，理論家の予想の検証にもなっている。しかし，環動高分子材料が示す様々な物性の中には，我々の予想を超えるもの，まだ十分に説明できていないものも少なくない。今後，環動高分子材料の応用展開が急速に進む中で，基礎的にも高分子科学におけるこの新規分野をさらに発展させていきたいと考えている。

文　　献

1) J. E. Mark and B. Erman, in "Rubber Elasticity: A Molecular Primer, 2nd ed.," Cambridge University Press, Cambridge (2007)
2) Y. Okumura and K. Ito, *Advanced Mater.*, **13**, 485 (2001)
3) 妹尾学，荒木孝二，大月穣，「超分子化学」，東京化学同人 (1998)
4) A. Harada, J. Li and M. Kamachi, *Nature*, **356**, 325 (1992)
5) J. Araki, C. Zhao and K. Ito, *Macromolecules*, **38**, 7524 (2005)
6) K. Ito, *Polymer J.*, **39**, 488 (2007)
7) T. Karino, M. Shibayama, Y. Okumura and K. Ito, *Macromolecules*, **37**, 6177 (2004)
8) T. Karino, Y. Okumura, C. Zhao, T. Kataoka, K. Ito and M. Shibayama, *Macromolecules*, **38**, 6161 (2005)
9) Y. Shinohara, K. Kayashima, Y. Okumura, C. Zhao, K. Ito and Y. Amemiya, *Macromolecules*, **39**, 7386 (2006)
10) C. Zhao, Y. Domon, Y. Okumura, S. Okabe, M. Shibayama and K. Ito, *J. Phys.: Condensed Matter*, **17**, S2841 (2005)
11) M. Kidowaki, C. Zhao, T. Kataoka and K. Ito, *Chem. Commun.*, 4102 (2006)
12) T. Kataoka, M. Kidowaki, C. Zhao, H. Minamikawa, T. Shimizu and K. Ito, *J.Phys. Chem.*, B, **110**, 24377 (2006)
13) T. Karino, Y. Okumura, C. Zhao, M. Kidowaki, T. Kataoka, K. Ito and M. Shibayama, *Macromolecules*, **39**, 9435 (2007)
14) J.Araki, T. Kataoka, N. Katsuyama, A. Teramoto, K. Ito and K. Abe, *Polymer*, **47**, 8241 (2006)
15) 奥村泰志，伊藤耕三，特許第3475252号，米国特許番号6828378B2
16) S. Granick and M. Rubinstein, *Nature Mater.*, **3**, 586 (2004)

5 臨界点近傍のゲルを利用した材料設計

山口政之*

5.1 ゾル-ゲル転移の基礎

ゴムの架橋では，高分子鎖が分子間架橋することにより三次元網目構造を形成する。また，接着剤，塗料などでは反応性オリゴマーと多官能性モノマーが反応して三次元網目構造を形成し硬化が進む。このように高分子鎖が架橋したり，低分子化合物が化学反応して分子鎖が三次元的に成長する際，架橋・反応度が低い状態では分子量は有限であり，かつ，長時間経過すると必ず流動するため粘度を定義できる。流動可能なこれらの状態はゾル（sol）と呼ばれる。一方，架橋・反応が十分に進行すると，三次元的な網目構造が系全体に生成し，有限の平衡弾性率を定義できるようになる。この状態ではもはや巨視的な流動を生じない。このように流動不可能な状態をゲル（gel）と呼ぶ。ゾルからゲルへ転移することをゾル-ゲル転移（sol-gel transition）と呼び，その臨界点をゾル-ゲル転移点という。均質な反応系では臨界点においてフラクタル構造（自己相似構造）を形成することが知られている[1~3]。

臨界点近傍では，粘度，回転半径，分子量，平衡弾性率，ゲル分率などの特性値が臨界点からの相対距離のべき乗に比例することが知られている[1]。例えば，反応度をp，臨界点の反応度をp_cとすると，臨界点からの相対距離εは以下の(1)式で与えられる。また，εを用いてゼロせん断粘度η_0，回転半径R，分子量M，平衡弾性率G_{eq}，ゲル分率ϕ_{Gel}は(2)(3)式で与えられる。ゾル-ゲル転移を取り扱う場合には，これらの関係式をスケーリング則と呼ぶ。また，(2)，(3)式の指数は臨界指数と呼ばれる。

$$\varepsilon = \frac{|p - p_c|}{p_c} \tag{1}$$

$$\eta_0 \propto \varepsilon^{-k},\ R \propto \varepsilon^{-\nu},\ M \propto \varepsilon^{-\gamma} \qquad (p < p_c) \tag{2}$$

$$G_{eq} \propto \varepsilon^z,\ \phi_{Gel} \propto \varepsilon^\beta \qquad (p > p_c) \tag{3}$$

均一に反応が進行する系でのゾル-ゲル転移では，上記の関係式がパーコレーション（percolation）モデルによる予測とよく一致する。図1に最も単純なパーコレーションモデルのひとつであるボンドパーコレーションによるゲル化の様子を示す。図のようにボンドを適当に加えて格子をランダムに繋ぐと，ボンドの占有確率がある臨界値を越えたところで端から端まで広

---

* Masayuki Yamaguchi　北陸先端科学技術大学院大学　マテリアルサイエンス研究科
　准教授

がった巨大クラスターが形成される。この状態がゾル－ゲル転移点（臨界点）に相当する。図より明らかなように，臨界点では巨大クラスターに加え，クラスターには直接連結していない数多くの浮遊鎖（ゾル成分）も含まれている。さらに，巨大クラスターを形成する部分鎖には，片末端が自由な（クラスターとは連結していない）部分鎖（ダングリング鎖，dangling chain）や分岐が高度に発達した巨大な分子鎖が数多く存在する。ダングリング鎖は，ネットワークと繋がっていない一方の端が自由に運動可能であるため，高分子溶融体の力学特性を支配する"からみ合い相互作用（entanglement coupling）"が強く働く。

前述したように，臨界点ではフラクタル構造を形成することが知られている。フラクタルとは自己相似な構造であり，粗視化しても不変な構造を表す。さらに，この構造はフラクタル次元と呼ばれる非整数の次元によって定量的に表される。臨界ゲルの構造もフラクタル次元で表現することができる。例えば，空間を一辺の長さがLである立方体に分割し，その空間内において架橋点が存在する立方体の個数を$N(L)$とする。Lを変えて(4)式が成立したら，その指数D_Fがフラクタル次元となる。フラクタル次元が高いほど架橋点が三次元的な広がりで存在しているといえる。

$$N(L) \propto L^{-D_F} \tag{4}$$

Chambon, Winterらは，ゾル－ゲル転移点における緩和弾性率$G(t)$が(5)式で記述されることを理論的に示した[4,5]。すなわち，緩和弾性率$G(t)$はべき乗則に従う。

$$G(t) = \int_{-\infty}^{t} H(\tau) e^{-t/\tau} \mathrm{d}\ln\tau \cong S_0 t^{-n} \tag{5}$$

S_0はべき乗則が成立する最小の構造単位の緩和強度（特にゲル強度と呼ぶ）を表す。図２にゾルおよびゲルの緩和弾性率を示す。なお，ゾルの$G(t)$は無限時間後に必ず0になり，ゲルの$G(t)$は有限値G_{eq}に至る。臨界点では，直線で示したように緩和弾性率が低下し続ける。

さて，臨界点を求めるためには，(2)(3)式で示したように，粘度，分子量，平衡弾性率などのパ

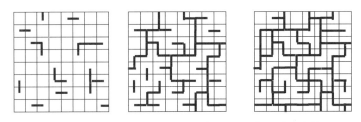

図1　ボンドパーコレーションモデルによるゾル－ゲル転移

第4章 熱架橋反応の利用

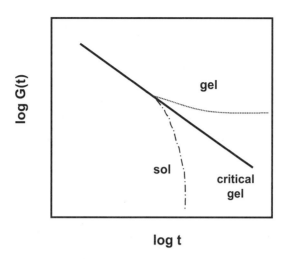

図2 ゾル，ゲル，臨界ゲルの緩和弾性率

ラメーターを測定したらよい。しかしながら，これらのパラメーターは臨界点で0になるか無限大に発散するため，実際に精度よく測定し臨界点を決定することは極めて困難である。一方，周期的な変形に対する力学応答である動的粘弾性を用いると，比較的容易に臨界点を求めることができる。(5)式の関係より，臨界点では動的粘弾性を含む線形粘弾性関数がS_0とnの二つのパラメーターのみで記述できる。また，貯蔵弾性率G'，損失弾性率G''は角速度ωのべき乗に比例する。

$$G' \propto G'' \propto \omega^n \tag{6}$$

$$\tan\delta = \tan\left(\frac{n\pi}{2}\right) = const. \tag{7}$$

線形粘弾性関数より求められたnはフラクタル次元や臨界指数と関係づけられることが実験的にも理論的にも証明されている[3~6]。また，非からみ合い系（低分子化合物）からのゲル化では以下の関係が成立する。なお，Dは空間の次元である。

$$n = \frac{D}{D_F + 2} \tag{8}$$

パーコレーションモデルを用いるとフラクタル次元D_Fは2.5，nは0.67になり，実験値と一致することが報告されている。また，(2)，(3)式の臨界指数とは以下の関係が成立する。

$$n = \frac{z}{k+z} \tag{9}$$

臨界点の近傍では，上述のようにダングリング鎖が数多く存在する。ダングリング鎖が示す強いからみ合い相互作用やエネルギー吸収性能を利用することにより，さまざまな機能材料を設計

することが可能になる。以下に振動吸収材，成形加工改質剤，自己修復材の設計指針と材料特性を記述する。

5.2 振動吸収材料

臨界点近傍のゲルに存在するダングリング鎖は，他の分子鎖に比べ長い緩和時間を示す[1,7~9]。また，弾性に寄与しない部分鎖であるため，与えたエネルギーを熱に変換し散逸する。このような特徴を活かすことにより，振動吸収材や防音材への応用が期待されている。

図3に臨界点近傍ゲルの損失正接の温度依存性を示す。図中には比較のため，ダングリング鎖がほとんど存在しない架橋が十分に進んだゲルの損失正接も示している。共に原材料はポリウレタンであり，架橋の程度が異なるだけである。損失正接が極大を示す温度（すなわち，ガラス転移温度）は臨界点近傍のゲルの方が低い。これは，架橋による分子運動の束縛が弱いために生じた現象である。また，臨界点近傍のゲルは，ガラス転移温度以上の幅広い温度範囲で損失正接が著しく高い値を示しており，振動吸収材として優れた性能を示すことがわかる。

本材料設計で得られる振動吸収材は，架橋点が少ないために力学的性質に劣る問題点がある。しかしながら，その振動吸収性能は極めて高く，また，幅広い温度範囲（周波数範囲）で効果を示すことから，今後，防振ゴムや塗料などの分野で応用が進むと期待される。

5.3 成形加工性改質剤

一般的に，分子量分布が狭く長鎖分岐が存在しない高分子物質は，溶融状態における弾性に乏しく，発泡成形，ブロー成形，フィルム成形，熱成形など自由空間での変形を伴う成形加工において問題を生じることが多い。このような場合，伸長粘度の把握が重要になる。

図4にMeissner型伸長レオメーターにより測定した一軸伸長粘度の時間成長曲線を例示する[10,11]。試料は代表的な長鎖分岐高分子として知られる高圧法低密度ポリエチレン（LDPE）である。伸長粘度曲線は，ひずみ速度に依存せずに伸長粘度が緩やかに増加する領域と，伸長

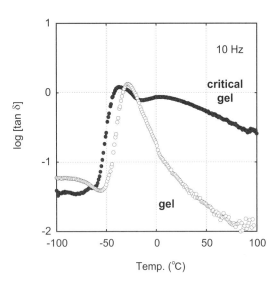

図3　損失正接（tan δ）の温度依存性
○　架橋が十分に進んだゲル；　●　臨界点近傍のゲル

粘度が急激に増加する領域とに分けることができる。ひずみ速度に依存しない領域は線形領域と呼ばれ，伸長粘度の大きさは線形領域におけるせん断粘度の3倍（$3\eta^+(t)$）に等しくなる。また，時間，すなわち，ひずみと共に伸長粘度が急激に増加する現象は"ひずみ硬化"と呼ばれており，成形加工性との対応が報告されている[12]。それらの報告によると，ひずみ硬化性の強い材料は，変形が局所的に生じることがないため均一な肉厚の製品が得られると共に，溶融物が重力で下方に垂れる現象が少なくなり大型製品の成形が容易になるといわれている。また，Tダイ成形においてフィルム幅がダイ幅よりも小さくなる現象（ネックイン）が低減すること，さらには，インフレーション成形においてバブルの安定性が向上することも知られている。

　伸長粘度のひずみ硬化性を顕著にするためには分子鎖中に長鎖分岐を導入することが望ましいが，コストパフォーマンスを考慮すると現実的には困難である。一方，近年，ダングリング鎖のトポロジー相互作用が顕著である臨界点近傍のゲルをごく少量添加すると，分岐高分子を凌ぐほどの極めて強い溶融弾性を示すことが明らかにされてきた[12〜21]。

　直鎖状高分子であるポリプロピレン（PP）に臨界点近傍のゲルを少量混合した系の伸長粘度曲線を図5に示す。PP単独ではまったくひずみ硬化が観測されないものの，臨界点近傍のゲルを0.3%混合するだけでひずみ硬化性が確認され，1%混合するとLDPEを超えるひずみ硬化性を示すことがわかる。伸長粘度のひずみ硬化は，PP分子鎖と臨界点近傍ゲルの部分鎖とのからみ合い相互作用に起因していると考えられる[13〜15]。多くの企業では，測定の難しい伸長粘度の

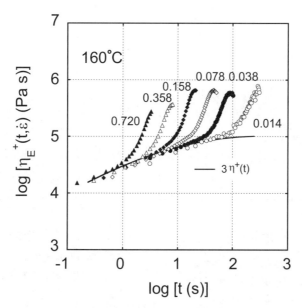

図4　一軸伸長粘度の時間成長曲線（試料　低密度ポリエチレン）
図中の数字はひずみ速度，実線は線形領域におけるせん断粘度の3倍を表す。

代わりにドローダウン力で成形加工性を評価している。ドローダウン力とは一軸延伸に必要な力として定義され，伸長粘度と密接に対応することが知られている[10]。図6に示したように，臨界点近傍ゲルの添加と共にドローダウン力は急激に増加することがわかる[15]。

一方，定常流せん断粘度は臨界点近傍ゲルを3％混合してもほとんど変化しない（図7）。すなわち，臨界点近傍ゲルの混合により伸長流動場における力学応答は大きく変化するものの，せん断粘度はほとんど変化しない。

本方法によりレオロジー特性を改質するためには，①臨界点近傍のゲルであること，②ゲルの部分鎖が被改質材と相溶すること，③伸長場が生じる方法で混合すること，が必要である。例えば，ポリエチレンを緩やかに架橋して得られる臨界ゲルは，ポリエチレンの加工性改質剤となる。その結果，高密度ポリエチレン（HDPE）や直鎖状低密度ポリエチレン（LLDPE）などの直鎖ポリエチレンに応用することで，伸長粘度のひずみ硬化性がLDPEに匹敵する直鎖ポリエチレンが得られる（図8）[16～19]。

臨界点近傍のゲルを添加した材料は伸長粘度のひずみ硬化が顕著であるため，さまざまな加工方法において優れた成形性を示す。表1は化学発泡剤を用いた発泡成形における発泡倍率と臨界

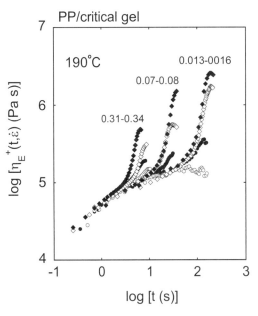

図5　一軸伸長粘度の時間成長曲線
（試料　PP／臨界点近傍ゲル）
○　PPのみ；　●　0.3％混合；
◇　1％混合；　◆　3％混合
図中の数字はひずみ速度

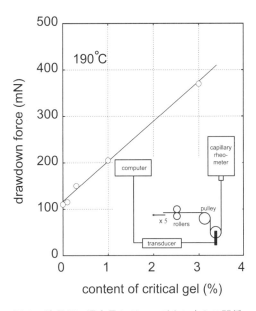

図6　臨界ゲル混合量とドローダウン力との関係
（試料　PE／臨界点近傍の架橋PE）
延伸比　5

点近傍ゲルの添加量との関係を表している[18]。被改質材はLLDPEおよびHDPEである。臨界点近傍ゲル（架橋ポリエチレン）を全く添加しないと発泡成形を行うことが不可能であるが，0.5％添加するだけで発泡成形が可能になる。また，得られる発泡体のセル構造も微細になる（図9）。従来まで非架橋の発泡体にはLDPEが用いられていたが，本技術によりHDPEからLLDPEまで剛性の異なるさまざまな発泡体が得られるようになる。

　その他，本技術は熱成形やブロー成形における加工性向上にも効果的である。例えば，熱成形ではポリマーシートを加熱して融解した後に真空または圧空成形を行うが，シートの溶融と同時

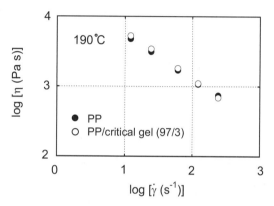

図7　定常流せん断粘度のせん断速度依存性
　　○　PPのみ；　●　臨界点近傍ゲル　3％混合

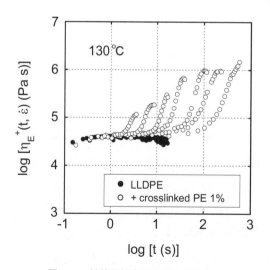

図8　一軸伸長粘度の時間成長曲線
　　○　直鎖状PEのみ；　●　臨界点近傍の架橋PE 1％混合

表1　臨界点近傍ゲルの混合量と発泡倍率の関係
（化学発泡剤の混合量　5 phr，10phr）

	crosslinked PE	expansion ratio	
		5phr	10phr
LLDPE	0　％	—	—
	0.5　％	13	24
	1.0　％	13	23
	3.0　％	12	—
HDPE	0　％	—	—
	0.5　％	12	22
	1.0　％	12	23
	3.0　％	10	—

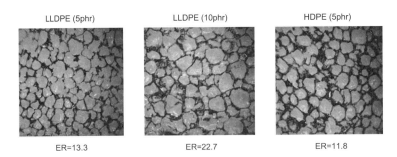

図9　種々の直鎖状ポリエチレンに臨界点近傍の架橋PEを1％混合して得られた発泡体のセル構造

に溶融シートが重力によって下方に垂れる溶融垂れが発生する。ブロー成形でもパリソンが下方へ垂れる現象が発生する。これらの溶融垂れは，一度に多数個の製品を製造する方法や大型製品の製造において大きな問題となる。臨界点近傍のゲルを少量添加した材料では伸長粘度のひずみ硬化が顕著になるため，溶融垂れは大きく低減することが確認されている[17]。

なお，本方法はポリオレフィン以外のポリマー材料へも応用可能である。特に，ポリエステルなどの縮合系ポリマーは分子量分布が狭く溶融弾性に乏しいため，本方法によるレオロジー特性の改質は魅力的である。これまでに，微生物によって生産されたバイオマス系ポリエステルで臨界点近傍ゲルによる溶融弾性の向上が確認されている[20, 21]。

5.4　自己修復材

液体は傷が生じてもすぐに修復するが，形状を維持することが困難である。一方，固体は構造材料として使用可能であるものの，発生した傷を自発的に治癒することは一般的に困難である。ゾル－ゲル転移の臨界点をわずかに超えたゲルには，強いからみ合い相互作用を示すダングリング鎖が数多く存在する。また，永久網目も存在するため，形状を維持することが可能である。すなわち，自己修復材料への応用が期待できる[9, 22]。

図10に臨界点近傍のゲルを完全に切断した後の修復挙動を示す。完全に切断しても10分間程度，室温にて接合することで再び力学的に接着することが明らかである。また，破断強度を定量的に評価した結果，破断前の材料の80％近くまで回復することが確認されている。なお，図10に示す材料は，臨界点をわずかに超えたゲルからゾル成分を取り除き，架橋成分のみを取り出している。図1に示したように，臨界点をわずかに超えるゲルにはゾル成分もかなり含まれる。ゾル成分は液体であるために，自己修復性を示すことが容易に予想される。しかしながら，(1)表面粘着の原因になること，(2)長時間経過後は流れ出る可能性があること，などのため構造材料として使用するにはゾル成分が含まれていない方が好ましい。

さて，高分子を対象とした自己修復材料に関しては，これまでに以下の二つのタイプが報告さ

第4章 熱架橋反応の利用

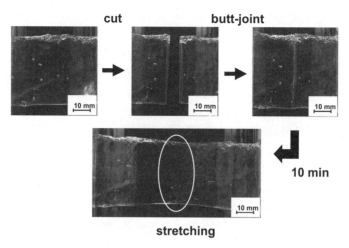

図10 臨界点近傍ゲルが示す自己修復挙動

れている[23〜28]。ひとつは化学反応を伴う修復機構を特徴とし，もうひとつは高分子鎖のからみ合い相互作用を利用する。また，化学反応を利用する方法としては，① 修復剤を封入したカプセル等をポリマー中に分散させる方法[23,24]，② 分解生成物の再結合を利用する方法[23,25]，に分類される。一方，からみ合い相互作用を利用する修復方法としては，③ 熱処理による修復（thermal healing）[23,26,27]と④ 溶媒処理による修復（solvent healing）[26,28]が挙げられる。本稿で述べた臨界点近傍のゲルを利用した自己修復材料はからみ合い相互作用を利用するものの，従来の方法とは異なる新しい分子設計指針に基づいている。弾性率の制御など課題も多いが，今後，実用化に向けた検討が期待される。

文　献

1) P. G. deGennes著,「高分子の物理学」, 久保亮五監修, 高野宏, 中西秀（訳）, 吉岡書店, (1984)
2) R. G. Larson, "The Structure and Rheology of Complex Fluids", Chap. 5, Oxford Univ. Press, Oxford (1998)
3) 高橋雅興, 日本ゴム協会誌, **66**, 237 (1993)
4) F. Chambon, H. H. Winter, *Polym. Bull.*, **13**, 499 (1985)
5) H. H. Winter, F. Chambon, *J. Rheol.*, **31**, 683 (1987)
6) M. Muthukumar, *Macromolecules*, **22**, 4656 (1989)

7) A. Havranek, G. Heinrich, *Acta Polymerica*, **39**, 563 (1988)
8) Y. Lee, P. Sung, H. Liu, L. Chou, W. Ku, *J. Appl. Polym. Sci.*, **49**, 1013 (1993)
9) M. Yamaguchi, S. Ono, M. Terano, Materials Letters, **61**, 1396 (2007)
10) M. Yamaguchi, M. Takahashi, *Polymer*, **42**, 8663 (2001)
11) M. H. Wagner, M. Yamaguchi, M. Takahashi, *J. Rheol.*, **47**, 779 (2003)
12) 高橋雅興, 高分子, **55**, 722 (2006)
13) M. Yamaguchi, H. Miyata, *Polym. J.*, **32**, 164 (2000)
14) M. Yamaguchi, *J. Polym. Sci., Polym. Phys. Ed.*, **39**, 228 (2001)
15) M. Yamaguchi, *SPE ANTEC*, p.1149 (2001)
16) M. Yamaguchi, K. Suzuki, *J. Polym. Sci., Polym. Phys. Ed.*, **39**, 2159 (2001)
17) M. Yamaguchi, K. Suzuki, *J. Appl. Polym. Sci.*, **86**, 79 (2002)
18) M. Yamaguchi, PPS-19 The Polymer Processing Society, Melbourne, Australia, June (2003)
19) M. Yamaguchi, In "Polymeric Foams; Mechanism and Materials", Chap.2, eds. S. T. Lee, N. S. Ramesh, CRC Press, New York (2004)
20) K. Arakawa, M. Yamaguchi, GPEC, Environmental Innovation: Plastics Recycling & Sustainability, Orlando, FL, March (2007)
21) K. Arakawa, M. Yamaguchi, *J. Appl. Polym. Sci.*, in press
22) 山口政之, 寺野稔, 新田晃平, コンバーテック, **407**, 32 (2007)
23) 自己修復材料研究会編,「ここまできた自己修復材料」, 工業調査会 (2003)
24) S. R. White, N. R. Sottos, P. H. Geubelle, J. S. Moore, M. R. Kessler, S. R. Sriram, E. N. Brown, S. Viswanathan, *Nature*, **409**, 794 (2001)
25) K. Takeda, H. Unno, M. Zhang, *J. Appl. Polym. Sci.*, **93**, 920 (2004)
26) R. P. Wool, "Polymer Interface", Hanser Gardener, Cincinnati (1994)
27) K. Jud, H. H. Kaush, *Polym. Bull.*, **1**, 697 (1979)
28) M. Kawagoe, M. Nakanishi, J. Qiu, M. Morita, *Polymer*, **24**, 5969 (1997)

6 植物由来の高分子材料開発における架橋反応の利用

宇山 浩*

6.1 はじめに

　自然界では光合成により大気中の二酸化炭素が植物中に炭素資源として固定化される。この炭素資源を利用したバイオエネルギーが石油などの化石燃料の代替として注目されており，海外では実用化されている。バイオエネルギーの代表的なものとして，デンプンから発酵合成したエタノールと油脂（トリグリセリド）から合成した高級脂肪酸エステルが挙げられる。前者はガソリンあるいは軽油と混合して使われ，後者は軽油の代替として利用される（バイオディーゼル）。これらは二酸化炭素を固定化した原料から作られているため，燃焼により二酸化炭素の絶対量が増加しない"カーボンニュートラル"な燃料である。

　現在のプラスチックの大部分は石油から作られており，これらのポリマーの一部については，工業レベルでのリサイクル技術が発達しているが，最終的には破棄され，焼却により二酸化炭素が発生する。地球温暖化防止に向け，材料の観点からもカーボンニュートラルのプラスチックが社会的に求められている。そこで，地球環境に優しいプラスチック材料として，天然物を中心とする再生可能資源を出発原料とする"バイオベースポリマー"が注目されてきた[1]。バイオベースポリマーは自然界の物質循環に組み込まれるものであるため，循環型社会構築に大きく寄与する未来型材料として期待されている（図1）。

　わが国では平成14年暮れに日本政府の総合戦略「バイオマスニッポン」が発表され，バイオマスの利活用による持続的に発展可能な社会の実現がうたわれている。この戦略は，バイオマスの有効利用に基づく地球温暖化防止や循環型社会形成の達成，更には日本独自のバイオマス利用法

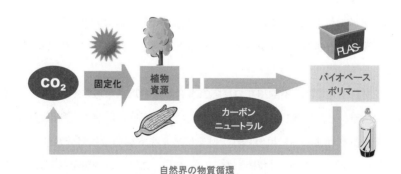

図1　植物資源を利用するカーボンニュートラルの高分子材料

---

*　Hiroshi Uyama　大阪大学　大学院工学研究科　応用化学専攻　教授

の開発による戦略的産業の育成を目指すものである。また，地球規模での環境保護の観点から，バイオマス原料は日本のみならず，世界中から入手できる安価かつ豊富な資源の積極的な利用が求められている。

近年，代表的なバイオベースポリマーであるポリ乳酸については，既存のプラスチックに近い性質を示すことから，ポリプロピレンをはじめとする幾つかの石油由来のプラスチックの代替を目指した用途開発が積極的に検討されてきた。しかし，ポリ乳酸の製造に多段階を要することなどから，価格は石油由来のプラスチックの2倍以上であり，しかも，現時点では物性・機能も石油由来のプラスチックの同等以下である場合が多い。そのため，実用化例の多くが環境対応を目指す企業の限定された用途や官による助成事業（愛知万博等）に留まっている。ポリ乳酸単独では物性に限界があるため，複合化により物性を向上させることで実用用途が拡張している。最近では携帯電話，パソコンのボディーにポリ乳酸複合材料が用いられ，知名度もあがりつつある。

ポリ乳酸は結晶性熱可塑性ポリマーに分類されるものであるが，既存のプラスチックには熱硬化性樹脂等のネットワークポリマーも多く，接着剤，塗料等の重要な工業用途がある。本節では油脂を中心として植物原料を用いた架橋高分子について，その特性と応用を述べる。

6.2　植物油脂

油脂は脂肪酸のカルボキシル基とグリセリンの3つの水酸基が結合したトリグリセリドである。多くの天然油脂は複数種の脂肪酸から構成されており，脂肪酸は不飽和基を有する不飽和脂肪酸と不飽和基を有さない飽和脂肪酸に分別される。植物油脂には不飽和脂肪酸が，動物油脂には飽和脂肪酸が多く含まれている。植物油脂は全世界で年間約一億トン以上生産されており，その多くが食用として利用されており，油脂化学に用いられているのは約1500万トンである。近年，植物油脂の生産量は堅調に増加しており，中長期予測でもこの傾向は続くと考えられている。そのため，植物油脂は化石資源から製造される汎用高分子材料の代替出発物質として高い潜在性を有している[2]。

油脂の高分子材料用途では，不飽和基の反応（重合）が利用される。そのため，不飽和度の高い油脂がポリマー原料として適しており，安価な大豆油や亜麻仁油がよく利用される。油脂を主原料とする高分子材料は塗料等に用いられ，例えばアルキド樹脂は顔料分散性や塗装性に優れ，仕上がりの美観や耐久性も良い点に特徴がある。しかし，これらの油脂をベースとする高分子材料の合成では，油脂中の不飽和基の重合・硬化反応を利用するために反応速度が遅く，残存不飽和基の酸化による材料の劣化等の問題が指摘されている。また，油脂から誘導化したポリオールを用いたポリウレタンが開発されている。大豆油を多く産出するアメリカでは，政府主導の研究プロジェクトとして大豆油ベースの材料開発が活発に行われ，大豆油ポリオールを原料とするポ

第4章 熱架橋反応の利用

リウレタンがトラクターのバンパーや絨毯に利用されている。

6.3 油脂ベース複合材料

大豆油，亜麻仁油のエポキシ化物はポリ塩化ビニルの補助可塑剤として上市されている。これらのエポキシ化油脂から容易に硬化物が得られるが，その物性は実用レベルに到底及ばないものである。その欠点を補うべく，有機物あるいは無機物との複合化による物性・機能の改善が試みられてきた。

天然物であるロジン（松脂）の各種誘導体は比較的安価であり，接着・粘着力を付与できることから，工業的に幅広く用いられる樹脂改質剤である。油脂ベース複合材料を開発するにあたり，できるだけ天然物を多く利用することでカーボンニュートラルへの貢献度を高める観点から，ロジン系添加剤（ロジンペンタエリトリトールエステルおよびロジン変性フェノール樹脂）が油脂ポリマーの改質に用いられた。これらのロジン誘導体を含むエポキシ化大豆油（ESO）にカチオン熱潜在性開始剤を添加して加熱処理が行われ，透明な樹脂硬化物が合成された（図2）。このロジン含有複合材料は柔軟性に富み，テスト片を完全に折り曲げても割れない（図3）。

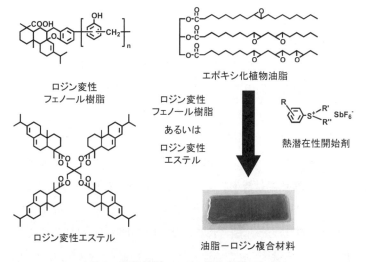

図2　植物油脂－ロジン複合材料の合成

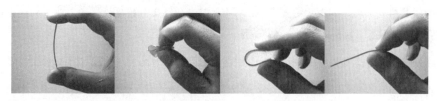

図3　植物油脂－ロジン複合材料の柔軟性

これらの複合材料の動的粘弾性測定では，ESO－ロジンペンタエリトリトールエステル系硬化物はESO単独硬化物と比較してゴム領域における貯蔵弾性率が小さく，より柔軟であることがわかった。貯蔵弾性率と損失弾性率の比で表されるtan δ カーブは高温側へシフトし，ガラス転移温度がより高いことが明らかとなった。また一軸伸張試験により，ロジンペンタエリトリトールエステル添加系はESO単独硬化物に比べて弾性率が小さく柔軟であるとともに，破断ひずみが約10倍向上し，機械的特性に優れることが明らかとなった。エポキシ化油脂の単独硬化では架橋密度が高いために十分な延性は得られないが，ロジン誘導体の添加により機械的特性の大幅な改善が見られた。接着機能についても，ロジン誘導体を複合化させることによる機能の向上が見られた。特にロジンペンタエリトリトールエステルの添加により，実用レベルの接着性能を見出した（接着強度：約8 MPa）。ESO－ロジン変性フェノール樹脂系硬化物は，ロジンペンタエリトリトールエステル添加系と同様に，ESO単独硬化物と比べてゴム領域における貯蔵弾性率が小さく，より柔軟であることがわかった。また，tan δ カーブはロジンペンタエリトリトールエステル添加系に比べて高温側へシフトし，ガラス転移温度がより高いことがわかった。一軸伸張試験から，ロジン変性フェノール添加系はロジンペンタエリトリトールエステル添加系と同様に，ESO単独硬化物と比べて破断ひずみが向上し，機械的特性に優れるとともに，ロジンペンタエリトリトールエステル添加系とは異なって，弾性率および引張強度がESO単独硬化物に比べて大きくなり，実用レベルの材料特性を示した。

代表的な生分解性ポリエステルであるポリ（カプロラクトン）（PCL）は融点60℃の結晶性ポリマーであり，耐熱性の低さが問題視されている。ESO硬化ポリマーネットワーク中にナノレベルでPCLを分散化させる手法が開発された。ESOにPCLを溶解させ，触媒を加えて加熱するという簡便な方法により，セミIPN型のESO-PCL複合材料が得られた（図4）。得られたセミIPN化物の動的粘弾性を測定したところ，PCLの添加量が増加するにつれて常温領域の貯蔵弾性率（E'）が増加し，高温領域では減少した。これはPCLの融点が60℃であるためと思われる。また，tan δ のピークは低温側にシフトし単分散を示したことから，エポキシ化大豆油硬化物とPCLは良好に分散していることが示唆された。セミIPN化物の一軸伸長試験では，PCLの添加量が増加するにつれて，破断強度，初期弾性率および破断歪みが大幅に増加した。これらの結果から，複合化により油脂硬化ポリマーの硬く脆い欠点が解消し，セミIPN化により油脂硬化ポリマーの力学特性が大幅に向上すると同時に，セミIPN化により耐熱性に劣るPCLの融点以上での使用が可能となり，耐熱性が著しく改善されることがわかった。

興味深いことに，このセミIPN化物は形状記憶機能を示した。形状記憶材料の機能特性は結晶構造が変化したり，分子運動の形態が変化する相変態に基づいて現れる。形状記憶材料は形状をプログラムすることで一時的な形態へ固定化し，外部刺激を与えることで元の形状へ回復する。

第4章 熱架橋反応の利用

形状記憶ポリマーでは相転移による高分子鎖の運動変化に基づき機能が発現し，融点とガラス転移温度での相転移が利用される場合が多い。一般に，形状記憶ポリマーはスイッチ部とハード部から構成され，スイッチ部の相転移現象をハード部で固定することで網目構造を形成させて材料としての形態を保持している。

　油脂－PCL複合材料を棒状で作製し，PCLの融点以上で外力によりコイル状に変形させた後，急冷するとその形状が保持された。その後，再び加熱すると分子運動が自由になり，棒状が復元することがわかった（図5）。この形状記憶機能は迅速に起こり，薄片サンプルでは数秒で元の形状に変化した。この形状記憶機能発現には複合材料のセミIPN構造が重要であり，PCLの相転移（融点，60℃）による形状記憶プログラムを容易に行うことができた。これはPCLと油脂ポリマーの分子レベルでの相溶性のためにPCLの融点以上でも材料としての形状を保つことができるためである。同様の現象は油脂とポリ乳酸の複合材料でも見られ，ポリ乳酸のガラス転移温度が形状記憶機能に利用される。更に二種類の熱可塑性ポリマーを油脂ネットワークポリマーに複合化することで，二つの温度刺激に応答できる形状記憶材料が開発された。

　バイオベースポリマーの代表格であるポリ乳酸のナノファイバー化技術を油脂ベース硬化材料と融合させることにより，オール植物原料の複合材料が開発された。近年，ナノファイバーの簡便な作製法として電界紡糸が注目されている[3]。この手法は高分子溶液に高電圧を印加することによって溶液をスプレーして繊維を形成させるものであり，簡単な装置で紡糸ができる（図6）。電界紡糸法の特徴として，従来の紡糸技術では繊維化できない繊維形成能に乏しい原料や加熱で

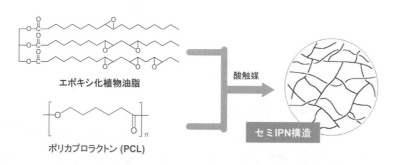

図4　植物油脂－ポリ（カプロラクトン）複合材料の合成

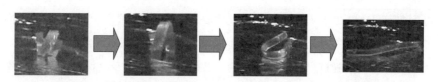

図5　植物油脂－ポリ（カプロラクトン）複合材料の形状記憶機能

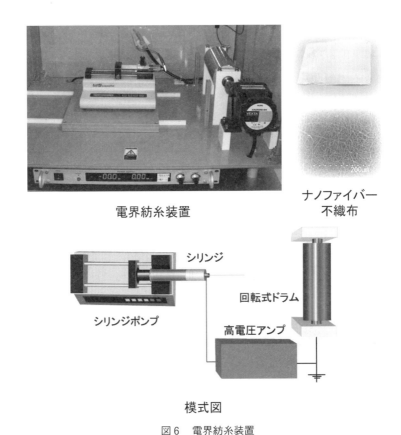

図6　電界紡糸装置

きない生体高分子からナノファイバーがつくれることが挙げられ，更にシートやチップまで製造できる広範な技術である。主に機能性フィルター用途で応用研究が進み，実用化例も報告されている。

電界紡糸により作製したポリ乳酸ナノファイバー不織布を補強材に用いてESOの硬化を行うことで，オール植物資源からなる透明に優れたフィルム材料が開発された[4]。ポリ乳酸ナノファイバーの複合化により，ESO単独の硬化物と比較して力学強度が著しく向上し，更にポリ乳酸不織布より高い強度を示した。また，複合材料の断面観察により，ポリ乳酸ナノファイバーが油脂ポリマーマトリックス中に均一に分散していることが確認され（図7），このことが高強度と透明性機能の発現に重要な役割を果たしていると考えられる。

無機物を油脂ポリマーとナノコンポジット化することで油脂ポリマーの物性・機能の向上が報告されている。2001年度より発足した新科学技術基本計画における四大重点分野の一つとして，ライフサイエンス，情報通信，環境・エネルギーとともに，ナノテクノロジー・材料が挙げられており，材料科学におけるナノテクノロジーが注目されている。このことと関連して，ポリマー

第4章 熱架橋反応の利用

系ナノコンポジットの開発研究は近年，その発展が著しい。ポリマー系ナノコンポジットがクローズアップされているのは，少量の分散相（ナノフィラー）を添加したナノコンポジット化により各種物性・機能が大きく向上し，更にナノコンポジットの製造設備が安価で汎用的なものであることが多いためである[5]。

ゾル－ゲル法を利用したナノコンポジットが活発に研究されている。ゾル－ゲル法は，金属および無機化合物の溶液をゲルとして固化し，このゲルの加熱により酸化物の固体を作製する方法であり，基本的には無機ガラスを比較的低温で作製する方法として発展してきた。シリカ，アルミナ，チタニア，ジルコニアなどの金属のアルコキシドが主に用いられる。油脂ベースナノコンポジットに関し，有機成分と無機成分を共有結合で介させることで無機成分をナノレベルで分散させる手法が提案された[6]。有機成分として主にESOを用い，エポキシ基含有シランカップリング剤（GPTMS）存在下，少量のカチオン性熱潜在性開始剤を添加して熱処理を行うことにより，油脂－シリカナノコンポジットが合成された（図8）。本反応ではGPTMSとESOのエポキシ基が共重合し，更にGPTMSのアルコキシシラン部位の重縮合により無機成分が凝集したナノドメ

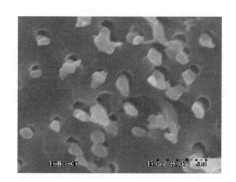

図7　植物油脂－ポリ乳酸ナノファイバー複合材料の断面写真

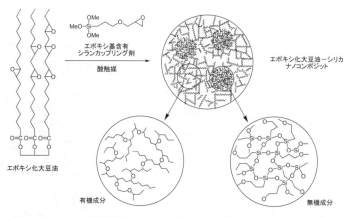

図8　植物油脂－シリカナノコンポジットの合成

インを形成すると考えられる。透過型電子顕微鏡観察やEPMAによるシリコン原子のマッピングにより無機成分の良好な分散を確認している。オキセタン基含有のシランカップリング剤を用いた油脂ナノコンポジットも開発されている[7]。

　層剥離型ナノコンポジットの無機成分としてクレイ（層状粘土化合物，層状ケイ酸塩）も頻繁に用いられる。クレイとナイロンのナノコンポジットは豊田中央研究所で開発されて実用化に至っており，クレイのナノコンポジットは日本発の技術として世界的に評価されている[8]。クレイは陶器や磁器の原料であり，カオリナイトと呼ばれる粘土鉱物が主成分である。ナノフィラーとしてはモンモリロナイトがよく用いられる。モンモリロナイトは火山灰中のガラス成分が分解して生成したもので，層状ケイ酸塩鉱物の一種であるスメクタイトに分類される。モンモリロナイトはケイ酸四面体層－アルミナ八面体層－ケイ酸四面体層の三層が積み重なったものであり，厚さ約1 nm，広がり0.1～1 µmという極めて薄い板状構造をとる。このケイ酸塩層の間にナトリウムイオンがあり，アミン化合物とのイオン交換により，容易に有機変性クレイが得られる。有機変性により有機物（特に疎水性化合物）との親和性が向上するため，ポリマー系ナノコンポジットでは有機変性クレイがよく用いられる。

　植物油脂－クレイナノコンポジットは有機成分として主にSOを用い，有機修飾クレイの存在下，少量のカチオン性熱潜在性開始剤を添加して熱処理を行うことにより合成された（図9）[9, 10]。オクタデシルアミン塩酸塩で有機化したモンモリロナイトを用いたところ，柔軟性に富むESO－クレイナノコンポジットが得られた。透過型電子顕微鏡観察からケイ酸塩層は数層単位でスタックしているものの，ポリマー中に均一に分散していることがわかった（図10）。また，広角X

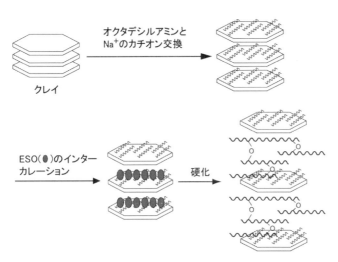

図9　植物油脂－クレイナノコンポジットの合成

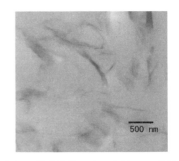

図10　植物油脂－クレイナノコンポジットの透過型電子顕微鏡写真

第4章　熱架橋反応の利用

線測定から，ESOのインターカレーションにより有機変性クレイの層間距離が増大し，クレイの良好な分散性が推察された。動的粘弾性測定ではクレイ含量が多いほど貯蔵弾性率が増大し，ポリマーマトリックス中でのケイ酸塩層による補強効果が示された。このことは力学強度の向上からも確認されている。また，ポリマー系クレイナノコンポジットの特徴として高いガスバリア性が知られている。植物油脂－クレイナノコンポジットにおいても，油脂単独硬化物のフィルムと比較して水蒸気バリア性が向上した。これは，ポリマーマトリックス中にナノオーダーで分散したシリケート層を水気体分子が迂回して通るためと考えられる。

　最近，エポキシ化油脂以外の油脂誘導体を用いたクレイナノコンポジットが報告された。大豆油に含まれる二重結合は非共役のために重合性に乏しいため，二重結合をロジウム触媒により共役化させ，この共役大豆油を用いて新しいバイオベース材料が合成された[11]。スチレン誘導体を用いて修飾したクレイ存在下，共役大豆油，スチレン，ジビニルベンゼンのカチオン共重合によりナノコンポジットが得られた。TEMとWAXD測定からクレイへの有機ポリマーの挿入とナノコンポジット中の部分的な剥離構造が明らかとなった。また，修飾クレイを1～2％添加することで，耐熱性，機械的特性の顕著な向上が見られ，特に圧縮強度は2倍以上となった。一方，それ以上のクレイを添加すると物性の顕著な向上は見られなかった。更に有機溶媒（トルエン）の拡散を調べたところ，クレイを少量添加したナノコンポジットで拡散係数の減少が見られ，蒸気バリア性が見出された。

6.4　天然フェノール脂質を基盤とする硬化ポリマー

　世界最古の塗料である漆は耐久性に優れた環境調和型の天然塗料であり，酵素の働きにより常温で反応・硬化する。漆特有の官能美から日本では伝統工芸品の素材として古くから用いられており，漆工芸は日本文化の象徴的存在である。漆の主成分はフェノール脂質のウルシオール（3－アルケニルカテコール誘導体）であり，漆塗膜を形成する主要素となる。ウルシオールは高価であり，化学合成が非常に難しく，更にかぶれの問題がある（漆によるかぶれはウルシオールに起因することが報告されている）。そこで，安価かつ入手容易な天然フェノール脂質を用いた高分子材料開発が望まれている。

　ウルシオールに似た構造を有するラッコール（ベトナム産）の酵素硬化による高性能塗膜が開発された[12]。ラッコールに対し*Myceliophthora*由来のラッカーゼに優れた硬化触媒能が見出され，速やかに硬化が進行し，褐色で光沢のある塗膜が得られた。ユニバーサル硬度の経時変化を測定したところ，反応の2ヵ月後までには硬度が徐々に上昇し，天然漆と同等の良好な膜物性を示した。硬化時間に伴うガラス転移温度の上昇からも架橋反応の進行が確認された。また，タンパク質加水分解物（水溶性コラーゲン）がラッコール中での酵素水溶液の良好な分散に有用であ

り,3本ロールミルを用いるW/Oエマルジョン化により高固形分(80%)で乾燥性が良好な酵素反応形塗料が製造された[13]。水溶性コラーゲンのチロシン残基(フェノール基)やリジン残基(アミノ基)がラッコール,その反応中間体,あるいはオリゴマーと反応することにより,優れた乳化作用を示したと思われる。

カシューナット殻液(Cashew Nut Shell Liquid, CNSL)は,カシュー樹(*Anacardium occidentale*, L.)に結実する実(食用)を得る工程の際,副産物として得られるフェノール脂質である。CNSLは天然物由来の再生可能な原材料としてその生産量も多く,また副産物の有効利用という観点からも興味深い材料である。CNSLの主成分はアナカルド酸である。側鎖の炭素数は15であり,側鎖不飽和数は0〜3である(平均=約2)。その他カルダノールやカルドールおよび2-メチルカルドール等が含まれることが知られている。CNSLはこのまま工業用途に使用しても差し支えないが,一般的にはCNSLを加熱処理してアナカルド酸のカルボキシル基を脱炭酸処理し,カルダノールを主成分としたものが工業用原材料(塗料・摩擦材料等)として使用されている。一般的なカシュー樹脂塗料は,カルダノールをホルマリンと反応させることによってプレポリマーを合成し,このものに側鎖オレフィン部位を酸化する触媒として油性塗料に通常使用されている金属ドライヤーを加えた酸化重合型の塗料である。しかしながら,近年における環境問題に対する意識の高まりから,カシュー塗料においても毒性の強いホルマリンを用いない合成方法が待望されていた。

CNSLのフェノール部位の酸化カップリングにより,ホルマリンフリーの新しいバイオベースの硬化性塗料が開発された(図11)。触媒としてペルオキシダーゼ酵素や鉄サレン錯体が用いられ,分子量数千の可溶性ポリマーが生成した[14, 15]。得られたカルダノールポリマー(CNSL樹脂)に酸化触媒を添加したところ,側鎖オレフィン部位の酸素自動酸化による架橋反応が進行した。また,無触媒の熱処理によっても架橋反応が起こり,不溶性塗膜を与えた。得られた塗膜は光沢に優れ,実用上十分な高度を有していた(図12)。

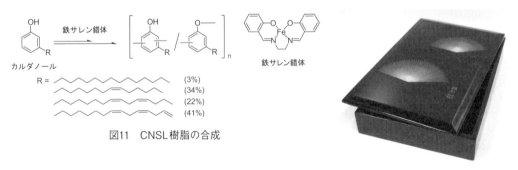

図11 CNSL樹脂の合成

図12 CNSL樹脂を塗布した漆器

第4章 熱架橋反応の利用

6.5 おわりに

本節では高性能・高機能のバイオベースネットワークポリマーの最近の研究を紹介した。天然原料を用いる架橋ポリマーの代表例としてゴムが挙げられ，自然界では生命活動に重要なタンパク質の架橋反応も知られている。また，油脂については本節で紹介した以外に油脂の自動酸化を活かした架橋高分子について，多くの研究例がある[2]。今後，持続的発展可能な社会の構築に向けて，安価な天然素材を活かした汎用高分子材料の開発が一層，活発になることを期待している。そのためには天然素材を使いこなす材料合成の基盤技術の構築が必要であろう。

文　献

1) 木村良晴ほか，「天然素材プラスチック」，共立出版（2006）
2) U. Biermann *et al.*, *Angew. Chem., Int. Ed.*, **39**, 2206（2000）
3) D. Li, Y. Xia, *Adv. Mater.*, **16**, 1151（2004）
4) N. Imai *et al.*, *Chem. Lett.*, **36**, 698（2007）
5) 中條澄，「ポリマー系ナノコンポジット」，工業調査会（2003）
6) T. Tsujimoto *et al.*, *Macromol. Rapid Commun.*, **24**, 711（2003）
7) H. Uyama *et al.*, *Network Polym.*, **25**, 124（2004）
8) M. Kawasumi, *J. Polym. Sci. Part A: Polym. Chem.*, **42**, 819（2004）
9) H. Uyama *et al.*, *Chem. Mater.*, **15**, 2492（2003）
10) H. Uyama *et al.*, *Macromol. Biosci.*, **4**, 354（2004）
11) Y. Lu, R. C. Larock, *Biomacromol.*, **7**, 2692（2006）
12) T. Tsujimoto *et al.*, *J. Macromol. Sci.-Pure Appl. Chem.*, in press
13) N. Ando *et al.*, *J. Jpn. Colour Mater.*, **79**, 438（2006）
14) R. Ikeda *et al.*, *Macromol. Rapid Commun.*, **21**, 496（2000）
15) R. Ikeda *et al.*, *Polymer*, **43**, 3475（2002）

第5章 UV/EB硬化システム

1 UV硬化技術：最近の話題と課題

角岡正弘*

1.1 はじめに

UV硬化技術はよく知られているように表面加工しようとする基板上に硬化させる溶液（フォーミュレーション（調合）した溶液）を塗布して，光（UV）（紫外線）を照射して基板の表面加工を行う技術である。したがって，この技術は照射装置（光源）フォーミュレーション（開始剤，オリゴマーおよびモノマーなど）および応用（用途）を組み合わせた技術ということになる。前二者は文字通りであるが，応用の内容は複雑で，プロセスを重視するか製品の物性を重視するか，いろいろな捉え方がある。熱に比べ硬化速度が大きいこと（短時間で表面加工が可能）とVOC（揮発性有機化合物（溶剤））の抑制などが主な理由である。最近では，印刷インキから塗料など表面加工という面だけでなく，エレクトロニクスおよび自動車部材に至るまで広範囲に利用されるようになっている。

この節ではUV硬化技術をより有意義に活用するために，UV硬化の基礎的な解説と照射装置，フォーミュレーションおよび応用について最近の話題と課題を取り上げて解説する。

1.2 照射装置の観点から

最近まで，この技術はEB（電子線）およびUV（紫外線）硬化技術と呼ばれていた。すなわち，硬化させるエネルギー源として，熱の代わりにEBおよびUVを利用する。しかし，最近になって発光ダイオード（LED）が登場しその利用が注目を集めている。

EBは装置が高価であるので，現在まではUVの方がよく利用されているが，表1[1]に見るように運転時の経費の面から見るとむしろEBの方が優れている。開始剤が不要で硬化度が高いという利点もあり，EBの小型化も進んでいるので用途を見直す必要がある。

最近登場したLEDは特定の波長（365あるいは398 nm）を放射しており，表2[2,3]に示したように熱線（赤外線）が出ないので硬化物および基板の温度が上がらない，光源の寿命が長く，コンパクトな照射装置，on-offが瞬時などいろいろな利点がある。

UV硬化の開始は光だが硬化は熱反応である（図1）。したがって，LEDを用いたときは温度

---

* Masahiro Tsunooka 大阪府立大学名誉教授

第5章　UV/EB硬化システム

表1　エネルギーおよびコストなどの相対比較

	熱硬化	UV硬化	EB硬化
硬化に要するエネルギー	100〜500	3〜30	1
コスト	40〜200	3〜30	1
消費電力（kW/hr）	338	61	20
熱効率（%）	5〜15	10	60

注1：UV：紫外線，EB：電子線
注2：設備費は含まれていない

表2　発光ダイオード(LED)[*1]とランプの比較

	各種ランプ[*2]	LED（SLM）
システムの価格	高価	安価
寿命	200から数千時間	10,000時間以上
出力	時間とともに低下	安定した出力
照射部の出力偏差	20%未満	5%未満
波長	紫外，可視，赤外（熱線）	365nmあるいは396nm（幅約40nm）
サイズ	大	コンパクト
電圧	高電圧	低電圧
UVへの変換効率	約5%	10%以上
ウォームアップ	要（on/off：シャッター）	不要（on/off瞬時スイッチ切り替え）
熱ダメージ（対象物）	有（約80℃まで上昇）	無
水銀の使用	有	無

*1　LED: Light Emitted Diode, SLM: Semiconductor Light Matrix
*2　主に高圧水銀ランプ，メタルハライドランプなど

が低い分硬化速度は幾分低下する。また，硬化物の温度が高いと硬化の程度（二重結合の変化率）も高くなる。すなわち，硬化につれてガラス転移温度が上がるので高温ほど硬化には有利となる。

よく利用されるランプに高圧水銀ランプあるいはメタルハライドランプがある。高圧水銀ランプでは紫外線（254，313，365（最も光強度が高い）），可視光（407および436 nm）および赤外線に主な放射光がある。また，メタルハライドランプでは350-450 nmの光が強い。

UV硬化を波長の面から見ると表面の硬化には短波長が，内部硬化には長波長の方が効果がある。これは波長が長いほど光散乱が少ないためである。したがって，工業的には多波長領域の光を放射し，長波長の光を放射するメタルハライドランプが良く利用される。

これまでに開発された開始剤の多くは254および313 nmの光を効率よく吸収できるが365 nmの光を有効に利用できる開始剤は限られている（例：アミノ基をもつIrgacure 907，リン系開始剤Irgacure 816など）という制約もある。

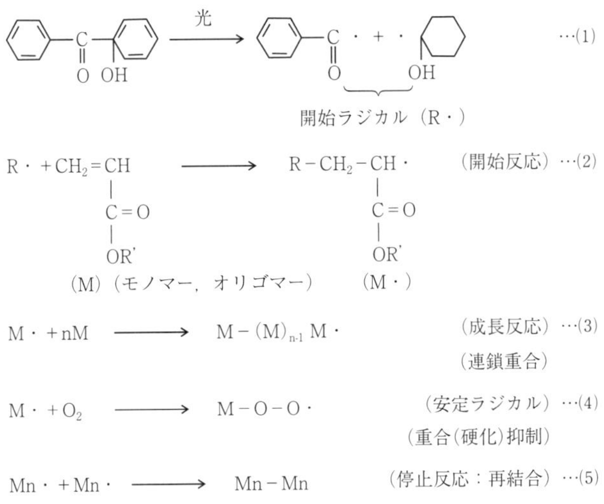

$$\text{（化学反応式省略）} \quad \cdots(1)$$

開始ラジカル（R・）

$$R\cdot + CH_2=CH\text{（側鎖 C=O, OR'）} \longrightarrow R-CH_2-CH\cdot\text{（側鎖 C=O, OR'）} \quad \text{（開始反応）}\cdots(2)$$

(M)（モノマー，オリゴマー）　　(M・)

$$M\cdot + nM \longrightarrow M-(M)_{n-1}M\cdot \quad \text{（成長反応）}\cdots(3)$$
（連鎖重合）

$$M\cdot + O_2 \longrightarrow M-O-O\cdot \quad \text{（安定ラジカル）}\cdots(4)$$
（重合(硬化)抑制）

$$Mn\cdot + Mn\cdot \longrightarrow Mn-Mn \quad \text{（停止反応：再結合）}\cdots(5)$$

図1　UVラジカル硬化素反応と酸素による連鎖重合（硬化）反応の抑制

LEDでは単一波長の放射（365あるいは398 nm）であるので高圧水銀灯あるいはメタルハライドランプの特長は発揮できないことになる。さらに，396 nmはこれまでの光源からすこし長波長になり，開始剤の選択が限られる。

基礎研究でLED（398 nm）を利用するUVラジカル硬化は高速で硬化できることが実証されているが，UVカチオン硬化速度は遅く，まだ充分な検討がなされていない。実用面では365 nmを放射するLEDではUV接着剤に利用できることが報告されている[3]。LEDの利用はこれからの課題である。

1.3　フォーミュレーションの観点から

現在のところUV硬化ではラジカル硬化とカチオン硬化が実用化されており，ラジカル硬化が主流である。アニオン硬化は今，実用化が始まろうとしている段階にある。

1.3.1　UVラジカル硬化系

良く利用されるUV硬化はラジカル硬化であるが，現在でも酸素の阻害，硬化物の黄変，硬化時の体積収縮など未解決のままの課題がある。この中で一番難問は酸素の硬化阻害である。

(1) 酸素の硬化阻害対策

いろいろな対策法がある。例えば，①不活性気体（窒素あるいは炭酸ガス）あるいはフィルム（ポリプロピレンなど）を用いて酸素を阻害する。②開始剤の添加量を増やすあるいは光の強度をあげる。③多官能モノマー（例えば5官能あるいは6官能）を用いる。硬化速度を高くして表面に硬い膜を形成して酸素の拡散を防ぐ。④引き抜かれやすい水素原子をもつ化合物を添加する

第5章　UV/EB硬化システム

(チオール，アミンあるいはエーテルなど)。基本的には不対電子を持つ元素（S，あるいはO）に結合する炭素の水素原子があればよい。したがってモノマー中にエチレンオキシドあるいはプロピレンオキシドユニットを持たせてもよい)。同様に，N-ビニルピロリドンなどアミド結合をもつモノマーも効果があるがその反応機構は充分には解明されていない。⑤りん系の酸化防止剤を加える。これは生成したペルオキシラジカルから酸素原子をとって元の炭素ラジカルに戻す作用がある。例として，トリフェニルホスフィンあるいは亜リン酸トリアルキルなどがある。

その中で最近話題になっているのは炭酸ガス下でのUV硬化と酸素硬化阻害のないチオール／エンUV硬化がある。前者は3D(三次元)-UV硬化を効率よく行うために検討が始まったものである。後者はチオールの合成技術が確立されて臭いのする不純物が分離できるようになったことで再検討が始まったものである。3D-UV硬化はプロセスとも関連するので後述する。

図1の連鎖重合では酸素が存在するとモノマーに生成する炭素ラジカルに酸素が付加して安定化（ペルオキシラジカル（R-O-O・）の生成）し，重合が停止してしまう。

チオール／エンUV硬化は図2に示したように，開始ラジカルがチオールから水素を引抜きチイールラジカルを生成しそれがビニルモノマーに付加する。生成した炭素ラジカルはチオールから水素を引き抜く。この反応を繰り返して重合が進む。したがって，途中で酸素が炭素あるいはチイールラジカルに付加してもペルオキシラジカルが生成しても，チオールから水素を引き抜くのでさらにチイールラジカルが再生され重合（硬化）が進む。

このようにチオール／エン系は硬化阻害がなく，興味深い硬化系であるが，硬化物物性に関する知見が少ないので用途開発を含めたこれからの検討が待たれる。

(2) 硬化時の体積収縮

硬化時の体積収縮を抑えるためには二重結合当量を大きくする，すなわち官能基をもつオリゴマーの分子量を大きくするあるいはポリマーをブレンドして二重結合の重合時の寄与を少なくすればよい。もちろん，ハイパーブランチポリマーの末端に二重結合をもたせることも有意義であると考えられる。

前述したチオール／エンUV硬化は体積収縮の程度が小さいという特長がある。すなわち，通常のUV硬化（連鎖重合）では二重結合の変化率が15％程度でゲル化する。しかし，チオール（3官能）／エン（3官能）系では50％までゲル化しない。したがって，その後，体積収縮が起こっても後者の方が収縮率が低いことになる。

(3) 黄変

UV硬化時の黄変については実用上重要な課題であるが断片的な記述はあっても詳細な文献は見られない。それほど複雑なテーマである。開始剤系ではベンゾフェノン／アミン系開始剤のようにアミン系の化合物を開始剤に利用すると硬化時に硬化物が黄色くなる。アミンの着色は複雑

高分子架橋と分解の新展開

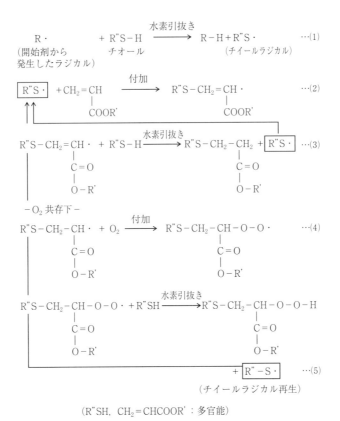

図2　チオール／エンUV硬化（逐次重合）と酸素共存下での硬化

であるが，アミンの酸化による着色が考えられる。

Irgacure 615は開始剤として優れているが，硬化物は着色（黄変）する。これは開始剤切片がキノイド構造をとりやすいためと考えられている（図3a））。

芳香族カルボニル基は水素引抜き反応で図3b）のようにキノイド構造物を生成する。経時的に着色が消えることがあるのは，図で示した転移反応によりキノイド構造がなくなるためと思われる。

オリゴマーおよびモノマーの合成時には生成物の重合を抑制するために重合禁止剤（酸化劣化防止剤）を添加し，酸素を吹き込む。禁止剤としてヒンダートフェノール（BHT）あるいはメトキノン（ヒドロキノンモノメチルエーテルなど）などが利用される。これらは酸化されるとキノイド構造をとるので硬化物を着色（黄変）させる（図4）。

紫外線吸収剤も銅イオンのような金属と錯体をつくって着色することがあるので注意がいる（図5）[4]。

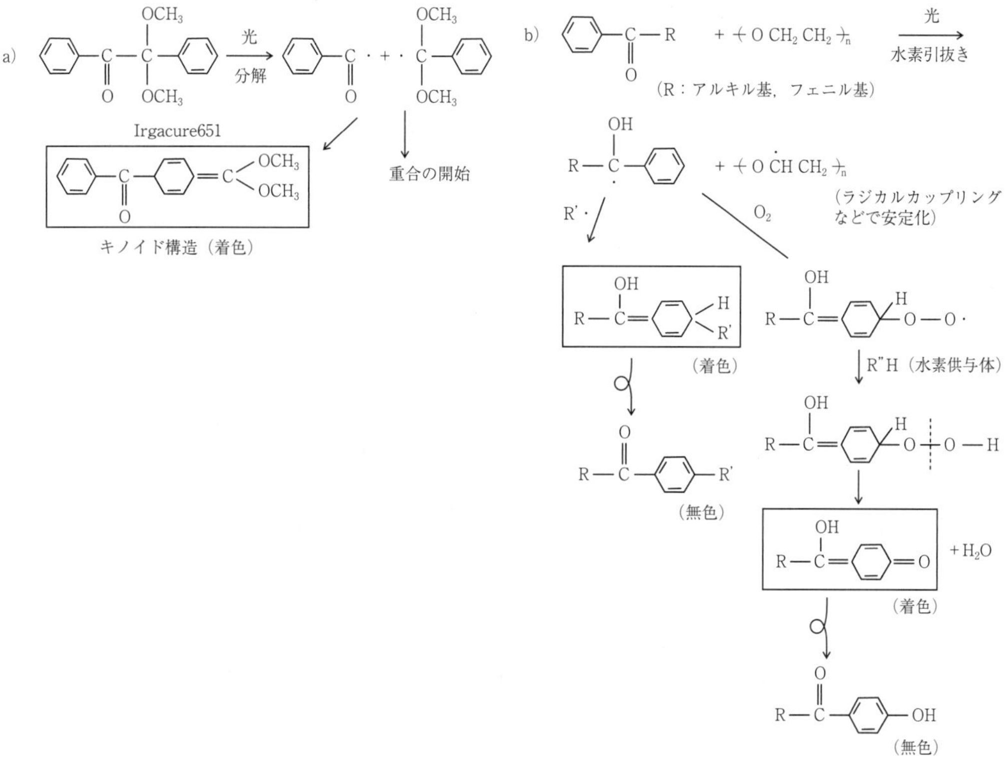

第5章 UV/EB硬化システム

図3 開始剤からの着色物の生成（黄変）

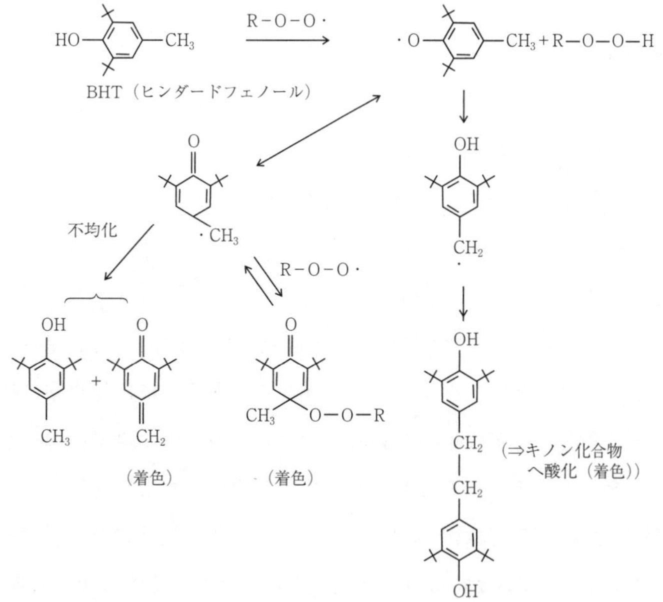

図4 BHT（酸化劣化防止剤）から着色物（黄色）の生成

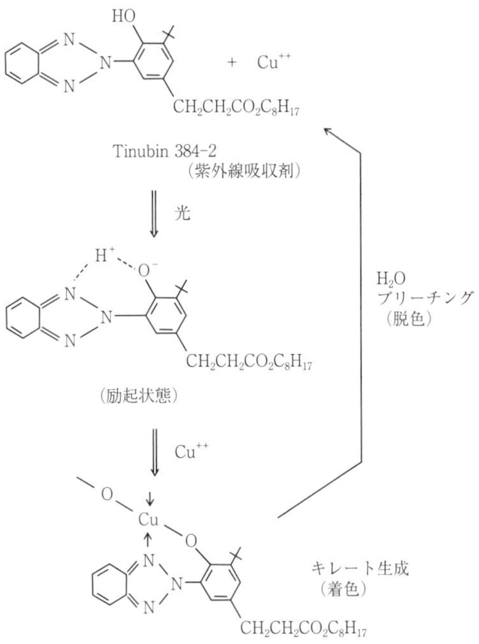

図5 ベンゾトリアゾール系紫外線吸収剤の金属キレート化による着色[4]

　モノマーおよびオリゴマーに芳香環を持たせたもの（芳香族ウレタン構造あるいはビスフェノール構造）はUV硬化時には黄変しないが耐候性試験では着色する。UV硬化は短時間ではあるが耐候性試験と同様な過程を踏んでいるので黄変の可能性が含まれていることに注意がいる。

1.3.2 UVカチオン硬化

　このUV硬化系は酸素の硬化阻害がなく，体積収縮の程度が低く密着性がよいなどの特長があるがラジカル硬化ほどには利用されていない。モノマーが高価であったりカチオン硬化でなければという特長を生かした用途が開発されていないためではないかと思われる。しかし，この系には上記の特長があって魅力的であるので長所と欠点をよく理解してさらに開発を進めるべき硬化系である。

　現在UVカチオン硬化の欠点としてはUVラジカル硬化に比べ硬化速度が遅い，湿気の影響が大きい（日本では冬場と夏場で温度と湿度が大きく異なる）あるいは硬化物中に残存する酸性物質が金属を腐食する場合があるなどの指摘がある。しかし，最近の工場では温度ならびに湿度をコントロールして生産をしているところも多くなっているのでこれも用途によっては解決できると思われる。また，酸性物質による金属の腐食については，これも用途に気をつければいいことなので解決できる課題である。となるとやはり硬化速度をいかに大きくするかが大きな課題となる。もちろん硬化物物性はさらに重要であるが用途に関連した大きな課題でありここでは述べない。

第5章　UV/EB硬化システム

(1) 硬化速度の加速

これまでから知られている方法。

①開始剤の光吸収の効率を上げる。増感剤の利用（チオキサントンならびにアントラセン誘導体）365から380nm付近まで吸収領域を広くする。

②a）ラジカルを生成する開始剤（例：Irgacure 651）と芳香族ヨードニウム塩を組み合わせる。開始剤から生成するラジカルのヨードニウム塩による酸化でカチオン種を増やす（図6）。

　b）プロペニルエーテル結合と脂環式エポキシ基をもつモノマーでは開始剤からのラジカルがプロペニルエーテルに付加しそのラジカルがヨードニウム塩で酸化されてカチオンを生成するので硬化速度は加速される。

③オキセタン誘導体のUV硬化でエポキシ化合物を硬化促進剤として数パーセント添加する。これはプロトン（酸）を捕捉したエポキシ化合物（オキソニウム塩）が環のひずみによって開環しやすく，塩基性の高いオキセタン誘導体がカチオン種を効率よく捕捉して開環重合が進行する。すなわち，オキセタン誘導体の重合の開始をエポキシ化合物が助ける結果となる。

最近報告された方法で興味深い例をあげる。

④カルボカチオンを利用する硬化速度の加速：酢酸イソブトキシエチル（IBEA）がオキセタン誘導体のUV硬化で触媒として作用し，急速硬化が可能となる（図7）。IBEAからカルボカチオンが生成しやすいことを利用している[5]。しかし，エポキシ化合物の硬化には効果がない。オキセタン誘導体としては3-エチル-3-フェノキシエチルオキセタン（POX），開始剤としては芳香族ヨードニウム塩（対アニオン[$B_8C_6F_5$]$^-$）を用いる。開始剤 1×10^{-3}（mol/l），IBEA 3×10^{-3}（mol/l）およびPOX 1.0（mol/l）の系で3.1秒で硬化する。

⑤エポキシ樹脂として良く利用されているビスフェノールA＝ジグリシジルエーテル（BPA-EP）とPOXでエポキシ基とオキセタン基の割合を2/1にしたとき約9秒で硬化する[5]。

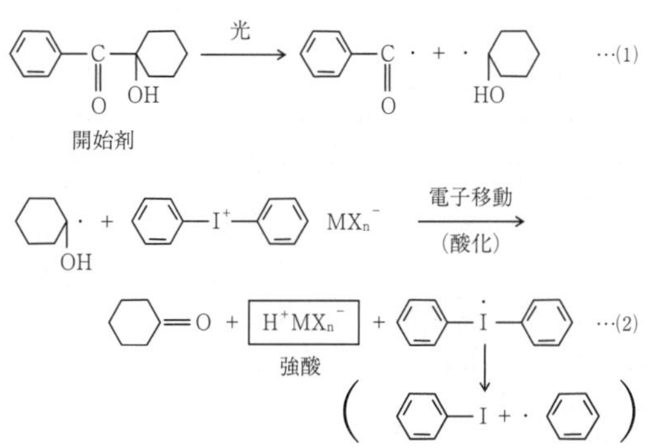

図6　芳香族ヨードニウム塩によるラジカルから強酸の生成

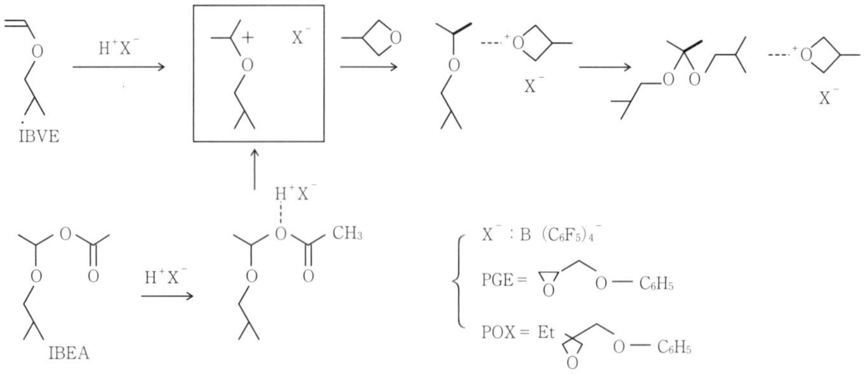

	モノマー	モル比	ゲル化（秒）	
ケース1	POX/IBEA	= 1/3×10^{-3}	3.1	(cf POXのみ：11.4秒)
	POX/IBVA	= 0.6/0.4	1.9	
ケース2	PGE/IBEA	= 1/3×10^{-3}	39.0	
	PGE/IBVA	= 0.6/0.4	1.2	(cf PGEのみ：50秒)

[PCI-1] = 1×10^{-3}（モル比）　　PCI-1：CH$_3$—⟨⟩—I$^+$—⟨⟩—　　B(C$_6$F$_5$)$_4^-$

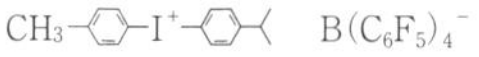

図7　カルボカチオンを利用するUVカチオン硬化の加速

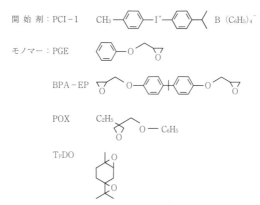

	フォーミュレーション	ゲル化時間（秒）
ケース1	POX/BPA-EP/PCI-1 1/2（モル比）　　3 wt%	9　（180mJ/cm^2）
ケース2	POX/BPA-EP/T$_P$DO/PCI-1 98　/　2　　3 wt% 1/0.7　（モル比）	4　（80mJ/cm^2）
ケース3	ケース2 /Irgacure 184 （3 wt%）	2

図8　UVカチオン硬化の高速化

第5章 UV/EB硬化システム

さらにテルペニレン＝ジエポキシドを2モル％添加し，POXとBPA-EPのエポキシ基とオキセタン基の比を0.7/1にしたとき4秒で硬化した。この系にIrgacure 184を開始剤と同量添加すると2秒で硬化することが見いだされている。テルペニレン＝ジオキシドのα位のメチル基がカルベニウムカチオンの不可逆的生成を助けていると推定されている（図8）。Irgacure 184の添加ではラジカル種からカチオン種の変換の効果が伺える。なお，この結果については本書中で著者による紹介があるので，ここでは結果のみを示す。

(2) 光開始剤と熱開始剤の併用によるUVカチオン硬化

UVカチオン硬化ではカチオン種をつくる段階は光反応であるが，後の重合（硬化）は熱反応である。さらに興味深いことにこのとき発熱による温度は200-250℃まで上昇する。したがってその系に熱でカチオンを生成する熱酸発生剤（熱潜在性触媒という名称も用いられる）を添加しておくと熱的な硬化が進行する。二官能の脂環式エポキシドに図9中の芳香族スルホニウム塩を利用する。図9の光酸発生剤および熱酸発生剤ともに1-2％を添加する。厚さ4cmの硬化が可能で着色したFRP（繊維強化プラスチック）の硬化も可能である[6]。速度的には速いとはいえないが，熱のみを利用する硬化よりエネルギー的に有利である。なお，図9の光でも熱でも酸を生成する化合物7および8ではこのような現象が見られないという。詳細な検討が必要である。

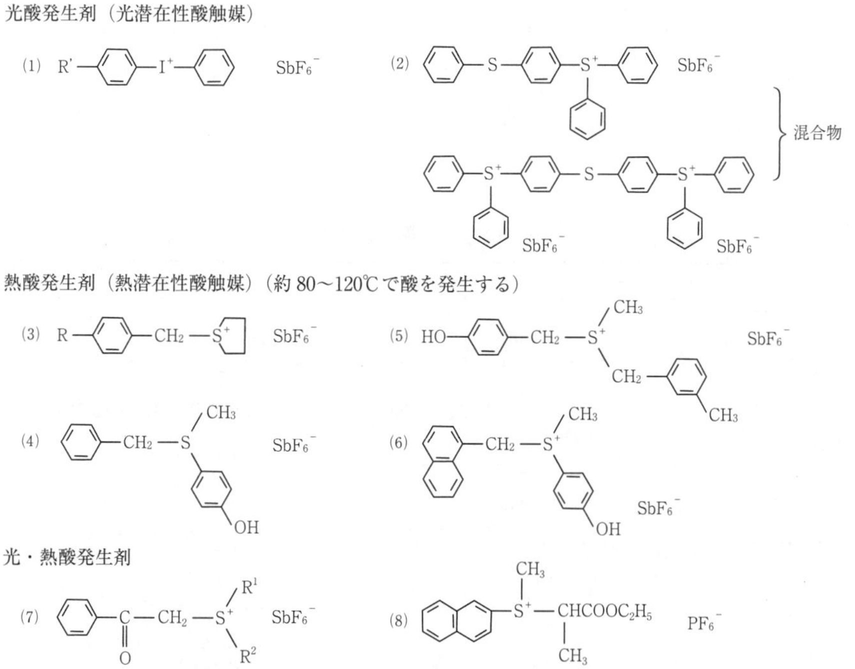

図9　光および熱酸発生剤の例

1.3.3 UVアニオン硬化

光で酸（プロトン）を生成する方法に対して，光で塩基性物質あるいはアニオンを生成する光塩基発生剤がある。基礎的には主に光でアミンを生成するものが多い[7]。エポキシ基をもつポリマーの架橋剤として利用する報告例はあるが，エポキシドの光硬化はまだ報告がない。エチル＝α-シアノアクリレートのUV硬化に利用する例は基礎研究からも報告があるし，実用例もある。しかし，この例をのぞき光酸発生剤のような重合を伴う硬化の例は見られない。光塩基発生剤を利用する硬化系の開発とその用途が課題である。

塩基が触媒する反応例として次のようなものがある。いずれも三級アミンのような塩基性の強いものが用いられる。

①マイケル付加反応：活性メチレン基［アセトアセトナート基（CH_3COCH_2COO-），マロナートユニット（$-OCOCH_2COO-$）］あるいはメルカプト基（-SH）と二重結合〔アクリロイル基（$CH_2=CHCO-$）あるいはフマレートユニット（$-OCOCH=CHCOO-$）〕との反応

②イソシアナート基（-NCO）とヒドロキシ基（-OH）およびメルカプト基によるウレタン結合（-NHCOO-）およびチオウレタン結合の生成

③エポキシ基とエポキシ基（重合）あるいはカルボキシル基（-COOH）との反応（エステルの生成）などがある。

アミンのpKaについては一級および二級アミンで8以下，ジアザビシクロオクタン（DABCO）およびN-アルキルモルホリン（NAMS）で8-9，1,1,3,3-テトラメチルグアニジン（TMG），ジアザビシクロノネン（DBN）およびジアザビシクロウンデカン（DBU）で12-13の値を示す（表3）。これらの塩基性物質に保護基を修飾して光塩基発生剤として利用する。

表3　塩基性物質の構造とpKa

一級および二級アミン	三級アミン	アミジン
pKa＜8 揮発性：高	pKa＝8〜9 揮発性：中	pKa＝12〜13 揮発性：低
	DABCO （Diazabicyclooctane）	TMG （Tetramethylguanidine）
	NAMS （N-Alkylmorpholines）	DBN （Diazabicyclononene）
		DBU （Diazabicycloundecane）

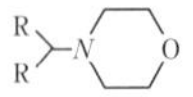

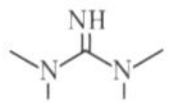

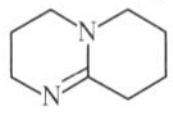

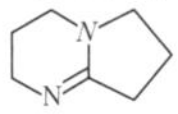

第5章 UV/EB硬化システム

最近，光塩基発生剤（光潜在性アミンという名称もある）を利用した塗料の例が報告された（図10）[8]。増感剤が利用できるので太陽光で硬化できる。30分程度で硬化する。

1.3.4 硬化時における硬化度の測定：生産プロセスの追跡

UV硬化の程度は二重結合（あるいはエポキシ基）の変化から評価できる。たとえば，RTFT-IR（リアルタイムフーリエ変換赤外分光法）あるいはPhoto-DSC（光示差走査熱量測定法）を用いる。前者は1秒間に30回程度測定ができるので光を照射しながら同時に測定できる。たとえば，KBr板の塗膜に直角に測定用赤外線を入射し45度の角度でUV光を照射する。812cm^{-1}の吸光度変化から硬化の様子をリアルタイムで追跡できる。

Photo-DSCは光硬化時に二重結合が発熱する発熱量を温度の上昇から追跡するもので，RTFT-IRとともに良く利用される。追跡速度はFTIRより一桁遅い。

さらにレーザーラーマンを用いる方法もあるがまだよく利用されているとは言い難い。

しかしこれらの方法は速度解析の立場から分析の方法としては興味深いが，生産ラインでリアルタイムで硬化物をどう追跡するかについては応用できない。たとえば，ポリエチレンフィルムの上のUV硬化物が均一に硬化しているかどうかは生産管理の立場から重要である。近赤外領域の波長（2500-800nm）（12500-4000cm^{-1}）を使うとそれが可能となる[9]。硬化物に測定用の赤外線を照射しその反射赤外線を光ファイバーで誘導して測定する。二重結合の測定は1620nm（6172cm^{-1}）を用いる。原理は上述のRTFT-IRと同じだが4000-400cm^{-1}の赤外線は光ファイバーで吸収されるので利用できない。

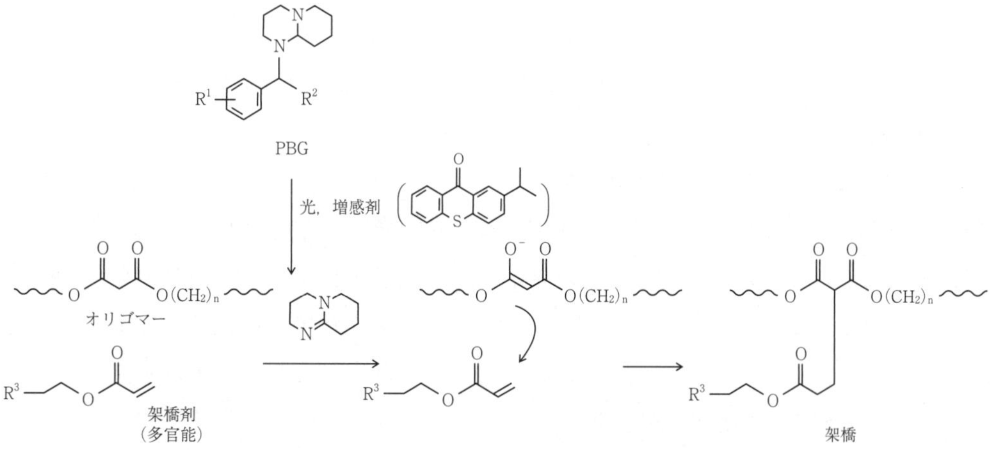

図10 光塩基発生剤（PBG）/マイケル付加反応を利用するUV硬化塗料

1.4 応用：加工プロセスの観点から

1.4.1 3D(三次元)-UV硬化

UV硬化は平面なものの表面加工が多い。しかし，この技術が進歩してくると自動車のような立体成型物のUV表面加工をしようとする動きがある。これが3D-UV硬化といわれる技術で光源位置をコンピュータで制御していろいろな位置から光照射する。しかし，原理的にUV硬化では光が当たるところしか硬化しない。したがって，UV光が当たらないところをどう硬化させるかという課題もある。さらに，後述するように酸素の硬化阻害は光強度に敏感なので光のコントロールにも注意がいる。その対策として ①炭酸ガス下でのUV硬化，②光と熱を利用するDual-UV硬化，および③プラズマ硬化-UVなどが提案されている。

(1) 炭酸ガス下でのUV硬化[10]

ウレタンオリゴマーと2官能アクリレートの8μm厚さの塗膜のUVラジカル硬化速度を炭酸ガスあるいは窒素下で比較すると，誘導期間が0.1秒で空気下の約半分，その後の硬化速度は約4-5倍で二重結合の変化率も遙かに高い。炭酸ガスと窒素ではその差はほとんどない。UV硬化速度から見ると光強度を15，30および90mWに変えたとき光強度依存性は見られるが大きな差はない。ところが，空気下の90mWでの硬化度が炭酸ガス下の15mW程度までしか硬化せず，空気下では15mWでは硬化しない。すなわち，空気下では光強度は硬化に大きく影響する。開始剤濃度も同じで炭酸ガス下では1-3%濃度をあげる速度が上がるが，空気下で3%添加したものの速度は炭酸ガス下の1%添加したものに及ばない。塗膜厚さの影響は極端で炭酸ガス下では厚さが3，12および33μmで変化率の差はないが，空気下では3μmでは硬化せず12および33μmでも硬化するが遅い。以上の結果より炭酸ガス下では光強度が弱くても硬化が容易であり，開始剤濃度も低く硬化でき薄膜の硬化も容易であることがわかる。

図11に炭酸ガスを用いたときのUV硬化装置図を示した[11]。炭酸ガスの比重が窒素や空気より比重が1.5倍高いので図の中央の窪みに貯めることができる（もちろん補充は必要）。図中，左には構造の簡単な立体成型物に塗料を吹き付けたものが示されている。これをベルトコンベヤーで中央部まで移動すると中央部では炭酸ガス下で光源からの光と反射光で表面全体が硬化できる。もちろん，これはシンプルな立体構造物の例なので実際の複雑な構造物では光照射もコンピュータ制御が必要となるし，自動車のトップコートなどでは影の部分をどう硬化させるかという問題もでてくる。

(2) 光と熱を利用するDual-UV硬化[12]

光が当たるところは光で硬化し，影の部分は熱で硬化しようとする方法も考案されている。熱硬化はイソシアナート基とヒドロキシ基の熱架橋を利用する。

第5章 UV/EB硬化システム

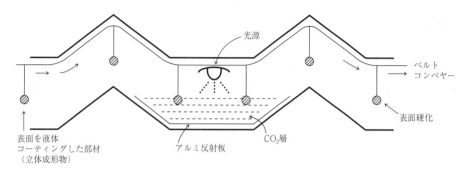

図11 炭酸ガス下でのUV硬化（装置概略図）

(3) プラズマ-UV硬化[13]

　プラズマは真空下の容器で窒素，ヘリウムあるいはアルゴン（併用あるいは単独）を導入し，放電させると，UV，励起原子，イオン，ラジカルなどが生成する。この活性種あるいはUVを利用するものである。これらの活性種は容器内全体を拡散するので，この容器内に塗料を塗布した立体造形物を入れておけば，表も裏も硬化できる。現在は4.5リットル程度のスケールであるが，UV硬化との比較検討がされている。塗料が真空下で気化しないかなど不明な点もあるが3D-UV硬化の技術は実用化に向けていろいろな立場から検討が始まっている。

1.4.2 インクジェットを利用する三次元造形法[14]

　UV硬化技術は表面加工技術だけでなく三次元造形物を製作する技術としても利用される。三次元造形物を平面状にスライスしてその立体構造をコンピュータに記憶させる。フォーミュレートされた溶液にコンピュータで制御されたレーザー光を照射する。レーザー光が走った軌跡にひも状の硬化物が形成されるのでこの糸状のもので平面をつくる。この平面を溶液槽で下に移動しながら立体造形物をつくる。最終的には溶液中に立体造形物がつくられる。この方法は時間がかかり，装置を含めコスト的にも高いものであった。

　最近，インクジェット印刷技術を利用して，三次元造形物をつくる方法が開発されている。製作時間も時間単位で上記の方法より安くできる。インクジェット法でUV硬化塗料を塗布して二次元の画像（厚み約$16\mu m$）を描き，すぐにUV硬化する。さらにその上に同様の画像を描く。あらかじめ塗料を塗る場所をコンピュータに記憶しておけば硬化した部分が重なって三次元造形物ができる。丁度同じ場所にインクジェットで文字を重ねて書き，その都度UV硬化させれば文字が立体化される。実際にはインキは2種あって，造形物をつくる部分とそれをサポートする部分を別々のインキで描く。立体物ができてからサポートする部分はゲル状で手ではがすか，水圧のある水でこすり取る。透明なもの，着色物，硬いものから曲げられるものまでいろいろな三次元構造物が可能である。

1.5 おわりに

UV硬化技術は基礎と応用がいかに関連しているかお分かりいただけたかと思う。今回はナノインプリントに光硬化を用いる例を省略したがこの分野の進展も著しい。UV硬化技術は表面加工技術のみならず微細加工技術としても重要になってきている。インクジェットとUV硬化の組み合わせで見たようないろいろな分野での今後の展開を期待したい。

文　　献

注：国際会議録はCDで配布されるためページに関する記載がないので，ここでもページ数の記載していないものがあります。

1) 金田博実，第30回UV/EB研究会（大阪），p.6（2005）
2) 山岡亜夫編，『光応用技術・材料事典』，㈱産業技術サービスセンター，p.75（2006）
3) 及川貴弘，UV-LED方式による樹脂硬化と技術のトレンド（技術情報協会セミナー）（2006）
4) 川島健作，チバ・スペシアルティ・ケミカルズ＝メールマガジン「CE通信」，No.26，11月号（2004）
5) Y.Mizuta et al., RadTech e/5 Tech. Proc.（2006）
6) 林宣也，『高分子の架橋と分解』（監修　角岡正弘，白井正充），シーエムシー出版，p.160（2004）
7) a) 陶山寛志，第162回フォトポリマー懇話会例会（大阪），p.I-1（2007）
   b) M.Tsunooka et al., J.Photopolym. Sci. Technol., **19**, 65（2006）
8) K.Dietlicker et al., 第13回フュジョンUV技術セミナー（大阪），p.41（2006）
9) T.Scherzer et al., JCT Coatings Tech., Aug., 30（2006）
10) K.Studer et al., proc. Org. Coat., **48**, 92, 101（2003）
11) M.Biehler et al., Proc. RadTech Europe 2005 Conf. & Exhib.（2005）
12) D.B.Pourreau, Proc. e/5 UV & EB Tech. Expo. & Conf.（2004）
13) T.Jung et al., Proc. RadTech Europe 2005 Conf. & Exhib.（2005）
14) T.Napadensky, Proc. RadTech Europe 2005 Conf. & Exhib.（2005）

2 チオール類の開発とUV硬化における応用

川崎徳明*

2.1 背景

イオウを含むチオール化合物と，二重結合を含むエン化合物はチイルラジカルを活性種とする付加反応を起こす。これらは比較的古くから知られており，1940年初めには二官能のチオール化合物とエンとの混合物の重合反応が報告されている。この技術は1970年以降にコーティング分野で実用化されたが，当時は一般的にチオール化合物の臭気が強く，この為工業的には現在のようなアクリレート系のシステムにとってかわられた。しかしながら，エン/チオール硬化システムは大気下での良好な表面硬化性や，密着性に優れるなどのアクリレート系にはないメリットがあり，最近このシステムが見直されている[1,2]。本節では前半にチオール化合物そのものについて，後半ではエン/チオールUV硬化系としての特徴について述べる。

2.2 チオール化合物の特徴

エン/チオール硬化システムには，エンとチオールの付加反応が素反応となることから，一分子中に二個以上のエンまたはチオールを持つ化合物が必要である。チオール化合物には活性が高く，入手が容易であることより，従来からβ-メルカプトプロピオン酸誘導体が用いられてきた。これらの化合物のうち代表的なものを図1に示す。

上記の化合物は，イオウ原子に起因する種々の特徴を持つ。イオウ原子は原子屈折が大きく，よって含イオウ化合物は比較的屈折率の高いものとなる。また屈折率とアッベ数とのバランスが

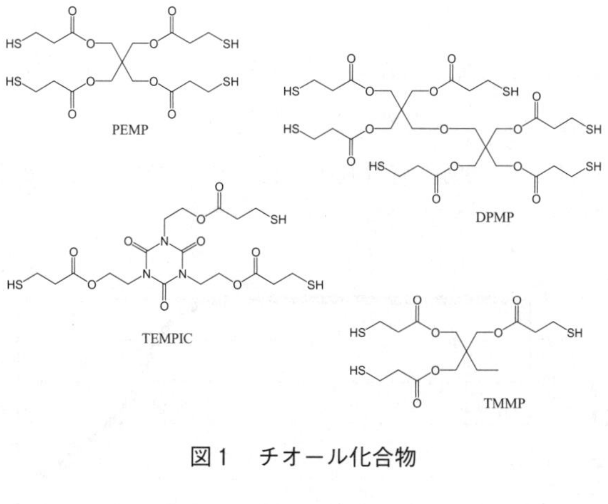

図1　チオール化合物

---

*　Noriaki Kawasaki　堺化学工業㈱　中央研究所　B1　副主事

表1　チオール化合物の物性

	チオール化合物				比較のアクリレート化合物
	TEMPIC	TMMP	PEMP	DPMP	DPHA
表面張力 mN/m (23℃)	53	46	50	51	40
粘度 mPa·s (25℃)	5,400	130	430	2,500	5,000

とりやすく，ある種のチオール化合物は，例えば一般のメガネに使用されるプラスチックレンズの原料モノマーとして多用されている。また電気陰性度が高く，イオウを末端に複数持つこれらの化合物は，分子間で水素結合をする事が容易に推測できる。表1に表面張力と粘度の測定例を示す。液体と大気（気体）の界面張力である表面張力 γ は， γD（分散成分）, γP（極性成分）, γH（水素結合成分）の合わさったものであると考えられるが，水素結合の強い上記のチオール化合物は γH が大きくなり，それゆえ液体そのものの表面張力は比較的高いものとなる。また，類似の脂肪族の中心骨格を持つTMMP，PEMP，DPMPを比較した場合，一分子中のチオール基の数が増えるにしたがって，その粘度も上昇する。チオール基の増加で，分子同士の水素結合を通じた絡み合いが増えるためであろう。

2.3 チオール化合物の保存安定性

一般的にチオール化合物は活性が高く，それゆえ保管時の安定性が危惧される場合がある。保存安定性に影響を与えるものとしては，光，熱等の外部からのエネルギー等の物理的なものや大気中の水分等による化学的なものが考えられる。

まず，熱に対する安定性を検証するため，代表的なチオール化合物である四官能タイプのPEMPについてのTG測定を行った。この結果を図2に示す。

これによると，290℃付近で0.5%の重量減少が見られ，約300℃付近から熱分解による重量減

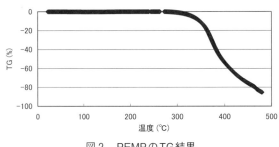

図2　PEMPのTG結果

第5章　UV/EB硬化システム

表2　倉庫保管による酸価の上昇

	製出直後	一年保管後	二年保管後
酸価（KOH mg/g）	0.2	0.2	0.2

少が起こり始める。通常の温度域で保管する限り，熱による変質は起こらず保存安定性に問題はないと考えられる。

　引き続いて，大気中の水分による影響を調査した。図示したように使用するチオール化合物はエステル化合物であり，水分による加水分解が懸念される。合成法は酸触媒を用いたアルコールと酸の脱水反応であり，逆反応であるエステル結合の分解である加水分解が起こるとカルボン酸が生成するが，これは中和滴定による酸価の測定により定量的に確認することができる。今回，実際の製造設備により生産した四官能タイプPEMPの製出直後と，これをブロー成型したポリエステル製の袋を内包した複合容器である通称アトロン缶に包装後，通常の倉庫に保管したものの酸価を測定した（表2）。

　この結果，我々の標準包装形態のひとつであるアトロン缶での保管の場合，通常の保管条件下では加水分解による酸価の増加は認められなかった。ちなみに目視での評価になってしまったが，保管による変色・着色等の変化は認められなかった。

　チオール化合物の場合では，臭いの問題が必ず取り上げられる。種々の用途で用いられる比較的分子量の小さなチオール化合物，例えばS化剤として知られるチオ酢酸や，エマルジョン重合などの際に連鎖移動剤として多用されるTDM（*tert*-ドデシルメルカプタン）は，強い不快臭を有する。このイメージをもって上記のチオール化合物入りビンの蓋を開けたら拍子抜けすることは間違いない。我々は原料カルボン酸の合成段階から工程を見直し，またエステル化反応では反応条件を最適化すること等により，過去の同様のチオール化合物より大幅な臭気の低減に成功した。しかしながら臭いは主観的なものであり，個人差や環境の要因も大きいため最終的にはサンプルを実際に手にとって実感していただくのが一番の早道であろう。

2.4　エン/チオールUV硬化系

　上記のチオール化合物を用いたエン/チオール硬化系では，図3のような素反応をベースとしている。

　これからもわかるように，二重結合であるエンとチオールの付加反応が素反応である。二種類の分子間の反応であるのが文字通りエン/チオール系である。通常のアクリレート化合物は，アクリレートモノマーに光開始剤を添加しUV照射するだけでホモポリマーである硬化物を得るこ

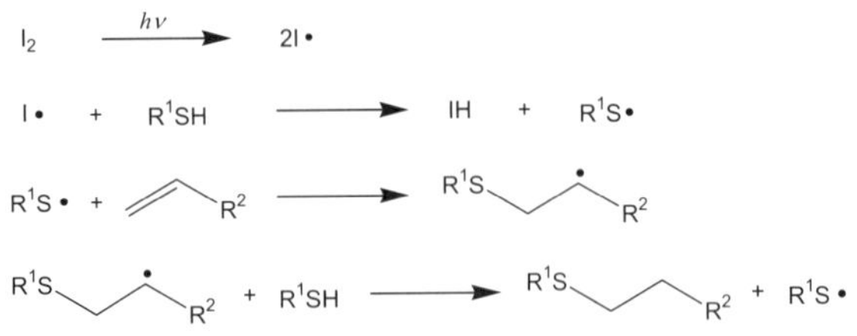

$$I_2 \xrightarrow{h\nu} 2I\cdot$$

$$I\cdot + R^1SH \longrightarrow IH + R^1S\cdot$$

$$R^1S\cdot + \overset{}{\diagup\!\!\!\diagdown}R^2 \longrightarrow R^1S\diagdown\!\!\!\overset{\cdot}{\diagup}R^2$$

$$R^1S\diagdown\!\!\!\overset{\cdot}{\diagup}R^2 + R^1SH \longrightarrow R^1S\diagdown\!\!\!\diagup R^2 + R^1S\cdot$$

図3 エン/チオール硬化の素反応

とができるのに対して，エン/チオール硬化系では少なくともエン化合物とチオール化合物の二種類が必要であることが大きな違いである。ごく稀にチオール化合物であるPEMPの硬化物のガラス転移温度はどれくらいか？と聞かれることがあるが，硬化しないので測れませんと言うことにしている。上述のようにチオール化合物はエン化合物と出会って初めて硬化物を与えるものであるからである。また，エン/チオール硬化系で使用できる，つまりチオールと付加反応をするエン化合物というのは，文字通り二重結合を持つ化合物の総称であり，二重結合のおかれている周りの環境によりチオールとの反応性に高低はあるものの，アクリレート化合物を含む多くの化合物が挙げられる。チオール化合物との反応性はオレフィン部分の電子密度に大きく支配され，概ねアリルエーテル＞n-アルケン＞アクリレートの順になる。

2.5 エン/チオール硬化系の特徴

冒頭にエン/チオール硬化システムは現行のアクリレート系にはないメリットがあると記述した。このうちいくつかの特徴について弊社の実験結果を中心に述べる。

2.5.1 酸素阻害を受けない

アクリレート化合物を用いたラジカル重合系は，大気中の酸素による硬化阻害を受けることが知られている。特に膜表面からの拡散の影響が大きい10μm以下の薄い塗膜で顕著である。比較的厚い塗膜では，表面から酸素の拡散による反応式（1）（図4）のような過酸化物ラジカルの生成があっても，塗膜内部より活性なラジカルによる重合が進行してくるため酸素の影響は少ない。しかし薄い塗膜の場合，厚膜の時のような塗膜内部からの活性なラジカルの供給が行われないため，アクリレート基に対して不活性な過酸化物ラジカルの生成が起きるとラジカルの失活，すなわち重合の停止につながる。

これに対して，エン/チオール硬化系では酸素による過酸化物ラジカルの生成があっても，チオール基が反応式（2）（図4）のごとく，その過酸化物ラジカルと反応してチイルラジカルを再生するため，酸素による阻害を受けない。エンとチオールを等量に混合した純粋なエン/チオール硬化系では，このような理由で大気下でも良好な表面硬化性が得られる。

第5章　UV/EB硬化システム

　では，純粋ではないエン/チオール系ではどうだろうか。ここでいう純粋ではないというのは，エンとチオールを等量に配合した系ではないという意味であり，例えば従来のアクリレート化合物を用いたラジカル重合系に，チオール化合物を添加した場合を想定している。より具体的には，アクリレート系で問題となる酸素阻害に起因する硬化性の低下に，チオール化合物を添加して表面硬化性を向上させようとする狙いなどである。

　実際に，一般的なアクリレート化合物であるEO変性ビスフェノールAジアクリレートに，四官能タイプのチオール化合物であるPEMPを添加した塗料を作成し，触指による表面硬化性とFT-IRによる二重結合の転化率を評価した。この結果を表3に示す。

　このアクリレートモノマーは速硬化性であり，インキ，コーティングなどに広く使用されているごく一般的なものである。通常のUV照射条件では酸素阻害を受けにくいが，今回ガラス板に膜厚を5 μm以下で塗布し，ベルトコンベア付きメタルハライドランプのUV照射装置で積算光量を40 mJ/cm^{2}まで落とすとやはり硬化不良を起こした。硬化前のウエット塗膜に薄いPET製のカバーフィルムをかけて大気を遮断し，同様の照射条件でUV硬化させると，タックフリーの塗膜が得られることより，露出部分では大気中の酸素による硬化阻害が起きていることが確認できた。そこで四官能タイプのチオール化合物PEMPを添加していき，同様の評価を行った。この結果，チオール5％添加により露出部分の塗膜でタックフリーとなった。FT-IRでの結果も，チオールを添加しないブランクでオレフィン転化率23％と低かったものが，5％のチオール添加で72％と大きく向上し，酸素阻害をキャンセルして塗膜の表面硬化性を向上させていることが示された。

図4　酸素捕捉機構

表3　表面硬化性

ポリチオール添加量(%)	0（BLK）	2	5	10
露出部分（O$_2$あり）	×× 硬化不良	× 表面タック	◎ 良好	◎ 良好
PET下部分（O$_2$なし）	◎ 良好	◎ 良好	◎ 良好	◎ 良好
オレフィン転化率（%）	23	65	72	75

2.5.2 硬化速度向上

エン/チオール硬化系では，酸素による重合阻害を受けないことはすでに述べた。チイルラジカルの高い活性に由来するものであるが，塗膜へのUV照射初期の硬化速度にも大きな影響を及ぼす。塗料サンプルをUV照射下，液体から硬化物への物性変化をリアルタイムに粘弾性特性でみると，アクリレートモノマーに四官能タイプのチオール化合物PEMPを約10％添加するだけで，UV硬化による塗料サンプルの貯蔵弾性率の立ち上がりまでの時間が大幅に短くなる。チイルラジカルの高活性を応用した好例であろう。

2.5.3 硬化物の接着性とTg

チオール化合物は水素結合性の強い物性を持つ化合物であることは，すでに述べたとおりである。またイオウ原子の電気陰性度により，極性の比較的高い，例えばPETフィルムのようなプラスチックスなどへの高い接着性が期待できる。またエン/チオール硬化系は素反応が付加反応であるため，硬化時の体積収縮がアクリレート系と比較して小さい。このため硬化物中の残存応力が小さくなり，基材への接着性向上に良い作用を及ぼすことは想像に難くない。今回，PETフィルムを被着体とした剥離試験を行いチオール化合物の接着性への影響を評価した（図5）。

PETフィルムには，表面処理が施されていない透明なものを選択した。メンブレンスイッチやラベル等に使用される銘柄である。アクリレートモノマーのエン部分に等量になるように四官能チオール化合物PEMPを添加したEQ，等量の場合のチオール化合物の70％分を添加した0.7，同様に40％分を添加した0.4，アクリレートモノマーのみのBLKの塗料をそれぞれ作成し，前述のPETフィルムに塗布・UV硬化後，T剥離試験を行った。その結果を図6に示す。

今回の配合では，アクリレートモノマーのみのBLKの測定値が非常に低く，グラフ上に現れていない。まず，等量の40％分チオール添加（実際の塗料中ではPEMP 14％含有）の0.4では，

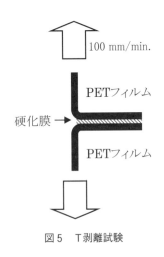

図5　T剥離試験

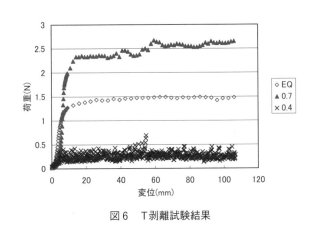

図6　T剥離試験結果

第5章 UV/EB硬化システム

荷重測定値の上下の振幅が大きい。剥離試験は，被着体と接着剤の接合物に引っ張り荷重によって外部からエネルギーを加える破壊試験である。外部から荷重を加えると接合部分にストレスがかかるが，破断点に達するとクラックが走ってこのストレスを開放する。このバランスが荷重測定値の上下の振れに影響するが，40%分チオール添加の0.4ではこのバランスが悪く，荷重をかけるとクラックが一気に走って，かかった荷重以上のストレスを開放してしまう。この繰り返しのせいで，測定値の上下の振幅が大きく現れている。また，エンとチオール等量配合のEQ（塗料中にPEMP 34%含有）では，そもそも荷重によるストレスを受けとめられず思ったほどの荷重をかけることができなかった。等量の70%分チオール添加（塗料中にPEMP 26%含有）では，T剥離試験で良好な結果を示した。前述したようにイオウ原子導入によるPETフィルムと硬化膜の界面の強化と，硬化物そのものの柔軟性・可とう性の高い物性などの複合的な結果と考えられる。

次に，剥離試験に用いたものと同じ塗料から得られるフィルムサンプルの粘弾性特性のうち，DMA測定による損失弾性率を図7に示す。

エン／チオール硬化系では，付加反応によってスルフィド結合が生成する。この結合は回転等の自由度が比較的高く，よって硬化物は柔軟性・可とう性を帯びてくるのは前述のとおりである。これは粘弾性特性にも現れており，アクリレート系に添加していくことにより損失弾性率のピークから読み取れるTgが低下している。今回の評価では四官能タイプのチオール化合物PEMPを用いたが，別途三官能タイプTMMP，六官能タイプDPMP各々とアクリレートモノマーを用いたエン／チオール硬化物をDSCによりTgを比較すると，官能数が三→四→六と増加するにしたがってTgは高くなっていく事が確認された。チオール化合物の官能数増加が硬化物の架橋数に直結しているといえる。さらに，エン／チオール硬化系の特徴として，硬化物の均一性が挙げら

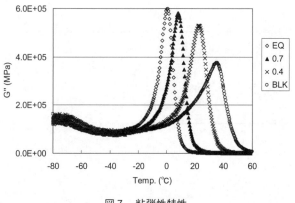

図7　粘弾性特性

れる。損失弾性率のピーク形状に着目すると，今回のアクリレート系は比較的シャープな形をしているが，それでもエン/チオール硬化系に比べるとピーク幅が大きい。アクリレートモノマーの種類によってはピークがみられない，またはあっても非常にブロードになる場合がある。これは硬化物の組成が均一でないことを表している。これに対してエン/チオール系はシャープなピーク形状を示し，均一な組成の硬化物を与えることがわかる。硬化反応が逐次反応であることに起因すると考えられるが，詳細は今後の検討課題のひとつである。

2.6　おわりに

　高度情報化社会の中で，高分子に求められる機能は日増しに高まってきている。UVを用いた光硬化も例外ではない。エン/チオールはその臭気ゆえに過去のものとされた感があったのも事実であるが，最近ではその臭気も大幅に低減され，新しい機能性材料としての開発が進められている。やりつくされた感のあるアクリレートを用いた従来のラジカル系では達成できない，さらなる高機能化を実現する手法として，エン/チオールはその可能性を秘めた硬化システムと考えられる。

文　　献

1)　角岡正弘, ポリファイル, **39**, 16-23（2002）
2)　C. Hoyle, 第14回フュージョンUV技術セミナー講演要旨集, 29-39（2007）

3 カチオンUV重合の高速化—開始系の観点から—

水田康司[*1], 伊東祐一[*2]

3.1 はじめに

近年，環状エーテル化合物を用いたUVカチオン重合は，幅広い分野に応用されている。その第一の理由は，UVカチオン重合がUVラジカル重合系と比較して硬化収縮率が小さいという点である[1,2]。しかし，さらに幅広く展開するにはUVラジカル重合系と比較して硬化速度が遅いことが問題点として挙げられる。この硬化速度の問題点を解決すれば，カチオン重合系の有する貯蔵安定性，密着性，耐久性，耐熱性など，他の特徴を活かした幅広い市場展開が期待できる。

本節では，UVカチオン重合系の硬化性に注目し，速硬化にするためのアプローチについて紹介する。一般的なUV硬化型樹脂であるUVラジカル重合系は，UV照射により直ちに重合反応が進行し，数秒で硬化が完結する。一方，UVカチオン重合系は，UV照射により重合反応は進行するが，硬化の完結には，UV照射量を増加させる，暗反応を利用するなどの工夫が必要とされている。

UVカチオン重合系の反応スキーム（図1）を眺めてみると，光カチオン開始剤によるプロト

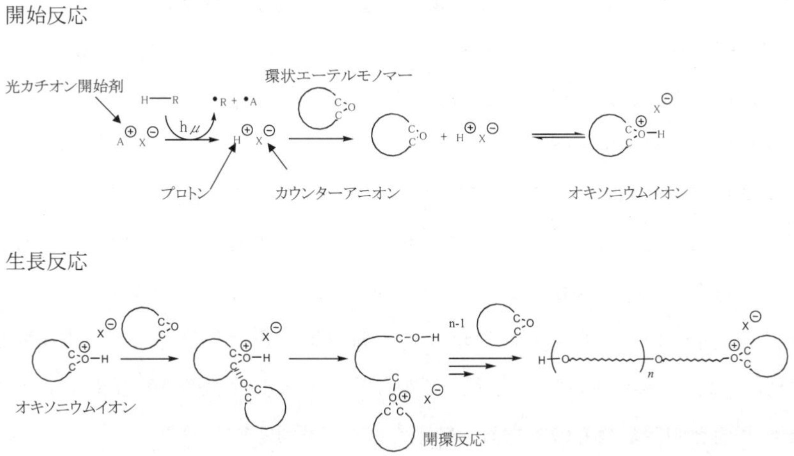

図1 光カチオン重合系の反応スキーム

---

*1 Yasushi Mizuta 三井化学㈱ 機能材料事業本部 開発センター 複合技術開発部
　　　　　　材料開発1ユニット 主席研究員
*2 Yuichi Ito 三井化学㈱ 機能材料事業本部 開発センター 複合技術開発部
　　　　　　材料開発1ユニット 主席研究員

ンの生成，生成プロトンの環状エーテルモノマーへの攻撃，それに伴い生成するオキソニウム塩と解離状態間での平衡状態，オキソニウム塩にモノマーが配位し，活性化状態を経由して開環が起こり，生長反応へ移行するまでの開始反応と，生成したオキソニウムイオンへの環状エーテルモノマーの攻撃に始まり，生成したオキソニウム塩との平衡状態から，一部開環を繰り返していく生長反応に区別される。

このUVカチオン重合系の反応スキームの中で，反応速度に影響を与えている要素は，開始反応のプロトンの生成効率，そのプロトンが環状モノマーを攻撃してから開環反応に至るまでの誘導期間，生長反応におけるオキソニウムイオンに対する環状エーテルモノマーの求核性，対アニオンの求電子性，立体障害などが考えられる。

ここで述べた開始反応のプロトンの生成，生長反応の対アニオンの求電子性，立体障害などは，光カチオン開始剤の選択により大きく左右されるが，本節は光開始剤種による硬化速度への影響については触れず，環状エーテルモノマーの構造による活性化状態の検討，助触媒として種々のカルボカチオンとラジカル開始剤を利用し，これらを組み合わせることにより，光カチオン重合を速硬化にした内容を紹介する。

3.2　オキシラン化合物とオキセタン化合物からなるUVカチオン重合系

エポキシ樹脂とオキセタン樹脂の組み合わせにより硬化速度が向上する例は，いくつか報告[3〜5]されている。ここでは，速硬化にするためのオキシラン基とオキセタン基の最適比率を把握することを目的とした結果を紹介する。

オキシラン基を有するモノマーであるビスフェノールAジグリシジルエーテルとオキセタン基を有するモノマーである3-エチル-3-フェノキシメチルオキセタンを使用し，その混合比を変化させている。UVカチオン開始剤としてテトラキス（ペンタフルオロフェニル）ボレート-4-メチルフェニル［4-(1-メチルエチルフェニル)］ヨウ素を3wt％添加し，硬化速度をゲルタイムにより評価した。ゲルタイムは，高水銀灯20mW/cm^{2}を照射下，調整液をマイクロスパチュラで指触乾燥時間を測定したものである。結果を図2に示す。

得られたゲルタイムを縦軸に，横軸にオキシラン基／オキセタン基のモル比をプロットしている。ゲルタイムの最小値（ゲルタイム：9秒（180mJ/cm^2））が，オキシラン基／オキセタン基のモル比＝2／1近傍に存在する。オキセタン基量が増加すると，ゲルタイムは長くなる。

これは，オキシラン基とオキセタン基を併用して使用することにより，単独系よりゲルタイムは短くなり，硬化速度が速くなることを示している。また，オキシラン単独系の方が，オキセタン単独系より長いゲルタイムであることを示している。オキシラン単独系では，開始反応は早いが，生長反応が遅いためゲルタイムが長く，オキセタン単独系では開始反応は遅いが，生長反応

第5章　UV/EB硬化システム

が早いため，開始反応および生長反応を効率的に進行できる最適量が存在することになる。

3.3　α-アルキル置換オキシラン化合物の添加効果

オキシラン基を有するモノマーであるビスフェノールAジグリシジルエーテルとオキセタン基を有するモノマーである3-エチル-3-フェノキシメチルオキセタンを使用し，その混合比を変化させており，α-位にアルキル置換基を有するオキシラン化合物としてターピノーレンジオキサイドを2wt％，UVカチオン開始剤としてテトラキス（ペンタフルオロフェニル）ボレート-4-メチルフェニル［4-(1-メチルエチルフェニル)］ヨウ素を3wt％添加し，硬化速度をゲルタイムにより評価した（図3）。

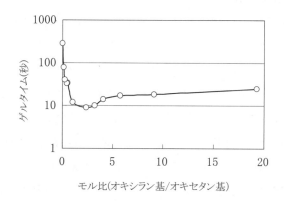

図2　オキシラン化合物とオキセタン化合物からなるUVカチオン重合系の反応速度（ゲルタイム）

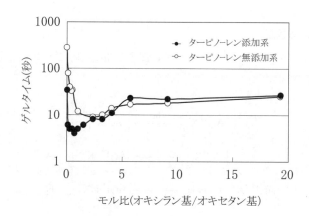

図3　ターピノーレンを添加したオキシラン化合物とオキセタン化合物からなるUVカチオン重合系の反応速度（ゲルタイム）

α-位にアルキル置換基を有するオキシラン化合物の添加により，ゲルタイムが9秒から4秒に短縮されていることが判る。また，α-位にアルキル置換基を有するオキシラン化合物の添加に依らずオキセタン基とオキシラン基の混合比に最適値があり，α-位にアルキル置換基を有するオキシラン化合物の添加により，オキシラン基が少ない領域への移行を示している。この結果から，α-位にアルキル置換基を有するオキシラン化合物を添加したUVカチオン重合の開始反応は，先に説明したオキソニウムイオンが介在している系とは異なることが考えられる。

 α-位にアルキル置換基を有するオキシラン化合物としてターピノーレンジオキサイドの他に，β-ピネンオキサイド，ミルセンジオキサイド，およびリモネンジオキサイドにも効果があることが確認されている。

3.4 UVラジカル開始剤の添加効果

 光カチオン重合系の開始反応中のプロトン生成までの過程に，ラジカルの生成の過程があることが知られており，UVカチオン開始剤のプロトン生成スキームを図4に示している。

 オキシラン基を有するモノマーであるビスフェノールAジグリシジルエーテルとオキセタン基を有するモノマーである3-エチル-3-フェノキシメチルオキセタンを使用し，その混合比を変化させており，α-位にアルキル置換基を有するオキシラン化合物としてターピノーレンジオキサイドを2wt％，UVカチオン開始剤としてテトラキス（ペンタフルオロフェニル）ボレート-4-メチルフェニル［4-(1-メチルエチルフェニル)］ヨウ素を3wt％，光ラジカル開始剤としてα-ヒドロキシシクロヘキシルフェニルケトンをUVカチオン開始剤と同モル添加している。硬化速度をゲルタイムにより評価した。光ラジカル開始剤が無添加の系では4秒であったが，光ラジカル発生剤を添加した系では，2秒になり，速硬化に対して効果のあることを確認した。

3.5 計算化学による検証

 計算化学を用いて，各環状エーテルモノマーに関する開始反応モデルを比較した。計算は第一

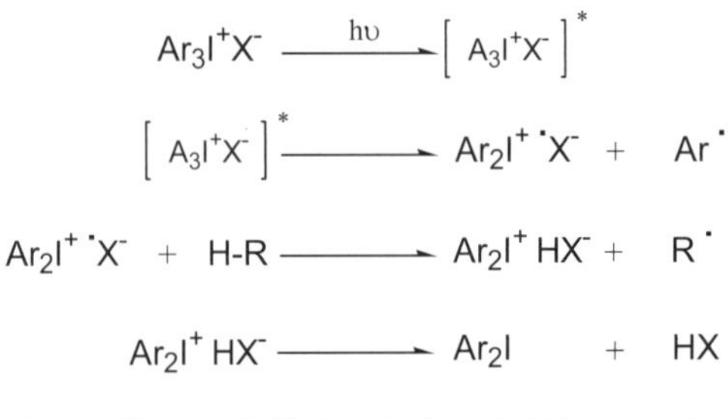

$$Ar_3I^+X^- \xrightarrow{h\upsilon} [A_3I^+X^-]^*$$

$$[A_3I^+X^-]^* \longrightarrow Ar_2I^{+\cdot}X^- + Ar^{\cdot}$$

$$Ar_2I^{+\cdot}X^- + H\text{-}R \longrightarrow Ar_2I^+ HX^- + R^{\cdot}$$

$$Ar_2I^+ HX^- \longrightarrow Ar_2I + HX$$

図4 光カチオン開始剤のプロトン発生スキーム

第5章 UV/EB硬化システム

原理計算よりプロトン，メチルカチオンの付加と置換基の関係を計算した（表1）。

電子供与基であるα-位にアルキル置換基を有するオキシラン化合物は，カチオンに対してオキセタン並に高い反応性を示すことが分かった。特にプロトンに対しては高い反応性を示している。これは，α-位にアルキル置換基を有するオキシラン化合物は，プロトン付加により不可逆的に安定な開環体（カルベニウムカチオン）に進むため，開始反応を効率化すると推測される。

次に，メチルカチオン付加時の開環反応における活性化エネルギーを同様の手法により計算した。その結果，オキシラン基，オキセタン基では，開環反応において高い活性化エネルギーを要するため，開環せずにオキソニウムイオンになっている（次のモノマーが付加してはじめて開環し歪みエネルギーを解放している）。一方，α-位にアルキル置換基を有するオキシラン化合物は，活性化エネルギーが低いことから，3級のカルベニウムカチオンになっている可能性が高いことが分かった（表2）。付加時に歪みエネルギーを解放していると考えられる。

表1 第一原理計算（B3LYP/6-31G*）によるプロトンとメチルカチオンの付加反応時の反応熱（Kcal/mol）

カチオン種	△	◁	◁—	◁=	□	□—
H⁺	0	−22.4	−28.4 （開環時−31.7）	−28.3(trans) −28.4(cis)	−27.7	−29.2
CH₃⁺	0	−3.8	−8.5 （開環時−9.5）	−8.5(trans) −9.0(cis)	−11.8	−12.9

表2 メチルカチオン付加時の開環反応における活性化エネルギー

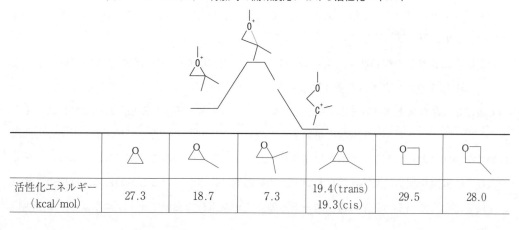

	◁	◁—	◁=	◁=	□	□—
活性化エネルギー （kcal/mol）	27.3	18.7	7.3	19.4(trans) 19.3(cis)	29.5	28.0

これらの違いにより，α-位に置換基を有するオキシラン化合物が開始反応における誘導期を短縮化していると考えられる。

3.6 他のカチオン源によるUVカチオン重合の速硬化

上述した結果から，カルベニウムイオンのようなカルボカチオンが環状エーテル類のカチオン重合を活性化していることが示されたため，同じカルボカチオンを与えるビニルエーテルの利用を検討した。シュレンク管にイソブチルビニルエーテルと環状エーテル（3-エチル-3-フェノキシメチルオキセタンとフェニルグリシジルエーテル）とテトラキス（ペンタフルオロフェニル）ボレート-4-メチルフェニル［4-(1-メチルエチルフェニル)］ヨウ素を使用し，その混合比を変化させている。イソブチルビニルエーテルは，水分の影響を考慮してCaH_2上で蒸留したものを使用した。

調整した樹脂液をスクリュー管に入れ，$1000mJ/cm^2$の水銀灯を用いて硬化させている。このときのゲルタイムを表3に示した。このとき得られたポリマーの分子量はGPCを用いて測定し，クロマトグラムを図5（3-エチル-3-フェノキシメチルオキセタン），図6（フェニルグリシジルエーテル）に示している。

オキシラン化合物，オキセタン化合物の単独系と比較して，両方の系においてビニルエーテルの添加により，ゲルタイムが短縮され，速硬化になっていることが判る。また，3-エチル-3-フェノキシメチルオキセタンを使用した系では，単独系と比較して分子量が大きくなったが，フェニルグリシジルエーテルを使用した系では，単独系と比較して分子量が小さくなることが判った。ビニルエーテル由来のカルベニウムイオンにより開始反応を高速化しているが，生長反応は，従来の知見通りにオキセタン化合物の方が，効率的に進行していることを表している。

次に，潜在的にカルボカチオンを与えるイソブチルビニルエーテルに酢酸が付加したヘミアセタール構造を有する1-イソブトキシエチルアセテートを使用して同様の評価を実施した。1-イソブトキシエチルアセテートは，文献[6]の方法により合成し，モレキュラーシブス4A上で一昼夜乾燥して用いた。

前記同様に調整した樹脂液をスクリュー管に入れ，$1000mJ/cm^2$の水銀灯を用いて硬化させている。このときのゲルタイムを表4に示した。このとき得られたポリマーの分子量はGPCを用いて測定し，クロマトグラムを図7に示している。ビニルエーテルを使用した系と同様に，オキシラン化合物，オキセタン化合物の単独系と比較して，両方の系においてビニルエーテルの酢酸付加体の添加により，ゲルタイムが短縮され，速硬化になっていることが判る。ビニルエーテルおよびその酢酸付加体は開始反応において，助触媒的に作用していると思われる。反応のスキームを図8に示している。従来の環状エーテルのカチオン重合においてオキソニウムイオンを生成

第5章　UV/EB硬化システム

表3　イソブチルビニルエーテルと環状エーテルモノマーとの組み合わせによる反応速度（ゲルタイム）

組成 イソブチルビニルエーテル/ 3-エチル-3-フェノキシメチルオキセタン （mol/mol）	ゲルタイム （秒）	組成 イソブチルビニルエーテル/ フェニルグリシジルエーテル （mol/mol）	ゲルタイム （秒）
0.4/0.6	1.9	0.4/0.6	1.2
0.3/0.7	2.7	0.3/0.7	1.0
0.2/0.8	2.9	0.2/0.8	1.8
0.1/0.9	2.5	0.1/0.9	14.6
0.0/1.0	11.4	0.0/1.0	50.0

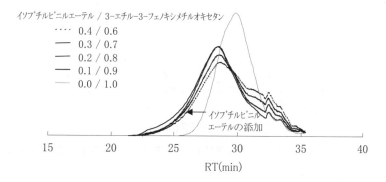

図5　イソブチルビニルエーテルとオキセタンモノマーから得られたポリマーのGPC曲線

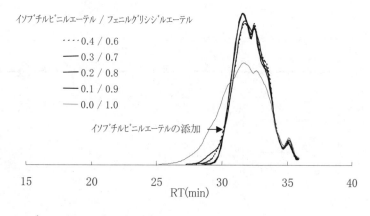

図6　イソブチルビニルエーテルとオキシランモノマーから得られたポリマーのGPC曲線

高分子架橋と分解の新展開

表4　1-イソブトキシエチルアセテートと環状エーテルモノマーとの組み合わせによる反応速度(ゲルタイム)

組成 （mol/mol）		ゲルタイム (秒)
3-エチル-3-フェノキシメチルオキセタン/1-イソブトキシエチルアセテート	$= 1.0 \,/\, 3.0 \times 10^{-3}$	3.1
3-エチル-3-フェノキシメチルオキセタン/1-イソブトキシエチルアセテート	$= 1.0 \,/\, 0$	11.4
フェニルグリシジルエーテル/1-イソブトキシエチルアセテート	$= 1.0 \,/\, 3.0 \times 10^{-3}$	39.0
フェニルグリシジルエーテル/1-イソブトキシエチルアセテート	$= 1.0 \,/\, 0$	50.0

図7　1-イソブトキシエチルアセテートと環状エーテルモノマーから得られたポリマーのGPC曲線

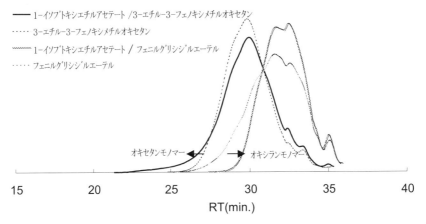

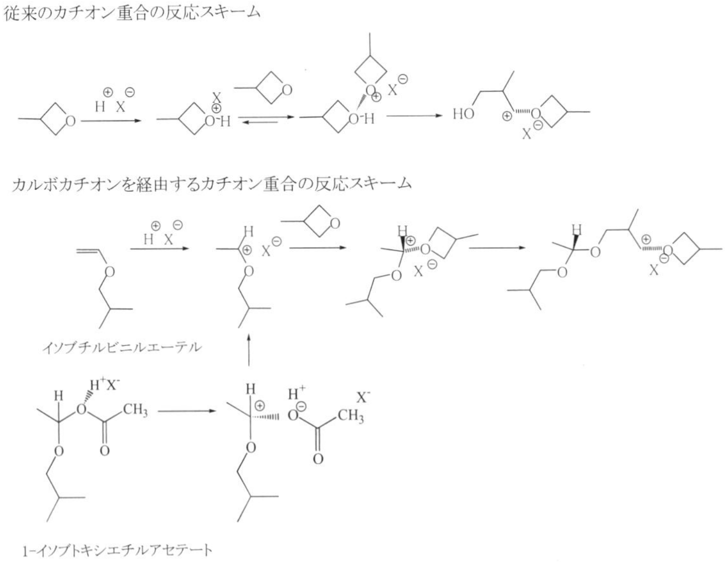

図8　ビニルエーテルおよびその酢酸付加体を助触媒としてカチオン重合の反応のスキーム

し，安定なオキソニウムイオンがモノマーの攻撃を受けて開環するメカニズムと異なり，ビニルエーテル類から生成するカルボカチオンに環状エーテルが攻撃するため開始反応がスムーズに進行すると考えている。

3.7 まとめ

UVカチオン重合における速硬化へのアプローチを紹介した。従来から知られている生長反応を高速化する手段として知られているオキシラン化合物とオキセタン化合物を併用する方法に加えて，α-位にアルキル置換基を有するオキシラン化合物を用いることにより，開始反応がスムーズに進行することが判った。同様なアプローチとしてカルボカチオンを生成する代表的な化合物であるビニルエーテル類も同様に環状エーテル類のUVカチオン重合を活性化することが判った。さらに，UVカチオン開始剤の分解過程におけるラジカルが介在することに着目し，UVラジカル開始剤を併用することにより，硬化性が向上することも確認した。

文　　献

1) J. V. Crivello, J. H. W. Lam, ACS Symposium Series, Vol.114, American Chemical Society, 1 (1979)
2) J. V. Crivello, J. L. Lee, D. A. Conlon, *J. Rad. Cur.*, **1**, 6 (1983)
3) H. Sasaki, J. M. Rudiniski, T. Kakuchi, *J.Polym. Sci., Part A :Polym Chem.*, **33**, 1807 (1995)
4) T. Saegusa, H.Imai, J. Furukawa, *Makromol. Chem.*, **54**, 218 (1962)
5) H. Sasaki *et al.*, Radtech2000, 61 (2000)
6) S. Aoshima, T. Higashimura, *Macromolecules*, **22**, 1009 (1989)

4　UVカチオン硬化型材料の高速硬化に向けて

佐々木　裕*

4.1　はじめに

　UV硬化型樹脂とは，一般に液状であり，光（UV）照射により化学反応を生じて固体へと変化（硬化）する材料である。この化学反応としては，これまでに多種のものが提案されており，重合反応の利用が主となっている。重合型の光硬化型材料は，二個以上の重合性官能基を有するオリゴマー，一～数個の重合性官能基を有するモノマー，および，光分解して重合反応を開始できる光重合開始剤から構成される。

　図1に示した光硬化時の模式図からも理解できるように，UV硬化型材料は一分子中に二個以上の重合性官能基を有するオリゴマーあるいはモノマーが架橋点となり，ネットワークポリマーを形成することで硬化する。

　UV硬化樹脂は重合様式の違いによってラジカル重合系材料とカチオン重合系材料の2つに大きく分類できる。現在の市場ではラジカル重合型のアクリル系（特殊アクリレート，アクリレートオリゴマー）が主流となっているが，カチオン重合系材料は硬化時の体積収縮が小さいため各種基材への接着性が優れ，また酸素による重合阻害がないという長所があり，近年，各種接着剤やコーティング等の分野への応用が進められている。しかしながら，カチオン重合性材料は，アクリル系材料に比べ，一般に硬化が遅く，また，硬化時に湿度の影響を受けることが知られている。

　本稿では，UVカチオン硬化型材料の欠点である硬化速度を向上する方策を，我々の検討結果を中心にまとめた。

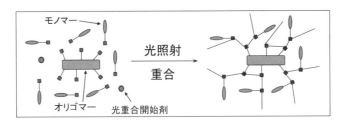

図1　UV硬化の模式図

---

*　Hiroshi Sasaki　東亞合成㈱　新事業企画推進部　研究員

4.2 カチオン重合型材料に使用する官能基

カチオン重合においては，図2に示したように多種多様なモノマーの使用が可能である。

しかしながら，入手の容易さや価格を考慮した場合，エポキシ化合物，オキセタン化合物等の環状エーテル類が主に検討されている。アクリル系のポリマー主鎖は炭素-炭素結合であるのに対して，環状エーテル類の開環重合では，主鎖がポリエーテルになる。エポキシ化合物，オキセタン化合物ともに，開環重合であるため，アクリル系のラジカル重合型材料と比較して硬化収縮が小さく，硬化塗膜に柔軟性を付与できるという特徴を持っている。図3に各種モノマーの重合時の体積収縮率の実測値をまとめた結果を示した。アクリル系の付加重合に比較して，環状エーテル類の開環重合はかなり収縮が小さいことが明らかである。

以下にそれぞれ官能基の簡単な特徴を示した。

①エポキシ化合物

三員環エーテル（オキシラン環）を有する化合物で，グリシジルエーテル系は，硬化が遅いため単独で用いられることは少なく，また，低分子量のグリシジルエーテル系は変異原性が陽性のものが多く，使用時に注意を要する。一方，脂環式エポキシ化合物は硬化性が高く，フィルムや缶のコーティング用塗料の架橋成分として使用されている。

②オキセタン化合物

四員環エーテル（オキセタン環）を有する化合物であり，この開環重合により硬化が進行するため，主鎖はポリエーテルとなる。

オキセタン環は，オキシラン環と異なりアルカリ条件下では非常に安定で誘導体の合成が容易

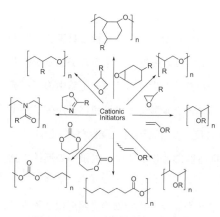

図2　カチオン重合可能な官能基

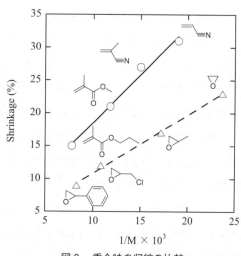

図3　重合時の収縮の比較

4.3 環状エーテル類のカチオン開環重合性

本項では，古典的な測定方法により得られたパラメタを使って，エポキシ化合物とオキセタン化合物との比較を行った結果について示した。

環状エーテルのカチオン開環重合は，二分子開環反応経由で進行すると考えられている。この場合，反応スキームは図4に示したようなものとなる[1,2]。

開始反応では，プロトンの付加により環状のジアルキルオキソニウムカチオンが平衡反応で生成し（式(1)），ここに次のモノマーが付加して重合の活性種であるトリアルキルオキソニウムカチオンが生成する（式(2)）。その後，成長反応として，式(3)に示したように逐次的に中性モノマーが攻撃して連鎖的に重合が進行する。したがって，トリアルキルオキソニウムカチオンの生成が重合の律速段階であり，その生成速度（すなわちその濃度）が重合速度を支配すると考えられている。また，連鎖移動反応として，式(4)に示したように重合活性末端に対する生成ポリマー主鎖中のエーテル酸素の攻撃が考えられ，この場合，活性末端は環歪みのないオキソニウムカチオン（ドーマント種）へと転換し，実質的な活性末端濃度が低下してしまう。

このような重合様式で進行するカチオン開環重合では，重合性を支配する因子として，環歪みエネルギーと求核性が考えられている[1,2]。環歪みエネルギーは開環のしやすさを支配する因子であり，環状化合物に対しては，燃焼エネルギーの実測値に基づく半経験的な値がこれまでに使用されている[3]。一方，求核性は，活性末端への攻撃の強さを表す指標であり，動力学支配条件で決定されるもので直接的な測定は困難であるため，塩基性が代替値として用いられている[4,5]。一方，図5にエーテル類の値をまとめて示した。

無置換のオキシラン（エポキサイドのモデル）と四員環のオキセタン環を比較した場合，環歪みエネルギーには大きな差は見られないが，塩基性を示すpK_bはオキセタン環の方がはるかに大きい値を示している。オキシラン環の場合，環上の酸素の塩基性が生成ポリマー主鎖中のエーテル酸素よりも低いため重合活性末端からポリマー主鎖中のエーテル酸素への連鎖移動が生じやすく，重合速度の低下や環状オリゴマーの副生による重合度の低下が生じる事が報告されている[1]。一方，オキセタン環の重合においては，その高い塩基性によりポリマー主鎖への連鎖移動は低減できるものと推定できる。

これらの考察に基づき，我々は以前にオキセタンおよびオキシラン化合物の光照射によるカチオン重合特性を検討し，上記の推定を確認している。紙面の関係で結果は割愛するが，参考文献を参照いただきたい[6~10]。

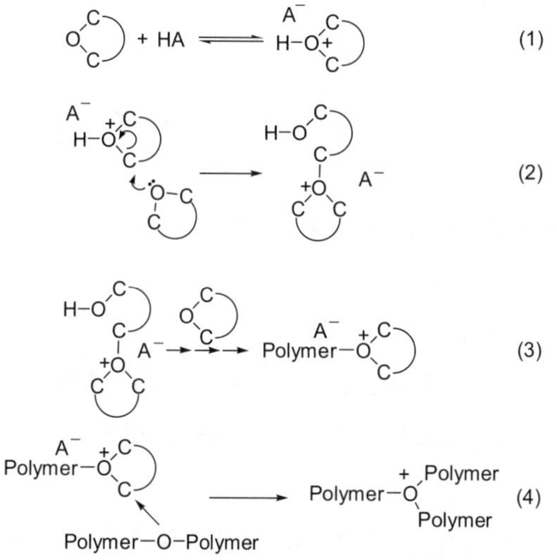

第5章　UV/EB硬化システム

図4　環状エーテルのカチオン開環重合

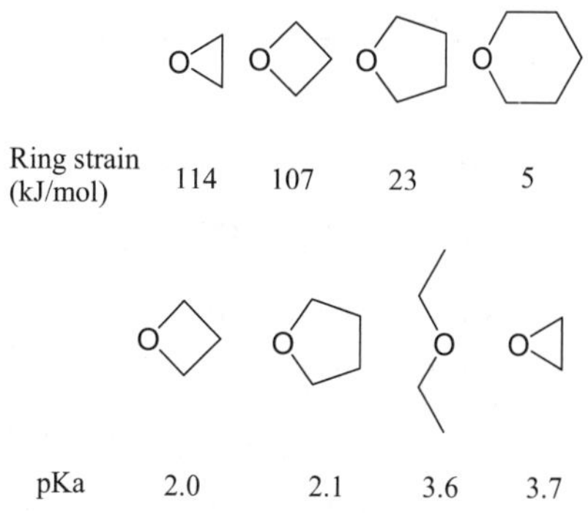

| Ring strain (kJ/mol) | 114 | 107 | 23 | 5 |

| pKa | 2.0 | 2.1 | 3.6 | 3.7 |

図5　環状エーテル類の環歪エネルギーおよび塩基性

4.4　計算化学による検討
4.4.1　各種パラメタの計算

　4.3項に示したように，環状エーテル類のカチオン開環重合は，重合活性末端であるオキソニウムカチオンへの中性モノマーの求核置換反応にモデル化でき，反応性の支配因子として求核性，環歪み，立体障害等が考えられている。しかしながら，これらのパラメタの測定は煩雑であり，また，化合物中に他の官能基が存在した場合には，その寄与を分離することが困難である。近年，計算化学の長足の進歩により，実在分子に近い分子量の精密な計算も比較的容易に行えるようになってきた。

　求核性に対応する計算化学からのアプローチとしては，環状エーテル類のプロトン親和性の計算値が，ガス状態での実験値と良い一致を示すことが報告されている[11]。一方，環状化合物の環歪みエネルギーは，燃焼エネルギーの実測値に基づく半経験的な値がこれまでに使用されており[3]，環状オレフィンでは計算値が良好な結果を与えることが報告されている。しかしながら，これらの計算を環状エーテルの反応性に適応する試みはこれまでに見られていない。

　本項では，計算化学により上記のパラメタを算出し，環状エーテル類のカチオン開環重合性について検討を行った結果を示した[12,13]。具体的には，ab initio分子軌道法により環状エーテル類の環歪みエネルギーおよびプロトン親和性を算出し，既報値との比較を行った。計算に使用した，環状および鎖状のエーテル類の化学構造を図6に示した。また，環状エーテル類の求核置換反応におけるエネルギー障壁を反応座標計算により算出し，既報値および計算値との相関につい

ても検討を行った。計算方法の詳細は参考文献を参照いただきたい[12, 13]。

3〜6員環環状エーテルについて算出した環歪エネルギーの妥当性を確認するために、計算値と既報値[3]との相関をプロットした（図7）結果、非常に高い相関が確認でき、本計算方法による見積もりの妥当性が確認できた。

プロトン親和性は、中性分子およびプロトン付加体の最安定構造を決定し、既報値[2, 5]との比較を行うため、DEEを基準とした相対値（R-PA$_0$）を算出した。

図8のプロットより明らかなように、オキセタン誘導体を除くほとんどのエーテルにおいて、環状、鎖状にかかわらずプロトン親和性は塩基性と高い相関を示した。この結果から、既報値の測定において、重水素とオキセタン環との相互作用が過剰評価されている可能性が示唆された。この確認として、POのH＋付加体（PO-H＋）を基準反応物として、そのα位に対する各種環状エーテルの攻撃における開環反応を検討した。それぞれのエーテルのプロトン親和性と反応時のエネルギー障壁とプロット（図9）から、オキセタンも含めた基質のプロトン親和性とエネルギー障壁との間には非常によい相関が見られ、プロトン親和力が求核性の指標として妥当である可能性を確認できた。また、DEE、DPEで見られたエネルギー増加は、遷移状態の分子構造の解析より立体障害に起因するものであることも確認している。

以上の検討から、計算化学を利用することで、カチオン開環重合性を支配する因子である環歪エネルギーおよび求核性を定量的に評価できる方法が確立できている。また、これまでは直感的に考慮されていた立体障害も定量的に評価できる可能性が見出せた。

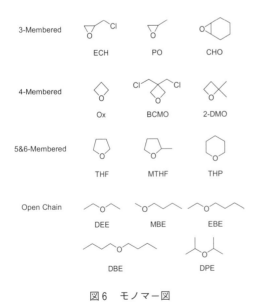

図6　モノマー図

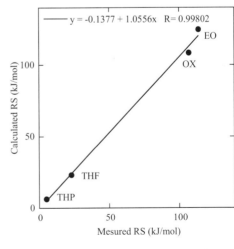

図7　環歪エネルギー（RS）の計算値と既報値の比較

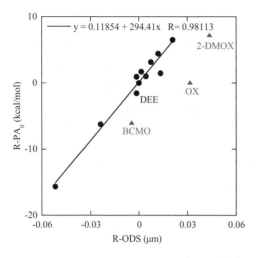
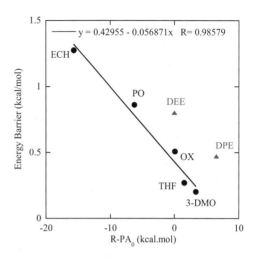

図8　プロトン親和性の計算値と実測値との比較

図9　各種環状エーテルのプロトン親和性（計算値）とPO-H＋に攻撃した際のエネルギー障壁

4.4.2　連鎖移動反応の検討

環状エーテル類の開環重合においては，生成ポリマー中のエーテル酸素や水分等の塩基性物質も重合活性末端を攻撃し連鎖移動反応を生じ，このことも重合速度に影響を与える（図10）。例えば，生成ポリマー中のエーテル酸素の攻撃は環歪みのないトリアルキルオキソニウムカチオンを生成するため実質的な重合停止反応となり，また，水酸基の攻撃ではプロトンを生成し成長反応を開始反応へと転換してしまう。オニウム塩の光分解によるプロトン発生を利用した光カチオン硬化システムにおいては，硬化速度の低下は重要な問題である。また，工業的に広く使用されている3,4-epoxycyclohexyl-3',4'-epoxy-cyclohexane-carboxylate（ECC）は，その分子中のエステル基が連鎖移動に関与する可能性が指摘されている[14]。

本項では，前項と同様な手法で，計算化学により各種の塩基性物質のプロトン親和性の推算および重合活性末端との反応性の比較を行い，これらのカチオン開環重合挙動への影響を検討した結果を示した[15]。

なお，モノマーとしてはエポキシ化合物のモデルとして，サイクロヘキセンオキサイド（CHO）とプロピレンオキサイド（PO）を選択した。連鎖移動の求核種としてホモポリマーのモデル化合物であるエチルイソプロピルエーテル（PEE），ジイソプロピルエーテル（DPE）に加えて，エタノール（EtOH）および酢酸メチル（MeAc）を用いた。

表1に示した各種カチオンと求核種の開環反応エネルギープロファイルから，成長反応において，CHOはPOよりも反応障壁エネルギーが小さく，重合が進行しやすいことが確認できた。ま

た，PO-Et+では，成長反応であるPOの攻撃よりもポリマー主鎖のモデルであるPEEとの反応のエネルギー障壁が小さく連鎖移動が生じやすいが，CHOの重合においては成長反応が優先することが示唆された。これは，DPEのイソプロピル基の立体障害が大きいことが寄与したものと考えられる。生成ポリマー主鎖からCHOへの連鎖移動が抑制されているということは，開始剤から発生したプロトンが効率よく使用できるということであり，見た目の重合性が向上するものと考えられる。

水酸基との反応においては，水酸基と中性モノマーとの間で水素結合を形成させたモデルにお

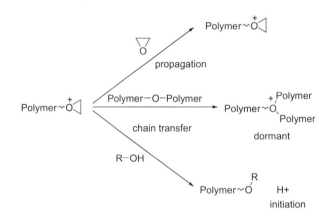

図10 環状エーテルの開環重合における連鎖移動反応

表1 開環反応時のエネルギー障壁および放出されるエネルギー

Oxonium Cation	Nucleophile	Energy Barrier (kcal)	Released Energy (kcal)
CHO-Et+	CHO	3.98	12.7
	DPE	8.39	10.6
	EtOH	7.32	3.8
	H$_2$O	9.77	-6.45
	EtOH-CHO	4.46	15.3
	H$_2$O-CHO	5.33	8.7
	MeAc	5.13	9.4
PO-Et+	PO	4.78	15.3
	PEE	3.58	20.1
	EtOH	5.14	12.7
	H$_2$O	4.99	3.97
	EtOH-PO	3.35	23.8
	H$_2$O-PO	3.90	16.6
	MeAc	3.77	16.5

第5章　UV/EB硬化システム

いて求核性が増大し，連鎖移動が生じやすいことが示された。さらに，MeACを求核種とした場合にも，反応障壁エネルギーは若干大きいながらも開環反応が生じることが確認できた。この場合，生成したカチオン種は二個の酸素原子により安定化されたカルボカチオンであり，更なる求核種との反応は生じにくいことが確認できた。したがって，エステル基への連鎖移動により，見た目の重合性が低下すると考えられる。

以上に示したように，計算化学の利用により，これまで定性的に議論されていたモノマー以外の塩基性物質の開環重合への関与の度合いも定量的に議論できる可能性が見えてきている。また，脂環式エポキシの高い重合性に，高い求核性による活性末端への攻撃能力の高さだけではなく，連鎖移動の抑制も寄与している可能性を明らかにできた。さらに，エステル基の関与により，重合性が低下することも確認できた。

4.5　脂環式エポキシのカチオン重合における連鎖移動の影響

本項では，4.4項の検討結果に基づき光カチオン重合における連鎖移動反応の寄与を実験的に検討した結果を示した[15～19]。詳細は参考文献を参照されたい。

3,4-epoxycyclohexyl-3',4'-epoxy-cyclohexane-carboxylate（ECC）は光カチオン硬化型材料に広く使用されており，更なる硬化速度の向上が望まれている。ECCのカチオン重合において，アルコール類の添加により連鎖移動で硬化性が向上する事[20]，および，エステル基が重合速度を低下させる可能性[14]が指摘されている。

オキセタン誘導体の中で，もっとも安価に入手可能である3-ethyl-3-hydroxymethyloxetane（OXA）は，分子中にオキセタン環と水酸基を有しており，ECCの硬化性を大きく向上できることをすでに報告している。ECCへのOXAの添加効果について，Realtime Dynamic Rheological Analysis（DRA）による重合時の粘弾性変化により検討した結果を図11に示した。なお，OXA中の水酸基の影響を明確にするために，二官能オキセタン化合物であるDOX配合系の比較も行った。

ECCへのオキセタン化合物の添加はいずれも硬化速度の向上に有効であり，OXAとDOXを比較した場合，OXAの添加より迅速な貯蔵弾性率の増加（硬化速度の向上）が観察された。ECC配合系において，OXA中の水酸基は連鎖移動により重合ネットワーク中に取り込まれ，架橋点として働くため，硬化速度の向上へとつながるものと推定している。

次に，ECC分子中のエステル基の重合への影響を検討するために，エステル基を含有しないCADE-1，および，CADE-2を合成し，ECCとの光重合挙動の違いを検討した結果を示した。これらのモノマーの合成スキームおよび粘度を図12に示した。

図13から明らかなように，エステル基を含有しないCADE-1および-2はECCに比べて，貯蔵弾性率の上昇は早く，ECC中のエステル基の存在が大きく硬化速度を低下させていることが

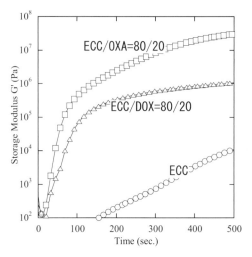

図11 ECC/オキセタン配合系のDRA測定結果

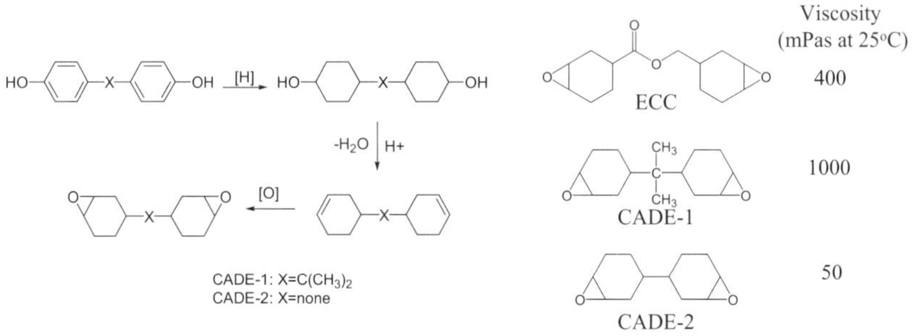

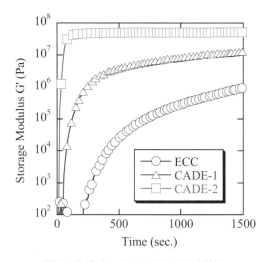

図12 モノマー合成図

図13 脂環式エポキシのDRA測定結果

第5章　UV/EB硬化システム

確認できた。また，CADE-2の，より速い硬化速度は，粘度が低いために分子のモビリティーが高いことに起因するものと推定している。

4.6 高速カチオン重合のために

本節では，以上に示したカチオン開環重合性を支配する要素以外の硬化速度に影響を与える因子について，簡単な考察を示した。

UV硬化型材料は光の照射による光開始剤からの開始種の発生，それによる重合性官能基の重合を経由して，分子中に多数個の重合性官能基を有する多官能モノマーあるいはオリゴマーを架橋点とするネットワークを形成して硬化する。

マクロな視点で簡略化して開始種の発生速度および重合速度が一定だと仮定した場合，架橋点の生成（ネットワークの形成）が速ければ硬化速度が向上することは容易に理解できる。すなわち，多官能モノマーの配合量を増加することが硬化速度の向上に有効なことが理解できる。実際の硬化系においては，重合の初期ではこの仮定がうまく成立するが，中～後期には重合性官能基のモビリティーの低下など複雑な問題があるが，一般的にはこのように考えられる。

次に，ミクロな観点から考えて見ると，ここまでに示してきた環歪エネルギー，および，塩基性をベースにした考察が基本的に重要である。さらに，重合反応は，活性末端に対するモノマーの攻撃であるので，モノマーが自由に動き回れた場合に重合速度が高くなる。したがって，上記の多官能モノマーの配合量の増加とは相反し，モビリティーの高い低分子モノマーの配合が重合速度の向上へとつながることが考えられる。結局は，多官能を増やせば必ず硬化速度が増加するわけではなく，このバランスが重要であることが理解できる。

また，別節にて議論されている，光開始剤の分解効率も重要な因子となる。例えば，カチオン重合開始剤として用いられているヨードニウム塩は230-260nmの短波長の吸収のみであるため，芳香族系のモノマーのようにこの領域に吸収を有するモノマーと配合した場合，モノマーにより短波長の紫外線がブロックされるためヨードニウム塩の分解速度は大きく低下し，硬化速度は遅くなる。さらに，化学的な方法として，増感剤の利用やレドックス反応を利用した開始剤の分解効率を向上させる方法も重要である。

文　献

1）　S. Penczek and S. Slomkowski, "Comprehensive Polymer Science", PERGAMON PRESS,

3, 751 (1989)
2) S. Penczek, P. Kubisa and K. Matyjaszewski, *Adv. in Polym. Sci.*, **37**, 5 (1980)
3) A.S. Pell and G. Pilcher, *Trans. Farad. Soc.*, **61**, 7 (1965)
4) Y. Yamashita, T. Tsuda, M. Okada and S. Iwatsuki, *J. Polym. Sci., Part A-1*, **4**, 2121 (1966)
5) S. Searles, M. Tamres and E.R. Lippincott, *J. Am. Chem. Soc.*, **75**, 2775 (1953)
6) 佐々木裕, 日本接着学会誌, **38**(12), 452 (2002)
7) H.Sasaki and J.V.Crivello, *J. Macromol. Sci. Part A: Pure Appl. Chem.*, **A29**(10), 915 (1992)
8) J.V. Crivello and H. Sasaki, *J. Macromol. Sci. Part A: Pure Appl. Chem.*, **A30**(2&3), 189 (1993)
9) J.V. Crivello and H. Sasaki, *J. Macromol. Sci. Part A: Pure Appl. Chem.*, **A30**(2&3), 173 (1993)
10) H. Sasaki, J.M. Rudzinski, T. Kakuchi, *J. Polym. Sci. Part A – Polym. Chem.*, **33**(11), 1807 (1995)
11) M.C. Bordeje et al., *J. Am. Chem. Soc.*, **115**, 7389 (1993)
12) 佐々木裕, 高分子学会予稿集, **52**(10), 2392 (2003)
13) 佐々木裕, TREND（東亞合成研究年報）, No.7, 8 (2004)
14) J.V. Crivello and U. Varlemann, ACS Symp. Ser., Vol. 673, *Am. Chem. Soc.*, 82 (1997)
15) H. Sasaki, RadTech EU 2003, 651 (2003)
16) 佐々木裕, TREND（東亞合成研究年報）, No.8, 11 (2005)
17) 佐々木裕, 高分子学会予稿集, **55**(2), Disk1 Page.1K16 (2006)
18) H. Sasaki, RadTech 2006 North America (2006)
19) H. Sasaki, *Progress in Organic Coatings*, **58**, 227 (2007)
20) J.V. Crivello, D.A. Conlon, D.R. Olson, K.K. Webb, *J. Radat. Curing*, **10**, 3 (1986)

5 UV硬化における相分離挙動とその活用

穴澤孝典[*]

5.1 はじめに

均一に相溶した相が温度変化，濃度変化，化学変化などにより相分離して，nm（ナノメートル）〜μm（マイクロメートル）スケールの相構造が固定される現象はミクロ相分離と呼ばれ，金属，ガラス，ポリマーなどの系で見られる[1,2]。相分離剤（ポロジェン）として液状物質を使用してUV樹脂（紫外線硬化性樹脂）の重合によりミクロ相分離を生じさせると，UV樹脂のナノ／ミクロ多孔質体が得られる。該多孔質体は，熱重合による相分離に比べて桁違いに小さな細孔を形成できる上，膜，層，繊維，中空糸，ビーズ，カプセル，モノリスなど種々の形態に形成できる。さらに，細孔表面の修飾により，吸着防止，選択的吸着性の付与，プローブや触媒の高密度固定なども容易であるため[3]，新しい用途の開発が期待できる。

また，UV樹脂とリニアポリマーとのポリマーアロイ化により物性の向上を図る試みがなされている。一般にポリマー／ポリマーの相溶系では，多くの物性は組成比の重み付き相加平均となる。即ち，ある組成比のポリマーアロイの物性は，組成比対物性のグラフ上で，両ポリマーの特性値を結ぶ直線上にプロットされる。よって，高い物性を持つポリマーをブレンドすることにより物性を引き上げる効果が期待できる[1,2]。

しかしながら，一般に異種のポリマー同士は相溶せずに相分離し，相分離系は光学的に不透明になるだけでなく，界面の接着性不良により物性も上記の直線を下回るのが普通である。それを回避して上記直線に近づけるために相溶化剤の使用やナノコンポジット化が行われるが[1]，上記直線が上限である。しかし，相分離系が，両相がそれぞれ連続した相構造である共連続構造を採る場合には，該相構造に特有の非線形性が現れ，上記直線を上回る例が知られるようになってきた[2,4〜9]。また，UV硬化による相分離では，光の波長未満の微細な相構造を形成できるため，透明な相分離体が得られることも明らかになってきた[4〜9]。

本節では，先ず反応（重合）誘発型相分離の基本を概説し，次いで液状の相分離剤を用いた多孔質構造の形成，およびリニアポリマーを相分離剤として使用したUV樹脂の物性改善について述べる。

---

[*] Takanori Anazawa （財）川村理化学研究所　理事　高分子化学研究室　室長

5.2 相構造の決定因子
5.2.1 相図
(1) 2成分相図による相構造の推定と制御

ミクロ相分離による相構造発現の最も単純な機構は，相分離が生じるとき，図1に示したように，体積分率の少ない成分が小球状に析出し，それらが互いに連結するというものである。しかし，実際の系で相構造を正確に推定し制御するには，種々の因子を考慮した制御が必要となる。

① 2成分相図

反応誘発型相分離によって形成される相構造を制御する上で先ず考慮すべき指標は，相図上での組成点の移動である。相図を用いれば，系の位置を示す組成点の移動経路から，相分離した両相の組成と量的関係を知ることができるため，これを元にしてミクロ相分離構造を予測することができ，相分離構造を制御する上で大変有効である。図2に示したような2成分相図（2元相図）は，組成対温度のグラフ上に1相領域と2相領域を分ける相分離曲線を描いたものである。この相分離曲線はバイノーダル曲線とも言われる。2相領域中には，臨界点（臨界共溶点）Cにおいてバイノーダル曲線と一致するスピノーダル曲線があり，スピノーダル曲線の内側はスピノーダル領域と呼ばれ，スピノーダル曲線とバイノーダル曲線の間はバイノーダル領域と呼ばれる[10,11]。

② バイノーダル型相分離

例えば図2の相図Ⅰを示す系において，1相領域にある点P_0（組成X_0，温度T_0）から重合を開始するとしよう。重合が進みモノマー（ポリマー）の分子量が増大すると，系の相溶性が減じ2相領域が拡大して，相分離曲線は臨界点Cが低分子量成分（相分離剤）側へシフトしながら相図Ⅰ→相図Ⅱ→相図Ⅲと変化する[12]。相分離曲線が点P_0とぶつかった（相図Ⅱ）後，点P_0は2

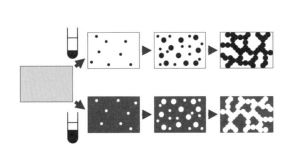

図1 ミクロ相分離による相構造形成機構の模式図

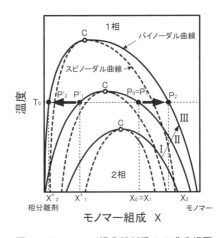

図2 モノマー／相分離剤系の2成分相図
C：臨界点，P_0：出発混合物の相図上の位置

第5章 UV/EB硬化システム

相領域に入ることになるが，2相領域内は不安定なためP_1とP'_1に相分離する。更に重合を進めると（相図III）P_1はP_2へ，P'_1はP'_2へ移動する。この例では，組成点P_0は2相領域のうちのバイノーダル領域に入るため，バイノーダル型（核生成と成長型）の相分離が生じ，マトリックス相中に小球状の相が現れる。このとき，「てこの原理」[11]より，「P_i相（$i=1,2$）の体積／P'_i相の体積＝線分$P_0 P'_i$の長さ／線分$P_0 P_i$の長さ」となるから，生成する2相の量的関係が分かり，相構造を推定できる。即ち，最初の組成X_0（点P_0）から体積が連続的に減少するP相（主相，富モノマー相）はマトリックス相となり，点P'_1に不連続に出現して，体積ゼロから増加するP'相（共役相，富相分離剤相）が小球状の相となる。相分離した両相はどちらも純粋のモノマー（ポリマー）や相分離剤ではなく，相分離の進行と共に純度が増してゆくことに注意されたい。バイノーダル型の相分離の初期過程は小球の数が増える過程，後期過程は小球状の相が互いに合体して，相構造が時間と共に粗大化する過程であり，中期にはこれらが同時に起こる。後期過程で系の粘度が十分に高くなると（或いは架橋ポリマーが生成すると）粗大化は抑制され，全体的な構造は大きく変化せず，富相分離剤相の小球が互いに連結して，最終的に海綿（スポンジ）状の多孔質構造が形成される。

もし最初の組成X_0が組成X'_1であると，主相と共役相は上記と逆になり，富相分離剤相の中に富モノマー相が小球状に析出する。この場合には，最終的に，ポリマー粒子が連結した粒子焼結体状の多孔質構造が形成される。このように，臨界点Cのどちら側から2相領域に入るかで，富モノマー相と富相分離剤相のどちらが小球状相になるかが決まる。

ところで，上記の説明は相分離曲線が図2のように上に凸なUCST（上限臨界共溶温度）型の相図の場合のものである。下に凸なLCST（下限臨界共溶温度）型の場合には，重合の進行に伴い，丁度図2の上下が逆になったように相分離曲線は低温側へ移動するが，話は同様である。

③ スピノーダル分解型相分離

最初の組成X_0が臨界点Cから2相領域（スピノーダル領域）に入る組成であると，スピノーダル分解と呼ばれる全体的な自発的相分離が生じ，分離した2相がそれぞれ連続して互いに入り組んだ共連続構造（変調構造，ギロイド構造）が形成され，それが構造成長する。上記てこの原理によると，両相とも主相になり，体積比は1/1に近い値から出発し，仕込み比に近い体積比に至る。スピノーダル分解型の初期過程は濃度差が増大して変調構造が明確化して行く過程，後期過程は変調構造がフラクタル的に粗大化して行く過程であり，最終的に変調構造は海島構造へと構造成長する。初期過程と後期過程の中間にはこの両方が生じる中期過程が現れる。スピノーダル分解型の初期過程は，バイノーダル型の初期過程より短時間で終了するのが特徴である。

④ 相図の作成方法と適用上の注意

2成分相図は，種々の組成の溶液について温度を1相領域から2相領域へと変化させ，相分離

する点(曇点)を結ぶことで作成できる[10,11]。

上記は縮合重合のように全モノマーの分子量が同時に増加する場合の話であり,ビニル重合のように,モノマーと相分離剤の溶液中に,一定分子量のポリマーの濃度が増加してゆく場合には適用できない。この場合には,モノマーA／ポリマーA（モノマーAの重合体）／相分離剤の3成分系となり,3成分相図（3元相図）で考察する必要がある。この系においては,図2はもはや相図ではなく,曇点曲線と呼ばれる。曇点曲線は主相の位置のみを示したものであり,共役相は示されていない[11]。即ち,曇点曲線ではてこの原理は成り立たない。しかし上記のような定量性の限界を認識していれば,2成分相図でも定性的な議論は可能である。

(2) 3元相図

図3にモノマーA／ポリマーA／相分離剤の3成分相図（3元相図）を示す。3元相図は2成分相図と異なり,ある温度に於ける相分離曲線を描いたものであり,異なる温度に於ける相分離曲線は,一つの組成三角形中に等高線のように描かれる[10,11]。従って,一定温度で重合が進むときの相変化は一本の相分離曲線で議論できる。このとき,モノマーAとポリマーAの合計は常に一定であるため,系の組成点Xは初期値X_0から,モノマーA-ポリマーAの辺に平行に進む（重合線）。

3元相図においてもてこの原理が成り立ち[11,13],「Y_j相（$j=1\sim4$）の体積／Z_j相の体積＝線分X_jZ_jの長さ／線分X_jY_jの長さ」となる。組成点Xが臨界点Cの相分離剤側から2相領域に入れば富［モノマーA＋ポリマーA］相（Y相）が小球状になり（図3(a)),モノマーA側から入れば富相分離剤相（Z相）が小球状になり（図3(b)),臨界点Cから2相領域に入ればスピノーダル分解型の相分離になることも2成分相図の場合と同様である[11,13]。なお,2相領域に入っ

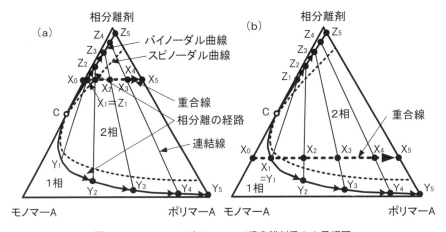

図3 モノマーA／ポリマーA／相分離剤系の3元相図
C：臨界点, X_0：出発混合物の組成。図(a),(b)は同じ相図で出発混合液の組成X_0が異なる。

第5章　UV/EB硬化システム

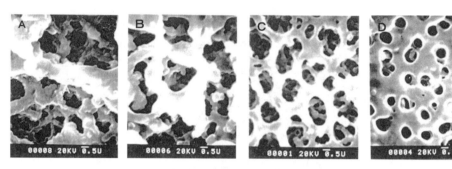

写真1　貧溶剤添加量と相構造
貧溶剤含有率(重量%) = A：66.7，B：64.3，C：61.5，D：58.3，モノマー：BPE-4，貧溶剤：デカン酸メチル＋アセトン（但し，BPE-4：エチレンオキサイド変性ビスフェノールAジアクリレート）

写真2　貧溶剤添加量と相構造
貧溶剤含有率(重量%) = A：78，B：67，C：60，D：50，モノマー：V4263＋DPCA＋HDDA，貧溶剤：テトラデカン酸メチル（但し，V4263：3官能ウレタンアクリレートオリゴマー，DPCA：ジメチロイルトリシクロドデカジアクリレート，HDDA：ヘキサンジオールジアクリレート）

た X_j 相が相分離して生成する Y_j 相と Z_j 相の位置は，連結線と呼ばれる線の両端となる。連結線は，図4のように，臨界点Cをまたぐ位置に始まり，ポリマーA－相分離剤の辺へと滑らかに移動するから，位置を推定できる[10,11]。写真1，写真2に，図4の(ii)又は(iv)に近い相図の系において，出発組成 X_0 を変えた時に形成される多孔質構造（相構造）の例を示す。

　3元相図の作成は，三辺についてはそれぞれの2成分相図の特定温度における相分離曲線の位置をプロットする。組成三角形内部の相分離点は，例えば，種々の組成 X_0 から重合を開始し，相分離が始まる点で反応を凍結してモノマーAのコンバージョンを測定すると得られる[11]。より簡便には，図4のように，相分離剤／モノマーAの2成分相図の臨界点の組成を3元相図の相分離剤－モノマーAの辺上にプロットすると，それより相溶性の高い温度に於ける相分離曲線についても，臨界点Cと連結線を推定することができる[10,11]。

　なお，相分離剤としてポリマーB（又は非溶剤）／良溶剤の混合溶液を用いる場合には，モノ

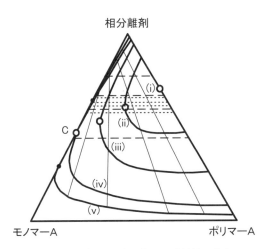

図4　3元相図の臨界点Cと連結線の推定
(i)～(v)は温度を変えたときの相図，○は臨界点，2つの●間は2相領域，細実線は連結線，点線と鎖線はそれぞれ写真1と写真2に相当する重合線。

マーA（UV樹脂）／ポリマーA／ポリマーB（又は非溶剤）／良溶剤の4成分系となり，厳密には3元相図で取り扱えないが，2成分相図で3成分系を取り扱う場合と同様に，定量性がないことを認識すれば3元相図で考察できる。

5.2.2　相構造を決める他の因子

相分離剤として，主として貧溶剤[2)]，ポリマー溶液[2,14)]，液晶[15,16)]などの液状物質を用いた場合の，相構造に関わるその他の因子についてまとめる。相分離剤がリニアポリマーである場合については項を改めて述べる。

(1)　相分離開始点の位置

相図の1相領域が広く，重合直線と相分離曲線（バイノーダル曲線）がぶつかる点（図3のX_1）がモノマーA（UV樹脂）のコンバージョンが進んだ点であるほど，粘度の増大により相分離後の粗大化が進行しにくくなり，多孔質体の孔径（相構造のスケール）は小さくなる傾向がある。従って，相分離剤としてモノマーA（及びポリマーA）と比較的相溶性のよいものを使用すること，或いは相分離剤にモノマーA（及びポリマーA）の良溶剤を混合することで，相構造を小さくできる。但し，析出する非共役相の分率が小さくなるため，初期組成X_0が0又は1に近いと，非共役相は非連続の粒子状になりがちである。

(2)　出発混合物および主相の粘度

相分離剤としてリニアポリマーの良溶剤溶液（例えばポリビニルピロリドン／N, N-ジメチルアセトアミド）を用いることができる。通常ポリマー同士は相溶しないから，リニアポリマーは

第5章 UV/EB硬化システム

常に良い相分離剤である。このリニアポリマーを良溶剤（UVポリマーと相分離しない溶剤）に溶かした溶液も相分離剤として働く[14]。

相分離剤として本ポリマー溶液を用いた場合に，該相分離剤中のリニアポリマー分率を増すほど，或いはポリマーの分子量を増すほど，ポリマーAとの相溶性が低下して相図の2相領域が拡大し，モノマーAの重合初期に相分離が開始することが予想される。しかし，実際には多孔質体の孔径は小さくなり，上記(1)の機構による推定と逆になる。これは，マトリックス相の粘度が高いため，相構造の粗大化が進行しにくいことによると推定される。

(3) 重合速度

UV強度を増すほど，また，UV重合開始剤の添加量を増すほど，多孔質体の孔径は小さくなる。重合速度が高くなり，相構造の粗大化か進行する前に構造が固定化されるためと思われる。

(4) 粘弾性相分離

相分離した両相の粘度が大きく異なる場合には，「粘弾性相分離」が生じることが指摘されている[17]。即ち，低粘度で運動性の高い側の相が凝集力によって小球相となり，高粘度側の相が網目状に残るというものである。相図的にスピノーダル分解が生じると予想される初期組成ばかりでなく，バイノーダル分解によって富ポリマー相が小球状相（共役相）になると予想される初期組成の系においても，相分離の初期には上記粘弾性相分離が生じ，その後，本来の相分離へと移行するとされる。しかし我々の検討によると，後述のように，相分離剤がリニアポリマーである場合には粘弾性相分離機構によってうまく説明されるが，相分離剤が液状物質の場合にはそのような現象は生じないようである。

(5) UV樹脂の架橋密度

UVモノマー（モノマーA）としては，通常，架橋重合性の多官能モノマーが使用される。このとき，モノマーAの重合性官能基数が増すほど，又，架橋間距離が短くなるほど，相図から予想されるより広い初期組成範囲で富［モノマーA＋ポリマーA］相が粒子状になるようである。この傾向は，系に単官能モノマーを混合すると緩和される。

(6) 剪断応力

相分離曲線は剪断（ずり）応力の影響を受ける。UCSTを示す系において，曇点は比較的低い剪断速度範囲では低温側にシフトし（相分離しにくくなる），高い剪断速度では逆転する[18]。バーコーターによるコーティングや，ノズルからの吐出，例えばフィルム，繊維，中空糸，ビーズ，カプセルなどの製造において剪断応力の影響が現れ，表面の孔径が小さくなる場合がある[2]。

(7) 圧力

通常，相分離は体積変化を伴うため，相分離曲線は圧力依存性がある。意図して圧力を変化させなくても，実質的に体積変化が抑制された空間，例えばキャピラリー中で相分離させる場合に

は，相図の1相領域が拡大し，相分離しにくくなる。

(8) 特殊な相図を示す系（液晶相分離剤，結晶析出系）

UV樹脂／液晶系については，相分離剤となる液晶が等方性液体／液晶の転移温度を持ち，この転移と相分離が相互作用して複雑な相図と相分離挙動を示す。本系は，表示材料を目的とした多くの研究があるが[15,16]，紙面の都合上割愛する。また，結晶析出系に於ける相分離[19]も，それに応じた相図で考察する必要がある。

(9) ゲル化による相分離

架橋ポリマーの架橋密度が高くなると平衡膨潤度が低下し，ゲルは溶剤を押し出して相分離する。そのため，ゲル化する系は，相分離剤を用いない良溶剤溶液系でも相図上では相分離するし，相分離剤を用いる系では，通常の相分離曲線にゲル化による相分離領域が付加された相図を示す[10]。しかし，相分離剤を用いない系や，重合線がゲル化による相分離領域に入る様な相分離条件ではマクロな相分離が生じるだけで，ミクロ相分離は起こらないようである。よって，相分離剤を用いる相分離においては，通常の相分離曲線で考察してよいと思われるが，上記(5)の架橋密度の効果は，ゲル化の影響によるものかもしれない。

(10) 多重相分離

相分離した相の中で更に相分離する場合がある[13]。多重相分離は，図3(a)のように，初期組成X_0が，臨界点CのモノマーA側から2相領域に入る場合には，Z相の小球状相の中に，さらにY相の小球状相が生じる。本多重相分離は，相分離剤にポリマーまたはポリマー濃厚溶液を用い，熱重合でゆっくりと重合させた場合に生じる例が知られているが，UV重合では報告されていないようである。

5.3 液状相分離剤系の相分離挙動とその活用〜多孔質体の形成〜

5.3.1 液状の相分離剤系に於ける相分離挙動

貧溶剤やポリマー溶液のような液状の相分離剤は，相分離後に相分離剤を洗浄や乾燥により簡単に除去できるため，多孔質体の製造に有用である[2]。写真1，写真2に，出発組成X_0を変えた時に形成される多孔質構造の例を示す。下記に，種々の形状や特性の多孔質体を形成する場合の相分離挙動について述べる。

(1) 非対称多孔質膜

孔径が10〜100nm程度の限外濾過膜（UF膜）は，透過圧力損失の上昇を防ぐために，比較的大きな孔径の多孔質支持層の表面に，薄い小孔径の多孔質層（緻密層と呼ばれる）を形成した非対称膜が求められる。UV重合誘発型相分離法によっても，このような非対称構造を形成できる。モノマーA／相分離剤混合溶液に揮発性の良溶剤を添加し，該溶液を塗布した後表面を乾燥

第5章　UV/EB硬化システム

して，厚み方向に良溶剤の濃度分布を形成する。その状態でUV照射すると，良溶剤の濃度の高い，表面の反対側（支持体との界面側）に緻密層が形成される[20]。逆に，揮発性の貧溶剤を添加することで，表面側に緻密層を形成することもできるが，制御が難しいようである。

(2) 繊維，ビーズ，中空糸，カプセル

ノズルから連続的に押し出し，落下中にUV照射すると多孔質繊維を形成でき，滴下や分散状態での照射により多孔質ビーズ[21,22]を形成できる。同様に，二重円環ノズルを用いて多孔質中空糸[23]や多孔質カプセル[23]を形成できる。ノズルから吐出する場合，曳糸性を付与する目的でポリマー溶液を相分離剤に用いると，その粘性のために剪断応力の影響が出て，表面に緻密層が形成されやすい。

(3) モノリス

マイクロ流体デバイスの研究分野で，微小な液体クロマトグラフィー用カラムの形成を目的として，キャピラリー内に充填された多孔質体（モノリスと称される）が形成されている[24]。

(4) 細孔表面の親水性／疎水性

多孔質体の外形形状にかかわらず，モノマーとして，疎水性アクリレートに親水性の共重合性モノマー（例：N,N-ジメチルアクリルアミド）を添加し，親水性の相分離剤（例：イソプロピルアルコール／水混合溶剤）を用いると，疎水性の相分離剤（例：デカン酸メチル）を用いた場合に比べて，形成された多孔質膜への蛋白（BSA）の吸着量は1/20以下に抑制される[25]。親水性の相分離剤を用いると，共重合で導入された親水部が細孔の表面に偏析すると考えられる。

逆に，疎水性のモノマー（例：フッ素含有アクリレート）を0.5％程度加え，疎水性の相分離剤を使用すると，フッ素基が表面に偏析して強い撥水性の多孔質体が得られる。これは透湿防水膜や脱気膜として期待できる。

(5) 多孔質ゲル

相分離剤にポリマー溶液を用い，水性ゲルになる架橋ポリマー（架橋アクリルアミドなど）を形成することで，多孔質の水性ゲルを得ることが出来る[26]。応答速度の速い刺激応答性ゲルや，表面積が大きく吸着能の高いゲルとして利用できる。同様にして非水ゲルも調製できる。

(6) ナノ粒子

本多孔質体の製造方法を応用して，直径1μm未満のUV樹脂粒子（多孔質ではない）を製造することも出来る。貧溶剤をポロジェンとしてその添加量を増しても，通常は凝集粒子となり1次粒子は得られないが，貧溶剤とUVモノマーの溶媒パラメーターの差をうまく選定すると，5nm程度のナノ粒子が凝集せずに得られる[27]。また，ポロジェンとして後述のポリマーを用いる方法によってもナノ粒子を得ることが出来る[5]。これらの粒子は多孔質体を同様の方法で表面修飾が可能である。

5.3.2 UV樹脂多孔質体の活用

種々ある多孔質体製造方法の中で、UV樹脂の反応誘発相分離による方法は、次のような特徴を備えている。

① パターニング：パターン形成が可能であり、極微細な部分にも多孔質体を形成できる。
② 常温・高速形成：公知のメリットの他に、相構造の制御因子として温度を使用できる。
③ 耐熱性：オンサイト重合により架橋重合体が形成できるため、クリープが少なく、また蒸気滅菌が可能な耐熱性の多孔質膜が得られる。
④ 物性の調節：UVモノマーを選択・混合するだけで、広い範囲で特性を調節できる。
⑤ 表面修飾：親水性基その他の官能基を持ったモノマーを添加するだけで、共重合により容易に種々の官能基を導入できる。さらに、この官能基をアンカーとして種々の表面修飾を行える。
⑥ 親水性、耐ファウリング性：上記⑤により、容易に吸着・汚損の少ない膜が得られる。
⑦ 出発溶液の粘度調節：相分離剤としてポリマー溶液を用いると、溶液の粘度を広く調節できるため、均一なコーティングが容易であり、また不織布強化多孔質膜を製造する場合に不織布への塗布が容易になる[17]。

このような多孔質膜や多孔質層は、耐ファウリング性のUF膜（限外濾過膜）やMF膜（精密濾過膜）への応用の他、優れた白色性や印刷適性により印刷材料方面への応用が検討されている。また、表面積の増大を利用して、触媒の高密度固定用ベッドや生化学分析のためのプローブ固定用ベッドとして有用であり、微細なパターン形成が可能なことから、マイクロ流体デバイスの高機能化への応用が試みられている[3]。

5.4 ポリマー相分離剤を用いた系の相分離挙動とその活用～UV塗膜の物性改良～

相分離剤としてリニアポリマー（未硬化のUV樹脂に可溶なポリマー）を用いた系は、特に小さな孔径の多孔質体の形成にも利用できるが、相分離剤を除去せずにUV樹脂の改質剤として利用する、ポリマーアロイとしての用途が期待される。

5.4.1 UV樹脂／リニアポリマー系に於ける相分離挙動

相分離剤としてポリマー（リニアポリマー）を用いると、系の粘度の高さから、液状の相分離剤を用いた場合とは異なる相分離挙動を示す。以下、主としてUVモノマー（モノマーA）としてエチレングリコール変性ビスフェノールAジアクリレート（BPE4）を用い、相分離剤（ポリマーB）としてポリスルホン（PSU）を用いた場合[4~9]を例に、相分離剤がリニアポリマーである場合について述べる。

第5章　UV/EB硬化システム

(1) 相分離の動力学

　BPE4（モノマーA）／PSU（相分離剤）系の2成分相図を図5に，BPE4（モノマーA）／ポリBPE4（ポリマーA）／PSU（ポリマーB，相分離剤）系の3元相図を図6に示す。高分子量のポリマー同士の相溶性は通常極めて低いため，ポリマーBを相分離剤としたモノマーA／ポリマーA／ポリマーB系の相図は広い2相領域を示す。しかもUV重合は極めて高速であるため，初期組成X_0の広い範囲で系は一挙にスピノーダル領域に深く入り込み，スピノーダル分解型の相分離が生じる。そして，富［モノマーA＋ポリマーA］相（富BPE4相）が低粘度相，富ポリマーB相（富PSU相）が高粘度相となり，大きな粘度差が生じるため，前述の粘弾性相分離機構[17]によって富BPE4相が粒子焼結体状の相構造となる。

(2) 相構造の決定因子と相構造の制御

① UV硬化温度の効果[5]

　写真3に，BPE4（モノマーA）／PSU（モノマーB）＝9／1（w/w）系（図6参照）を種々の温度でUV硬化した時の相構造のTEM像を示す。30℃では相構造は観察されず，セミIPN構造が凍結された構造となっていると考えられる。60℃ではぼんやりとした相構造が見られ，80～120℃では網目状相構造が観察される。150℃では，富ポリBPE4相の小球（粒子）状の粒径が増すと共に分布が広くなる。写真には示していないが，更に高温ではマイナー成分である富PSU相が途切れて小球状になり，相が逆転した海島構造になる（粘弾性相分離から通常の相分離への転換）。

　図7に，種々の組成に於ける硬化温度と相関長（相構造周期の波長）の関係を，図8にこの時のフィルムの光透過率を示す。相関長が0.3μm程度以下では，相分離しているにもかかわらず

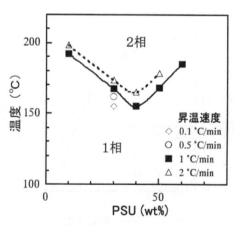

図5　BPE4（モノマー）／PSU系の2元相図[5]
BPE4：エチレンオキサイド変性ビスフェノールAジアクリレート；PSU：ポリスルホン

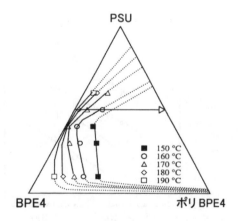

図6　BPE4／ポリBPE4／PSU系の3元相図[5]
矢印は重合線（PSU濃度50重量％），光開始剤：1-ヒドロキシシクロヘキシルフェニルケトン（イルガキュア184）

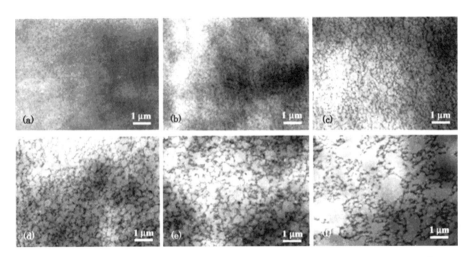

写真3 BPE4／PSU（9/1 w/w）系で硬化温度を変えたときの相構造のTEM写真[4]
硬化温度：(a) 30℃，(b) 60℃，(c) 80℃，(d) 100℃，(e) 120℃，(f) 150℃（但し，PSU；ポリスルホン）

透明な塗膜やフィルムが得られるのが興味深い。

② 組成の効果[5]

BPE4／PSU系でPSU含有量2～70重量％の範囲について調べると，写真4に見られるように，いずれも上記10重量％の場合と同様に，低温では相構造が見られず，高温で相構造が明確化する。PSU量10～50重量％の範囲では網目構造が形成されているが，5重量％では不完全となり，2重量％では富PSU（ポリマーB）相は小球状（粒子）相になっている。逆に，PSUが70重量

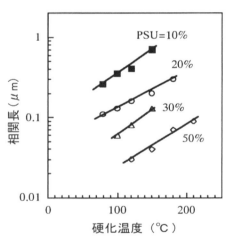

図7 BPE4／PSU系における相関長の硬化温度依存性[5]

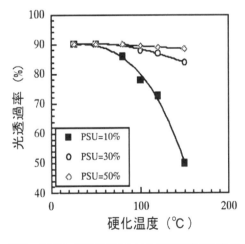

図8 BPE4／PSU系における光透過率の硬化温度依存性[5]

第5章　UV/EB硬化システム

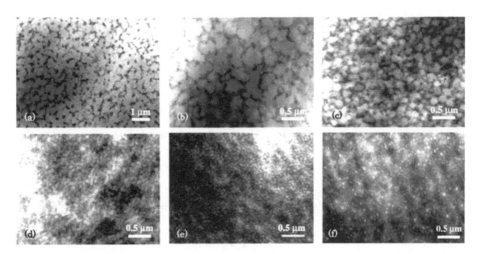

写真4　BPE4／PSU系の各組成での相構造のTEM写真[4]
PSU含有量(重量％)：(a)2, (b)5, (c)20, (d)30, (e)50, (f)70

％では富BPE4（モノマーA＋ポリマーA）相が小球状の海島構造となる。

このとき，PSU量50重量％以下では溶剤（塩化メチレン）で洗浄して富PSU相を除去しても，富ポリBPE4相は粒子焼結体状の多孔質体となることから，富ポリBPE4相も互いに連続した共連続構造となっていることが分かる。PSUが70重量％では富ポリBPE4の粒子（粉末）が得られ，海島構造であることが分かる。

このように，出発混合物のPSU（ポリマーB）成分が10～50重量％の広い範囲において，PSUがマイナー成分であるにも関わらず，スピノーダル分解と粘弾性相分離機構に基づく網目状の共連続構造が得られる。PSU含有量が2重量％以下と70％以上では，それぞれマイナー成分が小球状相となるバイノーダル型の相分離が生じている。

それぞれの組成において，写真3に見られるような，均一相となる硬化温度，ぼんやりとした相構造が形成される硬化温度，および明確な相構造が観察される温度を図9に示す。

③　重合速度の効果[5]

UV強度を増したり，光開始剤添加量を増して硬化速度を上げると，液体の相分離剤の場合と同様，共連続相構造の相関長（構造周期の波長）は小さくなる。このとき，PSU含有率が高い系では硬化速度依存性が小さくなる。系の粘度が高いことによるのであろう。

(3)　相溶構造（セミIPN構造）

BPE4／PSU系を，生成するUVポリマーのTg以下であるような低温でUV硬化させると，相図上では相分離するはずであるがTEMでは相構造が観察されなかった。後述の図11に示されるように，相構造が観察されない硬化物はただ一つのガラス転移温度（Tg）を有し，相溶構造（セ

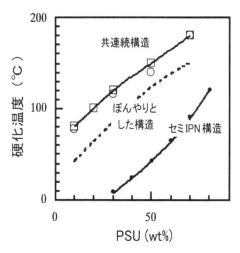

図9　BPE4／PSU系における組成および硬化温度と相構造の関係[5]
UV強度　□：10 mW/cm²；○：75 mW/cm²

ミIPN構造）であることが分かる[5]。

このような2相領域にありながら相分離していないセミIPN構造は自由エネルギー的に不安定なため，Tg以上の温度でアニールすると相分離する。このとき相関長はほとんどアニール温度依存性を示さず，0.1μm以下である。相関長はUV樹脂の架橋密度に依存し，UV硬化条件で制御できる[7]。

(4) UCST型の相図の系[4]

BPE4／ポリアリレート（PAr）系はUCST型の相図を示し，重合進行に伴い相分離曲線は上昇して2相領域が拡大する[4]。UCST型の相分離系に於いては，出発組成が1相となる温度以上でないと良好な共連続相は得られないため，UV硬化温度に下限がある。しかし，この系に於いても，硬化温度を上げていったとき，LCST型である前記BPE4／PSU系と同様の相構造変化が観察されるのは興味深い。温度による粘度変化の効果が，2相領域の変化の効果を上回るようである。

5.4.2 相構造と物性

(1) 重合温度依存性[6]

図10はBPE4／PSU = 1/1 w/w系の引張強度の重合温度依存性を示している。弾性率もほぼ同じ傾向を示し，硬化温度が100〜120℃に極大域を持つ。これを，図9の相構造との関係で見ると，ぼんやりとした共連続相構造の時に最大の物性を示すことが分かる。図には示していないが，破断伸度は相分離が進むほど漸減する[6]。しかし，それでも破断エネルギーは上記引張強度と同様のピークを持つ曲線を示す[7]。

図11はこの状態を動的粘弾性測定によるtan δのピークからガラス転移温度（Tg）を測定し

第5章　UV/EB硬化システム

た結果である。硬化温度25℃と50℃ではtanδのピークは１つであり相溶していることを示しているが，より高温での硬化ではピークは３つになり，更に高温では２つになる。ピーク２つは完全に相分離していることを示し，ピーク３つは相溶相と相分離相が混在していることを示している。ピーク３つとなる硬化温度は，ぼんやりとした相構造が観察される硬化温度と一致し，この時にピーク２つ時より高い物性値を示すのは，相間の接着性が良好であるためと思われる。

　また，セミIPN構造を形成してからTg以上でアニールして相分離させた系でも，引張強度と弾性率が最大となるアニール温度があり，ぼんやりとした相構造の時に最大の物性を示す[7]。

(2) 組成依存性と相構造依存性[6]

　図12は，物性が最大となる重合条件，明確な共連続構造となる重合条件，および相溶（セミIPN）状態となる重合条件で得られた硬化物の物性と組成の関係を示している。最適条件で調製した硬化物は，BPE4とPSUの相加平均を上回る物性が得られている。その理由は不明であるが，粘弾性相分離に於ける網目相の収縮により，PSUの自己配向が生じたためであることが考えられる。相溶（セミIPN）状態では相加平均を下回る。その理由として，Tg以下でのUV照射であるため，未反応のモノマーが残存していることが考えられる。

(3) その他の系

　図13に，他のUV硬化樹脂（モノマーA）／相分離剤（ポリマーB）系の例を示す[7]。ポリマーBを10〜30重量％添加することにより大きな物性改善効果が見られると共に，ポリマーB自身の物性をしのぐ値が得られている。またHDDA／PVAC系のように，UV樹脂より低い物性値を持ったポリマーBを添加しても，物性が向上する例も見られ興味深い。

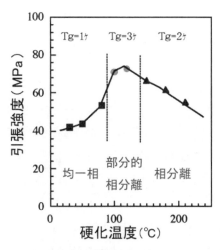

図10　BPE4／PSU（1/1 w/w）系における引張強度の硬化温度依存性

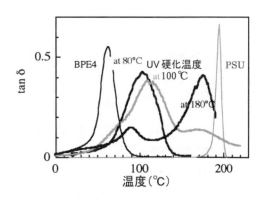

図11　種々の温度条件で硬化させたBPE4／PSU（1/1 w/w）フィルムのtanδの温度依存性

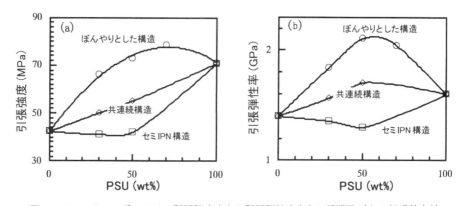

図12　BPE4／PSU系における引張強度(a)と引張弾性率(b)の相構造ごとの組成依存性

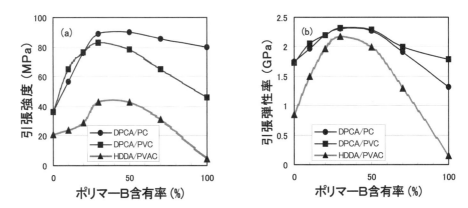

図13　最適条件で調製したその他の系の引張強度(a)と引張弾性率(b)の組成依存性
DPCA：ジメチロイルトリシクロデカンジアクリレート，HDDA：ヘキサンジオールジアクリレート，
PC：ポリカーボネート（ビスフェノールA型），PVC：ポリ塩化ビニル，PVAC：ポリ酢酸ビニル

5.5　おわりに

　UV樹脂は塗膜としての用途が多く，まず透明性が求められる。そのため，リニアポリマーとのポリマーアロイ化により物性の向上を図る試みも，相溶系（セミIPN）しか技術者の念頭にないように見受けられる。本節で示したように，UV重合誘発型相分離により共連続相構造のナノコンポジットが形成でき，透明性を損なわずに物性を向上させられることが分かってきたため，本技術分野の可能性が大きく広がったといえよう。

　一方，UV樹脂を用いた多孔質体は，パターン形成が可能で，表面特性の制御の自由度が高いといったUV硬化樹脂の特徴を生かして，濾過膜以外の新しい用途への展開が期待される。

第5章　UV/EB硬化システム

文　　献

1) ポリマーブレンドに関する一般的なテキスト：(a)「ポリマーアロイ（基礎と応用）」，高分子学会編，東京化学同人（東京）（1993）；(b) 秋山三郎，井上隆，西敏夫，「ポリマーブレンド」，シーエムシー出版 (1981)；(c)「高性能ポリマーアロイ」，丸善（1991）；(d) 井上隆，市川祥次，「高分子新素材 One Point 12　ポリマーアロイ」，高分子学会編，共立出版（1988）
2) 穴澤孝典，川村理化学研究所報告，**平成 9 年 (1997)**，17 (1998)，(ISSN 0917-7841)
3) 穴澤孝典，川村理化学研究所報告，**平成15年 (2003)**，11 (2004)，(ISSN 0917-7841)
4) 村田一高，穴澤孝典，川村理化学研究所報告，**平成12年 (2000)**，11 (2001)，(ISSN 0917-7841)
5) K. Murata, S. H. Jain, H. Etori and T. Anazawa, *Polymer*, **43**, 2845 (2002)
6) K. Murata and T. Anazawa, *Polymer*, **43**, 6575 (2002)
7) K. Murata, A. Amemiya and T. Anazawa, *Macromol. Mater. Eng.*, **288**, 58 (2003)
8) S. H. Jain, K. Murata and T. Anazawa, *Macromol. Chem. Phys.*, **204**, 893 (2003)
9) K. Murata, H. Etori, T. Fujisawa and T. Anazawa, *Polym. J.*, **32**, 375 (2000)
10) 中島章夫，細野正夫，「高分子の分子物性（下）」，化学同人 (1969)
11) 倉田道夫著，小田良平他編，「近代工業化学18　高分子工業化学」，朝倉書店 (1975)
12) P. J. フローリ著，岡小天，金丸競訳，「高分子化学（下）」，丸善 (1956)
13) M. Okada, K. Fujimoto, T. Nose, *Macromol.*, **28**, 1795 (1995)
14) 特開平5-271460
15) 角岡正弘，白井正充監修，「高分子の架橋と分解――環境保全を目指して――」，シーエムシー出版，第2編第6章1 (2004)
16) エネルギー使用合理化超先端液晶技術開発（超先端電子技術開発促進事業　新機能電子材料設計・制御・分析など技術）研究成果報告書，新エネルギー・産業技術総合開発機構技術研究組合　超先端電子技術開発機構発行，平成8年度（1997）～平成12年度（2001）（ホームページ：http://www.tech.nedo.go.jp/ より入手可能）
17) H. Tanaka, *J. Phys. Condens. Matter*, **12**, R207 (2000)
18) I.A. Hindawi, J.S. Higgins, R.A. Weiss, *Polymer Preprints Japan*, **41** (1), 29 (1992)
19) 塩見友雄，竹下宏樹，Sen'i Gakkaishi（繊維と工業），**61**，P-19 (2005)
20) 特開平5-000233
21) 特開平6-248107
22) F. Svec and J. M. J. Frechet, *Science*, **273**, 205 (1996)
23) 特開平09-141090
24) T. B. Stachowiak, T. Rohr, E. F. Hilder, D. S. Peterson, M. Yi, F. Svec and J. M. Fréchet, *Electrophoresis*, **24**, 3689 (2003)
25) 特開平07-316336，特開平08-099029
26) 特開平06-228215，特開平06-228216
27) 特開平2002-293814

6 光塩基発生剤の開発とアニオンUV硬化システムの最近の動向

陶山寛志[*1]、白井正充[*2]

6.1 はじめに

　光カチオン重合はラジカル重合のように空気中の酸素阻害を基本的に受けず、硬化時の体積収縮が比較的小さいモノマーも利用できる。これらの特長は、同じイオン性の活性末端で反応が進行する光アニオン硬化システムにおいても期待できる。さらに光アニオン硬化システムでは、カチオン系でしばしば問題となる酸の残存や基板の腐食も起こらず、塩基を触媒とする多様な反応に応用可能である。しかし、光照射でアニオンやアミンなどの塩基性物質を放出する光塩基発生剤は、光酸発生剤に比べると未だに種類が少ない。

　光照射により発生するアニオン種を重合の触媒として使う例は少なく、シアノアクリラートなどの非常にアニオン重合しやすい電子吸引性モノマーに対してのみである。このようなモノマーはアニオンのみならず空気中の水でも重合してしまうので、厳密に水分を除去した系でしか実現されていない。

　一方、アミンなどの有機塩基を光照射で生成する光塩基発生剤は、求核剤としてエポキシ基含有化合物などの光架橋・硬化剤として利用できる。1980年代以降、このようなUV硬化システムの微細加工分野への適用例が発表されるようになった。

　ここでは、光照射によりアニオンやアミン、アミジンを発生する光塩基発生剤の開発とそれらを用いた光硬化システムについて、最近の動向を含めて述べる。

6.2 光で生成するアニオンを利用したUV硬化システム

　光照射で生成するアニオンを硬化反応に応用する数少ない例として、N-メチルニフェジピン1から生成する水酸イオンの架橋反応系への利用がある[1]。図1のように、シリルヒドリド基を含むシルセスキオキサン中に1を添加して光照射すると、生成する水酸イオンがシリルヒドリドの加水分解とそれに引き続く縮合反応の触媒として働き、Si-O-Si結合が形成することで架橋反応が進行する。

　光で生成するアニオンは光開始アニオン重合に用いられることが多く、例えばα-シアノアクリラート（CA）の重合がある[2]。図2に示す金属錯体2やPt(acac)$_2$は光照射によりチオシアナートイオンやアセチルアセトナートイオンを放出し、これらのアニオンがCAの重合を開始する。3はフェロセンのペンタジエニル環の一つが光照射でアニオンとして脱離しCAの重合を開始す

---

*1　Kanji Suyama　　大阪府立大学　大学院工学研究科　応用化学分野　講師
*2　Masamitsu Shirai　大阪府立大学　大学院工学研究科　応用化学分野　教授

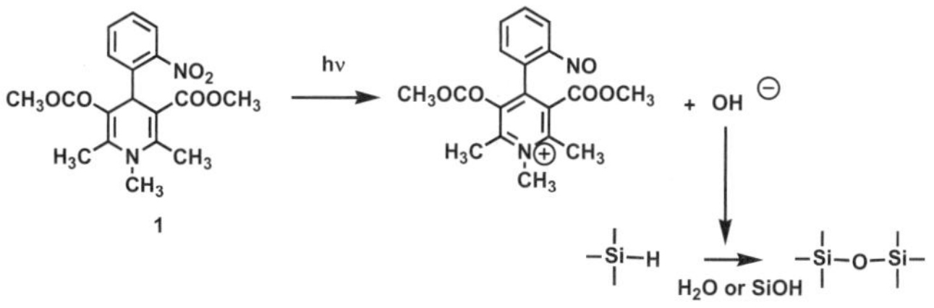

第5章　UV/EB硬化システム

図1　光照射で生成する水酸イオンを利用したシリルヒドリドの架橋

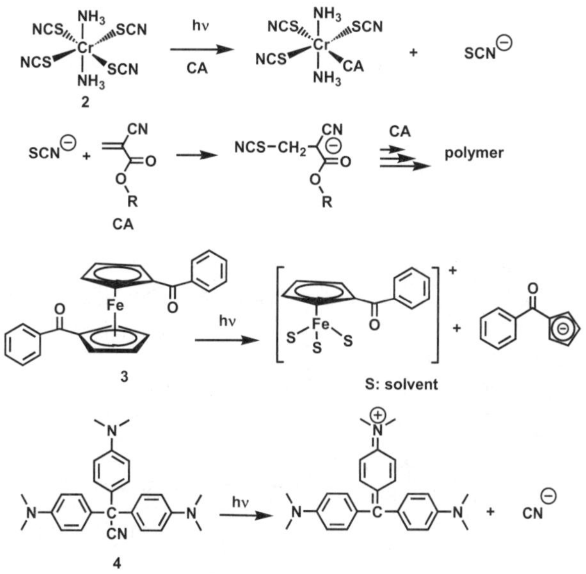

図2　光開始アニオン重合の例

る。4は光照射でシアンイオンを遊離する。この遊離したシアンイオンによりCAの重合を開始することができる。このうち2は400nmまで，3は600nmまで感光域を持ち，長波長光を利用することができる。このようなCAの光アニオン重合システムは光硬化性接着剤として実用に供されている[3]。

　開始剤にアニオン種を利用してはいないが，興味深い系として，ポルフィリンを触媒に用いた光配位アニオン重合がある[4]。この系ではメタクリル酸メチル，エポキシド，チイランなど広範囲にわたるモノマーのリビング重合が可視光を用いて達成されている。

6.3 第一級または第二級アミン生成を利用したUV硬化システム

 光照射で第一級または第二級のアルキルアミンやアリールアミンを生成させる化合物としては，図3に示すようなo-ニトロベンジルカルバマート**5**，ホルムアニリド**6**，O-アシルオキシム**7**，O-カルバモイルオキシム**8**などがある。ここで生成する第一級アミンは図4a）のようにエポキシ基と付加反応し架橋構造を形成することができる。

 アミンは図4b）のように，アクリラートにもMichael付加するので，架橋形成に利用できる。例えば，多官能アクリラートとo-ニトロベンジルカルバマートの組み合わせは光硬化システムとなる。

 イソシアナートと光塩基発生剤の組み合わせも光架橋系として興味深い。図4c）のように，イソシアナートはアミンとの付加でウレア結合を形成する。図3の**6**の光照射により生成する

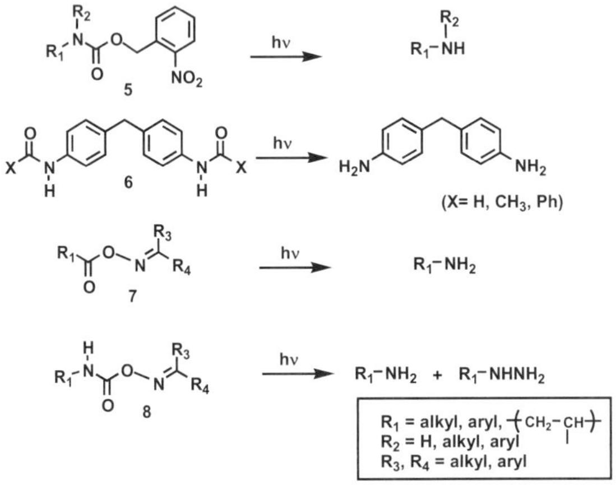

図3 第一級または第二級アミンを発生する光塩基発生剤の例

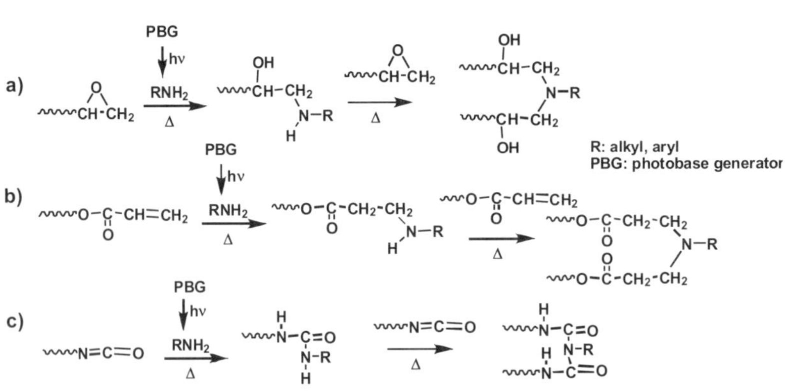

図4 第一級アミンの付加反応

第5章　UV/EB硬化システム

4,4'-ジアミノジフェニルメタンが，末端にイソシアナートを持つウレタンオリゴマーやエポキシ樹脂の架橋剤として働く[5]。なお，**6**のXがメチル基やフェニル基の場合は光フリース転位も併行して進行するので，硬化には4,4'-ジアミノジフェニルメタンのみが生成するX＝Hの場合が好ましい。

　5～**8**の光反応はほとんどの場合deepUV光を用いるが，もう少し波長の長い350～450nmの領域まで感光域を伸ばすことができると種々の利点がある。まず，汎用光源である水銀灯は365nm（i線）や435nm（g線）で相対強度が大きく，エネルギーの有効利用が図れる。また，5章8節でも紹介されているようなLEDやレーザーも手に入りやすい光源となりつつある。さらには，芳香環や顔料を含んでいても深部まで光が届きやすく，生体へのダメージが小さく歯科材料や生体関連分野にも適用できる。

　7や**8**の405nm光への感光化のために，チオキサントン誘導体**9**とケトビスクマリン類**10**，**11**の増感の効果が調べられている[6]。図5にこれらの増感剤のUV-可視スペクトルを示す。可視域での吸光度は**11**＞**10**＞**9**の順で，**9**は405nmでほんのわずかしか吸収がない。しかし高分子側鎖に組み込んだO-アシルオキシムやO-カルバモイルオキシムの405nmでの分解の量子収率は**9**＞**10**＞**11**であった。図6に示すように，**9**や**10**の三重項エネルギー準位は**12**～**15**より高く，**11**は同程度であることから，増感剤から光塩基発生剤への三重項エネルギー移動のしやすさでこれらの結果は説明できる。なお，長波長の光を吸収するためには共役系がある程度広がっている必要があり，これは三重項エネルギー準位の低下をもたらす。従って，この両者を満足する増感剤のみが有効となる。例えば，三重項エネルギーは高いが405nmに全く吸収を持たないフェノチアジンと，405nmに吸収を持つが三重項エネルギー準位の低いベンジルは，共に増感作用を示さない。

　8は光照射でアミンを生成する光塩基発生剤であるが，熱をかけることによってイソシアナートとオキシムに解離するブロックイソシアナートでもある。そこで，光照射と加熱を積極的に組み合わせた光・熱併用型架橋システムが提案されている[7]。図7の**16**は側鎖にカルバモイルオキシム部位と増感基を導入した三元ランダム共重合体である。**16**に366nm光を照射すると，チオキサントン部位が図中に示すAMCOユニット中のカルバモイルオキシム部位のみを増感しアミノ基が生成する。光照射後に加熱すると，BMCOユニット中の未反応のカルバモイルオキシム部位がイソシアナト基となり，光照射で生成したアミノ基と反応して架橋構造が形成される[6]。

　なお，**8**の類似体として，図8に示すような窒素原子上の水素をアルキル基に置き換えた**17**や，オキシムの替わりにイミド骨格を導入した**18**の構造にすると，熱分解温度を上昇させることができる[8]。ただし前者については，エポキシポリマーの架橋開始剤の役割は果たすことがわかっているものの，アミンの生成は確認されておらず，アミン以外の塩基性物質が生成している可能性がある。**18**では第二級アミンが生成する。

高分子架橋と分解の新展開

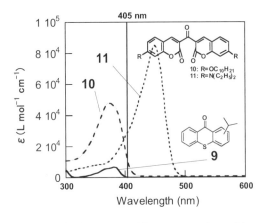

図5　増感剤のUV-Vis吸収スペクトル（THF中）

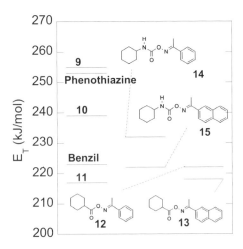

図6　O-アシルオキシム（12,13）およびO-カルバモイルオキシム（14,15），増感剤の三重項エネルギー準位

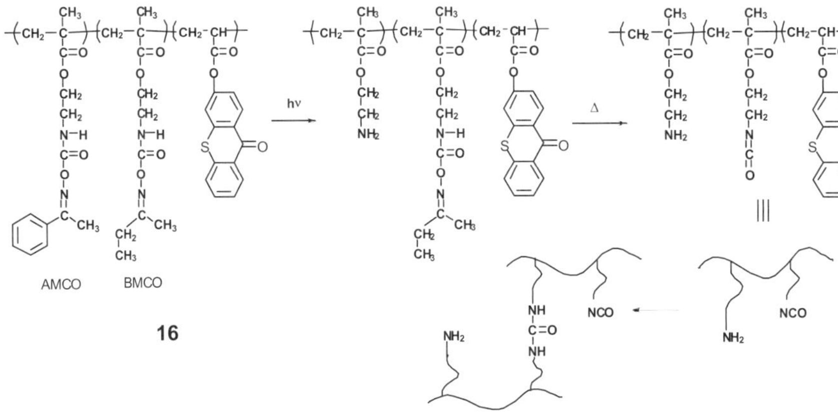

図7　O-カルバモイルオキシムの光照射と加熱を併用した架橋系

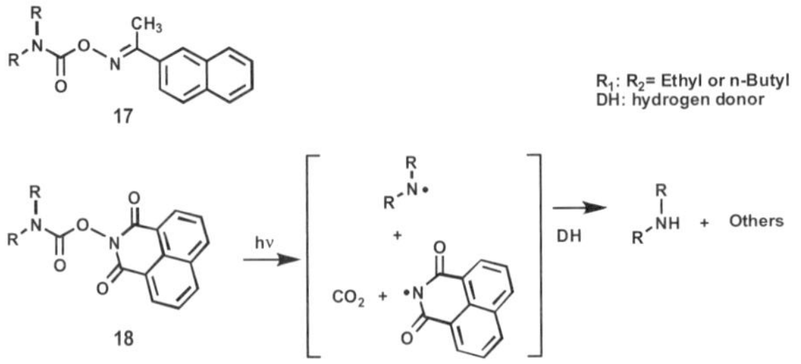

図8　耐熱性の高いカルバマート型光塩基発生剤

第 5 章　UV/EB 硬化システム

19の光照射で生成する第二級アミンと主鎖にカルボジイミド構造をもつポリマーとの付加反応で架橋構造ができる[9]。図 9 のように光照射で生成した 2,6-ジメチルピペリジンはカルボジイミドに付加するが，残った活性水素が他のカルボジイミドとさらに連鎖的に付加して架橋密度の高いネットワーク構造を生成する。

光照射で生成するアミンを Knoevenagel 反応の塩基触媒として用いると架橋サイトが形成できる[10]。20 の光照射で生成するシクロヘキシルアミンが縮合反応の触媒として働き，光照射部でのみ選択的に架橋反応を進行させることができる（図 10）。

ポリイミドは工業的に重要な材料であるが加工が難しいため，感光性を付与した感光性ポリイミドが注目されている。21 から生成する第二級アミンは，図 11 のようにポリイミドの前駆体であるポリイソイミドからポリイミドへの転位反応が起こる際の触媒として用いられる[11]。ここで形成できるポリイミドは N,N-ジメチルホルムアミドや N-メチルピロリドンにしか溶解しないが，ポリイソイミドはシクロヘキサノンやテトラヒドロフランにも溶解するので，後者の溶媒を現像溶媒として用いることでネガ型パターンの形成が可能となる。

光酸発生剤のように，高感度で塩基を生成する系も望まれている。6 章 1 節で詳述がある"塩

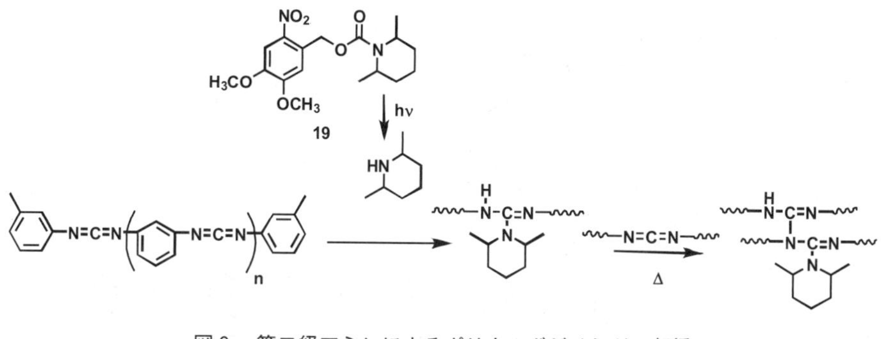

図 9　第二級アミンによるポリカルボジイミドの架橋

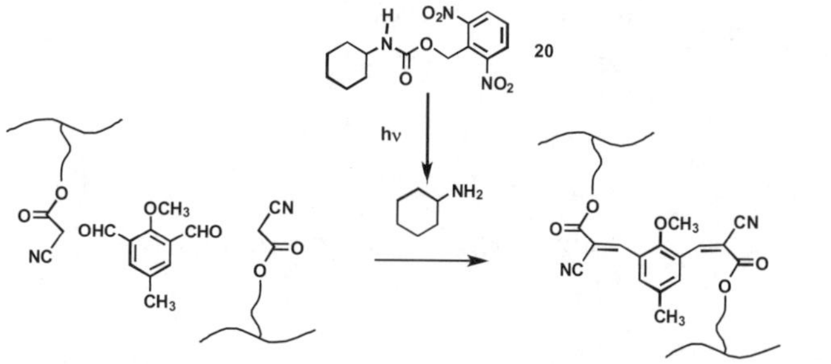

図 10　光照射で生成したアミンの Knoevenagel 反応の触媒としての利用

基増殖系"は光照射で生成する少量のアミンを触媒として加熱により自己分解が進行する[12]。

　感度の向上ではないが，多官能化で硬化効率の向上を試みる例がある。例えば，図12に示す二官能のO-アシルオキシム22は対応する単官能O-アシルオキシムより架橋効率は高い[13]。さらに三官能の23[14]や，リビングラジカル重合を利用してトリブロック共重合体の両端部に光塩基発生基を並べた24[15]も開発されている。

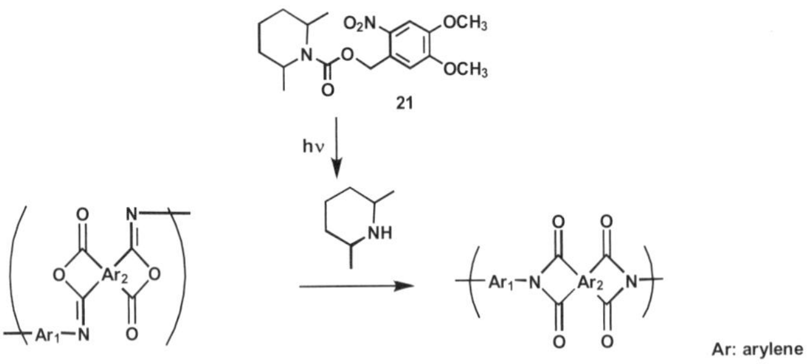

図11　光照射で生成したアミンのポリイソイミドの転位触媒としての利用

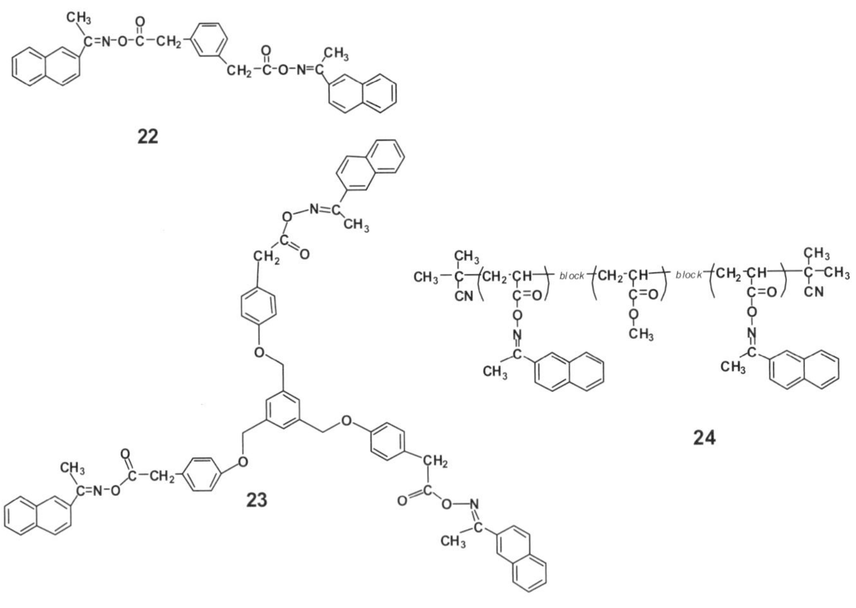

図12　多官能O-アシルオキシムの例

第5章 UV/EB硬化システム

6.4 第三級アミンやアミジン生成を利用したUV硬化システム

　第三級アミンは第一級や二級のアミンより塩基性が高く付加反応も起こさないので，塩基触媒として有用である。アミジン類はさらに強塩基で，多くの有機合成反応において触媒として用いられている。これらの塩基を光照射で生成させるには，第一級や第二級アミンを生成させる場合とは違ったアプローチが必要である。近年，図13に示すように，第三級アミンやアミジンを生成する光塩基発生剤の報告例が増えつつあるので紹介する。

6.4.1 アンモニウム塩

　第三級アミンと有機酸からなる塩は光塩基発生剤として作用するが，有機溶媒に対する溶解性はそれほどよくない。しかし，**25**の光照射により第三級アミンとアルデヒドを生成し，例えばイソシアナート末端を持つポリウレタンに**25**を添加して光照射すると膜は硬化する[16]。

　最近になり，第二級アミンと有機酸からなる塩**26**も光塩基発生剤として報告されている[17]。ここで用いられているアニオンは366nm付近に吸収を持ち，長波長にも感光する。

　トリメチルベンズヒドリルアンモニウム塩**27**からの第三級アミンの光化学的生成が報告されているが[18]，あまり応用面には触れられていない。

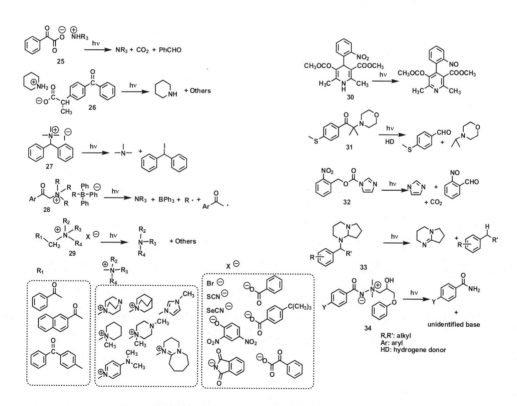

図13　第三級アミンやアミジンを発生する光塩基発生剤の例

Neckersら[19]はボラートアニオンの第四級アンモニウム塩28を多く調べている。反応機構についても詳しく検討し，アニオンからカチオンへの光電子移動から分解が始まると推定している。

29に示す第四級アンモニウム塩のカチオン部位とアニオン部位を種々のものに替え，塩としての安定性，溶解性，光反応性などが比較検討されている[20]。熱安定性と光反応性はトレード－オフの関係であり，両者のバランスをうまく取る必要がある。

6.4.2 ニフェジピン

ニフェジピン30はジヒドロピリジンの一種で医薬品として容易に入手できる。1と違い，30は光照射でピリジン誘導体となる。光照射部のみ選択的に生成したピリジンがポリアミック酸の閉環反応の塩基触媒として働いてポリイミドを形成し，2μmの線幅のネガ型パターンを得ている[21]。

6.4.3 α-アミノケトン

N-置換モルホリン31は従来光ラジカル発生剤として使われてきた。しかし，系中に反応する二重結合がない場合は水素引き抜きによりアミンを生成することから，31は光塩基発生剤として利用できる[22]。光照射前の31は立体障害のため反応試薬がN原子に近づきにくく求核剤としては弱いものである。光照射でモルホリンが生成すると強い塩基として作用するので，エポキシノボラックやポリグリシジルメタクリラートの架橋反応に用いることができる。

6.4.4 アミジン前駆体

イミダゾールをo-ニトロベンジルオキシカルボニル基で保護した32を用いたノボラックタイプのエポキシ樹脂の硬化では，ニトロ基の置換位置は2位のものが最も高い光反応性を示す[23]。

1,5-ジアザビシクロ[5.4.0]-5-ノネン（DBN）を生成する光塩基発生剤[24]として，33のように置換ベンジル基で保護した化合物がある。1,8-ジアザビシクロ[5.4.0]-7-ウンデセン（DBU）を生成するものも合成されている。これらは光照射前も塩基性を示すが，光照射で生成するのが強塩基のアミジンなので，"pHジャンプ"が存在する。

6.4.5 アミンイミド

アミンイミドは以前から，加熱でアミンを生成することが知られている。最近，アミンイミドを光照射によって分解して塩基を生成させ，硬化剤として応用する例を報告された[25]。34の光照射によるpHの上昇から塩基性化合物の生成が確認されているが構造は決定されていない。置換基Yが電子吸引性のニトロ基の場合は吸収端が400nm近くまで伸び，熱分解温度も高い。助触媒のチオールを加えた多官能エポキシドの硬化に有用である。

6.5 おわりに

アニオンUV硬化システムの実用例は現段階では少ない。今後は多種多様な光塩基発生剤が開

第5章　UV/EB硬化システム

発され，それぞれの特徴を活かしたアニオン硬化系が開発されるものと思われる。光塩基発生剤についてはここ数年でもいくつかの総説[26〜28]が出されている。

文　献

1) B. R. Harkness et al., *Macromolecules*, **31**, 4798 (1998)
2) C. Kutal, *Coord. Chem. Rev.*, **211**, 353 (2001)
3) 特許第3428325号
4) T. Aida et al., *Acc. Chem. Res.*, **29**, 39 (1996)
5) T. Nishikubo et al., *J. Polym. Sci. Part A: Polym. Chem.*, **31**, 3013 (1993)
6) 陶山寛志ほか，第15回ポリマー材料フォーラム（千里），講演予稿集，p.223 (2006)
7) G. A. Roesher et al., PCT World Pat. 9858980
8) K. Suyama et al., *J. Photopolym. Sci. Technol.*, **18**, 141 (2005)
9) A. Mochizuki et al., *J. Polym. Sci. Part A: Polym. Chem.*, **38**, 329 (2000)
10) E. J. Uranker et al., *Chem. Mater.*, **9**, 2861 (1997)
11) A. Mochizuki et al., *Macromolecules*, **28**, 365 (1995)
12) K. Ichimura, *J. Photochem. Photobiol. A*, **158**, 205 (2003)
13) K. Suyama et al., *J. Photopolym. Sci. Technol.*, **17**, 11 (2004)
14) H. Okamura et al., *J. Photopolym. Sci. Technol.*, **19**, 85 (2006)
15) K. Suyama et al., *J. Photopolym. Sci. Technol.*, **18**, 707 (2005)
16) W. Mayer et al., *Angew. Makromol. Chem.*, **93**, 83 (1981)
17) 有光晃二ほか，第54回高分子討論会（山形）予稿集，**54**, 4054 (2005)
18) K. E. Jensen et al., *Chem. Mater.*, **14**, 918 (2002)
19) A. M. Sarker et al., *Chem. Mater.*, **13**, 3949 (2001)
20) K. Suyama et al., Proc. 8th SPSJ Int. Polym. Conf.（Fukuoka），552 (2005)
21) A. Mochizuki et al., *J. Photopolym. Sci. Technol.*, **16**, 243 (2003)
22) H. Kura et al., *J. Photopolym. Sci. Technol.*, **13**, 145 (2000)
23) T. Nishikubo et al., *Polym. J.*, **29**, 450 (1997)
24) S. C. Turner et al., PCT World Pat. 9841524
25) S. Katogi et al., *J. Polym. Sci. Part A: Polym. Chem.*, **40**, 4045 (2002)
26) 陶山寛志ほか，『高分子の架橋と分解』，p.171，シーエムシー出版 (2004)
27) J. P. Fouassier Ed., "Photochemistry and UV Curing: New Trend 2006", Research Signpost, Trivandrum, India (2005)
28) K. Dietliker et al., *Prog. Org. Coat.*, **58**, 146 (2007)

7 UVおよびEB硬化における照射装置の最近の動向

木下 忍*

7.1 はじめに

近年,環境の問題から無溶剤塗料や水性塗料の硬化技術が注目されている。その代表的な無溶剤処理技術が紫外線(以下UVという)および電子線(以下Electron Beam = EBという)硬化技術である。現状は熱硬化装置が多く稼動しているが,今後の老朽化による置き換えにはUV,EB硬化装置が考えられる。このUVによる樹脂の硬化技術の工業化は,米国で1969年に多色オフセットカートン印刷機として成功したことを皮切りに木工製品の塗装も検討され,日本でも1970年頃から導入された。一方,EBの工業利用は1952年にポリエチレンの架橋からスタートし1970年代から低エネルギーEB装置の登場により硬化も含め実用化が進められた。表1にそれぞれの処理技術の特徴を示した。実際の用途にあった有効利用には,各々の処理技術の特徴を知ることが非常に重要である。また,近年UV・EB硬化装置も利用しやすいように大きく変化してきているので,その装置に関する基礎技術と最新動向を紹介する。

表1 各種塗膜硬化方法の比較

	EB法	UV法	熱 法
硬化時間	秒単位	数秒~数十秒	数分~数十分
設備床面積	小	中	大
硬化温度(℃)	室温	40~80	80~250
エナメル加工	可	不可	可
塗料価格	中間	高価	安価
ポットライフ	長	長	短
揮発分(%)	10~20以下	10~20以下	60~80
作業環境	X線 オゾン	紫外線 微量のオゾン	熱 廃棄溶剤
公害対策費	小	小	大
不活性ガス	要	不要?	不要
設 備 費	高 ラインスピード 大の時有利	安? ラインスピード 小の時有利	中間
運 転	ON-OFF	ON-OFF	
準備時間	数分	数分	20~60分
エネルギー消費	2	5	100

* Shinobu Kinoshita 岩崎電気㈱ 光応用事業部 光応用開発部 部長

第5章　UV/EB硬化システム

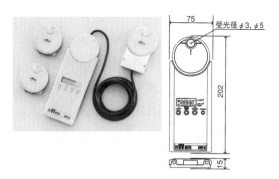

写真1　UV硬化用照度計
写真は組み合わせの一例（オプション品含む）。

7.2　UVの基礎技術

UVはX線と可視光線に挟まれた100〜380nm波長域の電磁波のことをいう。UVは波長範囲により，UV-A（315〜380nm），UV-B（280〜315nm），UV-C（100〜280nm）の3つに分けられる。

このUVを利用して樹脂の硬化を行うが，そのUV量として次の用語（単位）が使用される。

① 照度：単位面積当たりに受ける照射強度で，W/m^2又はmW/cm^2で表される。時にはランプ直下等で集光されて得られる最大の照度値をピーク照度という。この照度およびピーク照度はUV硬化用照度計（写真1）で計測でき，市販されている。ただし，照度計には受光感度があり，測定したい波長領域の受光器を選定する必要がある。

② 積算光量：単位面積当たりに受ける照射エネルギーで，その表面に到達する光量子（フォトン）の総量である。先の照度と時間との積でもある。J/m^2又はmJ/cm^2などで表される。これも，UV硬化用照度計で計測可能である。

7.3　UV硬化装置

UV硬化装置はランプ，照射器，電源および冷却装置で構成される。近年，高出力でコンパクトな装置の要望が多くあり，それに対応する照射器使用の装置やLEDを使用した装置なども登場している。特に装置選定には，ランプから発光されている波長（分光分布）特性とどの位のエネルギーを照射物に与えられるかが重要な要因となる。更に忘れてはならないことは，UV以外に可視光線や赤外線（IR）も同時に発光されるので，基材の温度上昇による基材変化も十分注意する必要がある。それでは，心臓部となるランプから紹介する。

7.3.1 光源（ランプ）

UVを放射するランプの分類を図1に示した。その中でも表2に示したランプが一般的に使用されている。このランプは，石英ガラス製の発光管の中に金属を封入して，蒸気状として外部エネルギーを加えて発光させる。発光させる金属やその蒸気圧によって種々の分光特性を持ったランプとなっている。この中から，樹脂の硬化特性と合う光源を選定する必要がある。

また，外部エネルギーを加える方法により，有電極と無電極のランプがある。それぞれのランプ形状例を図2に示した。ランプのパワーを表す単位として，単位発光長当たりの入力電力（W/cm）で表し，80～240W/cm〈メタルハライドランプは320W/cmまで〉の負荷のものがあり，近年，UVは高出力化が進められ使用されている。

後者の無電極ランプはマイクロ波のエネルギーの制御でランプを発光させるもので，構造は図3のとおりである[1]。

ここで，接着等に使用されている新しいランプの紹介をしたい。それはUVから可視光まで高照度を発光するパルスドキセノンランプである。本ランプは，カメラのフラッシュと同じ様に瞬

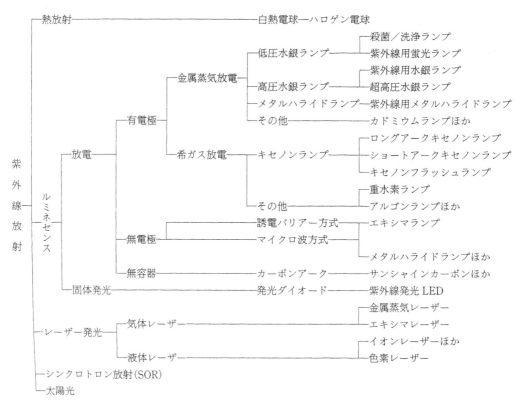

図1　紫外線放射光源（ランプ）の分類

第5章 UV/EB硬化システム

表2 UVランプの種類

ランプ名	特徴	分光特性
高圧水銀ランプ	石英ガラス製の発光管の中に,高純度の水銀（Hg）と少量の希ガスが封入されたもので,365nmを主波長とし,254nm,303nm,313nmの紫外線を,効率よく放射する。他のランプよりも,短波長紫外線の出力が高いのが特徴	●水銀ランプ 図中の実線はスタンダードタイプ,点線はオゾンレスタイプ
超高圧水銀ランプ	高圧水銀ランプと同様に,水銀と希ガスが封入（ガス圧：約1気圧）されているが,ガス圧が10気圧以上で作動させるので,スペクトルが線でなく連続スペクトルとなる	
メタルハライドランプ	発光管の中に,水銀に加えて金属をハロゲン化物の形で封入したもので,200〜450nmまで広範囲にわたり紫外線スペクトルを放射している水銀ランプに比べて,300〜450nmの長波長紫外線の出力が高いのが特徴	●メタルハライドランプ 図中の実線はスタンダードタイプ,点線はオゾンレスタイプ
ハイパワーメタルハライドランプ	メタルハライドランプとは異なった金属ハロゲン化物を封入しており,400〜450nmの出力が特に高いのが特徴	●ハイパワーメタルハライドランプ

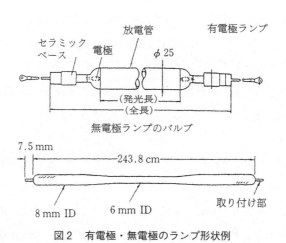

図2 有電極・無電極のランプ形状例

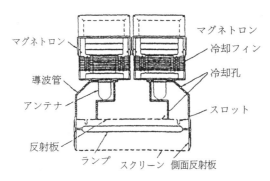

図3　無電極装置
240W/cmタイプの断面図例。

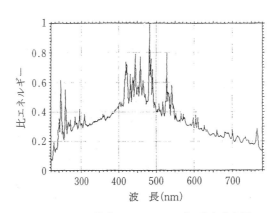

図4　パルス発光キセノンランプの分光分布例

間（一回の発光の半値幅：約100マイクロ秒）に発光させることで，図4の発光分布のとおり連続でUVから可視光まで発光し，瞬間の照度も高圧水銀ランプで得られるmW/cm^{2}に対して千倍のW/cm^{2}の照度が得られる。また，1秒間に数回のパルス発光であるため，短時間であれば基材の温度上昇も抑えられる特長もある。

以上のとおり，ランプ（光源）の種類も多く用途に応じた最適なランプ選定がエネルギーの有効利用の面からも非常に重要と考えられる。

7.3.2　照射器[2]

照射器は，内部にUVランプを収納し被照射物に対して有効にUVを照射するもので，反射板，ランプホルダー，ランプおよび反射板の冷却機構，シャッター機構などから構成されている。

特に，反射板は図5のとおり形状により配光特性を変えることができ，用途に合ったものが選定される。また，表3のとおり被照射物に対して熱の影響を少なくなるように可視光線および赤

第5章 UV/EB硬化システム

集光型		平行光型
集光点使用	集光拡散点使用	
断面形状は楕(だ)円面で構成されている。集光点で使用すると照度の強い紫外線を照射する。集光点よりも離して使用すると拡散となり比較的均一に照射される		断面形状は放物面で構成される。被照射面に広い範囲で均一に紫外線が照射される

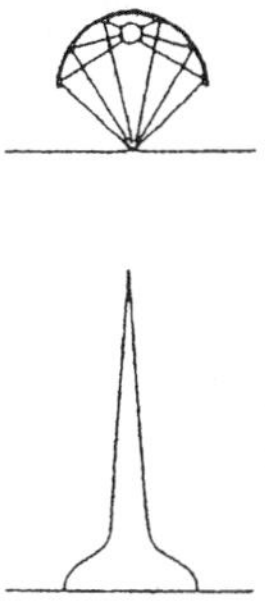

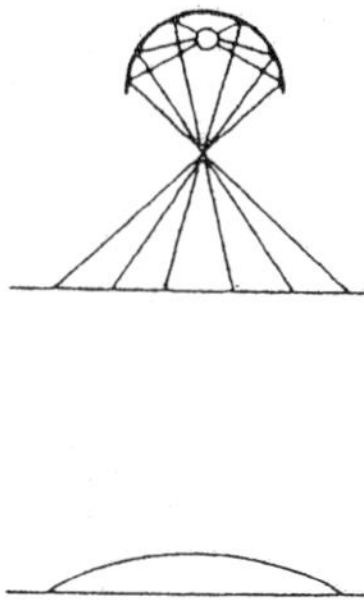

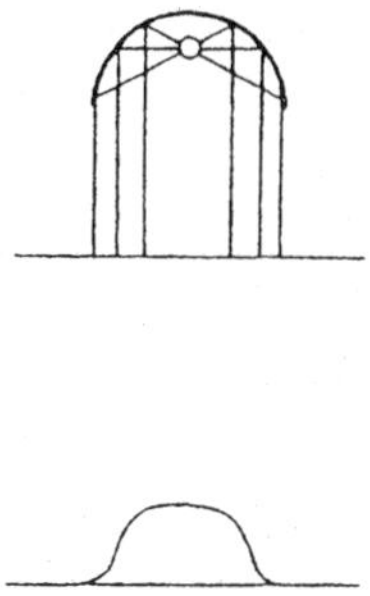

図5　反射板の形状

表3　反射板の種類・低温キュアーシステム

種類	図	説明	特性
アルミミラー	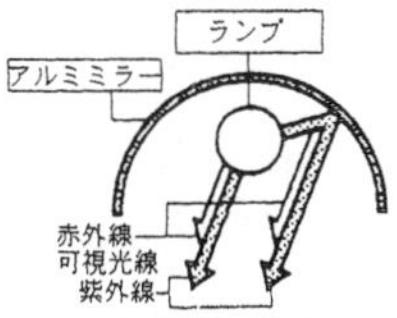	反射率の高い高純度アルミ製の反射板を使用したり，紫外線および熱線を効率よく反射させる	●分光反射率（直線反射率）通常アルミ反射板 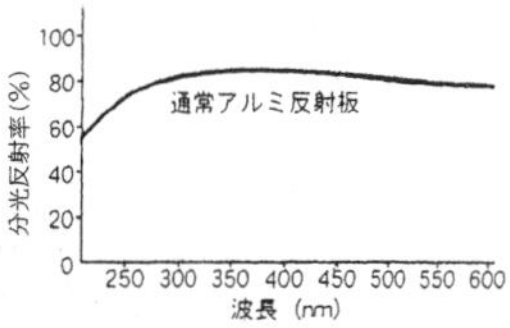
コールドミラー	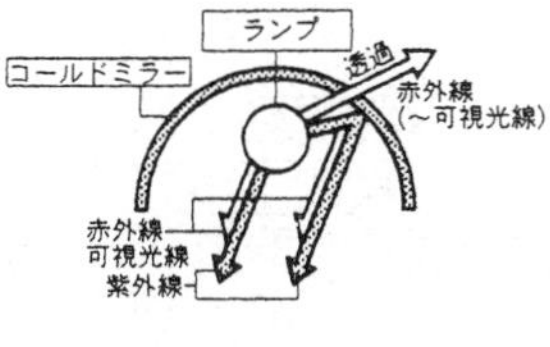	正確に設計されたガラス成形板に数種類の金属化合物の薄膜を蒸着したコールドミラー。紫外線を効率よく反射し，UV硬化にほとんど寄与しない可視光線および赤外線ミラー後方に透過する	●分光反射率（直線反射率）コールドミラー 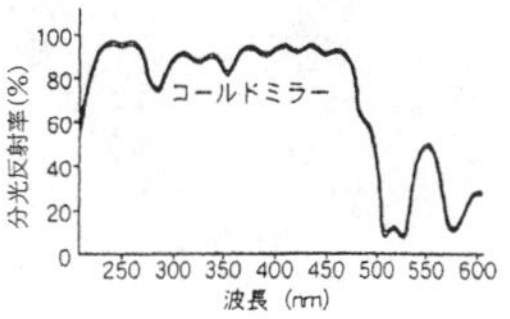
コールドミラー＋熱線カットフィルター	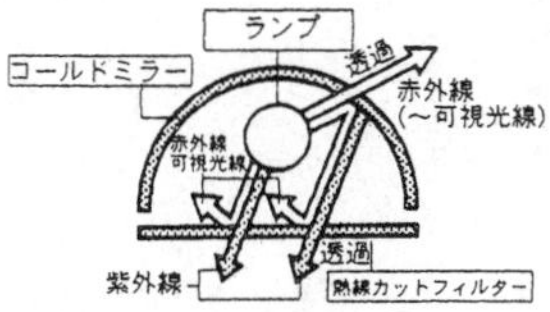	コールドミラーと熱線カットフィルター（必要な紫外線を透過させ可視光線および赤外線を反射する）を併用し，さらに低温化が必要なワークに使用する	
コールドミラー＋送風＋（熱線カットフィルター）	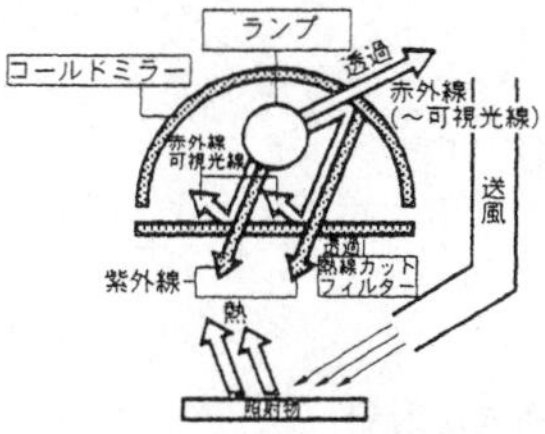	送風を行いワークの温度上昇を抑える方式である。送風する風量により，上昇する温度も変わってくる。熱線カットフィルターと組み合わせると，さらに温度は下がる	●熱線カットフィルター分光透過率 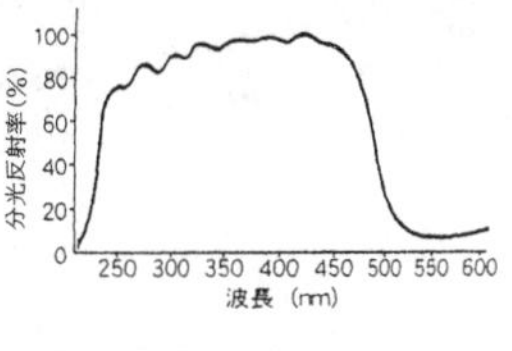

外線をミラー後方に透過させるようにしたコールドミラーなどを組合せた反射板の種類がある。

　照射器はランプを冷却し発光に最適な温度に保つ機能も持っている。空気の流れを利用して冷却する照射器（空冷式照射器），ランプを空気の流れで冷却し反射板を水で冷却する照射器（空冷・水冷式＜水空冷＞照射器），ランプと反射板とも水で冷却する照射器（水冷式照射器）の種類がある。

　更に，被照射物が照射器の真下で停止すると，その温度が上がることや過剰処理となるなどの問題となるケースがあり，照射器にシャッター機構を装備した物も標準で用意されている。

　この照射器が印刷機のユニット間の狭い空間に設置されることなどから次のような新型の照射器が登場している。

(1) 新型　空冷式照射器（写真2）

　灯体外箱，ランプハウス，シャッター部が完全独立ユニット方式を採用したことで，ランプ交換やメンテナンスが容易となっている。また，小型コンパクトにもなっている。

(2) 新型　空冷・水冷式照射器（写真3）

　観音シャッター付で，ランプを空気の流れで冷却し反射板を水で冷却させることで空気の排気量が少なくなり，小型コンパクトとなっている。

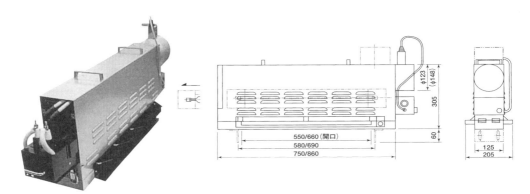

写真2　新型・空冷式照射器

写真3　新型・空冷・水冷式照射器

第5章　UV/EB硬化システム

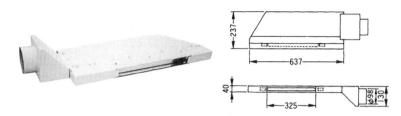

写真4　2.4kWタイプ瞬時点灯型照射器（空冷式）
〔仕様〕型式：UEQ 0241-221，反射板：アルミミラー，適合ランプ：HQ 024-L21，MQ 024-L21．

(3) 瞬時点灯型照射器＜空冷式＞（写真4）

瞬時点灯ランプを使用することで，シャッター構造が不要となり超薄型の照射器のため，印刷機のユニット間の狭い空間に設置可能。また，ランプも新しい瞬点メタルハライドランプが登場し，従来の瞬点高圧水銀ランプに比べ紫外線出力がアップしているので省電力と高効率となっている。

7.3.3　電源装置

電源装置は電源部と操作部で構成されている。電源部は放電ランプを点灯するために必ず必要な安定器とランプの点灯，調光，シャッター，冷却装置，その他生産設備との信号による関連機器の制御を行う制御回路で構成されている。操作部はランプの点灯，消灯，調光等の操作及び各種表示による監視を行う。近年では，銅－鉄安定器からインバータ式電子安定器を搭載した電源装置となり，小型・軽量，供給電力の安定化制御，自動調光等の信頼性の向上が図られている。写真5に3kW級インバータ式電子安定器を示す。

7.4　EB硬化装置

EB硬化装置は，電子加速装置のことで，表4に示すように，電子を加速する電圧の大きさにより装置は分類[3]され，装置の大きさや価格などは大きく異なる。加速電圧1000kV（＝1MV）

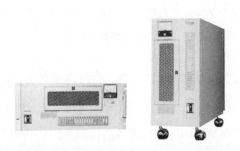

写真5　3kW級インバータ式電子安定器

表4　電子加速器の種類とエネルギー範囲

エネルギー（MeV）						
低		中				高
0.1	0.3	0.5	1	3	5	10
リニアカソード型						
モジュールカソード型						
薄板カソード型						
低エネルギー走査型						
	変圧器整流型					
			コッククロフト－ウォルトン型			
			ダイナミトロン			
						直線型

　以上のEB加速装置は，制動X線を遮蔽するためのコンクリート迷路やその建物を必要とし，これから発生する電子線は原子力基本法に定められている放射線の定義の範疇に入り規制がある。しかし，今回紹介する低エネルギー（加速電圧：300kV以下）EB硬化装置は，その範疇から外れ，コンパクトで取り扱い易い小型EB硬化装置である。また，近年，加速電圧を100kV以下とした小型EB硬化装置が開発され，更に低コスト，コンパクトとなってきているので，EBの基礎技術も含めて装置を紹介する。

7.4.1　EBの発生と装置の構造

　EB硬化装置の多くは，熱電子を発生させ，それを加速させている。身近な物では我々が毎日見ているカラーテレビと同じ原理であり，EBをブラウン管に照射させることで発光させ画像としている。一部，イオンプラズマ方式と呼ばれ，Heイオンをカソードに衝突させて二次電子を発生させて加速するタイプがある。ここでは，前者の熱電子タイプの装置のEB発生原理を紹介する。

　図6に示すように，真空（約1×10^{-5}Pa）に保たれたチャンバーの中心に配置されたフィラメント（タングステン）に電流を流すことにより，フィラメントが加熱され，熱電子が放出する。放出された熱電子は，まずグリッドに抽出される。

　この熱電子は，ターミナルと陽極であるウインドー間の300kV以下の高電圧（加速電圧）によ

第5章　UV/EB硬化システム

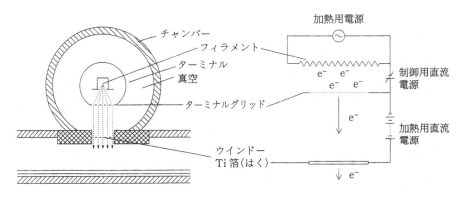

図6　EB発生の原理

って光速近くまで加速されて電子流となり，ウインドーの薄くて密度の小さい金属箔（チタンやアルミニウムなど）を通過して外界に飛び出す。これがEBであり，EBが物に照射されると制動X線（一定量を超えると人体有害）が発生するため，鉛等で遮蔽し，外部には漏洩しない自己遮蔽構造（セルフシールド®）としている。

7.4.2　EB装置から放出されるEBの能力

EB装置から取り出されるEBの特性は装置の設定条件で異なる。また，処理物の最適処理条件のEB特性を得る条件が決まれば，逆に装置の仕様も決まることになる。このEBの特性を決める要因として，加速電圧および電子電流があげられる。以下にその詳細を述べる。

(1) 加速電圧

加速電圧は電子の運動エネルギーの大きさを決定し，物質内での透過能力を左右する。電圧（kV）は，電子の運動エネルギーkeVとほぼ一致する。

ここで，分かり易くEB装置をピストルに例えて説明する。ピストルの弾丸（電子）を物質に打ち込む時，火薬（加速電圧）を多くするほど，弾丸（電子）を物質の奥深くまで打ち込むことができる。また，打ち込まれる物質として鉄板と紙を例にとり，両者を比べると，その打ち込まれる深さは大きく違う。つまり，打ち込まれる物質の密度（又は，比重）により，到達深度も変わる。

EBにおいても同じことが言え，加速電圧と被照射物の密度（正確には電子数）によって，電子の透過深さが決まり，これらの間には図7に示すような関係がある。図中の縦軸は，表面の線量（dose）を100%とした割合であり，横軸は電子の物質への浸透深さを示している。ただし，単位は1m^{2}の物質の重さ（g），つまり，面密度と呼ばれる単位で，物質の密度が決まれば厚みに変えることができる。例えば，密度1g/cm^{3}の水の場合，数値をそのままμm（ミクロン）と置き換えられる。また，逆に密度が半分の物質であれば，数値を2倍にするとμm（ミクロン）

211

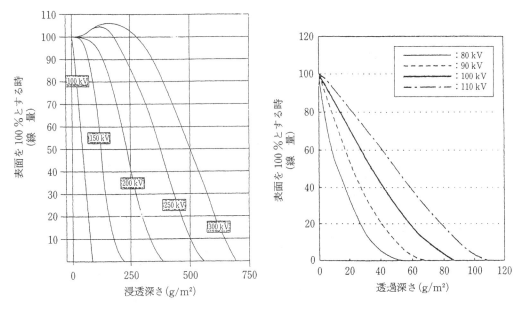

図7　各加速電圧における透過深さと線量

の単位で表せられる。ただし，図7は，ナイロンフィルムで測定されたもので，EBは物質の電子との相互作用であるため，図は物質により若干変化する。

また，装置から見ると，この加速電圧が大きくなるほど，電源・チャンバー・X線のシールド等は大きくなり，価格も高額になる。したがって，処理対象物に最適な加速電圧を選定する場合，できるだけ低い加速電圧の方が経済的に有利である。

(2) 電子電流

電子電流は照射物への吸収線量を決めるものであり，処理能力とも関連する。EB装置から得られる線量は次式で表される。

$$D = K \cdot I/V \tag{1}$$

ただし，D：線量（kGy），I：全電子電流（mA），V：処理スピード（m/min.），K：それぞれの装置によって定まる定数，である。

ここで，線量（Gy＜グレイ＞）は吸収線量を意味し，「1 Gyは，1 kgあたり1ジュールのエネルギー吸収量」に相当する。旧線量radとの関係は，1 Gy = 100radである。この線量測定には，フィルム線量計[4])が使用される。

装置の機種選定には，まず，硬化処理に必要な線量を求め，処理スピードを(1)式に代入して必要な全電子電流（mA）を求める。EB硬化装置は機種ごとに最大処理能力（線量と処理スピードで表示）が決まっているので，それに合せて適当なものを選定することになる。

第5章 UV/EB硬化システム

7.4.3 小型EB硬化装置紹介

近年，一般的に硬化したい塗膜は薄いことからEB硬化装置の加速電圧は150kVも必要なく，加速電圧を100kV程度またはそれ以下でも十分であるため，窓箔等の改良により，その電圧に対応した低加速電圧の装置が開発された。本装置は，発生する制動X線の量も少なく遮蔽も容易となり，電源も含め小型化できることから低コストとなり，EB照射も塗膜に効率よく行え，基材までEBが届く量を抑えることができるので，基材に与えるEBの影響が少ない特長がある。以上のことから薄膜用途には最適と考えられ，本装置の利用が拡大してきているので次に紹介する。

(1) 実験用小型EB硬化装置

従来の実験用EB硬化装置（EC250/15/180L）の約1/3の重量となりコンパクトな実験機「アイ・ライトビーム™」（写真6）が80～110kVの実験用として開発された。薄膜の硬化処理実験には有効である。

(2) EZ-V（イージーファイブ)™装置

加速電圧を70～90kVに下げることで，装置の小型化・軽量化およびコストダウンが図られた生産機が本装置である。装置はEB発生器（照射ユニット）と高電圧発生器（電源ユニット）で構成され，基本仕様は表5のとおりである（写真7）。通常の樹脂硬化には30kGyの線量が必要とすると，本装置で最大100m/min.の処理ができる。また，要望により照射幅は広幅も対応可能であり，実際に1650mm幅のEZ-Vが顧客の装置に組み込まれ稼動している。

写真6 低加速電圧EB装置 アイライトビーム™ EC110/15/70L

表5　EZ-Vの基本仕様

加速電圧	70～90kV
ビーム電流	1～100mA
処理幅	60cm
処理能力	300kGy・m/min（at 70kV）

写真7　EZ-VEB装置

7.4.4　照射センター

　最初に述べたとおり，EB応用商品を事業化する場合に，EB加速器の生産性の高さ，コストの問題から事業化に踏み切れなかった商品も，EB照射センターを利用して商品展開が可能となっている。例えば，写真8の㈱アイ・エレクトロンビームのラインは1650mmの処理幅で100～300kVの加速電圧のEB加速器を搭載し，コーターほかEB加工で必要な設備があり，EB加工の

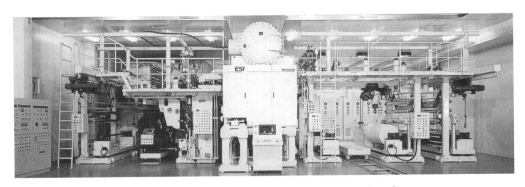

写真8　EB加工センター（㈱アイ・エレクトロンビーム）

第5章　UV/EB硬化システム

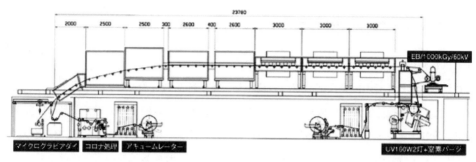

図8　㈱ラボのEB装置搭載ライン

ほとんどの処理対応が可能となっている。また，㈱ラボでは今年に入り長崎の大村開発研究所に，先に紹介したEZ-V（イージーファイブ）™を，従来の図8[5]のような1600mm幅の試作，量産までできるウェットコーティングラインに組み込みバージョンアップがされた。その他，EB加速器メーカである㈱NHVコーポレーションは京都と前橋にEBセンターを開設している。

7.5　おわりに

以上のとおりEB硬化装置はコンパクト化，低コスト化，操作性のアップなど非常にめざましい進展をみせており，UV硬化装置の利用はより一般化し，身近なものになっている。読者の方で興味を持って頂けたら，是非実際にその効果を体感していただきたい。

文　　献

1) 瀬尾直行，ラドテック研究会　第9回表面加工入門講座（1999）
2) アイグラフィックス，カタログ（2002）
3) 石榑顕吉ほか編集，放射線応用技術ハンドブック，朝倉書店（1990）
4) 須永博美，低エネルギー電子線照射の応用技術，P.36，シーエムシー出版（2000）
5) ㈱ラボ　ホームページ

8 LEDの開発と光硬化システムにおける利用

及川貴弘[*]

8.1 はじめに

　医療やバイオ分野での蛍光反応観察，殺菌用途，電子部品の接着やUV硬化型インクの硬化などを目的に，紫外線照射装置が広く利用されている。このうち本節では，電子部品の分野などで位置調整後の接着や小型部品の接着等に使われる紫外線硬化型樹脂を硬化させるのに使われている紫外線照射装置について述べる。従来，この分野で用いられる紫外線照射装置は電源回路と紫外線光源である高圧水銀ランプやメタルハライドランプなどのランプ光源を内蔵したコントローラ，このコントローラに内蔵されているランプ光源から紫外線を導光させ対象物に対して紫外線を照射する照射ファイバヘッドで構成されている。本構成の紫外線照射装置は多くの課題を抱えているが，代用できる光源がないため紫外線照射装置として近年まで広く使われている。ところが数年前，紫外線硬化型樹脂を硬化させるのに十分な発光強度をもつ紫外線LED光源が開発され，当社ではLED光源を搭載した紫外線照射装置の開発に着手・上市している。以降，ランプを光源とするランプ式紫外線照射装置が持つ課題を示し，LEDを光源とするLED式紫外線照射装置と比較することでLEDを光源とする紫外線照射装置の導入効果を述べる。

8.2 製品品質の向上について

　電子部品の業界では，製品の小型化・軽量化・コストダウンを目指すため，使用される大半の金属部品やガラス部品が樹脂部品に変わりつつある。これらの部品を接着する場合，ランプ式紫外線照射装置は，対象物つまり樹脂部品に対して熱ダメージを与えてしまうという課題を持っている。ランプ式紫外線照射装置は高圧水銀ランプやメタルハライドランプなどのランプを光源としており，これらのランプ光源が照射する光の波長は，図1のように紫外線硬化反応に必要とさ

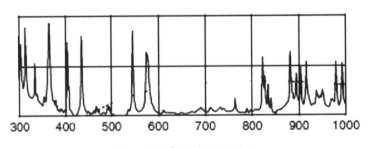

図1　ランプ式の光スペクトル

---

*　Takahiro Oikawa　オムロン㈱　アプリセンサ事業部

第5章　UV/EB硬化システム

れる紫外線とともに可視光や赤外付近にも光強度のピークをもつ。そのためこれらの光も同時に照射されており，この赤外線が熱となり図2のように対象物にダメージを与えるからである。またこの赤外線をカットするため，ランプ式紫外線照射装置のファイバ入射口に赤外線カットフィルタを入れるケースがあるが完全に熱をカットすることはできない。それに対し，LED式紫外線照射装置は半導体素子を光源とするため，光強度のピークは紫外領域に1つもつだけであり，可視光や赤外付近にも光強度のピークをもつことはない。つまりLED式紫外線照射装置を導入することによって，図2のように樹脂部品のような熱により変形・収縮の可能性のある対象物に対してダメージを与えることなく接着することができる。

8.3　生産効率の向上について

デジタル家電製品の多機能化が進むにつれ，電子部品に対するコストダウン要求が年々厳しくなってきている。そのため各電子部品メーカは生産工程におけるコストダウン検討を日々おこなっており紫外線硬化工程も例外ではない。紫外線硬化工程において大きな課題となっているのは硬化時の紫外線照射時間である。紫外線硬化型樹脂を硬化させるためには紫外線を照射する必要がある。ところがこの照射時間は紫外線硬化型樹脂の種類により数十秒から数分に及び，照射している間は他の作業ができないことになる。この照射時間が短くなれば，電子部品の一日の生産数量が増えコストダウンにつながることになる。また，紫外線硬化の硬化エネルギーは紫外線の照射時間と照度の積で決まるため，できるだけ照度を高くすれば照射時間が短くても硬化するこ

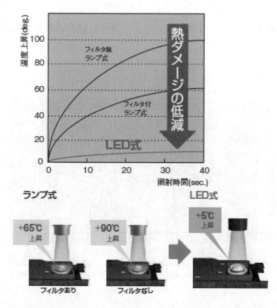

図2　ランプ式紫外線照射装置とLED式紫外線照射装置による照射時の熱の影響比較

とになる．代表的なランプ式紫外線照射装置の場合，最新機種の照度は約4000～5000mW/cm^{2}である．前述したようにランプ式紫外線照射装置の場合，照射ヘッドはコントローラに内蔵されているランプ光源から紫外線を導光させ対象物に対して紫外線を照射する照射ファイバヘッドで構成されている．そのため1台のコントローラから複数箇所照射する，つまり対象物の接着箇所が複数ある場合，図3にあるように光ファイバを分岐して使うことになる．当然のことながら，光源はコントローラに内蔵された1光源しか搭載されていないため分岐数が増えるほど図5のように照射ヘッドの照度は低下する．ところがLED式紫外線照射装置の場合，照度は6000mW/cm^2（φ3mm照射レンズユニット使用時，推奨距離にて測定）となり，図4のように照射ヘッドそれぞれにLED光源が内蔵されているため照射ヘッドを増やしても図5のように照射ヘッドの照度は低下せずランプ式紫外線照射装置の照度を大きく上回ることになる．つまりLED式紫

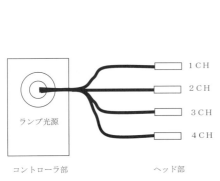

図3　ランプ式紫外線照射装置のブロック図

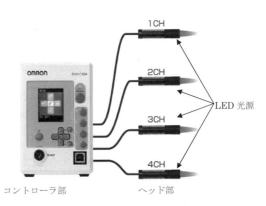

図4　LED式紫外線照射装置のブロック図

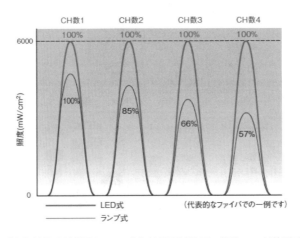

図5　ランプ式紫外線照射装置とLED式紫外線照射装置の複数ヘッド使用時の照度比較

第5章　UV/EB硬化システム

外線照射装置を導入することによって，紫外線硬化接着工程において大きな課題となっている硬化時の紫外線照射時間短縮につながり，電子部品のコストダウンにつながることになる。

8.4　ランニングコストの削減

　電子部品メーカは生産工程におけるコストダウン検討の中で，工程改善だけではなく生産材料の削減にも積極的に取り組んでいる。紫外線硬化工程においてもランプ式紫外線照射装置の交換ランプの費用が生産材料の大きな課題として取り上げられている。代表的なランプ式紫外線照射装置のランプ光源の推奨交換時間は図6に示すように3,000時間（約80％の照度となった時点が交換の目安）とされており，24時間稼働している工場では年間約3回交換することになる。ランプの交換費用が平均約5万円ぐらいなので，ランプ式紫外線照射装置1台あたりの交換ランプの費用は年間15万円となる。もしランプ式紫外線照射装置を工場内で100台使用していた場合，年間1500万円の費用がかかるため大きな課題と考えられている。それに比較してLED式紫外線照射装置の場合，図6に示すように推奨交換時間は25,000時間（周囲環境25℃で使用した場合）となり約7倍の寿命をもつ。さらに，ランプ光源は点灯後照度安定するまで時間がかかるため工程の稼働時間中は常に点灯しておく必要があり消灯をメカシャッターによって制御するのに対し，LED光源は点灯後すぐに照度が安定するため点灯及び消灯を電流で制御することができる。そのため紫外線硬化に必要な時間だけLED光源を点灯させ紫外線を照射することができ，照射不要なときはLED光源を消灯することができる。仮に，紫外線硬化工程において照射時間（LED光源点灯時間）と設備稼働時間（照射時間の他に搬送時間，位置調整時間，組立時間など含む）の比率を1：5として考えると推奨交換時間は125,000時間（周囲環境25℃で使用した場合）となり約40倍の寿命をもつことになり大幅な生産材料の削減に貢献することになる。

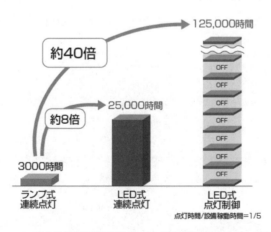

図6　ランプ式紫外線照射装置とLED式紫外線照射装置の寿命比較

8.5 生産設備の設計自由度向上

電子部品の生産工程において,同じ製品を大量生産するのに向いている全自動化ラインの導入が陰りをみせ,多品種で少量の製品を生産するのに向いている人と設備が融合したセルラインの導入が進んでいる。このセルラインではセル数を増減することで生産の増減に対応するためセルのフットスペースが重要視されている。紫外線硬化工程においてもセルラインが導入されているが,ランプ式紫外線照射装置のコントローラ筐体の大きさが課題となっている。ところがLED式紫外線照射装置のコントローラ筐体の大きさは,光源であるLEDがヘッドに内蔵されているためランプ式紫外線照射装置のように,ランプ光源を内蔵するスペースの必要がない。また光源冷却のため大型の空冷ファンをコントローラに内蔵するスペースや冷却空気の循環スペースも必要がない。そのため図7のようにコントローラ筐体体積比は約1/8となり,セルラインにおけるフットスペースの削減に対して大きく貢献している。

ヘッド部においても,ランプ式紫外線照射装置の場合,照射ヘッドはコントローラに内蔵されているランプ光源から紫外線を導光させ対象物に対して紫外線を照射する照射ファイバヘッドで構成されている。このファイバの材料は紫外線を導光させる必要があるため石英ガラスファイバが用いられ屈曲性の観点から細径ファイバを数十本〜数百本束ねたバンドル構造をとっている。ただし,細径ファイバにしてもガラスであることから屈曲性には限界がある。ところがLED式紫外線照射装置の場合,LED光源がヘッド部に内蔵されているため,コントローラ部とヘッド部をつないでいるのはケーブルである。また,このケーブルには屈曲性の高いロボットケーブルを使用しているためヘッド部の自由な引き回しが可能である。またファイバでは長さに比例した光伝送損失が生じるため導光部を長く出来ないという問題があったが,ケーブルであれば自由に延長ができるため様々な形態の生産設備に対応することができる。

また,ランプ式紫外線照射装置の場合,高圧水銀ランプやメタルハライドランプなどのランプ光源は近紫外領域以外の低い波長の紫外線を照射するため,人体に対して有害なオゾンが発生す

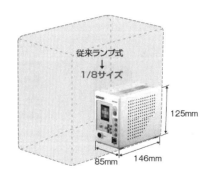

図7 ランプ式紫外線照射装置とLED式紫外線照射装置コントローラ部の外形比較

第5章　UV/EB硬化システム

る。そのため労働安全上排気ダクトを設置しなければならない。それに対してLED式紫外線照射装置の場合，近視外領域の紫外線しか照射していないためオゾンを発生させることがなくダクトの設置が必要ない。生産機種変更のためにセルラインでは頻繁におこなわれるレイアウト変更にも柔軟に対応することができる。

8.6　設備の導入コストの削減

　紫外線硬化工程において対象物の接着箇所が複数ある場合，複数のヘッドにて照射していた。ところが，携帯電話に搭載されているカメラモジュールをはじめ電子部品の小型化が進んでおり，複数の接着箇所に対して1つのヘッドで照射することができるようになった。そうすると設備の導入コストを下げるため，紫外線照射装置のコントローラ1台から複数のヘッドを出し，隣接する生産工程に対してそれぞれ紫外線照射の制御をしたいという要望が出るようになった。ところが，ランプ式紫外線照射装置の場合はランプ光源1個を内蔵したコントローラ，それに内蔵されているランプ光源から紫外線を導光させ対象物に対して紫外線を照射する照射ファイバヘッドで構成され，照射の制御はメカシャッターによっておこなわれているため，あるヘッドから紫外線を照射してしまうと残りのヘッドからも紫外線が照射されてしまう。そうなると隣接する生産工程では，別々のタイミングで対象物が流れてくる可能性が高いため使うことができない。それに対して，LED式紫外線照射装置の場合，図4のように照射ヘッドそれぞれにLED光源が内蔵されているため，別々のタイミングで対象物が流れてくることが多い電子部品の工程においても，隣接する生産工程で別々のタイミングで紫外線照射することができる。そのため4つのヘッド部を接続することができるコントローラを余すことなく活用し，ランプ式紫外線照射装置では複数台数必要な工程でも，LED式紫外線照射装置1台でまかなうことができ設備の導入コストを削減することができる。

8.7　今後の課題

　LED式紫外線照射装置の課題とされてきた照度については，現在の製品にいたるまで紫外線照射装置自身の機能向上，搭載されている紫外線LED光源の光強度の強化などにより進化し続けてきた。その結果，現在図8に示すようにランプ式紫外線照射装置を上回る照度プロファイルとなっている。今後のLED式紫外線照射装置の課題としては，スポット照射型LED式紫外線照射装置では対応が難しいとされている面照射への対応があげられる。この面照射を実現するには複数のLEDを並べる必要があると考えている。その形態をとったとき市場に受け入れられる価格にするためにLED光源自身のコストダウンが必須であると考えている。

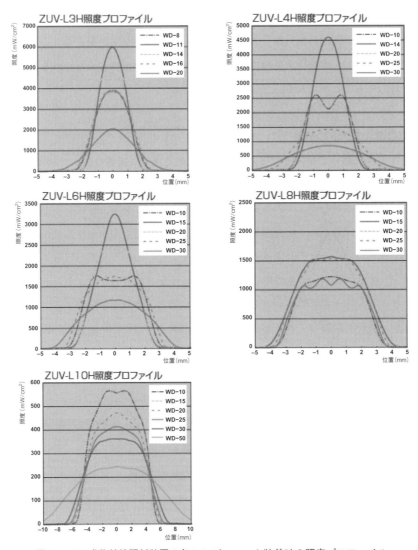

図8　LED式紫外線照射装置の各レンズユニット装着時の照度プロファイル

9 環境保全を指向した水性UV硬化技術の最新の動向

澤田　浩[*1]，小谷野浩壽[*2]

9.1 はじめに

浮遊粒子状物質および光化学オキシダントによる大気汚染を防止するため，その原因物質の一つであるVOCの排出及び飛散の抑制を図ることを目的として平成16年5月に大気汚染防止法が改正され，平成18年4月より施行された。これにより一定の要件を満たす塗装施設，乾燥施設等が規制の対象となった。VOC発生抑制に対するインキ・塗料の対応としては，①ハイソリッド化，②水性化，③無溶剤化などがあり，各種検討が進められている。

UV/EB硬化技術は無溶剤化が可能なシステムとして各分野で広く利用されている。しかしながら，塗料，インキを低粘度化するために使用するモノマーは一般的に皮膚刺激性が強く，また，これらモノマーは硬化性や硬化膜物性を低下させることが多い。したがって，UV/EB硬化性樹脂の使用においてはVOCである有機溶剤を使用して印刷，塗装されていることが実際には多く，たとえ無溶剤であっても塗工機等の洗浄に有機溶剤が使用されている。このような状況からUV/EB硬化性樹脂についても水系化が求められている。

本稿では水系UV/EB硬化性樹脂に関する特徴，応用等について解説する。

9.2 UV/EB硬化型樹脂（無溶剤型）の特性と問題点

UV/EB硬化システムは，UV（紫外線），または，EB（電子線）を照射することにより速やかに重合・硬化させることができるシステムであり，①無溶剤化が可能，②高生産性，③非加熱システム，④省スペース，⑤省エネルギー（高エネルギー効率），⑥高品質（高硬度，耐擦傷性，耐薬品性等）の特徴から広い分野で不可欠かつ重要な技術として発展してきた。

UV/EB硬化性樹脂は，一般的に重合性オリゴマー／重合性希釈剤／光開始剤から構成される。重合形態からは，ラジカル重合型とカチオン重合型に大きく分類されるが，現在は素材の豊富さからラジカル重合系が中心となっている。重合性オリゴマー成分としては，ウレタンアクリレート，エポキシアクリレート，エステルアクリレートなどが使用される。重合性希釈剤としては，主にアクリレートモノマーが使用されるが，一般に希釈性に優れた低粘度のモノマーは低分子量のモノマーが多く，安全性および物性の面で問題が少なくない。図1は一般的なアクリルモノマーの粘度と皮膚刺激性（PII）の相関を示している。これより希釈性に優れた低粘度モノマーは比較的PII値が高く，取扱いに注意を要することがわかる。また，モノマー希釈した場合に

[*1] Hiroshi Sawada　荒川化学工業㈱　光電子材料事業部　研究開発部　グループリーダー
[*2] Hirotoshi Koyano　荒川化学工業㈱　光電子材料事業部　研究開発部　主任

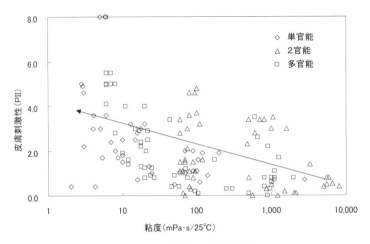

図1　PIIと粘度との相関関係

表1　UV/EB硬化性樹脂の低粘度化方法

希釈方法	安全性 環境影響	皮膚刺激性 （PII）	希釈性	プレ乾燥	硬化性	塗膜物性
モノマー	△	△×	△	不要	△×	×
有機溶剤	×	○△	◎	必要	○	○
水（水溶性）	○	○	○	不要	○△	△
水（エマルション）	○	○	◎	必要	○	○

は硬化性の低下，硬く脆くなりやすい，臭気などの問題も生じ易い。

　表1はUV/EB硬化性樹脂の低粘度化方法として，モノマー希釈，有機溶剤希釈および水希釈について特徴を比較したものである。これより水希釈は安全性，希釈性の点で他の方法よりも有利な点が多いことがわかる。

9.3　水系UV/EB硬化性樹脂の分類

　水系UV/EB硬化性樹脂も一般的な水系樹脂と同様に図2のように分類できる。

　水溶性・水希釈性型はエポキシアクリレートなどの親水性オリゴマーと水溶性モノマーの配合物を水希釈して使用されるもので，水の添加量が10%程度であればプレ乾燥なしでも硬化できるといった特長がある。ただし，オリゴマー，モノマーともに親水性のため密着性の得られる基材が限定される，あるいは塗膜の耐水性が劣るといった欠点も有している。

　エマルションの粘度は樹脂の分子量に依存しないことが知られている。この点が水溶性・水希

第5章 UV/EB硬化システム

釈性型との大きな差であり，エマルション型では使用するオリゴマーの分子量は目的の物性に合わせて自由に設計できることになる。エマルション型は強制乳化型と自己乳化型に分類される。強制乳化型は乳化剤を使用して主にモノマーや比較的分子量の小さいオリゴマーをエマルション化したものである。モノマーやオリゴマーは溶剤型，無溶剤型で使用されているものをそのまま使用でき，幅広い特性をもった設計が可能となる。一方，乳化剤を使用するため塗膜の耐水性低下等の問題発生に注意する必要がある。この対策として反応性乳化剤が使用される場合もある[1,2]。また，強制乳化型エマルションは熱力学的に不安定な系であり，乳化剤の選定，乳化方法の工夫により安定性を高めることも必要である。自己乳化型は分子内に親水性基を有するオリゴマーで，分子自身が乳化剤として働きエマルションとなっているものであり，水溶性・水希釈性型と強制乳化型の中間に位置づけられる。自己乳化型では乳化剤を使用しないため乳化剤に起因する問題の発生がないこと，一般的にエマルションの安定性が良いことが特長となっている。

表2に水溶性・水希釈性型とエマルション型の特徴の比較をまとめた。

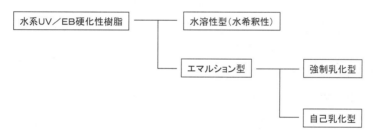

図2　水系UV/EB硬化性樹脂の分類

表2　水溶性，エマルション型の特徴

	水溶性型	エマルション型
長所	有機溶剤を使用しない（水洗浄も可能）。 皮膚刺激性（PII）が低い。	
長所	・含水状態で硬化しても塗膜が白化しない。 ・プレ乾燥工程を必ずしも必要としない。 ・硬化性が速く，硬化膜の残臭が少ない。	・低粘度化が可能。 ・従来のエマルションの高機能化が可能。 ・物性の幅が広い。 ・乾燥のみで造膜が可能。
短所	・耐久性が低下しやすい。 ・疎水性基材への密着性が劣る。	・乾燥工程が必要。 ・経時安定性に注意が必要。
短所	排水処理が必要。	

9.4 水系UV/EB硬化性樹脂の設計

9.4.1 オリゴマーの設計

オリゴマーを水性化するためには，重合性官能基（アクリロイル基）に加えて親水性基を導入する必要がある。親水性基の種類により(1)アニオンタイプ，(2)カチオンタイプ，(3)ノニオンタイプに分類される。

(1) アニオンタイプ

カルボキシル基やスルホニル基などをアンモニアや3級アミンで中和した構造が取り入れられている。対カチオンとしてはNa^+やK^+なども有効であるが，塗膜の耐水性を低下させるためあまり好ましくない。

カルボキシル基の導入方法としては，ジメチロールプロピオン酸，ジメチロールブタン酸を用いてウレタンアクリレートを合成する方法[3]やエポキシアクリレートの水酸基に酸無水物を付加させる方法[4]が一般的である。

(2) カチオンタイプ

アミノアルコールを用いたウレタンアクリレートやアミノ基含有エポキシ化合物をアクリル化したエポキシアクリレートのアミノ基を酸で中和，あるいは4級化試薬により4級アンモニウム塩としたオリゴマーが用いられる。特に，対アニオンとして，アクリル酸を使用した場合には架橋性が付与されるため，耐水性・耐薬品性などの向上につながる[5]。

(3) ノニオンタイプ

ウレタンアクリレートのジオール成分としてポリエチレングリコール（PEG）を用いたものがよく知られているが，PEGの片末端をメトキシ化したモノオールを用いたウレタンアクリレートも開発されている[6]。他に，ヒダントイン系エポキシアクリレート[7]などが報告されている。

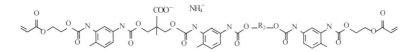

図3　アニオン系水溶性UV樹脂の例[3]

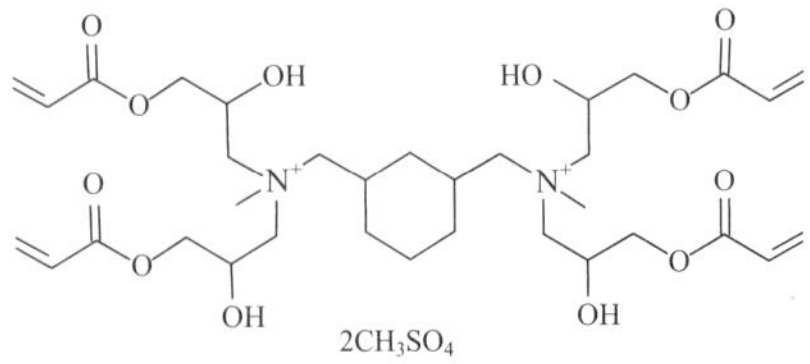

図4　カチオン系水溶性UV樹脂の例[8]

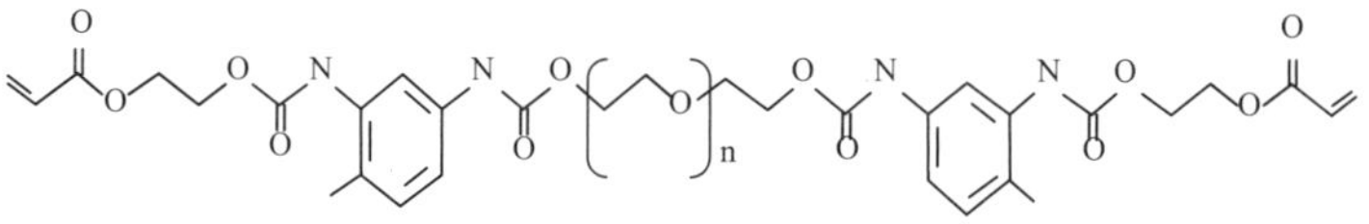

第5章　UV/EB硬化システム

図5　ノニオン系水溶性UV樹脂の例(1)

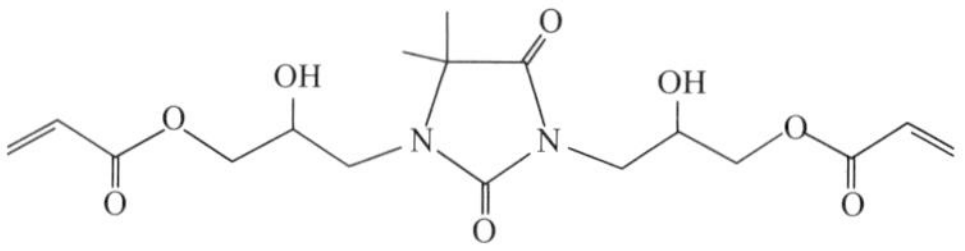

図6　ノニオン系水溶性UV樹脂の例(2)[7]

9.4.2　光開始剤

　水系UV/EB硬化性樹脂の開発とともに水溶性の光開始剤の開発も行われている。水溶性の光重合開始剤として上市されているものには表3に示したものがある[9]。ただし，エマルション型ではUV/EB硬化性樹脂の場合には水溶性でない光開始剤でもエマルション粒子内に取り込まれ，水溶性・水希釈性型の場合でも水含有量が少なく光開始剤と樹脂との相溶性が高ければ光開始剤が析出することはないため，必ずしも水溶性である必要はない。また，従来の光開始剤をエマルション型UV/EB硬化性樹脂用光開始剤として水分散させたものも市販されている（たとえばチバ・スペシャルティ・ケミカルズ製イルガキュア819DW)[9]。

　プレ乾燥工程を必要とするエマルション型UV/EB硬化性樹脂の場合には，オリゴマーの種類や塗工条件によっても異なるが，プレ乾燥条件によりUV照射時の硬化性が影響されることが確認されている。表4にプレ乾燥条件と硬化性の関係を確認した実験結果を示す。乾燥が不十分な場合には，塗膜中に残った水の影響で十分な硬化性が得られないが，過剰の乾燥を行った場合にも硬化性の低下が見られる。特に分子量が低く，比較的揮発性の高いHMPPで顕著に硬化性の低下が見られることからわかるように光開始剤の揮発性が関係している。このようにエマルション型UV/EB硬化性樹脂の光開始剤の選択においては，硬化性とともに揮発性にも留意する必要がある。

表3　水溶性光開始剤[9]

	水への溶解性
2-(2-ヒドロキシエトキシ)フェニル-(2-ヒドロキシ-2-プロピル)ケトン　(HMPK)	1.5%
チオキサントンアンモニウム塩　(QTB)	9.5%
ベンゾフェノンアンモニウム塩　(ABQ)	50%

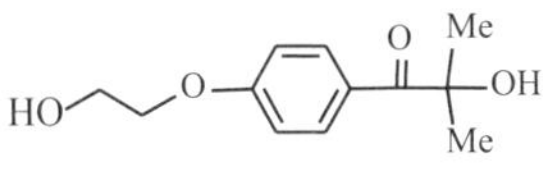

(1) HMPK

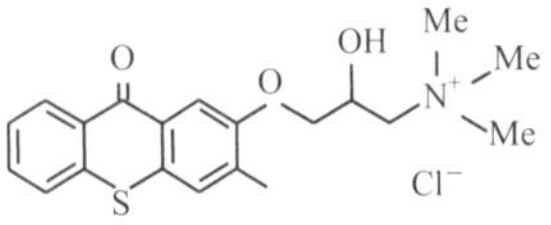

(2) QTX

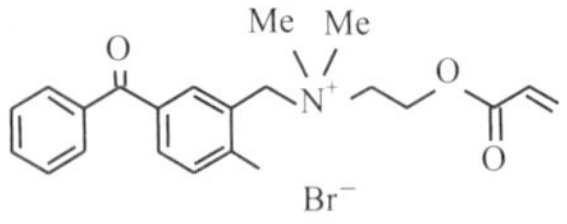

(3) ABQ

図7 水溶性光開始剤[9]

表4 UVエマルションの乾燥条件と硬化性[10]

光開始剤	乾燥時間（min, 80℃）				
	0.5	1.0	2.0	5.0	10.0
2-ヒドロキシ-2-メチル-1-フェニルプロパン-1-オン（HMPP）	3	1	1	1	>5
	4	4	2	3	>5
1-ヒドロキシシクロヘキシルフェニルケトン（HCPK）	3	1	1	1	2
	3	3	2	1	3
ベンジルジメチルケタール（BDMK）	3	2	1	2	2
	4	4	3	3	3
4-(2-ヒドロキシエトキシ)フェニル-(2-ヒドロキシ-2-プロピル)ケトン（HMPK）	3	1	1	1	2
	4	4	1	1	2
ポリHMPP	3	1	1	1	2
	4	4	1	1	2

塗工：バーコーター#48, ガラス板
UV照射：80w/cm×20cm(H)×40m/min, 14mJ/cm^2
硬化性：表面がタックフリーになるまでの照射回数

上段：BS-EM-90
（高硬度タイプウレタンアクリレートエマルジョン）
下段：BS-EM-92
（中硬度タイプウレタンアクリレートエマルジョン）

9.5 水溶性・水希釈型UV/EB硬化性樹脂

9.5.1 モノマーへの水の溶解度

一般によく使用されるアクリルモノマーの中から親水性が高いと考えられるアミド系，ポリエチレングリコール（PEG）系，水酸基含有系のモノマーに関して水溶解度の検討を行ったところ表5に示すとおりアミド系のモノマーの水溶解度が高かった。また，PEG系ではPEG鎖が長くなるほど溶解度が増加する。水酸基含有系では2-ヒドロキシエチルアクリレート，2-ヒドロキシプロピルアクリレートは優れているものの，それ以外は比較的水溶解性は低い。皮膚刺激性，硬化性，塗膜物性，水希釈性を考慮した場合，ヘキサエチレングリコールジアクリレート（6EGA）が比較的バランスのよいモノマーと言える。

第5章　UV/EB硬化システム

表5　各種モノマーへの水の溶解度[10]

モノマー		粘度(25℃)	PII	水の溶解度（g/100g）
アミド系	NVF	4.3*	0.4	∞
	NVP	2.1	0.4	∞
	ACMO	13	0.5	∞
PEG系	4EGA	18	2.3	9
	6EGA	32	0.0	150
	9EGA	46	0.4	170
	TMP(EO)$_3$A	70	1.5	<5
	TMP(EO)$_{15}$A	150	<1.0	230
OH含有	HEA	5.9	8.0	∞
	HPA	4.1	3.6	∞
	DPGA	15	2.5	15
	PET-3A	500	3.4	3
エポキシアクリレート	PhEA	130	2.4	15
	16Hex-G-2A	1,000	0	13
	Gly-G-3A	15,000	0	20
	BisA-G-2A	20,000**	0	<5

*：20℃，**：50℃の粘度
溶解度：モノマー100gと相溶する水（g）
NVF：N-ビニルホルムアミド
NVP：N-ビニルピロリドン
ACMO：アクリロイルモルホリン
4EGA：テトラエチレングリコールジアクリレート
6EGA：ヘキサエチレングリコールジアクリレート
9EGA：ポリエチレンオキサイドジアクリレート
TMP（EO）3A：EO変性トリメチロールプロパントリアクリレート（n=3）
TMP（EO）15A：EO変性トリメチロールプロパントリアクリレート（n=15）
HEA：2-ヒドロキシエチルアクリレート
HPA：2-ヒドロキシプロピルアクリレート
DPGA：ジプロピレングリコールモノアクリレート
PET-3A：ペンタエリスリトールトリアクリレート
PhEA：フェニルグリシジルエーテルエポキシアクリレート
16Hex-G-2A：1,6-ヘキサンジオールジグリシジルエーテルエポキシアクリレート
Gly-G-3A：グリセリントリグリシジルエーテルエポキシアクリレート
BisA-G-2A：ビスフェノールAジグリシジルエーテルエポキシアクリレート

9.5.2　水希釈可能なワニス配合

　各種オリゴマーと6EGAを所定の比率で混合したワニスを調製し，それぞれについて10%水希釈した場合の相溶性について検討した結果，エポキシアクリレートが比較的優れており，なかで

表6 各種オリゴマーの水希釈性[10]

オリゴマー／6EGA		7/3	6/4	5/5	4/6	3/7
エポキシアクリレート	16HexG-2A	○	○	○	○	○
	Gly-G-3A	○	○	○	○	○
	BisA-G-2A	×	△	○	○	○
エステルアクリレート	PET-3A	×	×	×	○	○
	BisA-EO-2A	×	×	×	×	○
	DPHA	×	×	×	×	×
ウレタンアクリレート	ポリエステルウレタンアクリレート	×	×	×	×	○
	多官能ウレタンアクリレート	×	×	×	○	○

BisA-EO-2A：EO変性ビスフェノールAジアクリレート
DPHA：ジペンタエリスリトールヘキサアクリレート

も脂肪族系のものは広い範囲で水希釈性を示した。これに対してエステルアクリレートやウレタンアクリレートでは6EGAが50％以上配合されていても水希釈性を示すものは少ない（表6）。

9.5.3 硬化性と硬化膜物性

水希釈性UV/EB硬化性塗料は，通常10〜20％程度の水で希釈されているが，乾燥なしでも硬化することが知られている。そこで水希釈前の塗料と希釈後の塗料にそれぞれUV照射し，硬化性と塗膜物性について検討したところ，硬化性については含水状態で照射した系がわずかながら優れていることが確認されている（表7）。また，硬化膜物性の試験より，含水状態で硬化した塗膜では強度およびヤング率が高くなっていることがわかる（図8）。以上より，含水系でUV

表7 含水系での硬化性および物性比較[11]

		ワニスA		ワニスB	
			水10％		水10％
硬化性 (mJ/cm^2)	10	×	×	×	×
	20	○-	○	○-	○
	30	○	○	○	○
硬化膜物性	鉛筆硬度	B	B	F	F
	吸水率％	5.6		7.3	
	耐MEK 回/5μm	100<	100<	100<	100<

開始剤：Ir184 5％
硬化条件：$10mJ/cm^2$・pass
80W/cm×1灯×20cm(H)×70m/min（水希釈品は乾燥工程無しで硬化）
吸水率：硬化膜を25℃のイオン交換水に24時間浸漬し，重量変化より計算
耐MEK：MEK含浸ガーゼで塗膜を擦り，下地が出るまでの擦り回数

第5章　UV/EB硬化システム

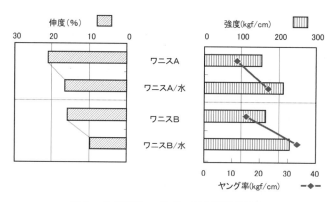

図8　水希釈性UV塗料の硬化膜引張特性

硬化した場合には重合度が高く高架橋密度になっていることが推定される。これは，含水系でUV硬化した場合には，塗膜表面に水蒸気層が形成され空気との接触が遮断されることにより酸素による重合阻害が抑制されたためと考えられている。

9.6　エマルション型UV/EB硬化性樹脂
9.6.1　強制乳化型

各種オリゴマー，モノマーに適切な乳化剤を加え攪拌しながら水を添加することでW/O型エマルションからO/W型へ相転移が生じ，O/W型のエマルションが得られる。表8，9にハードコート剤に使用されるウレタンアクリレートをノニオン系乳化剤で乳化したエマルションの硬化膜物性を示す。被乳化物であるウレタンアクリレートと比較して硬度，密着性の低下が見られるが，高硬度タイプの自己乳化型ウレタンアクリレートと比較した場合には硬化膜物性の面で優れた点が多い。

表8　密着性の比較[12]

	アクリル	ポリカーボネート	ABS	PET（未処理）
自己乳化型ウレタンアクリレート（高硬度タイプ）	0/25	0/25	0/25	0/25
無溶剤系ウレタンアクリレート（被乳化物）	25/25	25/25	25/25	0/25
無溶剤系ウレタンアクリレートの乳化物	20/25	25/25	25/25	0/25

光開始剤：イルガキュア754（固形分に対して5％）
乾燥膜厚：約10μm
プレ乾燥：80℃×2分
UV照射：80W/cm高圧水銀灯　360mJ/cm²
試験方法：碁盤目セロハンテープ剥離試験

表9 鉛筆硬度と耐摩性の比較[12]

	鉛筆硬度	耐摩性
自己乳化型ウレタンアクリレート（高硬度タイプ）	H	傷あり
無溶剤系ウレタンアクリレート（被乳化物）	6H	傷なし
無溶剤系ウレタンアクリレートの乳化物	4H	傷なし

光開始剤：イルガキュア754（固形分に対して5％）
乾燥膜厚：約$10\mu m$
プレ乾燥：80℃×2分
UV照射：80W/cm高圧水銀灯　360mJ/cm^2
鉛筆硬度：JIS　K　5600-5-4にしたがい荷重500gにて測定
耐摩擦性：荷重300gでスチールウールを30往復した際の傷つきを観察

9.6.2 自己乳化型

自己乳化型UV/EB硬化性樹脂としてはアクリル系，ウレタン系等各種樹脂が存在するが，以下，自己乳化型ウレタンアクリレートの一例について述べる。

ノニオンタイプの自己乳化型ウレタンアクリレートの分子構造モデルは図9のようになっており，親水基と疎水基が分離した構造となっている。疎水部の架橋度を調整することにより硬化膜の物性の調整が容易であり，高硬度のものから比較的柔軟なものまで設計することが可能であ

表10 自己乳化型ウレタンアクリレートの性状と物性[13]

		高硬度タイプ	柔軟タイプ
外　　観		乳白色液状	乳白色液状
不揮発分（％）		40	40
粘度（mPa・s/25℃）		100	100
pH		6〜8	5〜6
ベース樹脂	イオン性	ノニオン	ノニオン
	アクリル官能基数	6〜9官能	4官能
	平均分子量	2000	1700
鉛筆硬度（ガラス板上）		4H	B
表面光沢（60°/60°）		91	90
引張試験	破断伸度（％）	1.9	10
	破断強度（kgf/mm^2）	88.4	146.7
	ヤング率（kgf/mm^2）	1081.5	—

光開始剤：イルガキュア184（固形分に対して5％）
添加剤：ポリフロー425（固形分に対して0.15％）
塗工：3Milsアプリケータ使用
プレ乾燥：80℃×2分
UV照射：80W/cm高圧水銀灯　270mJ/cm^2

第5章　UV/EB硬化システム

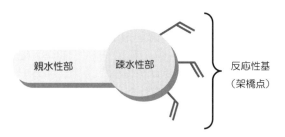

図9　EMシリーズの分子構造モデル[13]

る。表10に代表的な性状およびその硬化膜物性を示す。高硬度タイプはフィルムハードコーティング等にも使用でき，柔軟タイプは木工塗料の中間層などに適している。

9.7　水系UV/EB硬化性樹脂の最近の動向

　これまで水系UV/EB硬化性樹脂は木工塗料を中心に使用されてきたが，最近ではプラスチックコーティング分野への応用が進められている。家電，携帯電話等でプラスチックは多種多様に使用されている。従来からUV/EB硬化性樹脂はプラスチックの傷つき防止コーティングとして使用されており，従来品（溶剤型，無溶剤型）と同等の硬化膜物性を有する水系UV/EB硬化性樹脂の開発が求められている。これらプラスチックコーティングを水系UV/EB硬化性樹脂で行う際に大きな問題となるのはプラスチックへの密着性である。

　プラスチックへの密着性を得るために設計された水系UV/EB硬化性樹脂としては，9.6.1で述べたような強制乳化型エマルション，多官能アクリレートと水分散性ポリマーとを組み合わせたコアシェル型ディスパージョン[14]等が提案されている。

文　　　献

1)　特許公報　3660410
2)　特開2000-159847
3)　特開平4-211413
4)　特開平5-140251
5)　H.Ishida, Rad Tech Asia'97 Proceeding, p539 (1997)
6)　特許公報　2590682
7)　特開平3-237114, 特開平3-237115

8) 横島実, ラドテック研究会年報, No.8, p217 (1995)
9) 大和真樹, 第18回UV/EB表面加工入門講座予稿集, p29 (2005)
10) 荒川化学工業㈱, 社内資料
11) 荒川化学工業㈱,「ビームセット」カタログ
12) 荒川化学工業㈱, 荒川ニュース, No.337, p5 (2007)
13) 荒川化学工業㈱, 荒川ニュース, No.313, p5 (2004)
14) 伊藤正広, *JETI*, **69**(9), 109-111 (2006)

10 高精細スクリーン印刷法の開発とその応用

日口洋一*

10.1 はじめに

トランジスタ配線やLSI（大規模集積回路）加工を代表とするフォトリソグラフィーでは，90nm世代から60nm，さらには45nm世代へ露光技術[1]が移行しつつある。一方，基板配線および電子部品実装[2]では加工・製造技術そのものの課題解決が問われている。

従来の回路基板構成[3]はアナログ回路単体あるいはデジタル回路単体であった。電子部品の実装においては平面（2次元）的な配置がなされていた。しかし携帯電話を例に，基板設計や実装を含めデジタル・アナログ回路混載とならざるを得なくなってきた。過去，半導体製造技術にあわせて配線幅の微細化を行い，電子部品の性能改善や回路基板の機能向上をはかってきた。ところが3GHz通信対応[4]やワンセグTV対応などを携帯電話の付加機能として求めた場合，チップ間あるいは回路基板間での伝送速度の高速化が問題となる。対応策としてチップを小型化し実装面積を縮小したりチップ自体を高性能化する方向で進んでいる。特に製造・加工面では，スクリーン印刷を利用し，より小さい面積でインターコネクト（配線）する技術や複数の配線層を一括形成し3次元にチップ集積する技術が新たに求められている。電子機器の小型化に対応してプリント基板への高密度配線，高密度実装が導入され始めているためである。

そこで本稿では，高精細スクリーン印刷法の応用分野として注目すべき電子部品の小型・積層化技術動向を捉え，次に超高密度プリント配線技術とスクリーン印刷製造との関わりについて述べる。また，これら超精密印刷や電子ディスプレイ部材の印刷加工を積極的に進めるために行った高精細スクリーン印刷法の開発について述べる。

10.2 電子部品の小型・積層化技術動向

携帯電話はより小型かつ高機能化が進み爆発的に普及している[5]。ASV液晶パネル3型を搭載した「SoftBank911SH」は本体厚み22mmである。折畳み型携帯電話「P703i（μ）」は11.4mmとさらに超薄型になっている。携帯電話本体の小型化は内部電源や電子部品の小型化を意味している。また携帯電話の高機能化は回路を構成しているLSIの動作周波数が高まっていることも意味している。電源は小型化されたにも係わらず，3GHz対応通信を維持するだけの容量確保と待機時電力を低消費化しなければならない。つまり電源電圧の低下によってLSI駆動電圧の変動を最小限に抑える必要がある。

変動電圧は電磁気の基礎式より，微分記号を用いて次式で表せる[6]。

---

*　Yoichi Higuchi　大日本印刷㈱　知的財産本部　エキスパート

$$\Delta Vr = iR + L \cdot (di/dt) \tag{1}$$

$$L = N \cdot (\Delta \Phi / \Delta I) \tag{2}$$

ここで式中の各記号は，

変動電圧：ΔVr　最大電流値：i　電流の時間変化率：(di/dt)

インダクタンス：L　巻き線数：N　コイル電流：I　磁束密度：Φ

である。

　式(1)より変動電圧を減少させるためには，電源配線のR成分やL成分を減らす工夫と電流値の時間変動を減らす工夫とが必要である。さらに式(2)よりインダクタンス成分自身を減らす工夫が必要である。別の表現をすれば，変動電圧を減少させてLSI配線の微細化とLSI動作特性の向上（高速駆動化）をはかる必要がある。この課題に対して主に2つの手段が試みられている。スイッチング周波数を高めて行く手段とインダクタやコンデンサ自体を小型化する手段がある。

　第1の手段として，スイッチング周波数を高めるためには寄生容量の小さい微細FETを作製する。この具体的な作製法は，半導体微細加工での65nmリソグラフィー技術によって実現させる。ただしその場合，超微細加工装置を揃えるなどの莫大な先行投資金額が必要になる。しかも次世代の45nmリソグラフィーに関しては液浸ArF露光でのメリットが掴めないのが実情である。現状，最先端リソグラフィー技術に対しては将来的な保障が持てない状態が続いている。そこで第2の手段であるインダクタやコンデンサ自体を小型化する手段に注目がされはじめた。つまり電源部を含む配線でのRやLを削減させるわけである。しかし一方では，電源回路に必要な配線容量を確保するには大面積にならざるを得ないという相反する性質を抱えている。その解決策としてLSIやインダクタの集積・積層化が提案，実行されている。高周波領域では電源の容量を確保するためにオンチップ電源技術の実現に期待が高まっている[7]。オンチップ電源はデジタル回路と電源回路を集積したものである。積層化に関しては，主に3つの手段がある。① ワイヤ・ボンディング，② Si貫通電極，③ CoC（Chip on Chip）である。これら3つのチップ間接続技術に優劣の差があるわけではない。むしろ単独で使用する場合よりも併用する場合の方が多い。例えばSi貫通電極は，素子が集積形成されたSi半導体基板に貫通孔を形成し，その貫通孔の内部に導電性材料で構成された接続プラグが設けられる。この接続プラグを介してチップ同士を電気的に接続することにより，積層された複数のチップからなるマルチチップ素子とする。異なるチップの接続プラグ同士の接続や，接続プラグと多層配線層との電気的接続は半田バンプが設けられたパッドを介して行われる。この場合，チップ同士の位置合わせずれを考慮して比較的面積の大きなパッドを設ける必要がある。しかし，面積の大きなパッドを設けることは，配線層の寄

第5章　UV/EB硬化システム

生容量を低減するために，チップ内にできる限り多数のパッドを設けたいとする要求と相反する。そのため一部の接続をワイヤ・ボンディングにしたりする。つまりチップ間接続技術に関しては互いの欠点を補いつつ高積層・高機能化を実現している。

最近，実装技術は複合化しシステムLSI化する考え方も検証されつつある。例えば，中継基板に複数のチップを搭載してシステム化し，1パッケージとするMCP（Multi Chip Package）[8]である。MCPでは，ワイヤボンディングやC4（Controlled Collapse Chip Connection：制御圧壊チップ接続）技術などを利用して，中継基板とチップとの接続を行っている。MCPは，システムが複雑になると配線やワイヤ線が長くなる。また，チップ数が増大するにつれ，中継基板上の配線やワイヤボンディング配線が煩雑になる傾向にある。C4技術の場合，配線を平面的に引き回せなくなるので，多層基板が必要になり，構造の複雑化とワイヤボンディングを行うための空間上の制約が生じる事もわかってきた。

その一方で電子装置の高機能化によって，電子回路内でやり取りされるデータ量は増大の一途にあり，クロック周波数も急増している。そのため高速化要求に対応する配線技術の実現を具体的に提案していくのは困難な状況にある。現状は実装技術の面から機能改善が試みられ，MCPよりCoCが主流技術になりつつある[9]。

10.3　超高密度プリント配線基板の技術動向

一世代前の配線・実装技術は，配線パターンが形成された基板上に複数のICチップを搭載し，ワイヤボンディング接続していた。さらに半導体素子は，各々1個ずつの半導体素子をQFP（Quad Flat Package）やCSP（Chip Size Package）技術によってパッケージ実装していた。ただし半導体チップ間の距離を確保すること及びその配線距離を小さくすることが困難となる。そのため配線による信号遅延が大きく，高速化や小型化に対する制約が生じていた。現在は，MCPを改良したマルチチップモジュール（Multi Chip Module）化で対応している。各チップ間の配線距離を短くでき，素子特性を向上できる。さらに複数のマルチチップを1パッケージ化し，実装面積を減少させて素子自体を小型化できるようにもなった。さらに高密度配線，高密度実装技術に関しても種々の改良，発展が続けられている。最近，高密度・低コスト化実現を目的とした超高密度プリント配線基板が開発されつつある。マルチチップモジュールを絶縁性基板上にビルドアップ法により配線層として形成する方法もその1つである。絶縁層としては樹脂を用いて形成され，基板表面に複数の半導体素子が実装されたものである。マルチチップモジュールは電極が下面側（裏面）に配置されており，多電極化及び実装密度向上が図られている。また，このようなマルチチップモジュールはさらに外部のプリント配線板へ実装されるが，マルチチップモジュールの下面に配置された電極と対応するプリント配線板の電極とが半田接合により接続

される。

　従来，多層プリント配線基板は，基板に設けられたスルーホールに銅等の導体をメッキして配線層間の接続を行うことにより製造されているが，このような製造方法では，高密度化及びコスト低減に対応することが困難になりつつある。そこで，従来製造法に代わる技術が検討されている[10]。代替技術は，銅箔等の導電性支持体上の所定位置に，銀ペースト等の導電性ペーストを印刷して複数のバンプを形成する。次に，バンプが形成された銅箔にプリプレグ等の合成樹脂系シートを積層し，加圧することでシート貫通させ，その先端を露出する。そして，露出したバンプの先端を該導電体層に圧着させることにより，両銅箔を接続する貫通型導体配線部を形成するものである。さらに両銅箔にエッチングを施して配線パターンを形成することにより，両面型プリント配線基板が得られる。また，銅箔に代えて両面型プリント配線基板とし，配線パターンを形成する操作を繰り返すことで，容易に多数の配線層を備える多層プリント配線基板を製造することができる。また別の方法として，スルーホール内壁の銅めっき導体に代え，インタースティシャルビアホール（以下，IVHと略す）に導電体を充填して接続信頼性の向上を図る事もある。全層IVH構造の多層配線基板の場合，部品ランド直下や任意の層間にIVHを形成し，基板サイズの小型化や高密度実装が実現できる[11]。全層IVH構造の樹脂多層配線基板は，アラミド不織布等の基材に絶縁材としてエポキシ樹脂を含浸・形成する。この基板材料を用いた樹脂多層基板は，低膨張率，低誘電率，軽量であるという長所を持つ。アラミド不織布を芯材とし，電気絶縁性基材の構成はエポキシ樹脂とアラミド不織布繊維が均質に混在した状態となっている。電気絶縁性基材は厚さ方向の熱膨張係数（CTE）が100ppm/℃前後であり，全層IVH構造を形成するインナービア導電体のCTE（約17ppm/℃）と大きく相違する。そのため急激な温度変化を生じる電子機器の過酷な使用環境下では特性劣化が見られ，さらなる耐熱性・難燃性を保持した高信頼性の多層プリント配線基板が必要となっている。

　多層プリント配線基板を含む超高密度プリント配線基板の場合，実装LSIの集積度の向上に伴い動作周波数がますます高い所で適用される。そのため配線・回路中の電気信号の伝播に対しても特別な配慮が必要となる。高周波領域の電気信号は波としての性質が強くなり，電磁波としての取り扱いが必要である。直流回路や低周波数の交流回路のように，単に導体が接続されているだけでなく，電気信号を正しく伝播するためのインピーダンスマッチングが配線の必須条件となる。複数の半導体基板を有する積層構造の素子に限らず，貫通電極を有する単一の半導体基板を有する素子でも同様の現象は生じ，電子機器内部の他の回路にまで悪影響を及ぼす。

　超高密度プリント配線基板の製造工程においても，問題点が多々ある。超高密度プリント配線基板に用いられるセラミック配線基板は，その製造時において焼成および冷却という工程を経る。この際にグリーンシートおよび導体ペーストからバインダーが脱離しながら積層圧着される

第5章 UV/EB硬化システム

が，それらの変形率が異なるため，微細な配線パターンでは配線の変形が生じやすい。また，圧着終了後に焼結温度から冷却するが，その過程でもセラミック基材と配線材がそれぞれ熱変形を起こすため，基板全体の熱変形を計算して製造することは困難であった。従って，半導体チップが搭載される配線基板の配線幅が大きくなるため，配線基板の層数が増加し，薄型で小型な実装構造体の実現が困難になっている。

10.4 スクリーン印刷における製版材料と回路パターン印刷技術

プリント基板等の回路基板に電子部品を実装する多くの実装システムでは，はんだペーストをスクリーン印刷している。近年では異方導電性を有するフィルムやペーストを介して電子部品を実装したり，バンプを有する電子部品を実装する技術など様々な分野でスクリーン印刷が利用されている。また，電子部品を内蔵したプリント配線基板を製造する方法としては，銅張り積層板から従来のフォトプロセスを経て絶縁基板上に配線回路を形成し，その配線回路上の所定の位置に半田ペーストを塗布し，その上に電子部品を載置してリフロー半田付けを行う。これにより，その電子部品の固定と電気的接続とが同時に行われる。基板全体はスクリーン印刷法により樹脂を塗布して電子部品を埋め込む。樹脂を硬化させた後，所定の位置に例えばレーザ加工によって配線回路に連なるビアホールを形成する。最後にビアホールに導電ペーストを充填し樹脂層上面の回路と内部の配線回路とを接続することでビルドアップ基板となる。

大日本印刷㈱ではB2it（Buried Bump Interconnection Technology；ビー・スクエア・イットと呼称）ビルドアップ基板を開発し製品化している。外形寸法が40mm×40mm×6mmのMPEG-4モジュール「N3072」を発売済みである。B2itの断面構成（模式）を図1に示す。B2itは，バンプと呼ばれる円錐状の突起物によって層間を接続しているビルドアップ基板である。このため，基板の垂直方向の電気的な接続にめっきが不要となり，最外層の銅箔を薄くできる。"Hyper B2it"は，従来比で厚さ−33％（8層で0.5mm），重量−18％の薄型・軽量化を実現した超極薄板厚プリント配線板である。主な仕様は，ランド径：ϕ250μm，ビア径：ϕ130μm，CSP端子ピッチ：400μm，L/S：50μm/50μm，絶縁層厚：40μm，バンプ材質：Agペーストである。製品用途は，デジタルカメラ，携帯電話，SDカード，各種モジュール基板である。従来のスルーホール工法と比較して製造方法がシンプルであり回路基板の小型化が容易である。

高密度配線基板や実装基板における細線パターンをスクリーン印刷するには，より細い線径で，かつ高張力を有するスクリーンメッシュ（紗と略す）が必要となる。また製版には紗（通常はステンレス，主としてSUS304）との密着性に優れた感光性樹脂組成物（乳剤）が必要となる。一般的な酢酸ビニル重合体を主とするバインダー樹脂に架橋性モノマー，光重合開始剤を混合・乳化した感光性樹脂組成物では，紗との密着性が悪い。密着性が不良の場合，数100ショットの

高分子架橋と分解の新展開

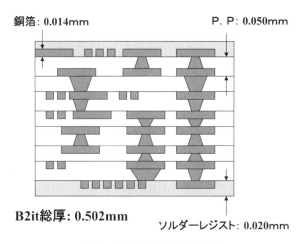

図1　B2itビルドアップ基板

スキージゴムによる摩擦（印刷）によって，感光性樹脂層が紗から剥離し，印刷物に対して「にじみ」などの影響が生じる。そのため密着性や耐刷性を向上・改善した感光性樹脂組成物が種々開発されている。例えば，ビニルエーテル架橋剤によるポジ型感光性樹脂組成物[12]をスクリーン印刷版へ応用展開したものや，けん化度70～95mol％の部分けん化ポリビニルアルコール水溶液と，光重合開始剤，アクリロイル基及びカプロラクトン基を有するモノマーと，ジアゾ光架橋剤とを含有する感光性樹脂組成物[13]もある。版密着性以外には，耐溶剤性や解像度などの特性も付加する必要がある。上述例とした感光性樹脂組成物の場合，アクリル酸エステルのエマルジョン含有率が高い割りに，反応性モノマー含有率が低いため，印刷すべき導電ペーストなどに汎用されているα-テルピネオールなどの溶剤に対して膨潤しやすい傾向にある。そのため配線幅30μmの細線を印刷する場合，印刷パターンのラインが膨潤によって閉塞し断線が発生する。また，反応性モノマー含有率が極度に低い場合，光硬化物中の3次元網目架橋密度が低下し膜硬度が低下する。最近は，製版用感光性樹脂組成物として，水溶性高分子である部分けん化ポリビニルアルコール，アクリル酸エステル共重合エマルジョン，酢酸ビニルを保護コロイドとしたアクリル酸エステル共重合エマルジョンなどを基本に反応性オリゴマー，光重合開始剤，光架橋剤などを含有したものが用いられている。

　近年のレジスト平滑化技術の進歩により，乳剤のみを成膜し製版する場合は，層膜厚を1μm以下のレベルにまで薄くできる。しかし紗に乳剤を付与して製版する場合は，少なくとも紗厚分は厚くなる。その結果，版開口部の側壁面にインキ接触に誘起されるサドル現象（断面形状がサドル状になる）が生じる。サドル現象が発生すると，電子部品印刷において積層体の圧着時に電極膜が変形したり，焼成時に印刷膜のクラック欠損を生じる。サドル現象の発生を抑制，防止す

第5章　UV/EB硬化システム

る方法として，印刷開口部の紗の周辺領域にのみめっきを施す工夫がされている[14]。また電極膜の薄膜化が進むに伴って，スクリーン印刷版の厚みを薄くする工夫もされている。

　これとは別にインキ材料も年々改良・進歩している。スクリーン印刷によるプリント配線形成用の材料として，水系溶剤に金属微粒子を分散させてなるインキも開発されている。一般に水系の導電性インキは，基板表面との濡れ性が悪くプリント配線が部分欠損・断線したり，配線が基板より剥離しやすい問題があった。基板に親水性の高い材料を用いると，プリント配線後の乾燥性の悪化や高湿使用状態下での結露発生で，信号速度異変等の電気的トラブルを引き起こす。疎水性基材（PETフィルム）表面に，ジカルボン酸とグリコールと反応性シリコーンオイルとの含珪素ポリエステルを水に分散または溶解した塗布液で，被膜を形成・改良する技術もある[15]。しかし，水系の導電性インキを用いて形成したプリント基板配線と基材との密着性については課題が残る。今後，高密度配線基板に適合したスクリーン印刷材料の開発が望まれる。

10.5　高精細スクリーン印刷法の開発

　スクリーン印刷は，基板回路形成や部品実装において生産性の高い印刷法として多用されている。携帯電話用の積層コンデンサーやチップインダクターの印刷製造にも使用され，これらの電子部品出荷量も年々増加している。スクリーン印刷は基板の大きさが限定された小面積域に局所的かつ選択的に厚膜印刷が量産レベルで行えるという利点を有する。しかしインクジェットもこの分野へ徐々に進出してきている。印刷法の区別も重要であるが，製造法として特化した機能を示すことがさらに重要な点であると考える。その意味で，スクリーン印刷が基板回路形成や実装分野において確固たる地位を占める必要がある。

　スクリーン印刷の高精細化を考えた場合，印刷位置精度と製版精度に問題があると思われる。印刷精度の制御は，印圧・版間隔・印刷速度・スキージ幅寸法・長さ寸法等の複数条件を微調整して行う。印刷品質，例えば膜厚，パターン幅，表面粗度等を仮設定すると，装置側で調節可能な最適範囲は設定値より狭いのが現実である。材料側では，ペースト粘性に関わる製版張力の強弱が変動し，版離れ性が悪くなる問題も生じる。結果，位置精度を含めた繰り返し印刷特性や基板間でのばらつきも問題となる。

　一方，スクリーン版は，印刷時にスキージによって被印刷面に向かって押し下げられることから，経時的に伸びが生じる。スクリーン印刷用製版が初期的に要求精度を満足するも，印刷時間が長くなるにつれてスクリーンの伸びに起因しパターン精度が低下する。スクリーン版寿命は通常1万ショット程度である。高精細対応の高張力スクリーン版寿命は5千ショット程度のため，版価格に見合った特殊製品への印刷加工とならざるを得ない。製版精度から見た場合，量産に適合する最小印刷パターン寸法は50μmLine（独立線）程度と考える。各社，種々課題を抱えなが

らも30μmLineレベルの量産印刷に向け各種スクリーン部材や新印刷装置を開発中である。

これらの背景より，従来スクリーン印刷法と比較しながらHADOP法の開発について述べる。HADOP（High Accuracy and Dry On-demand Printingの略であり，造語。）法[16]は，スクリーン印刷の高精細化を実現した印刷生産技術の１つである。高精細スクリーン印刷の開発において，従来スクリーン印刷材料の見直しや，印刷プロセスを改善する事は重要である。考案したHADOP法のモデルを図２に示す。HADOPでは高精細パターンに必要な製版解像度を求めたこと，および積層・分離機能化した版感光性材料の最適化検討が必要であった。特に版裏面側の工夫としてバッククション層を付加，適用するための製法も必要であった。HADOP法で用いる版の機能設計および版構成の具現化検討，特に必要な感光性樹脂組成物の材料設計と付与すべき物性に関し順に述べる。

最初に従来スクリーン印刷とHADOP法との機能比較から説明する。従来スクリーン印刷（以下，従来法と略す）の利点は小ロット多品種対応や基板依存性の少ない印刷法である。従来スクリーン印刷では，印刷版の上面紗部で，ペースト充填過程と転写，版OFF過程という異なる２つの過程が同時に行われている。そのため，印刷に関わる多要因に対して，薄い１枚の紗に機能を過多に負わせている。推定理由を含めてはいるが，共通して版構造あるいは紗部基因となっていることがわかってきた。さらには従来法は基板側と接する版背面側での工夫や処理がない状態である。また，欠点として紗細孔を構成する線材種や通過するインキ材種が限定されている事である。版を構成する紗角度に関しては，市販標準紗角度は20〜25度程度である。しかしこの角度はグラフィックアーツ対応あるいはフォントの小サイズ解像に対応させ決定したものである。そのため直交あるいは直角部の多い回路配線やバンプ等の接続パターンを意識して決定したものではない。

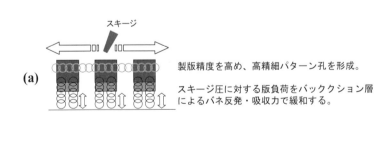

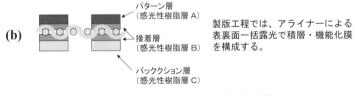

図２　HADOP版のモデル（断面模式図）

第5章　UV/EB硬化システム

　一方HADOP版では，従来法では用いる事のなかった版裏面への工夫を施す。HADOPインキがHADOP版から基板へ転移する機構を図3に示す。版裏面にはバッククッション層を構成する。この時，版表面のパターンにおける細孔形成と同時に積層成膜する。これにより積層構成におけるパターン孔解像度の確保とバッククッション層による基板への瞬間的な密着／版離れを可能とする設計を施した。HADOP法ではさらに量産印刷時における版への印圧負荷軽減と，インキの細孔通過特性向上を意識して材料開発・システム改善を行った。ディスプレイ部材や電子回路基板への配線印刷に際しては，印刷導体パターンの表面平滑性やインキ転移効率も重要因子である。版を構成する紗角度に関しては，紗交点部におけるインキ通過性を良好とするため35度前後と従来法より広角に再設定した。HADOP法による印刷結果を図4に示す。パターン両端部形

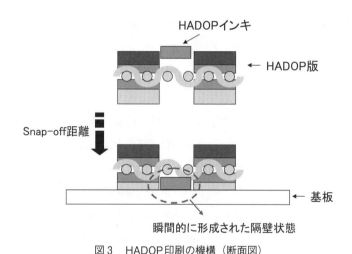

図3　HADOP印刷の機構（断面図）

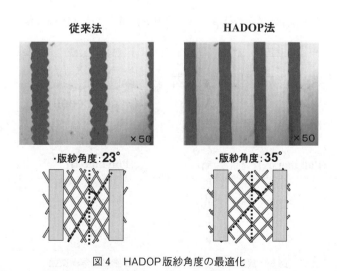

図4　HADOP版紗角度の最適化

状の比較として従来法による印刷パターンを併記した。インキは一般的な市販品スクリーンインキ（赤，UV硬化型）を使用した。印刷解像度限界の関係より従来法，HADOP法ともに50μmLineを印刷した。HADOP法では50μmLineの細線に対してもパターン両端部形状はジャギー（ギザ状態）を生じなかった。

次に，HADOP特有のバッククッション層を構成した感光性樹脂組成物について説明する。HADOP機能化モデルに従って積層化のために必要な個々のバインダー樹脂（レジスト材料）を別途合成した。その化学構造を図5に示す。従来使用されているレジスト材料の配合割合を変更し，アクリル可溶性基やメタアクリロイル基のラジカル重合性基に対する含有量の制御を行い，合成した。HADOP版構成の感光性樹脂組成物は，バインダー樹脂と反応性モノマーと光重合開始剤の組み合わせによって調製した。各構成材料の配合割合において，光重合開始剤の配合比率を一般的なUV硬化材料よりかなり高めている。これは量産化を意識し，高速硬化およびHADOPインキ材料への転用を意図したからである。また，バインダー樹脂と反応性モノマーを組み合わせ使用したのは，UV反応量による架橋密度の制御によりバッククッション物性（硬化膜の柔軟性）をより制御し易くするためでもある。

反応性モノマーは，多官能アクリレートモノマー以外にも，接着性や難燃性効果が期待できるリン酸基含有モノマーを含め選択した。それらの化学構造を図6に示す。HADOP製版性の良否は，感光性樹脂組成物に対する解像度や現像性を中心とした光硬化特性結果より評価・判定した。光硬化特性の結果を表1に示す。ラインパターン解像度は微細加工レジスト同等のL/S：5μm/5μmを解像できた。相対比較として密着プリンター方式による従来法の10倍以上の解像能となる。また多官能アクリレートモノマーとリン酸基含有反応性モノマーとの複合組み合わせにより架橋密度の高低を制御できた。材料設計時に期待した基板との接着性も向上した。これは硬化膜での適度な架橋反応が進行し，かつ残存する末端リン酸基とガラス表面近傍に存在する水酸基と

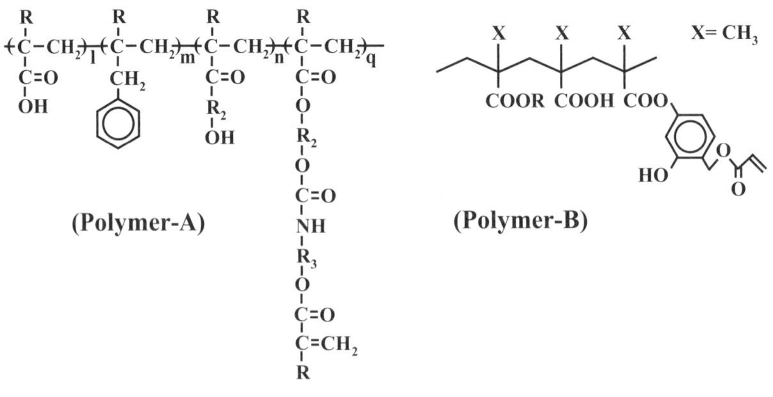

図5　設計・合成したバインダー樹脂の化学構造式

第5章 UV/EB硬化システム

$$CH_2=C(CH_3)COOCH_2CH_2O-P(=O)(OH)_2 \quad (PM)$$

(PA: $CH_2=CHCOOCH_2CH_2O-$)

4,4'-diglycidyleter of bisphenol A-type epoxy resin (DER331)

Epoxy acrylate, modified Phosphoric acid (SP6000)

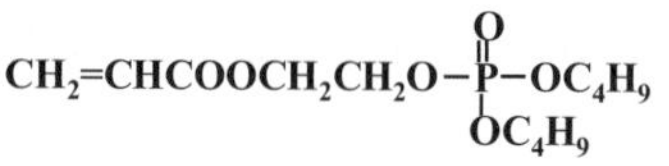

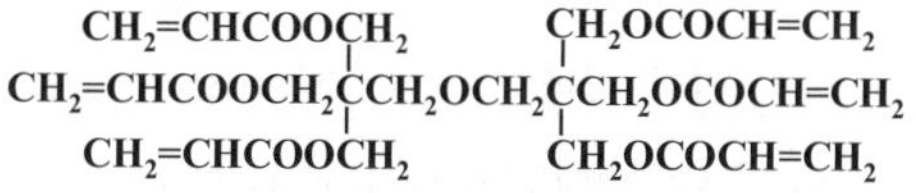

$$CH_2=CHCOOCH_2CH_2O-P(=O)(OC_4H_9)_2 \quad (AR-204)$$

$$\begin{array}{c} CH_2=CHCOOCH_2 \quad CH_2OCOCH=CH_2 \\ CH_2=CHCOOCH_2CCH_2OCH_2CCH_2OCOCH=CH_2 \quad (DPHA) \\ CH_2=CHCOOCH_2 \quad CH_2OCOCH=CH_2 \end{array}$$

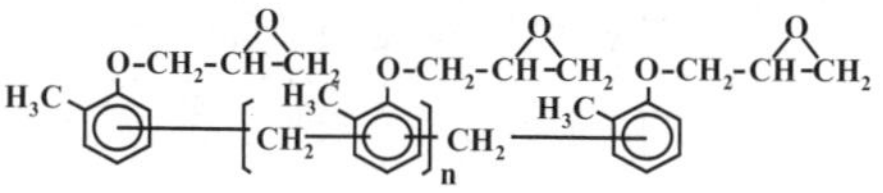

(180S70)

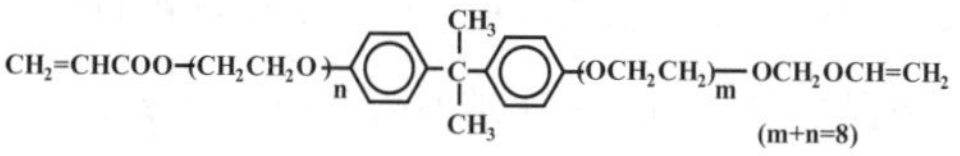

(A-BPE-8) (m+n=8)

図6 反応性モノマーの化学構造式

表1 設計・合成したバインダー樹脂と架橋性リン酸基含有モノマーとの組み合わせによる感光性樹脂組成物の光硬化特性

Monomer	Sensitivity (mJ/cm^2)	Development time (s)	Resolution		
			2% Na$_2$CO$_3$	5% Na$_2$CO$_3$	8% Na$_2$CO$_3$
DER311	70	40	No defect	No defect	Defect of 5μm
DER311/DPHA=8/2	60	50	Defect of 5μm	Defect of 5μm	
DER311/R-684=8/2	150	40	No defect	Defect of 5μm	
DER311/PM/108S70 =2/1/1	200	40	No defect	Defect of 15μm	
DER311/AR-204=8/2	150	40	Defect of 5μm	Defect of 5μm	Defect of 20μm
108S70/A-BPE-10=8/2	90	30	No defect	Defect of 10μm	Defect of 10μm
DPHA/E311/PA/108S70 =5/3/2/1	50	30	No defect	No defect	Defect of 7.5μm

Polymer: copolymer A, initiator: TAZ-106/D-1173=7/3, polymer/ monomer/ initiator=60/40/15

の水素結合を含めた相互作用による結果と推定する。

　製版工程は，平坦性確保のために表裏面それぞれに対して感光性樹脂組成物を精密スリット塗布し，プリベーク後に一括UV（365nm）露光した。バッククッション層を細孔（画素部）形成と同時に積層・UV硬化膜とした。バッククッション層の効果により，基板とHADOP版との間にかかる印刷圧力が緩和された。また付随効果として基板との密着性も向上した。HADOP版のバッククッション物性はダイナミック硬度をもとに評価した。硬度測定値は，圧子を押し込む過程での荷重と，押し込み深さから得られる硬さで，試料の塑性変形だけでなく弾性変形も含む強度数値として求めた[17]。

　印刷工程では，所定の角度でスキージし，版に対して均一に印圧をかけて印刷する事が重要である。HADOPではバッククッション層により形成される一種の隔壁状態が印刷基板への密着性と版離れを確実に行わせている。さらにこの隔壁状態が細孔通過後のインキ拡散を防いでいる。これら複合効果により，印刷パターン品質や印刷精度を高め印刷歩留まりの向上が図れている。最終的にはバッククッション効果からHADOP版に大きな押し付け力が作用せず，版伸びの抑制が諮られ長期耐久使用（ショット数の増加）も可能となった。HADOPの詳細な印刷メカニズムや現象を全て検証したわけではない。得られた印刷パターン形状解析からは，バッククッション層の隔壁によりインキの自然流動によるパターン端面の乱れ（ジャギー）が防がれていると思われる。HADOP法では，紗角度を最適化したHADOP版と特異的なレオロジー特性を保持したHADOPインキ[18]との良好なる組み合わせによって，30μmL/Sを実現したと考察する。

10.6　おわりに

　新規なスクリーン印刷の高精細化を模索した結果，HADOPを考案した。考案モデルに従って新規感光性材料を設計・合成しHADOP版ならびにHADOPインキとして組み合わせ，印刷生産システムとして具現した。HADOP印刷は，フレキシブル基板上に30μmL/Sを量産・工業レベルで実現した。すでに初期開発目的であったディスプレイ部材への量産印刷製造を達成した。さらにHADOPの開発で得られた知見をもとに，次世代電子部品への印刷加工技術に対応すべく新たな検討を今後進めていく。

　スクリーン印刷は，今後もさらなる高精細化と高積層化を保有すべき機能として求められる。特に応用展開分野である実装では，高細線印刷による配線技術と高位置精度の確保が必須条件になると考える。3次元配置を含む高密度配線は新規な印刷材料も必要である。高機能化した感光性樹脂や接着剤を含む新規導電性材料が必要となろう。これら新規な高機能性材料と新印刷加工システムとが組み合わさる事で，次世代高密度配線への道も容易に開けてこよう。

第5章 UV/EB硬化システム

文　　献

1) H. Sewell, D. McCatterty, C. Wanger and L.Markoya, *J.Photopolym. Sci. Technol.*, **18**, 579 (2005)
2) 高木清著, 「ビルドアップ多層配線版のできるまで」, 日刊工業新聞社 (2006)
3) ㈱東レリサーチセンター編, 「フレキシブル基板への印刷技術」, p226 (2005)
4) 勝海理, 武花勇一, 月刊ディスプレイ, 10月号, 4 (2005)
5) 日本経済新聞 11面 2007.03.30朝刊
6) 藤村安志著, 「電気・電子回路入門」, 誠文堂新光社 (1997)
7) 染谷隆夫監修, 「エレクトロニクス高品質スクリーン印刷技術」, シーエムシー出版 (2005)
8) R. H. Dennnard, F. H. Gaenssle, H. N. Yu, V. L. Rideout and A. R. Leblane, *IEEE. J. Solid State Circuits*, **SC-9**, 256 (1974)
9) 宇野麻由子, 日経エレクトロニクス, 2006.11.20号, 67 (2006)
10) 特許3251711号　大日本印刷
11) 特許2587596号　松下電器産業
12) T. Takahashi, H. Watanabe, N. Miyagawa, S. Takahara and T. Yamaoka, *J.Photopolym. Sci. Technol.*, **12**, 759 (1999)
13) 特開2004-272190号　村田製作所
14) 特開平8-186051号　NECトーキン
15) 特開2006-36933号　バンドー化学
16) 日口洋一, 日本印刷学会誌, **40**, 33 (2003)
17) 日口洋一, *J. Jpn Soc Color Mater* (色材), **76**, 171 (2003)
18) Y. Higuchi, *J.Photopolym. Sci. Technol.*, **16**, 157 (2003)

第6章　微細加工における光架橋の活用

1　光開始・酸および塩基の熱増殖とその応用

市村國宏*

1.1　はじめに

　フォトポリマーは，広義には電子線やX線を含めることもあるが，光を照射することによって生じる物理的あるいは化学的な変化を機能として利用する高分子材料であるものの，実際には，光照射後の熱化学反応が決め手になることが非常に多い。フォトポリマーには，光化学反応に基づく分子の構造あるいは配向の変化が高分子の物性変化に変換されるタイプと，光照射によって発生する活性種の拡散挙動，それにより誘起される二次的な化学的あるいは物理的変化がフォトポリマーの機能，性能を決定づけるタイプとがある。後者では，光化学は脇役といった印象をぬぐいきれず，それに代わって高分子材料に特有の多彩な研究課題が抽出され，膨大な研究開発領域を形成する。

　この実情は，フォトポリマーの展開を時間軸で俯瞰すると十分に了解できる。図1では，2つの視点からフォトポリマーの歴史を概観している。第1の視点は光化学反応のかかわり方であり，第2の視点は応用形態である。前者では，光化学反応そのものが高分子の構造を変える。古典的なPVA・重クロム酸塩，ポリビニルシンナメートが代表例であり，非光重合系とする。後者は光ラジカルあるいはカチオン重合を代表とするもので，重合開始種のみが光化学にかかわる。光で発生する酸を触媒とする化学増幅型フォトレジストは非光重合系とする。第2の視点である応用形態に関して特筆すべきは，表面加工に特化されていた光ラジカル重合系フォトポリマーが1960年代からパターン形成に展開されたことである。ドライフィルムレジスト，印刷製版材料などが代表例だが，その流れが化学増幅型フォトレジストの出現によってパターニング材料として飛躍的に発展した。これらは光化学＋熱化学が基本だが，光重合開始剤や光酸発生剤といった光化学の領域以上に，目的性能に合致するモノマーやオリゴマーあるいはバインダーポリマーなどの素材がフォトポリマーでの開発対象に特化されている。その流れでいえば，熱化学的な反応過程をさらに重視したフォトポリマーへのアプローチがあってよい。

　インクジェット印刷によりすっかり影が薄くなってしまったが，銀塩感光材料は化学反応のみで破格な感度特性を誇る。その本質は現像処理における固体材料としての銀塩の自己触媒的な還

＊　Kunihiro Ichimura　東邦大学　理学部　先進フォトポリマー研究部門　特任教授

第6章 微細加工における光架橋の活用

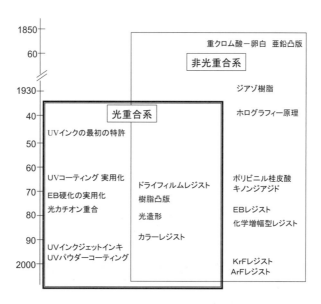

図1 フォトポリマーの歴史的展開

元反応にある。これを模擬し、光で発生する酸を自己触媒的に増やすことができれば、カチオン系フォトポリマーの性能向上が図れるだろうという単純な発想が本節課題の発端であった。この概念は、光化学反応で生成する触媒を自己触媒的な熱化学反応で増やす生成反応であると言い換えられる。自己触媒反応は多いが、触媒そのものが自己触媒的に生成する反応はとても少なく[1]、フォトポリマーへの展開を意図した触媒増殖反応の系統的な研究は筆者らによってはじめてなされた。ちなみに、消化酵素であるトリプシンがその前駆体であるトリプシノーゲンの加水分解により生成し、自己触媒的なカスケード反応を起こす[2]。酸あるいは塩基増殖反応とその応用については多くの総説などで紹介しているので[3]、これらも参考にしていただきたい。

1.2 光酸の増殖

1.2.1 酸増殖反応

大岩は、アセトンの臭素化反応（式(1)）について自己触媒的な酸生成反応の速度論を論じている[4,5]。この反応では、酸触媒によるエノール化が律速段階であり、これに臭素が直ちに付加してから臭素酸が脱離してブロモアセトンを与える。臭素酸自体が触媒となるので酸の増殖反応となる。

$$CH_3COCH_3 + Br_2 \xrightarrow{H^+} CH_3COCH_2Br + HBr \tag{1}$$

酸増殖剤の初期濃度 $= a$, t 時間における濃度の減少量 $= x$, 触媒として添加した強酸の初期濃

度＝cとすれば，t時間における酸の濃度＝$c+x$だから，以下の式(2)が成り立ち，これから式(3)が導かれる。

$$\frac{dx}{dt} = k(a-x)(c+x) \tag{2}$$

$$\frac{1}{a+c}\ln\frac{a(c+x)}{c(a-x)} = kt \tag{3}$$

この式(3)から求められる反応曲線の形はc/aの値に大きく依存する。触媒として添加する酸の濃度（c）が酸増殖剤の濃度（a）と同程度では，自己触媒反応に特徴的なS字曲線にはならない。その比c/aが0.1あるいはそれ以下では，誘導期を経て急激に反応が進行する。このとき，S字曲線の立ち上がりを直線に近似したとき，その傾きは同じとなる（図2）。触媒酸の添加量が著しく少なければ，傾きは一定だが誘導時間が長くなる。以上が酸あるいは塩基増殖反応の基本的な速度論である。

式(1)は二分子反応であるが，一分子的に自己触媒反応で酸を生成する反応を示す物質が酸増殖剤である（図3）。古くは，化合物1の分解は自己触媒的に起こってp-トルエンスルホン酸となることが示唆されている[6]。実際に確認された自己触媒的にスルホン酸が生成する反応は，スルホン酸シクロヘキシルエステル（2）やシクロペンチルエステルを用いた例であろう[7]。ベンゼン中で加熱するとシクロアルケンとスルホン酸へ自己触媒的に分解するが，シクロアルケンとスルホン酸は付加反応をも起こしてスルホン酸エステルとなるので，この反応は可逆的である。一方，スルホン酸のt-ブチルエステル（3）が酸増殖反応を起こすので，化学増幅型フォトレジストに添加してポストベークすると感度が向上するという特許がある[8]。しかし，実際には，この種のスルホン酸エステルは非常に不安定であり，アセトニトリル中で0℃でも30分間で完全に分解するから[9]，フォトポリマーへの応用は考えられない。

フォトポリマーに適切な酸増殖剤が具備すべき必須条件は自己触媒反応性および熱的な安定性

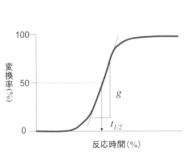

図2　増殖剤の評価パラメータ

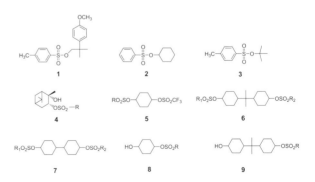

図3　酸増殖性スルホン酸エステル

第6章 微細加工における光架橋の活用

である。自己触媒反応性を高めると熱安定性が低下する場合が多い。熱的な安定性として具体的には，室温保存で長期にわたって安定であり，かつ，光照射後の加熱処理（PEB）の時間範囲でも分解しないことが求められる。評価する酸増殖剤の溶液を100℃で加熱し^{1}H-NMRによって反応を追跡すると，図2のようなS字曲線を描いて分解する。このとき，分解の立ち上がりを直線に近似したときの勾配（g: %/hr）を増殖反応性パラメータとし，分解によって半分消費される半減期を熱安定性パラメータ（$t_{1/2}$: min）として評価した[3d]。勾配が急であるほど反応性に優れているし，半減期が長いほど安定となる。100℃で1000分以上加熱しても分解しなければ，その酸増殖剤は室温で長期にわたって安定だと目安をつけることができる。こうした評価に基づいて，筆者らが開発した酸増殖剤の代表例がピナン系（**4**），シクロヘキサン系（**5**）およびジシクロヘキサン系（**6**）である。スルホン酸としては，脂肪族，芳香族を問わないが，トリフルオロメタンスルホン酸のような有機超強酸のエステルでは熱的に安定な分子構造は限定される。最近，**5**や**6**，さらには，**7**およびそれらのモノスルホン酸エステル（**8**，**9**）を用いたフォトポリマー系が韓国で評価されている[10]。結論的には，**6**がもっとも良好なようである。

1.2.2 酸増殖剤とその応用
(1) スルホネート系酸増殖剤

酸増殖剤は化学増幅型フォトレジストの高感度化を図ることを意図して開発されたが，その添加によって最大で一桁近い高感度化が実現できる。その程度は酸増殖剤の酸増殖反応性に左右されるが，現行の超微細加工用の化学増幅型フォトレジストにそのまま添加すると，高感度化の程度はやや劣るようである。

ヘミアセタール型ポリビニルフェノール（**10**）とトリフェニルスルホニウムトリフレート（**11**）からなる化学増幅型レジスト（図4）にピナン系酸増殖剤（**4a**: ROH = トシル酸，**4b**: ROH = カンファーキノンスルホン酸）を添加し，248 nmおよび電子線レジストとしての詳細な検討がなされ，いくつかの課題が提起されている[11]。その報告によれば，酸増殖剤に求められる要件はつぎのとおりである。① 酸がないときの安定性，② 他の酸による反応性，③ 生成する酸のpKa，拡散定数および揮発性，④ 自己触媒的な反応性，⑤ 酸増殖のUV吸収特性によるプロファイルへの影響，⑥ 放射線による直接分解による酸の生成，⑦ 酸増殖剤の増感分解性，⑧ 酸増殖剤の添加量，⑨ レジスト溶液及びフィルム中での溶解性。これらの諸点に基づき，いくつかの興味ある結果を得ている。筆者らが積み重ねてきたデータに合致する点もある一方で，コメントすべき点もある。

熱分析によれば，**4a**は80℃で融解し140℃で分解する。**4b**も似たような挙動を示し，150℃で分解する。しかし，**4a**あるいは**4b**を分散させたポリマー**10**の膜を110℃で加熱すると，1分間以上のプリベークあるいは露光後のベーク処理によってアルカリ水による膜減りが生じる。つま

り，この条件では，これらの酸増殖剤の分解が起こる。そのため，レジストとしての評価は100℃あるいはそれ以下の熱処理のもとでおこなっている。筆者らはすでに，ビニルフェノール系ポリマーあるいはノボラック樹脂のようにフェノール骨格からなるポリマー膜中では，酸増殖剤の分解反応が加速されることを報告している。また，スルホン酸エステル系の光酸発生剤も同様に，フェノール系バインダーポリマー中では熱的な分解が加速されることが知られている。したがって，フェノール骨格のない酸感受性ポリマーとすることにより，ベーク処理温度を高めることは可能である。

表1は，248 nmおよび電子線を照射したときのポリマー10膜中での4aおよび11の酸発生量を示す。興味あることに，酸増殖剤は光酸発生剤に比較して約1/4の効率ではあるが，酸発生剤として機能する。感度評価をした結果が表2である。表1の結果を反映して酸増殖剤単独でもパターニングは可能であり，光酸発生剤の共存によってさらに感度が向上している。こうして得られるレリーフパターンはいずれも良好であり，酸増殖剤添加はポジティブな結果を与えている。

ナノリソグラフィーに適応したレジスト開発のために，光酸発生剤の相分離抑制，光酸発生剤および発生する酸の膜中での均一な分散，酸の過度の拡散抑制が必要となる。そのためのアプローチの一つとして，光酸発生剤を高分子化して酸感受性ポリマーにブレンドしたり，あるいは，光酸発生剤を酸感受性ポリマーに結合して一体化することが検討されている（図5）。その一例がポリマー12であり，EBレジストとしての評価がなされている[12]。酸増殖反応に伴う過度の強

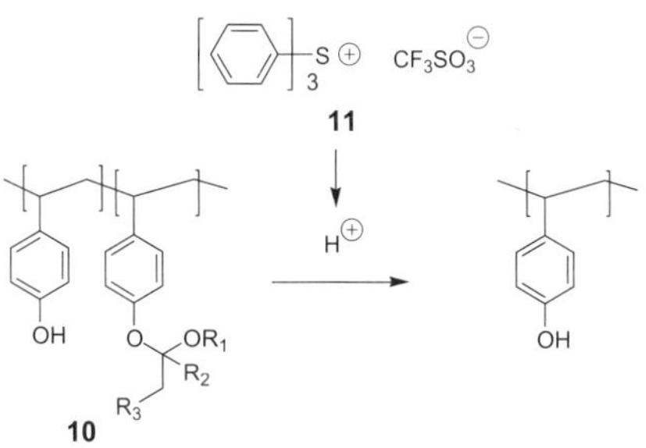

図4 ビニルフェノール系化学増幅型レジスト

表1 酸増殖剤4aおよび光酸発生剤15からの酸発生

線源	酸発生量	
	酸増殖剤4a	光酸発生剤15
	nanomoles/mole 4a	nanomoles/mole 15
248 nm	22	95
25 kV	27	110

表2 ポリマー14をベースとするレジストの感度

組成	感度	
	248 nm (mJ/cm^2)	EB (mC/cm^2)
4a	14	7.5
15	12	6.0
4a + 15	7	3.5

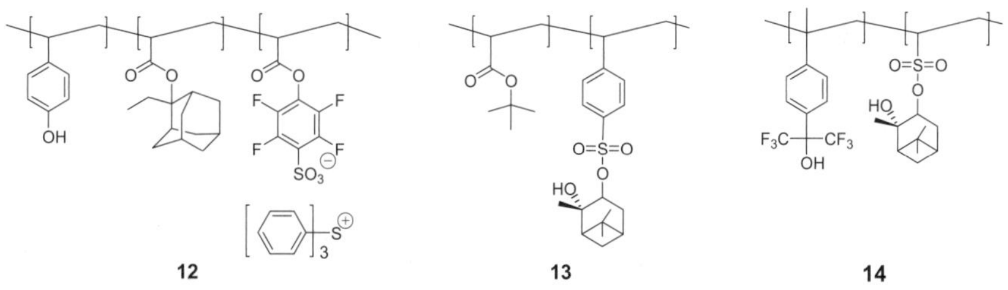

第6章　微細加工における光架橋の活用

図5　化学増幅型および増殖型レジストポリマー

酸拡散を抑制するために，筆者らは酸増殖基を酸感受性残基とともに結合したポリマー13を提案した[13]。このポリマーは，膜中でも増殖反応が円滑に進行し，高感度化が認められている。ポリマー14はF_2レジストとして提案された材料だが，同様に酸増殖基がペンダントされている[14]。感度は10 mJ/cm^2，コントラストは6と報告されている。

酸増殖を取り込んだレジスト材料について公表されているデータがきわめて限定されているために，具体的な開発方針を見定めにくいが，以上の数例から判断すると，感度向上の程度は2倍程度にとどまるものの解像性は劣化していない。筆者らは，基礎研究の立場から主として，上記の①，②，④および⑤を検討してきたが，EUVやEBに対応する超微細加工へ実践的な展開をはかるためには，さらなる酸増殖剤の耐熱性向上，酸感受性ポリマーの選択，ベーク条件の最適化などを要するといえる。

超微細加工を目指すのではなく，ミクロンオーダーでのパターニング用レジスト材料の高性能化も多方面にわたる応用分野で重要な課題となっている。原理的には，酸分子の拡散をそれほど厳密に制御する必要がないし，むしろ，許容される範囲での拡散は高感度化をもたらすので，酸増殖反応を取り込む意義は大きい。その意味で，脱保護反応ではなく，酸架橋反応によるネガ型レジストへの適用は基本的に有利と思われる。アクリルのラジカル重合と酸架橋反応とを組み込んだハイブリッド型フォトポリマーが提案されている[15]。光酸発生剤の増感反応によって生成するラジカル種と強酸が開始種および触媒として機能する系であるが，酸増殖剤を添加することによって酸架橋の効率が向上するので，顕著な高感度化が実現できる。

(2) 炭素酸の増殖反応

これまでに述べてきた熱化学的な増殖反応だけでなく，光化学的な酸増殖反応をも取り込んだフォトポリマーが報告されている[16]。酸による架橋反応を用いる。鍵となる物質はヘキサブロモジメチルスルホン（15）であり，また，その還元によって生成するペンタブロモ体（16）はプロトン酸に相当するという点がポイントである。

その増感光分解と発生する酸の増殖反応の様子を図6に示す。かなり複雑だし，中間体のいく

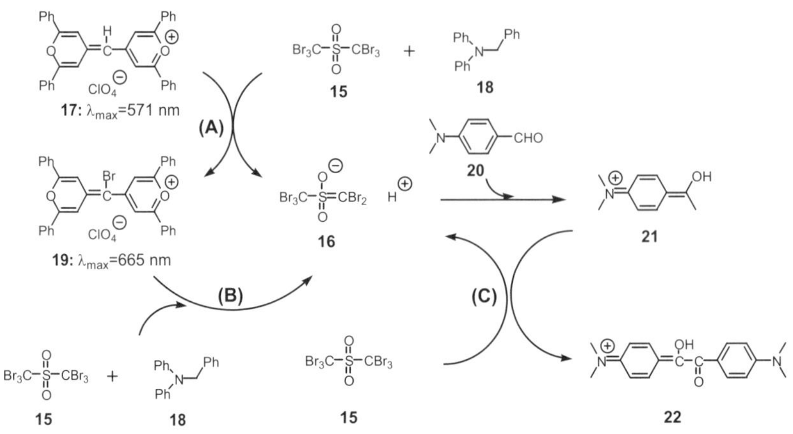

図6 ヘキサブロモジメチルスルホンの増感光分解と炭素酸の増殖
（A）増感光酸発生反応，（B）光による酸増殖反応，（C）熱的な酸増殖反応

つかは推定構造という点に留意を要するが，3つの過程（図中の（A），（B），（C））が含まれるとされる。反応Aは，色素（**17**）による**15**の増感光還元反応である。3級アミン（**18**）は還元剤として働く。こうして生成するペンタブロモ体（**16**）はスルホキシドと臭素原子の電子吸引性のために炭素酸としてふるまう。一方，新たに生成する色素はブロモ化体（**19**）と推定された構造であり，**17**よりずっと長波長に吸収極大をもつ。反応Bでは，より長波長の光でブロモ体色素（**19**）を励起して**15**を**18**によって光還元する。この第2の露光を色素**17**が吸収しない長波長光で行なえば，第1露光で照射した部分のみで反応Bが選択的に起こるので，炭素酸（**16**）を光化学的に増殖することになる。反応Cは，ジメチルアミノベンツアルデヒド（**21**）がプロトン化し，それが還元剤として機能する炭素酸**16**の熱増殖反応に相当する。

（3） リン酸の増殖反応

インクジェット印刷などのデジタル印刷技術が格段に進歩した昨今では，フォトンモードのフルカラー記録材料の意義は微妙な感じがするが，非銀塩でフルカラー感光材料を目指すアプローチが提案されている。その中でのポイントが光化学反応で生成する酸濃度を酸増殖剤によって二次的に増加させ，この酸を顕色剤に用いて発色させる方法である（図7）[17]。化学反応系としては，図6に負けず劣らず複雑であるが，興味深い。

ここで用いられる光酸発生反応（反応A）は，ヨードニウム塩（**23**）を色素（**24**）によって還元剤（**25**）下で行なう増感分解である。この系では，酸を増幅する化合物としてジフェニルリン酸エステル誘導体（**26**）が工夫されており，酸触媒反応によってカチオン種（**27**）を経て（反応B），レゾルシン誘導体（**28**）と反応して**29**となる（反応C）。この化合物から環化生成物（**30**）が生成するとともにモノリン酸ジエステル（**31**）が発生する。このモノリン酸**31**はロイコ色素の

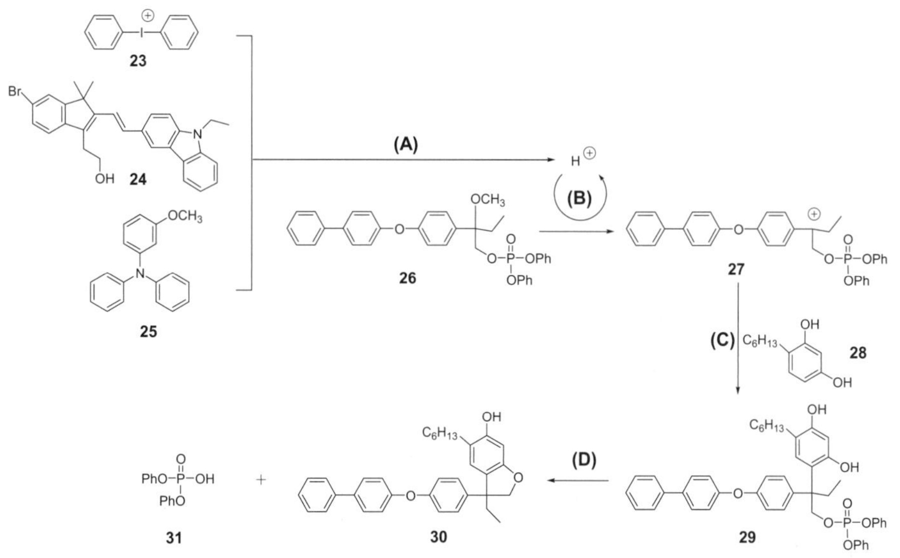

第6章　微細加工における光架橋の活用

図7　リン酸の増殖反応

発色剤となるから，ヨードニウム塩からの酸の触媒作用によって酸増幅剤26から二次的に生成すれば，結果的に光発色の高感度化が達成できる。ここで留意すべきは，自己触媒的に26の分解反応を引き起こすには31の酸強度は低すぎると思われるので，筆者らが定義する酸増殖剤とはいえないであろう。

　三原色を発色する3層構造とすることでフルカラー光発色が可能となり，赤および青の光発色感度はそれぞれ，$10〜50\ mJ/cm^2$および$1〜2\ mJ/cm^2$と報告されている。こうした複雑な化学反応系では物質移動が非常に重要な要素となる。ポリスチレンフィルムがマトリックスとして用いられているが，固体高分子中で有機分子が拡散移動する速度は分子のサイズなどに顕著な影響を受けるので，構成分子をどのように配置するかがノウハウと思われる。この系はフォトポリマーへ応用されていないが，新しい酸の増幅系を工夫する上で示唆的である。

(4)　**酸増殖剤としてのシリル化合物とUVカチオン硬化**

　まったく新しい酸増殖剤が提案されている[18]。その構造を図8にまとめる。これらはいずれもスルホン酸誘導体であるが，対応するブロモ体とスルホン酸の銀塩との反応によって合成されている。光酸発生剤にこの種の化合物を添加すると，シリコン樹脂のUV硬化が加速される。
　化合物32および33はモノトリフレートであるが，化合物34および35は三官能性スルホネートである。SbF_6系光酸発生剤をエポキシ化シリコン樹脂（GE UV9300）に混合し，さらに図8の化合物を添加したときのUV硬化の程度を不溶化率で評価している。モノトリフレートでは硬化加速は観察されないが，35の添加によってUV硬化が促進される。光酸発生剤とシリコン樹脂の

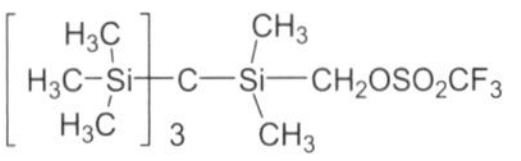

図8 シリル系酸増殖剤

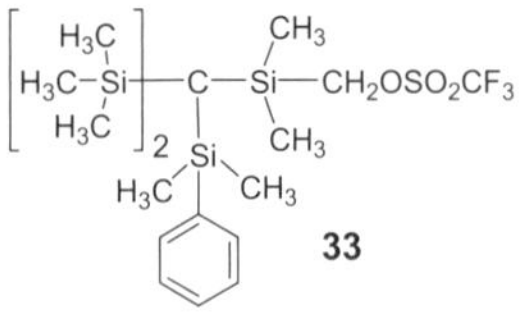

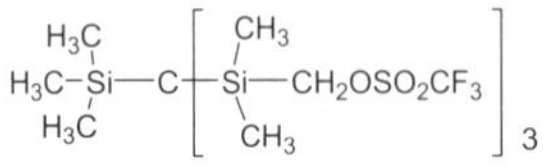

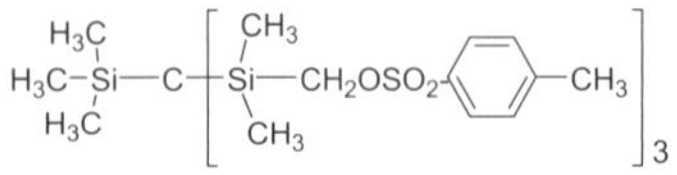

エポキシ基に対して0.5 mol％加えた系に1 mol％以上の化合物35を添加すると，UV照射によって不溶化率が向上する。それに対して，トリフレート基を持つ33では，保存性が悪くUV照射せずに不溶化する。

この論文の著者らは35を酸増殖剤としているが，水分の関与を示唆しているものの，その反応機構について十分な検討はされていない。疎水性の高いトリメチルシリル（トリシル）基の立体障害によって中性条件下では加水分解性が抑制され，酸が発生して加水分解が促進されるものと推察される[19]。

1.3 光塩基の増殖
1.3.1 光塩基発生反応と塩基増殖反応

強酸による金属類の腐食性や硬化物への反応性などに基づく課題が残る光カチオン硬化系を補填する意味で，光塩基発生反応による光アニオン硬化系への関心が高まっている。光酸発生剤は種類が多いうえに電子移動に基づく多彩な増感反応が可能だが，それに比較して光塩基発生剤の種類は少ないうえ，増感反応に制約があって感光波長領域を自由に設計することが困難な現状にある。また，酸による触媒反応あるいは重合反応に比べて，一般的に塩基触媒反応を引き起こす温度は高い。こうした背景にあって，塩基増殖剤の添加による光アニオン硬化の加速が検討されている。

光塩基発生剤としては有機系[20]のみならず錯体系[21]がある。基本的には，これらは光照射によって中性分子からアミンを生成するが，光照射前後での塩基性の差異を利用することも提案されている（図9）。光ラジカル重合開始剤でもある化合物（36）[22]はノリッシュタイプIの光分解によってCC結合が切断し，3級アミンが生成する。36のアミノ基は，ケトンによる電子吸引性によって対応する3級アミンに比べて塩基性は低く，かつ，置換基の立体障害によって触媒能も低い。このため，光照射前後でエポキシ基の重合反応に差異が生じる。化合物37は光分解に

第6章　微細加工における光架橋の活用

よって環状アミジンとなるので，光照射後の塩基性が一段と強まる[23]。

こうした光塩基発生剤はいずれも3級アミンを生成するので，エポキシの開環重合，イソシアネートとアルコールとの付加反応，エポキシとチオールとの付加反応の触媒として機能する。結果的にこれらの反応が光照射によって促進されるので，制御された条件下でUVアニオン硬化が可能となる。光で生成するアミンが触媒あるいは重合開始剤となる場合には，3級アミンであることが望ましい。フェナシル化された4級アンモニウム塩も3級アミンを発生する光塩基発生剤として期待されている。一方，o-ニトロベンジルカルバメート，アシルオキシムあるいはウレタンオキシム型の光塩基発生剤，さらには，コバルトアンミン錯体は光分解によって1級あるいは2級アミンを与える。これらのアミンはイソシアネート，アクリル，さらには，エポキシ基と容易に付加反応を起こすので，重付加反応に基づくポリマーの不溶化に利用される。

これまでに報告されている塩基増殖反応は一般式として図10のように表される。カルバメート（**38**）のβ脱離反応によってオレフィン（**39**）とともにアミン（**40**）が生成し，このアミン自体が触媒となるので，自己触媒反応系を形成する[3]。この図で明らかなように，生成するアミンには活性水素が少なくとも一つあるため，イソシアネートやエポキシのような親電子性の強い官能基と容易に反応する。したがって，重付加や開環重合反応よりも，逐次的な付加反応や他の塩基触媒反応がフォトポリマー用として考慮の対象となる。

1.3.2　多官能性塩基増殖剤

ポリマーの架橋によって不溶化させてネガ型レジストとする場合と，UV硬化のように液状の

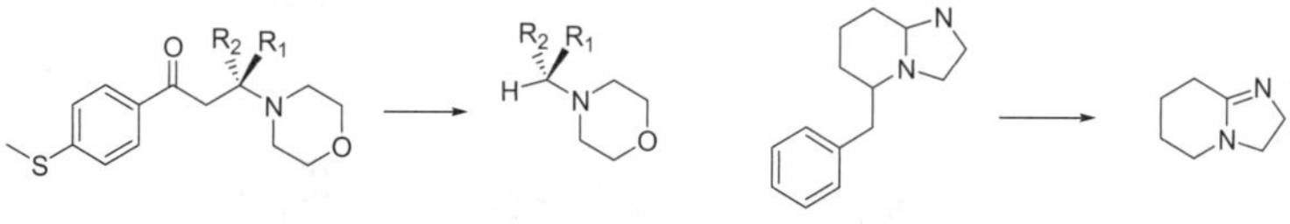

図9　pK_bの変化が起こる光塩基発生剤

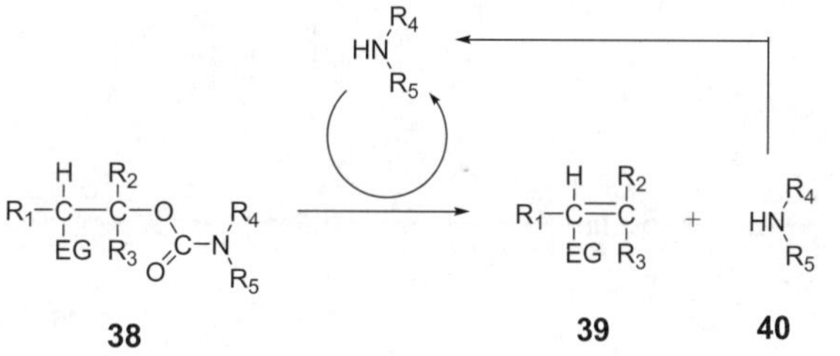

図10　塩基増殖反応
EGは電子吸引基を示す。

高分子架橋と分解の新展開

モノマーやオリゴマーを固化する場合とでは，官能基の変換率の程度は桁が違う。たとえば，エポキシホモポリマーでは，重合度の大小にそれほど依存することなく，約10個ほどの架橋が起これば膨潤が低減されたネガ型パターンが得られる。しかし，低分子エポキシ化合物では，可溶性成分をできるだけ少なくするには，その変換率を可能な限り高くしなければならない。したがって，1級あるいは2級アミンを生成する光塩基発生剤あるいは残基によってポリマーの架橋を引き起こしてネガ型フォトポリマーを設計することは容易だが，液状の多官能性エポキシを硬化することはきわめて困難となる。前述のように，連鎖的な重合反応と逐次的な重付加反応の本質的な違いである。ここに二次的にアミン成分を増やす塩基増殖反応の意義があると考える。塩基増殖反応は，酸増殖反応と同じように式(3)にしたがう速度論を示す。塩基増殖反応の速度を高めるためには，反応速度定数kが一定の場合，増殖剤濃度を高くすることが効果的となり，そのために，多官能化によって分子内反応を優先させることが意味をもつ。

多官能性塩基増殖剤（**41～46**）を図11に示す。一級アミノ基を発生する化合物**42**，**43**[24]，**44**[25]のような塩基増殖基は対応するイソシアネート化合物と9-フルオレニルメタノールの付加反応によって容易に合成できる利点がある。また，化合物**45**および**46**は，市販のイソシアネートエチルアクリレートと9-フルオレニルメタノールから合成されるアクリレート誘導体をポリチオールへマイケル付加反応させて容易に合成される[26]。これはエポキシ化合物と良好な相溶性を示す。また，官能基数が多いほど硬化に要する露光時間を大幅に減じることができ，さらには，16個のフルオレニルメチル基からなる塩基増殖基を分子鎖末端に結合したデンドリマーはエポキシオリゴマーのUV硬化能を顕著に向上できる[27]。

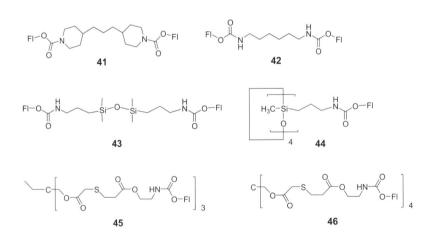

図11　多官能性塩基増殖剤の例
Flは9-フルオレニルメチル基を意味する。

第6章　微細加工における光架橋の活用

　最近，エポキシオリゴマーに光塩基発生剤とともに塩基増殖剤を添加した組成物の膜に露光し，次いで加熱処理を施すと，露光部から未露光部へと物質移動が起こるので，乾式でレリーフ像が形成できることが報告されている[28]。エポキシ化合物の種類，PEB温度と時間などによって移動距離が影響されるが，最適化によって溶剤現像を必要としないリソグラフィーへの応用が期待される。

1.4　おわりに

　酸増殖反応を提案してから10数年経つ。その後塩基増殖反応も加わり，酸や塩基増殖剤をキーワードとして特許検索を行なうと，かなりの件数がヒットされる。しかし，酸発生剤や塩基発生剤の機能を補填する添えものとして用いる例が多いように見受けられ，また，企業で行われている技術内容の把握は難しい。筆者らは，非線形な有機化学反応としての意義を強調しつつフォトポリマーへの応用展開に努力を重ねているが，材料化学の分野では，実用的な意義が広く認められてはじめて新しい概念の学術的な意義が確立される，という筆者の基本的な考えに基づくと，まだ未成熟だといえるかもしれない。

　はじめに述べたように，フォトポリマーのほとんどは光化学反応に続く熱化学的な諸現象を取り込むことによって成り立つ。UVカチオン硬化の場合には，特段の加熱処理なしに酸増殖剤によって硬化が促進される例が報告されているが，多くの場合には酸あるいは塩基の増殖を十分に引き起こすためのベーク処理を要する。光だけでなく，熱をも必要というプロセスが問題となる側面もあろう。しかし，化学増幅型レジストをはじめとして光と熱との組み合わせを原理とするデュアルプロセス型のフォトポリマーには実践的な意義があると考える。増殖剤固有の特性を考慮に入れた展開を願ってやまない。

文　　献

1) 市村，機能材料，**24**(11)，78 (2004)
2) W. E. Elliot, D. C. Elliot著，清水，工藤訳，『生化学・分子生物学』，p.86，東京化学同人 (1999)
3) a) 市村，『新しい半導体製造プロセスと材料』(大見監修)，p.68，シーエムシー出版 (2000); b) K. Ichimura, *Chem. Rec.*, **2**, 46 (2002); c) 有光，阿部，市村，機能材料，**22**(4), 5 (2002); d) 市村，青木，『高分子の架橋と分解——環境保全を目指して——』(角岡，白井監修)，p.186，シーエムシー出版 (2004)

4) 大岩著, 『反応速度計算法』, p.158, 朝倉書店 (1962)
5) 市村, 機能材料, **24**(12), 72 (2004)
6) S. G. Smith, A. H. Fainberg and S. Winstein, *J. Am. Chem. Soc.*, **83**, 618 (1961)
7) a) C. D. Nenitzescu, V. Ioan and L. Teodorescu, *Chem. Ber.*, **90**, 585 (1957); b) V. Ioan, D. Sanddulescu, S. Titeica and C. D. Nenitzescu, *Tetrahedron*, **19**, 323 (1963)
8) 特開平7-134416号
9) H. M. Hoffmann, *Chem. Ind.*, 336 (1963)
10) a) K.-I. Hong, Y.-S. Jeong, K.-T. Lim, S.-J. Choi, Y.-T. Jeong, *J. Ind. Eng. Chem.* (Seoul), **10**, 864 (2004); b) M.-H. Lee, S.-B. Kim, S.-M. Son, J.-K. Cheon, *Korean, J. Chem. Eng.*, **23**, 309 (2006)
11) W.-S. Huang, R. Kwong and W. Moreau, *SPIE*, **3999**, 591 (2000)
12) M. Wang, K. E. Gonsalves, W. Yueh and J. M. Roberts, *Macromol. Rapid Commun.*, **27**, 1590 (2006)
13) a) S.-W. Park, K. Arimitsu, S.-G. Lee and K. Ichimura, *Chem. Lett.*, 1036 (2000); b) S.-W. Park, K. Arimitsu and K. Ichimura, *J. Photopolym. Sci. Technol.*, **17**, 427 (2004)
14) H. Iimori, S. Ando, Y. Shibasaki, M. Ueda, S. Kishimura, M. Endo and M. Sasago, *J. Photopolym. Sci. Technol.*, **16**, 601 (2003)
15) 特開2005-10396号, 2005-157247号
16) A. V. Vannikov, A. D. Grishna and M. G. Tedorade, *New Polym. Mater.*, **3**, 147 (1992)
17) J. L. Marshall, S. J. Telfer, M. A. Young, E. P. Lindholm, R. A. Minns and L. Takiff, *Science*, **297**, 1516 (2002)
18) A. Kowalewska, W. A. Stańczyk and R. Eckberg, *Appl. Catal. A: General*, **287**, 54 (2005)
19) A. Kowalewska; 私信
20) M. Shirai and M. Tsunooka, *Bull. Chem. Soc. Jpn.*, **71**, 2483 (1998); M. Shirai, K. Suyama and M. Tsunooka, *Trends Photochem. Photobiol.*, **5**, 141 (1999); M. Tsunooka *et al.*, *J. Photopolym. Sci. Technol.*, **19**, 65 (2006)
21) C. Kutal, *Coord. Chem. Rev.*, **211**, 353 (2002)
22) H. Kura, H. Oka, J.-L. Birbaum and T. Kikuchi, *J. Photopolym. Sci. Technol.*, **13**, 145 (2000)
23) K. Dietliker, K. Misteli, T. Jung, K. Studer, P. Contich, J. Benkhoff, E. Sitzmann, *RadTech Europe 05*, **2**, 473 (2005)
24) K. Arimitsu, M. Hoshimoto, T. Gunji, Y. Abe, K. Ichimura, *J. Photopolym. Sci. Technol.*, **15**, 41 (2002)
25) K. Isoda, K. Arimitsu, T. Gunji, Y. Abe and K. Ichimura, *J. Photopolym. Sci. Technol.*, **18**, 225 (2005)
26) a) K. Aoki and K. Ichimura, *J. Photopolym. Sci. Technol.*, **18**, 133 (2005); b) K. Aoki and K. Ichimura, *J. Photopolym. Sci. Technol.*, **19**, 683 (2006)
27) K. Aoki and K. Ichimura, *J. Photopolym. Sci. Technol.*, in press
28) K. Aoki and K. Ichimura, *J. Photopolym. Sci. Technol.*, **19**, 49 (2006)

2　光架橋および熱分解機能をもつ高分子の最近の動向

岡村晴之[*1], 白井正充[*2]

2.1　はじめに

　架橋した高分子は不溶・不融であり，耐熱性，耐溶剤性および機械強度に優れているため，接着剤，塗料，半導体用の封止剤，プリント配線基板や複合材料のマトリックスなどに多用されている。架橋した高分子の熱的，力学的，あるいは化学的安定性は，架橋構造や架橋密度に強く依存する。より高性能な架橋高分子を得ることを目的として，これまでに極めて多くの種類が開発され，利用されている。

　近年，環境負荷を軽減させるという観点から，架橋高分子が利用されるいろいろなケースにおいて，リユース・リワーク・リペア性を付与することが考えられている[1~3]。リユース性，リワーク性，リペア性を有する架橋性高分子とは，分解可能な架橋ユニットを含んだものである。このような架橋性高分子では，一度架橋させた後，一定の条件下で処理すれば架橋構造が分解し，溶媒に可溶な直鎖状高分子あるいは低分子化合物へと変換することができる。このような架橋性高分子の応用例としては，医用材料，特に生分解性材料やドラッグデリバリーシステム用材料などがあり，また，リサイクル機能を付与したエラストマーあるいは半導体封止材，およびフォトレジスト等が挙げられる。

　本節では，分解能を有する架橋性高分子についての最近の動向について，微細加工用途での使用法について言及しながら，架橋ユニットの分子設計とそれらの架橋反応および分解ユニットの分子設計と分解反応について述べる。

2.2　可逆的架橋・分解反応性を有する機能性高分子

　可逆的に架橋・分解反応をする高分子は架橋体として利用した後，分解してもとの高分子に戻せば再利用が可能である。

　ビシクロオルソエステルを側基に有する高分子は三フッ化ホウ素・エーテル錯体存在下で側基のビシクロオルソエステル部位が開環架橋反応を起こし，架橋高分子を与える[4]。一方，架橋高分子はトリフルオロ酢酸による処理により，もとの高分子へと戻る。この系の特徴は，使用後も適切な処理により高分子が再生するため，材料として用いた時，リサイクルが可能であるという点である。

　近年，動的共有結合という概念のもとに，ポリマーの主鎖構造や架橋構造を可逆的に制御する

[*1]　Haruyuki Okamura　大阪府立大学　大学院工学研究科　応用化学分野　助教
[*2]　Masamitsu Shirai　大阪府立大学　大学院工学研究科　応用化学分野　教授

試みが活発に行われている。そのなかで，架橋構造の制御に利用された例として，Diels-Alder 反応[5~7]やアルコキシアミンの熱解離[8]，スルフィド-ジスルフィドの変換反応[9]が挙げられる。Diels-Alder反応を利用した系をスキーム1に示す[5]。ジエノフィルとしてのマレイミド部位を有するポリシロキサン1と，架橋剤としてジエンであるフラン部位を1分子に2個有するシロキサン2を溶液中で混ぜ合わせると，架橋ポリマー3が生成する。架橋ポリマー3にフェニルマレイミド4を加え，加熱すると付加物5の生成とともに1が再生する（スキーム1）。この系はリサイクルが可能な熱可塑性エラストマーとしての応用が期待される。

動的共有結合を架橋構造の制御に用いる試みはまだ始まったばかりである。本系の課題は架橋条件あるいは分解条件の制御が比較的困難であるという点である。しかし，今後さまざまな系が開発され，発展していくものと思われる。

2.3 不可逆的架橋・分解反応性を有する高分子

不可逆的架橋・分解反応性を有する高分子では，架橋部位と分解部位の分子設計の自由度が大きいので多くの研究例がある。ここでは，架橋方法として熱架橋および光架橋，分解方法として熱分解，光誘起熱分解，および試薬による分解による場合に分類して述べる。

2.3.1 熱架橋・熱分解系

熱硬化性樹脂は室温で液体もしくは溶媒に可溶な固体であるが，加熱により三次元架橋構造となり，固体でかつ溶媒に不溶となる。そのため，従来の熱硬化性樹脂は使用後の除去がきわめて困難である。しかしながら，架橋した熱硬化性樹脂の架橋部位を何らかの方法で切断することができれば，架橋構造が崩壊して溶媒に対して溶解するようになる。熱架橋・熱分解型高分子の設計においては，架橋反応温度が分解温度より低いように分子構造を選択することが重要である。架橋・硬化した樹脂の熱処理により架橋構造が崩壊する高分子は多く研究されており，取り外し

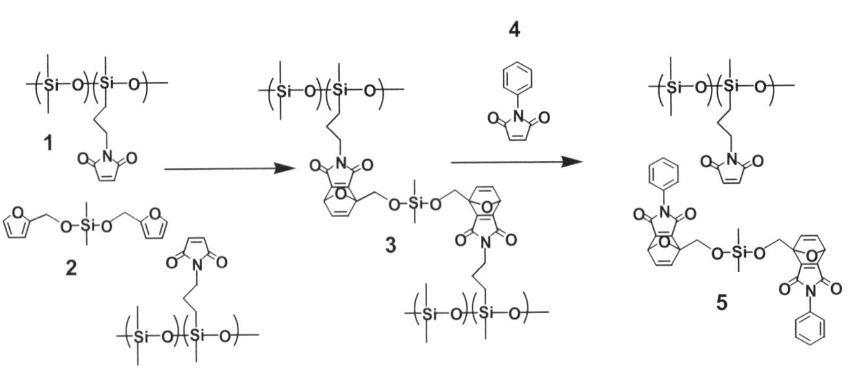

スキーム1

第6章 微細加工における光架橋の活用

ができる半導体封止材料用樹脂として分子設計されている。

分子内に第一級，第二級，あるいは第三級アルコールのカルボン酸エステル部位を有するジエポキシド6～10と，4-メチルヘキサヒドロフタル酸無水物13との混合物は加熱により架橋・硬化する[10～12]。硬化樹脂の重量の50%が減少する温度はそれぞれ270（**10**），315（**9**），350（**8**），370（**7**），380℃（**6**）であり，硬化物の熱重量減少は，第三級アルコールのカルボン酸エステル部位を2箇所有する**10**がもっとも低温で起こる。**13**と第三級アルコールのカルボン酸エステル部位を有する**9**の熱架橋・熱分解機構をスキーム2に示す。まず，エポキシ基と酸無水物との架橋反応が進行して架橋構造を有する樹脂**14**が生成する。これは，さらに高温の熱処理を行うことにより，主に3種類の分解生成物**15**～**17**を生成し，架橋構造が崩壊する。第一級および第二級アルコールのカルボン酸エステル部位を有する**6**，**7**をジエポキシドとして用いたときの架橋体も熱分解するが，その分解機構はよくわかっていない。

ベンゼン環を有する第二級アルコールのカルボン酸エステル**11**，第三級アルコールのカルボン酸エステル**12**，あるいは**6**と**12**の混合物を**13**で硬化させた硬化樹脂の熱分解温度はそれぞれ261，206，および224℃であった[13]。**9**および**13**から得られた硬化樹脂を実際の半導体封止材料として用いたところ，この硬化樹脂は加熱後，ブラシでこすり取ることができた。

炭酸エステル部位を有するジエポキシド**18**あるいは**19**と**12**からなる硬化樹脂の熱分解開始温度は250℃である[14]。取り外しのできる半導体封止材用樹脂の理想的な分解温度は220℃であり，**18**

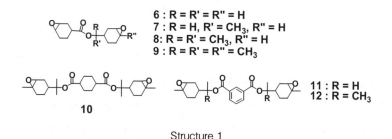

Structure 1

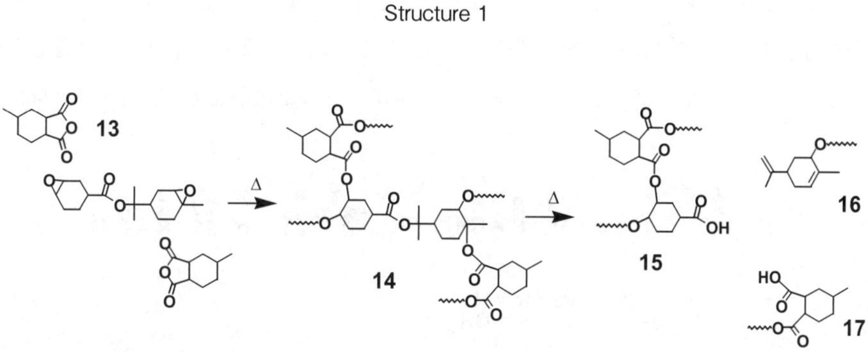

スキーム2

と**19**は有力な候補である。

　カルバメート部位を有するジエポキシド**20**あるいは**21**と**13**との熱硬化は，ジエポキシド**6**を用いた場合と比較すると，低温で進行する[15]。硬化樹脂の分解開始温度は，ジエポキシドとして**21**を用いたときは220℃，**20**では280℃である。第三級アルコールから合成されるカルバメート部位の熱分解温度は第一級アルコールから合成されるカルバメート部位よりも熱分解温度が低い。

　エーテル部位を有するジエポキシド**22**あるいは**23**と**13**からなる硬化樹脂の熱分解開始温度は，**22**を用いたときは304℃，**23**では239℃である[16]。**23**は取り外しのできる半導体封止材用樹脂として利用できる可能性が高い。

　新しい熱架橋・熱分解系として，パーオキシドの生成とその熱分解による架橋・分解系が報告された[17]。詳細は第7章第2節に記されている。

2.3.2　熱架橋・試薬による分解系

　熱架橋・試薬による分解系は，現在行われている熱硬化性樹脂の処理法の一つである強酸・強塩基による処理に代わる処理方法であり，リサイクル可能な熱硬化性樹脂を指向している。分子設計における基本的な概念は，ある種の試薬に対して結合が切断される官能基を架橋部位に導入するというものである。つまり，官能基が熱的に安定である限り，熱架橋・熱分解系と異なり，熱架橋反応時における制約がない。しかしながら，架橋部位を試薬と接触させる必要があるため，試薬の浸入が困難な高度な架橋体の場合は基本的には分解反応が極めて遅いか，もしくは起こらない。

　熱架橋・試薬による分解系として，エポキシ末端を有するビスフェノールAグリシジルエーテルオリゴマーの硬化剤として，-SS-結合を有する4,4'-ジチオジアニリンを用いた系がある[18,19]。架橋反応はエポキシ基とアミンの付加反応を用いている。架橋間分子量が400～500を超えないように架橋・硬化した樹脂は，還元剤であるトリブチルホスフィンもしくはトリフェニルホスフィン存在下，有機溶媒中で還流することにより溶解した。架橋剤中の-SS-結合が還元されて-SH基となり，架橋が崩壊するためである。この系は還元剤により架橋部位を切断するため，高度に架橋した樹脂に対しては還元剤が架橋樹脂中に浸透しないので，反応は完全には進行しない。

　一方，ビスフェノールAグリシジルエーテルオリゴマーの硬化剤として，γ-ブチロラクトン

18 : R = H
19 : R = CH$_3$

20 : R = H
21 : R = CH$_3$

22 : R = H
23 : R = CH$_3$

Structure 2

第6章 微細加工における光架橋の活用

スピロ誘導体を用いると，生成した架橋樹脂はKOHのエタノール／水（8：2）中，80℃で24時間加熱処理をおこなうと分解することができる[20]。

分解部位として，ケタール，アセタールおよびホルマール結合を有する二官能性エポキシ化合物および分解部位を有しない二官能性エポキシ化合物とヘキサヒドロフタル酸無水物との混合物は分解型熱架橋系である[21]。架橋した樹脂をエタノール／水／酢酸混合溶媒中で分解させると，ケタール結合を有する架橋体がもっとも早く分解し，次いでアセタール結合を有する架橋体が分解する。一方，ホルマール結合を有する架橋体はほとんど分解しない。これらの系では，熱架橋はエポキシ基と酸無水物との付加反応で起こる。アルコール存在下で加熱を行うと，ケタール部位の交換反応が進行して，水酸基を有する分解生成物と低分子ケタールが生成する。ケタールおよびアセタール部位は分解部位として有用であることが分かる。

ケタールおよびアセタール部位の酸触媒加水分解能を利用した分解可能な架橋ポリマーは酸触媒による加水分解により架橋構造が崩壊するので，スターポリマーの合成[22]や，ドラッグデリバリーシステムへ応用[23]が可能である。

ナイロン0.2構造を有する高分子あるいは架橋高分子は，酸化剤で処理することにより一酸化炭素と窒素に分解する[24]。分解生成物が気体であるため，架橋高分子を完全に分解することが可能である。詳細は第7章第1節に記されている。

2.3.3 光架橋・熱分解系

熱硬化性樹脂と比較して，硬化のためのエネルギーが少量ですむ光硬化型樹脂に関する研究が盛んに行われている[25]。光架橋・硬化樹脂も熱硬化性樹脂と同様に，永久塗膜や保護膜，あるいはマトリックス材として用いられている。架橋機能に分解機能を組み合わせることで，簡便な処理による硬化樹脂の除去が可能となる。

また，光架橋系を用いると，熱処理を行わずに架橋構造を形成できる。このため，熱に対して不安定な架橋構造を利用する架橋体の合成法として有用である。

種々の長さのメチレンスペーサーを有するジアクリラートもしくはジメタクリラート24は，光ラジカル開始剤存在下で光照射を行うとラジカル架橋反応が進行し，架橋体25が生成する[26]。25は加熱分解を行うと，ポリカルボン酸26とオレフィン27を生成し，架橋構造は崩壊する（スキーム3）。しかしながら，この場合，生成するポリカルボン酸の脱水反応が副反応として起こるため，系の架橋構造は完全には崩壊しない。アルカリ水処理により，生成した酸無水物を加水分解することにより系は可溶となる。

カルボン酸無水物部位を有するジメタクリラート28，29から得られる架橋体はリン酸緩衝溶液中，37℃で分解反応が起こる[27]。28，29は光ラジカル開始架橋を行うことにより架橋体となる。この架橋体をリン酸緩衝溶液中，37℃で放置すると，28を用いた場合は1〜2日で完全に崩壊す

るのに対し，**29**を用いた場合は14日で50％しか崩壊しない。架橋構造の崩壊はカルボン酸無水物部位の加水分解によるものである。分解挙動は分子構造，特に，**28**に含まれるポリエチレングリコール部位と**29**に含まれるテトラエチレングリコール部位の疎水性の差によるものである。これらの架橋体はドラッグデリバリーシステム用材料として有望であると考えられる。

　側基にエポキシ部位，および第三級アルコールのエステル部位を有するポリマー**30**[28, 29]，あるいは第三級アルコールのカルボン酸エステル部位もしくはスルホン酸エステル部位を有するポリマー**31〜33**[29〜31]，そして側基にオキセタン部位を有するポリマー**34**[32] は光酸発生剤存在下で光照射を行うと架橋構造を形成し，溶媒に不溶となる。架橋体を加熱することにより架橋構造が崩壊して，系は溶媒に可溶となる。熱分解温度は，光架橋に用いた光酸発生剤の種類，およびポリマー構造に影響を受ける。**32**を用いた場合の架橋・分解機構をスキーム4に示す。**32**は光酸発生剤の存在下で光照射を行うと，エポキシ基の開環架橋反応が進行し，架橋体**35**を形成して溶媒に不溶となる。架橋体**35**を加熱すると，まず第三級アルコールのカルボン酸エステル部位が分解してポリマー**36**と分解生成物**37**が生成するため，系は有機溶媒に可溶となる。さらに加熱を行うと，**36**中のスルホン酸エステル部位が熱分解してポリマー**38**を生成する。このため，系は水に溶解するようになる。このようなポリマーは水で溶解除去できる環境にやさしい光架橋高分子として有用である。

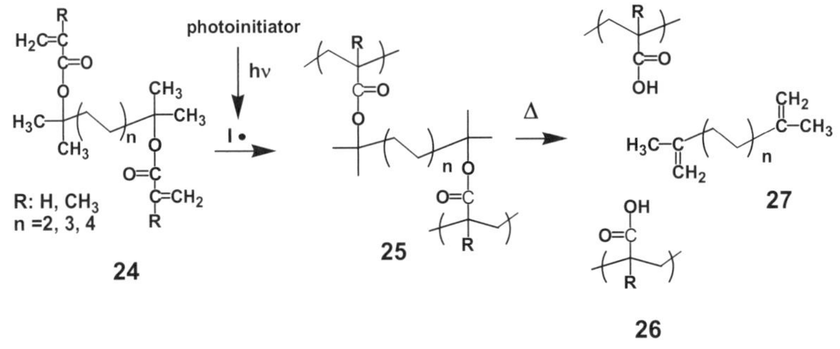

スキーム3

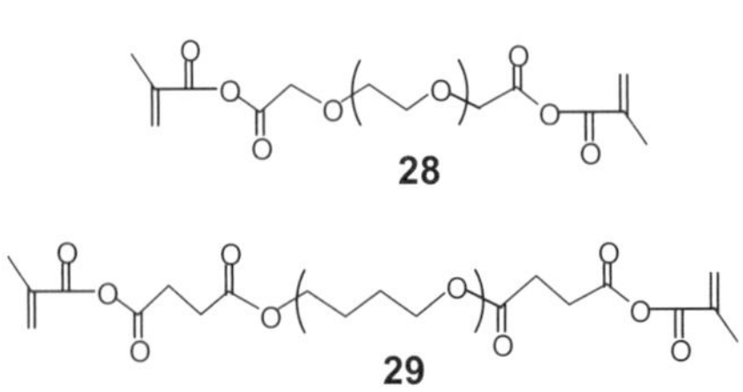

Structure 3

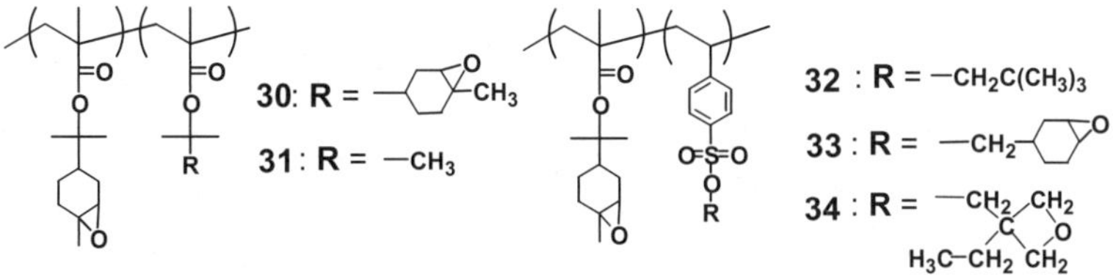

第6章 微細加工における光架橋の活用

Structure 4

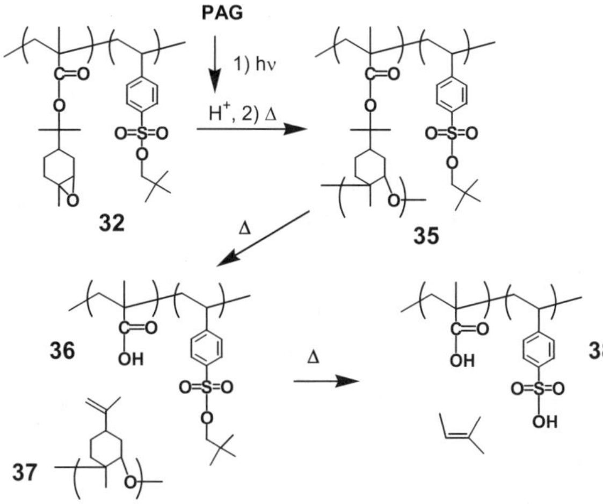

スキーム4

ベースポリマーとしてポリビニルフェノール，架橋剤として熱分解型多官能エポキシド9，10，もしくはトリエポキシド39，あるいは40および光酸発生剤からなるブレンド系は，光架橋・熱分解系として利用できる[33～35]。架橋剤として熱分解型ジエポキシドを用いたときの反応機構をスキーム5に示す。フェノール性水酸基とエポキシ基の反応は酸の存在下で進行することを利用している。ポリビニルフェノール，ジエポキシド，および光酸発生剤のブレンドフィルムは光照射により架橋体41を生成する。架橋体41は熱分解により，架橋構造が崩壊し，溶媒に可溶となる。光架橋に対する感度は官能基数の増加にともない増大した[35]。本系も溶解除去可能な光架橋樹脂として利用できる。

2.3.4 光架橋・光誘起熱分解系

照射する光の波長を選択することにより，高分子の架橋および分解を制御できる系は，感光性樹脂としてさまざまに応用できるのみならず，学術的にも興味深い。

分解部位としてアセタールユニットを有するジメタクリラート42[3, 36]に光ラジカル開始剤43および光酸発生剤44を添加した系において，365nm光を照射すると架橋体45が形成する。架橋体45に254nm光を照射した後，加熱するとポリヒドロキシエチルメタクリラート46を主成分とする分

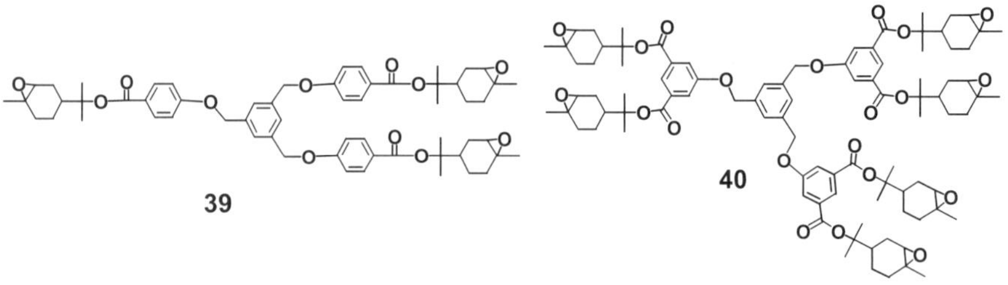

Structure 5

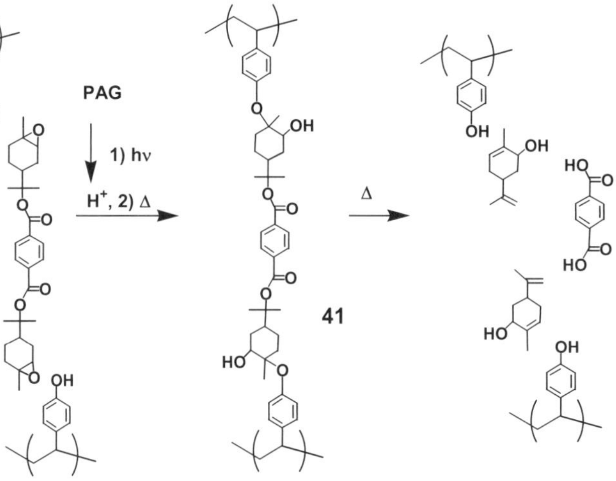

スキーム 5

解生成物へと変換されるため，メタノールに溶解した。本系の反応機構をスキーム6に示す。本系では，熱ラジカル発生剤および熱酸発生剤を用いることで，熱架橋・熱分解系が，また，光ラジカル開始剤と熱酸発生剤を用いることで光架橋・熱分解系が，さらには，熱ラジカル開始剤と光酸発生剤を用いることで，熱架橋・光誘起分解系の設計が可能になる。

2.3.5 光架橋・試薬による分解系

光架橋・試薬による分解系の特徴は，光架橋・熱分解系と同様であり，リサイクル対応の光架橋・硬化樹脂，もしくは低温での分解が必要な医用用途での応用が主である。熱架橋・試薬による分解系と同様に，架橋構造の完全分解のためには架橋密度を上げすぎない工夫が必要となる。

嵩高いウレア部位を有するジメタクリラート47〜49は光ラジカル開始材存在下で光照射を行うとラジカル架橋反応が進行し，架橋体が生成する[37, 38]。架橋体をアルコールあるいはアミン存在下で加熱すると，架橋構造が崩壊し，架橋体の重量が減少した。ウレア部位のアルコールもしくはアミンの交換反応が架橋構造の崩壊の原因であると考えられるが，詳細は不明である。

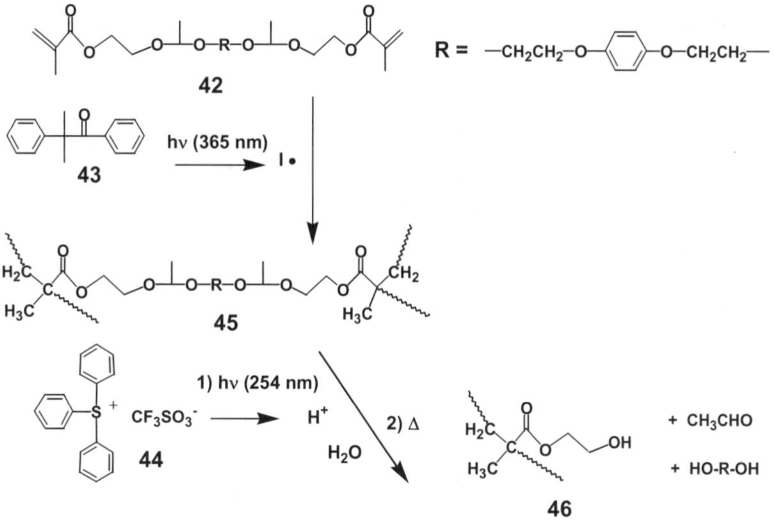

第6章 微細加工における光架橋の活用

スキーム6

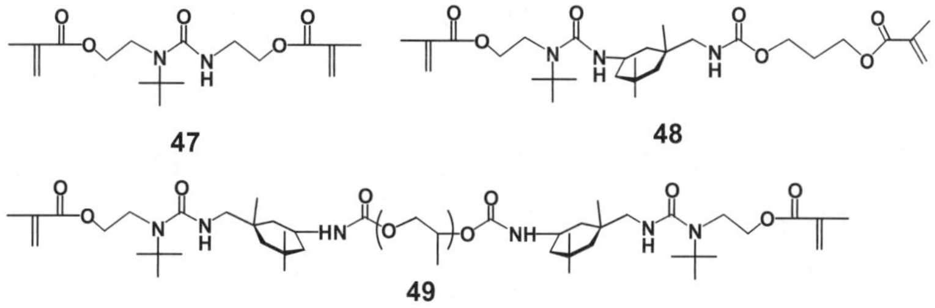

Structure 6

2.4 微細加工への応用

　光架橋・熱分解系および熱架橋・光誘起熱分解系は，光照射により溶解性を変化させることができるので，光リソグラフィーを用いた微細加工用フォトレジスト材料として利用する事ができる。

　ポリマー50は加熱によりアセタール結合を有する架橋高分子51を生成する[39]。この架橋高分子51は光酸発生剤存在下で光照射した後，加熱を行うと，溶媒に可溶となる。51は酸存在下，加熱により架橋部位のアセタール結合が加水分解され，アルコール性水酸基とフェノール性水酸基を含むポリマー52およびアセトアルデヒドに分解する（スキーム7）。さらに，ポリビニルフェノール，フェノールノボラック，あるいはカルボン酸含有ポリマーをベースポリマーとして，種々のジビニルエーテル53もしくはトリビニルエーテル54を架橋剤として用いたブレンド物は，加熱

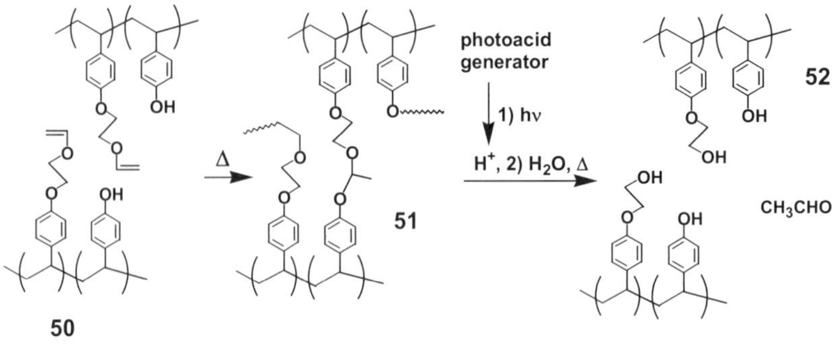

高分子架橋と分解の新展開

スキーム7

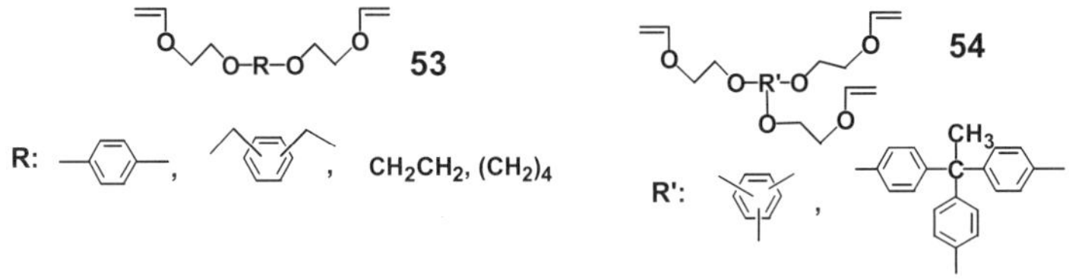

Structure 7

により架橋体を形成し溶媒に不溶になる。これら架橋体は光照射後の加熱により溶媒に可溶となる[40]。これら一連の樹脂はフォトレジストとしての利用が考えられる。

カルボン酸とエポキシ基が加熱により付加反応を起こすこと，また，第三級アルコールのカルボン酸エステル部位が酸触媒存在で加熱分解されることを利用する立場から，メタクタクリル酸-メタクリル酸エチル共重合体55，ジエポキシド56および光酸発生剤からなるブレンドフィルムの熱架橋・光誘起熱分解性が検討されている[33]。これらのブレンドフィルムは加熱により架橋構造を形成し，溶媒に不溶となる。架橋体に光照射を行い，加熱すると55および分解生成物が生成するため，溶媒に可溶となる（スキーム8）。この系はポジ型フォトレジストとして利用できる[41]。レジストパターンシミュレーションプログラム（SOLID-C®）を用いて得られたこの系の解像度は，254nm光露光において，$5 mJ/cm^2$の感度で$0.6 \mu m$ L/S程度であることが示唆された（図1）。

熱架橋・光誘起熱分解型高分子がArF（193 nm）リソグラフィー用フォトレジストに応用された[42]。付加開裂連鎖重合法を用いて分子量分布を狭くしたターポリマー57に光酸発生剤とアミンを添加し，製膜する。前加熱を行うことにより，架橋構造を有する58となり，溶媒に不溶となる。光照射後，後加熱を行うと架橋構造が崩壊し，系はアルカリ水溶液に可溶となる（スキーム9）。この高分子を用いた系では，$16 mJ/cm^2$の感度で$0.1 \mu m$ L/Sの解像性が得られた（図2）。

270

第6章 微細加工における光架橋の活用

熱分解型メタクリルモノマー**24**（R=CH₃, n=2）の微細加工への興味深い応用が報告された[43]。まず，光インプリント法を用いて**24**を光架橋し，サブミクロンもしくはミクロンオーダーのパターンを形成する。次いで，パターン上に，光酸発生剤を含むポリスチレン薄膜をコートする。そして，光パターニングする。光を照射された部位に酸が生成し，この酸は引き続く加熱により，

Structure 8

スキーム 8

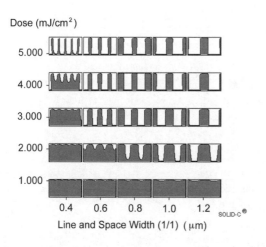

図1　パターンシミュレーション

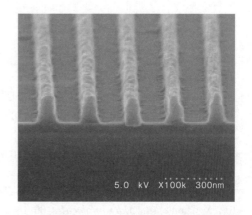

図2　0.1μmL/S レジストパターンのSEM写真

271

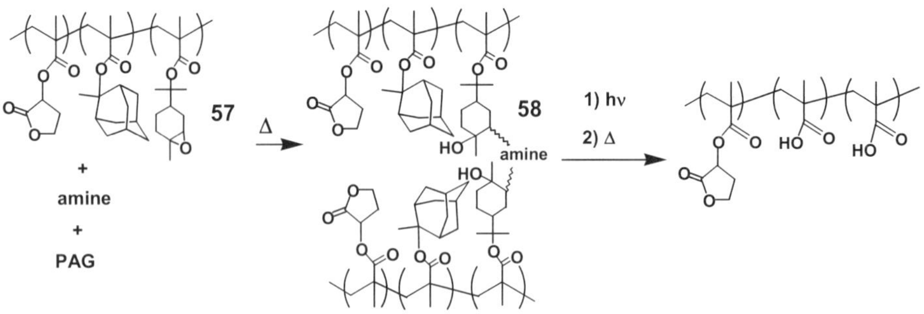

スキーム9

架橋体25の薄膜中に拡散し，酸触媒による解架橋反応が進行する。脱架橋された部位はアルカリ水に溶解する。このため，あらかじめ形成したパターンの上に第二の光パターニングを行うことができる。熱分解型多官能アクリラートを用いる微細加工の興味深い活用である。

2.5 おわりに

本節では，架橋と分解性を利用する機能性高分子について，可逆反応を利用するものと不可逆反応を用いるものに分け，それぞれの特徴を述べた。不可逆反応を用いるものについては，架橋反応として熱架橋および光架橋，分解反応として熱分解，光誘起熱分解，および試薬による分解に分類することができる。さまざまな反応を用いた架橋・分解型高分子が開発されている。

高分子の架橋と分解を高機能性材料に利用する例として，光リソグラフィーを用いた微細加工における活用を示した。今後，高機能性や環境調和の視点から，架橋・分解性を有する高分子材料の重要性が増すものと考えられる。

文　　献

1) 白井正充, 高分子加工, **50**, 290 (2001)
2) 岡村晴之ほか, 接着, **47**, 396 (2003)
3) M. Shirai, *Prog. Org. Coat.*, **58**, 158 (2007)
4) M. Hitomi et al., *Macromol. Chem. Phys.*, **200**, 1268 (1999)
5) R. Gheneim et al., *Macromolecules*, **35**, 7246 (2002)
6) X. Chen et al., *Macromolecules*, **36**, 1802 (2003)
7) M. Watanabe et al., *Polymer*, **47**, 4946 (2006)

第6章 微細加工における光架橋の活用

8) Y. Higaki *et al.*, *Macromolecules*, **39**, 2121 (2006)
9) T. Takata, *Polym. J.*, **38**, 1 (2006)
10) S. Yang *et al.*, *Chem. Mater.*, **6**, 1475 (1998)
11) J. -S. Chen *et al.*, *Polymer*, **43**, 131 (2002)
12) J. -S. Chen *et al.*, *Polymer*, **45**, 1939 (2004)
13) H. Li *et al.*, *J. Polym. Sci. Part A: Polym. Chem.*, **40**, 1796 (2002)
14) L. Wang *et al.*, *J. Polym. Sci. Part A: Polym. Chem.*, **38**, 3771 (2000)
15) L. Wang *et al.*, *J. Polym. Sci. Part A: Polym. Chem.*, **37**, 2991 (1999)
16) Z. Wang *et al.*, *Polymer*, **44**, 923 (2003)
17) T. Kitamura *et al.*, *Macromolecules*, **40**, 509 (2007)
18) G. C. Tesoro *et al.*, *J. Appl. Polym. Sci.*, **39**, 1425 (1990)
19) V. Sastri *et al.*, *J. Appl. Polym. Sci.*, **39**, 1439 (1990)
20) R. Gimenes *et al.*, *Polymer*, **46**, 10637 (2005)
21) S. L. Buchwalter *et al.*, *J. Polym. Sci. Part A: Polym. Chem.*, **34**, 249 (1996)
22) E. Themistou *et al.*, *Macromolecules*, **39**, 73 (2006)
23) Y. Chan *et al.*, *J. Control. Release*, **115**, 197 (2006)
24) N. Kihara *et al.*, *J. Polym. Sci. Part A: Polym. Chem.*, **45**, 963 (2007)
25) J. P. Fouassier *et al.*, "Radiation Curing in Polymer Science and Technology", Elsevier Applied Science, New York (1993)
26) K. Ogino *et al.*, *Chem. Mater.*, **10**, 3833 (1998)
27) B. S. Kim *et al.*, *J. Polym. Sci. Part A: Polym. Chem.*, **38**, 1277 (2000)
28) M. Shirai *et al.*, *Chem. Mater.*, **14**, 334 (2002)
29) M. Shirai *et al.*, *Chem. Lett.*, 940 (2002)
30) M. Shirai *et al.*, *Chem. Mater.*, **15**, 4075 (2003)
31) M. Shirai *et al.*, *Polymer*, **45**, 7519 (2004)
32) H. Okamura *et al.*, *J. Photopolym. Sci. Technol.*, **18**, 715 (2005)
33) H. Okamura *et al.*, *J. Polym. Sci. Part A: Polym. Chem.*, **42**, 3685 (2004)
34) H. Okamura *et al.*, *J. Polym. Sci. Part A: Polym. Chem.*, **40**, 3055 (2002)
35) H. Okamura *et al.*, *Polym. J*, **38**, 1237 (2006)
36) M. Shirai *et al.*, *J. Photopolym. Sci. Technol.*, **18**, 199 (2005)
37) J. Malik *et al.*, *Polym. Degrad. Stabil.*, **76**, 241 (2002)
38) J. Malik *et al.*, *Sur. Eng.*, **19**, 121 (2003)
39) S. Moon *et al.*, *Chem. Mater.*, **5**, 1315 (1993)
40) S. Moon *et al.*, *Chem. Mater.*, **6**, 1854 (1994)
41) H. Okamura *et al.*, *J. Photopolym. Sci. Technol.*, **17**, 699 (2004)
42) M. Shirai *et al.*, *J. Vac. Sci. Technol. B*, **24**, 3021 (2006)
43) M. F. Montague *et al.*, *Chem. Mater.*, **19**, 526 (2007)

3 感光性有機無機ハイブリッド材料の合成と応用

玉井聡行[*1], 松川公洋[*2]

3.1 はじめに

感光性材料は, フォトリソグラフィーによる半導体・電子デバイスの微細加工[1,2], 光硬化による薄膜形成・コーティング・印刷・3次元造形などにおけるキーマテリアルである。特に近年の産業界での微細加工および省エネルギープロセスへの関心の高まりなどから, その重要性はさらに増している。数多くの炭素系感光性樹脂が研究開発されてきているが, 最近では有機ポリマーの基本骨格にケイ素, スズ元素を導入し無機的性質を付与した有機無機ハイブリッド化による性能向上の試みがなされている。ここでは, 著者らが行ってきた, 有機金属ポリマー, および有機無機ハイブリッドによる感光性材料, すなわち, ケイ素・スズを導入したポリスチレンの光反応によるマイクロパターン形成, 3次元微細加工のためのアクリルポリマー／シリカハイブリッドによるポジ型電子線アナログレジスト, および光硬化性有機無機ハイブリッドの研究例を中心に述べる。

3.2 有機金属ポリマーフォトレジスト材料

通常の有機系フォトポリマーの基本骨格に, Siを導入すると, 酸素プラズマ（酸素-反応性イオンエッチング：O_2-RIE）耐性が向上することから, ポリシランや有機ケイ素基を有するポリマーのレジスト材料への応用が検討されてきた[3,4]。著者らは, 汎用ポリマーであるポリスチレンへの, $-CH_2Si(CH_3)_3$, $-CH_2Sn(CH_3)_3$基の導入について検討した[5〜7]。図1, 2に示すように, 含ケイ素およびスズ-ポリスチレンのフィルムにKrFエキシマレーザー光（248 nm）を大気中照射すると, 主鎖上の結合開裂は進行せず, 選択的にC-Si, C-Sn結合のみが開裂しベンジルラジカルが発生する。酸素が比較的高濃度で存在するフィルム表面ではカルボキシル基生成反応が, 一方, フィルム内部ではC-C結合生成による架橋反応が進行する。フォトリソグラフィーを用いれば, フィルム表面では光照射部に選択的カルボキシル基生成を行える。カルボキシル基を化学修飾することで, 官能基のマイクロパターン形成が可能である。またスズポリマーフィルム内部に生成させた架橋スズポリマーのネガパターンを, 大気中, 酸化熱分解しSnO_2に変換することで, 透明導電性薄膜のマイクロパターンを作製できる。光架橋されたスズポリマーのみが熱分解でSnO_2を生成することから, 光照射後, 現像を行わずに直接熱処理を行ってもSnO_2のネガパターンが得られる（未露光部は熱分解でエッチングされる）。しかし, ポリスチレン, ポリ

[*1] Toshiyuki Tamai　大阪市立工業研究所　電子材料課　研究主任

[*2] Kimihiro Matsukawa　大阪市立工業研究所　電子材料課　研究主幹

第6章 微細加工における光架橋の活用

（4-メチルスチレン）の同様の光反応では，主鎖上のC-H結合開裂を経る主鎖開裂（高分子の分解反応），およびそれに伴う分子量の低下が進行し明確なパターンは得られなかった。

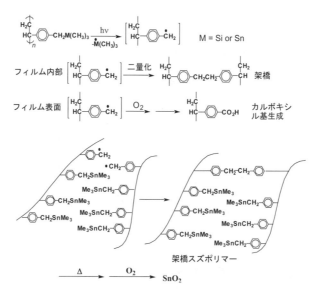

図1 含ケイ素・スズ—ポリスチレンの光化学反応

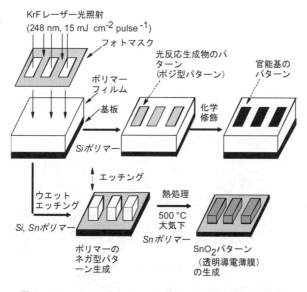

図2 フォトリソグラフィーによるマイクロパターン形成

3.3 有機無機ハイブリッドレジストによる3次元微細加工

有機無機ハイブリッドは，有機成分と無機成分が分子レベルあるいはナノメートルスケールで均一に分散している有機無機複合体であり，材料の分野においては有機材料・無機材料それぞれの特徴の両立，さらには有機及び無機単独，あるいはそれらの単なる複合化では達成困難な特性が期待されている[8,9]。有機ポリマー／無機ハイブリッドレジスト薄膜では，ナノメートルスケールで構造制御することで，有機成分が持つ柔軟性（成膜性）・感光性，無機成分が持つ硬さ・耐熱性・耐薬品性（耐溶剤性）の共存が図れると考えられる。それらのポリマー／無機ハイブリッドは，一般的に金属アルコキシドを前駆体とするゾル-ゲル法[8,9]で合成される。また，シリカ微粒子のポリマーへのドープによるハイブリッドの作製とそのフォトレジストへの応用例も報告されている[10]。

大容量の光情報処理に用いられる，3次元微細構造を有する，回折格子や光フィルター，マイクロレンズアレイなどの光学素子作製において，電子線描画による加工は重要なテクノロジーである。電子線リソグラフィーにより光学素子の3次元微細加工を行うには，露光量に応じてパターンの深さが変化するアナログ的挙動，さらには高感度，高解像度，ドライエッチング耐性，金属薄膜蒸着時の安定性，基材や金属蒸着膜との密着性などの特性を有する電子線レジストが望まれる（図3）[11~13]。ポリメタクリル酸メチル（PMMA）系ポジ型電子線レジストが市販されているが，要求を十分に満たしているとは言い難い[2,13]。また，α-クロロアクリル酸メチル／α-メチルスチレン共重合体が感度とコントラストの高いポジ型レジストとして市販されているが，アナログ性が欠如している。そこで著者らは[14~19]，アクリル共重合体とシリカからなる有機無機ハイブリッド薄膜[20]ではアクリルポリマー成分によるポジ型の性質とシリカ成分による耐熱性，耐溶剤性，石英基板との密着性などが得られると考え，アクリルポリマー／シリカハイブリッド薄膜のポジ型電子線アナログレジストとしての評価を行った。アナログパターン作製，作製したパターンへの反応性イオンエッチング（RIE）およびNi薄膜蒸着等を検討した結果を以下に紹介する。

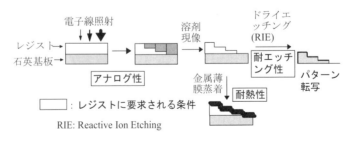

図3　電子線描画3次元微細加工による光学素子作製

第6章 微細加工における光架橋の活用

3.4 アクリルポリマー／シリカハイブリッドポジ型電子線アナログレジスト

アルコキシシリル基を有する，アクリルコポリマーとしてα-メチルスチレン／メチル-α-クロロアクリレート／3-メタクリロキシプロピルトリエトキシシラン（MPTES）共重合体（**1**，図4），シリカ成分前駆体として，$Si(OC_2H_5)_4$，$R^1Si(OR^2)_3$ [$R^1 = C_6H_5$, CH_3, $C_6H_5CH_2$, C_3H_7. $R^2 = CH_3$, C_2H_5.] およびメチルシリケート-51($CH_3O[Si(OCH_3)_2O]_nCH_3$ n = 4, MS, 扶桑化学工業）あるいはそれらの混合物のゾル-ゲル法による加水分解・縮合物を，石英ガラス基板上へのスピンコーティング，加熱処理（空気中，120℃，2時間）によりハイブリッド薄膜を得た（膜厚0.4～0.5 μm）。

ハイブリッド薄膜に電子線描画装置（加速電圧50kV）を用いてL/S（line and space）のテス

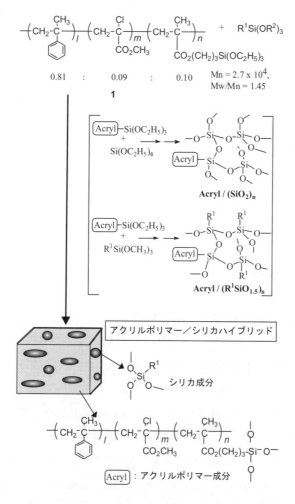

図4 アクリルポリマー／シリカハイブリッドの合成

トパターンを描画し，溶剤現像によりポジパターンを作製した。$1/Si(OC_2H_5)_4$薄膜（膜厚0.05 – 0.3 μm）の場合，その感度は500 μC cm^{-2}（γ = 1.5）と低かったが，良好な3次元加工を行うには，感度が高くて，小さなコントラスト（γ値）であることが望ましい。一方，$1/RSi(OC_2H_5)_3$からのハイブリッド薄膜はポジパターンを与えたが，耐溶剤性が低く，現像後のパターン表面に荒れが見られたが，メチルシリケートを添加した$1/MS/RSi(OC_2H_5)_3$ [R = CH_3, $C_6H_5CH_2$, C_3H_7] ハイブリッド薄膜は感度100 μC cm^{-2}程度でポジパターンを得た。$1/MS/C_6H_5Si(OCH_3)_3$が，これらの結果の中ではレジスト材料として最も適しており，100 μC cm^{-2}の照射により，解像度0.3 μm L/Sのポジ型パターンが得られた。特に，$1/MS/C_6H_5Si(OCH_3)_3$ = 89.8/2.6/7.6（重量比）のハイブリッド薄膜において，電子線照射量が30 μC cm^{-2}から1 μC cm^{-2}の範囲で，パターン深さが照射量に比例してアナログ的に変化したγ=1.3のアナログポジパターンを得た。ハイブリッド薄膜の高い耐溶剤性により，現像時の安定性が向上し，アスペクト比が高く明瞭なパターンが得られたと考えられる。

石英基板上に作製した$1/MS/C_6H_5Si(OCH_3)_3$ハイブリッド薄膜に対して，フッ素系反応性イオンエッチング（RIE）によるドライエッチングを行った。石英に対するエッチング選択比は3.6程度であり，市販のPMMA系レジストの値（2.3）に比べて高い選択比を示し，薄いレジスト膜厚でも石英基板を深く加工できることが示唆された。エッチング後の表面の荒れもPMMAのそれに比べて極めて少なく，シリカ成分が耐熱性の向上に寄与していると思われる。これらは，RIEを用いた電子線描画パターンの石英基板へのパターン転写（図3）において有利である。

反射型光学素子作製に必要な金属薄膜蒸着についても検討した。Ni蒸着を施すと，PMMA系レジスト薄膜ではクラックが観測されたのに対し，ハイブリッド薄膜ではクラックのない平坦な表面が得られた。これは，ハイブリッド薄膜におけるシリカ成分による高い耐熱性および石英基板と薄膜の熱膨張係数が近いことによるものと推測される。

3.5 原子間力顕微鏡によるハイブリッドの構造評価

これらのアクリルポリマー／シリカハイブリッド薄膜は，透明な外観を持つことからアクリルポリマーマトリクス中に，可視光の波長以下（<400 nm）サイズのシリカドメインが分散していると考えられ，ハイブリッド表面におけるシリカドメインのサイズおよび形状を原子間力顕微鏡（AFM）観察により調べた[14]。未露光の$1/MS/C_6H_5Si(OCH_3)_3$ハイブリッド薄膜表面のAFM観察像を図5a）に示す。表面には，特徴的なドメイン・粒子等は見られず，平坦で均一な表面構造を持つことがわかった。これに対して，1とコロイダルシリカ（40-60 nm径）から作製した薄膜表面では，シリカ粒子由来と考えられる凹凸（数10nm径の粒子）が観察された（図5c）。次に，アクリルポリマーが，電子線とともに紫外光に対しても感度を持つこと，また真空紫外光

第6章 微細加工における光架橋の活用

(VUV)によるオゾンエッチングが適用できることを利用してハイブリッド表面のポリマー成分をエッチングした後,シリカドメインの観察を試みた。すなわち,1/MS/$C_6H_5Si(OCH_3)_3$薄膜表面にdeep UV光(210-300 nm)を照射後,溶剤現像により,もしくは酸素存在下 VUV光(172 nm)を照射し,光分解反応とオゾン酸化によりフィルム表面を50 nm程度エッチングした(図6)。VUV／オゾンエッチング後の表面には,数10-数100 nmサイズの特徴的なドメインは見られず,比較的平坦な直径1.5-2.5 μm,高さ<15 nmのドメインが見られた(図5b))。これらのドメインは,可視光の波長に比べ,サイズが大きいことから,シリカドメインではないと考えられる。deep UV光照射においても同様の結果が得られた。よってハイブリッドは,アクリルポリマーマトリクス中に,直径数10 nmもしくはそれ以下のシリカドメインが均一に分散している構造を持つと考えられる。一方,1/$Si(OC_2H_5)_4$ [3:7重量比] ハイブリッド薄膜は白濁しており,AFM観察ではその表面に直径100 - 500 nm,高さ10 nm程度のドメイン(凹凸)が見られ,VUVエッチングによりその凹凸の深さは増大した。この場合,アクリルポリマー,シリカ成分間の相分離により400 nm以上の大きなドメインを形成していると考えられる(図7)。

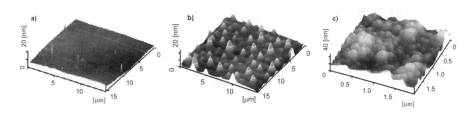

図5 アクリルポリマー／シリカハイブリッドフィルム表面のAFM像,
a) 未露光 (15 × 15 μm), b) VUV照射後 (15 × 15 μm), c) アクリルポリマー／コロイダルシリカ粒子フィルム表面像 (1.5 × 1.5 μm)

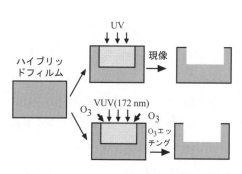

図6 ハイブリッドフィルム表面のUVおよびVUV/O_3によるエッチング

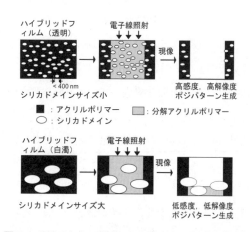

図7 ポジパターン形成におけるドメインサイズ効果

3.6 電子線アナログレジストの構造と特性

ゾル-ゲル法で生成したこれらのアクリルポリマー／シリカハイブリッドは，高度に架橋したアクリルポリマーマトリクス中にシリカドメインが分散した構造を有し，電子線照射によるアクリルポリマー部分の主鎖切断をするポジ型レジストの性質が得られ，シリカ成分は耐熱性，耐溶剤性，石英基板との密着性の向上などに寄与していると考えられる（図7）[10,20]。$C_6H_5Si(OCH_3)_3$から得られるハイブリッド薄膜が良好な特性を与えたのは，アクリルポリマーとシリカそれぞれの成分に存在するフェニル基間の$\pi-\pi$相互作用により，両成分間の相溶性に富んだ均一性の高いハイブリッドが生成し，有機無機それぞれのドメインサイズが比較的小さくなったためであると考えられる。ドメインが小さいため，電子線照射によりアクリルポリマー部に生成したラジカルの拡散が抑制されアナログ的性質が得られ，またアクリル成分の現像とともに微小シリカドメインも良好に除去されるため，比較的高い感度を示したと考えられる。ハイブリッドでは組成を最適化することで多様な電子線レジストを合成することができることから，電子線描画による3次元微細加工のためのレジスト材料として有望であると思われる。

3.7 光硬化性有機無機ハイブリッド

有機無機ハイブリッドは，一般にゾル-ゲル反応中にポリマーを添加する，あるいはゾル-ゲル法と重合を同時に行うことで作製できる。重合反応に光硬化反応を適用することで，新しいコーティング材料やネガ型レジストとして興味深い。ここでは，光カチオン重合を用いた有機無機ハイブリッドの作製と性質について述べる。前述のように有機無機ハイブリッドは，ナノメートルオーダーで有機と無機成分が分散しているため，透明材料としての広い用途展開が期待されている。例えば，ハイブリッド薄膜の屈折率を制御することで光学材料としても有用である。高屈折率で，複屈折のない有機物として，9位にフェニル基が置換したフルオレン化合物が知られている。この構造を主骨格とするエポキシモノマーとして，ビスフェノキシエタノールフルオレンジグリシジルエーテル（BPEFG）は，屈折率1.62以上の光学特性を持つ材料として注目されている（図8）。我々は，エポキシ基の光カチオン重合とアルコキシシランのゾル-ゲル法でエポキシフルオレン系有機無機ハイブリッドの作製を検討した[21]。通常，アルコキシシランの加水分解・縮合反応を紫外線照射下で行った場合，アルコールおよび水の発生による収縮に伴うクラックの発生が起こり易いことが問題である。そこで，エポキシ基含有アルコキシシランを部分縮合して得られるゾルとBPEFGを混合した後，光カチオン重合する手法を行った。エポキシ基含有アルコキシシランとして3-グリシドキシプロピルトリエチルシラン（GPTES）及び2-(3,4-エポキシシクロヘキシル）エチルトリメトキシシラン（ECHETMS）を用いて，フェニルトリメトシラン（PTMS）との2種類の共縮合体（GPTES/PTMS及びECHETMS/PTMS）を合成した。

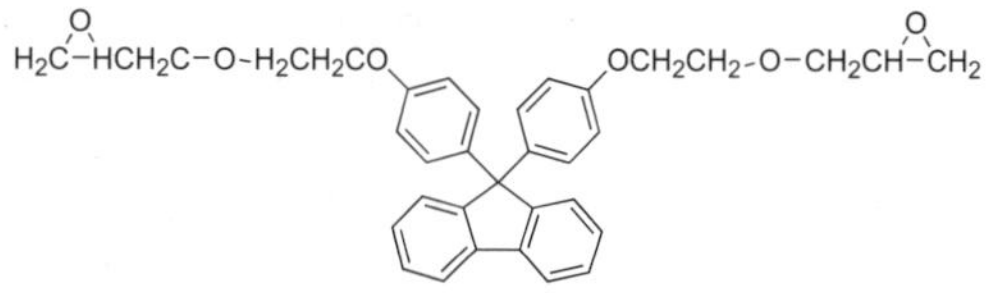

第6章 微細加工における光架橋の活用

ビスフェノキシエタノールフルオレンジグリシジルエーテル(BPEFG)

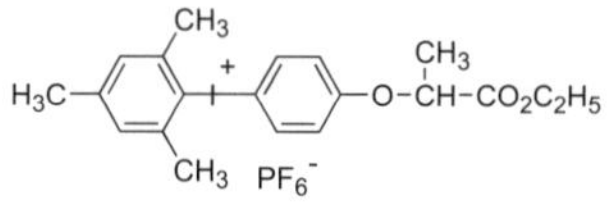

CI-5102

図8　エポキシフルオレンと光酸発生剤（CI-5102）

BPEFGと共縮合体をそれぞれ混合し，光酸発生剤として4-(1-エトキシカルボニル-エトキシフェニル)-(2,4,6-トリメチルフェニル)ヨードニウムヘキサフルオロフォスフェート（CI-5102）を1.6wt％加え，基板上にスピンコートした。紫外線（高圧水銀灯）1300mJ/cm^2を照射後，150℃で1.5時間ポストベークして，硬化薄膜を作製した。これらの共縮合体中のエポキシ基はBPEFGと重合し，PTMSのフェニル基はBPEFGのベンゼン環とπ-π相互作用することで安定な有機無機ハイブリッドを形成できた。紫外線照射前後の赤外スペクトルを測定したところ，照射後ではエポキシ基の減少が見られ，光カチオン重合が進んでいることがわかった。さらに，加熱により，共縮合体に残存していたシラノールの縮合が確認できた。このように，光カチオン重合とポストベークの2段階反応でガラス基板との密着性に優れたハイブリッド薄膜を得ることができた。

BPEFGとECHETMS/PTMS（組成比1：1）とのハイブリッド薄膜（膜厚5μm）の紫外可視スペクトルは図9に示すように，可視領域での光線透過率は95％以上で，非常に透明性の高い

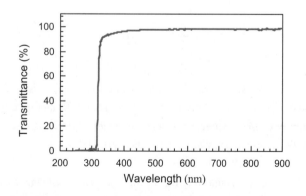

図9　エポキシフルオレン系有機無機ハイブリッド(BPEFG: ECHETMS/PTMS = 1：1)の紫外可視スペクトル

表1 エポキシフルオレン系有機無機ハイブリッドの屈折率

Composition ratio			Thickness (nm)	Refractive index
BPEFG	GPTES/PTMS	ECHETMS/PTMS		
1	1		98	1.591
1		1	90	1.596
2	1		84	1.612
2		1	89	1.615

薄膜である。シリコンウェハ上に作製した各ハイブリッド薄膜の屈折率をエリプソメトリーで測定した結果を表1に示す。BPEFG単独の屈折率は1.625であり，シリカ成分とのハイブリッドにより若干の屈折率低下が起こるが，通常のポリマーより高屈折で密着性，耐熱性に優れた特性を示した。BPEFGの共縮合体に対する重量組成が大きい場合，屈折率も大きく1.6程度であり，これらの組成比を変化させることで屈折率を制御でき，光学材料として有用と思われる。

3.8 おわりに

感光性材料は，電子産業，印刷におけるフォトリソグラフィーとともに大きく発達したが，近年はナノメートルスケール線幅での回路作製から大面積での光硬化コーティングまで多岐の分野で活発に利用されている。モバイル機器を代表に，多くの工業製品が急速に小型化，高性能化されるようになり，それらの製造に用いられる感光性材料にも新たな機能と特徴が要求されている。有機無機ハイブリッドは，従来の有機ポリマーには見られなかった特性を無機成分とハイブリッド化することで容易に成し得ることが可能であり，新しい光架橋及び光分解性材料として，今後さらに注目されると思われる。

文　　　献

1) E. Reichmanis, C. K. Ober, S. A. MacDonald, T. Iwayanagi, T. Nishikubo (ed), "Microelectronics Technology: Polymers for Advanced Imaging and Packaging (ACS Symposium Ser., No. 614)", American Chemical Society (1995)
2) G. M. Wallraff, W. D. Hinsberg, *Chem. Rev.*, **99**, 1801 (1999)
3) R. D. Miller, *Chem. Rev.*, **89**, 1359 (1989)
4) N. Kato, K. Takeda, Y. Nagasaki, M. Kato, *Ind. Eng. Chem. Res.*, **33**, 417 (1994); Greenberg, S., Clendenning, S. B., Liu, K., Manners, I., Aouba, S., Ruda, H. E.,

Macromolecules, **38**, 2023 (2005)
5) T. Tamai, I. Hashida, N. Ichinose, S. Kawanishi, H. Inoue, K. Mizuno, *Polymer*, **37**, 5525 (1996)
6) T. Tamai, N. Ichinose, *Macromolecules*, **33**, 2505 (2000)
7) T. Tamai, N. Ichinose, S. Kawanishi, K. Mizuno, *Macromolecules*, **33**, 2881 (2000)
8) 小門憲太, 中條善樹, 高分子, **56**, 118 (2007)
9) G. Schottner, *Chem. Mater.*, **13**, 3422 (2001)
10) 片山淳子, 山木繁, 科学と工業, **80**, 322 (2006);花畑 誠, 「ナノハイブリッド材料の最新技術」, 第22章, p230, シーエムシー出版 (2005)
11) T. Shiono, K. Setsune, *Opt. Lett.*, **15**, 84 (1990)
12) P. D. Maker, R. E. Muller, *J. Vac. Sci. Tech.*, **B10**, 2516 (1992)
13) D. Mikolas, R. Bojko, H. G. Craighead, F. Haas, D. A. Honey, H. F. Bare, *J. Vac. Sci. Tech.*, **B12**, 20 (1994)
14) T. Tamai, Y. Matsuura, M. Watanabe, K. Matsukawa, *J. Polym. Sci. Part A: Polym. Chem.*, **44**, 2107-2116 (2006)
15) T. Tamai, K. Matsukawa, Y. Matsuura, H. Inoue, H. Toyota, K. Satoh, and H. Fukuda, *J. Photopolym. Sci. Tech.*, **15**, 19-22 (2002)
16) T. Tamai, Y. Matsuura, K. Matsukawa, H. Inoue, T. Hamamoto, H. Toyota, and K. Sato, *J. Photopolym. Sci. Tech.*, **14**, 185-188 (2001)
17) Y. Matsuura, T. Tamai, K. Matsukawa, H. Inoue, T. Hamamoto, H. Toyota, and K. Sato, *J. Photopolym. Sci. Tech.*, **14**, 175-180 (2001)
18) 井上 弘, 松川公洋, 玉井聡行, 松浦幸仁, 浜本哲也, 豊田 宏, 特開2002-196494
19) 井上 弘, 松川公洋, 玉井聡行, 松浦幸仁, 浜本哲也, 豊田 宏, 特開2002-226664
20) K. E. Gonsalves, L. Merhari, H. Wu, Y. Hu, *Adv. Mater.*, **13**, 703 (2001)
21) K. Matsukawa, Y. Matsuura, A. Nakamura, N. Nishioka, T. Motokawa, and H. Murase, *J. Photopolym. Sci. Tech.*, **19**, 89 (2006)

4 放射線を用いるポリマーの形状制御

関 修平*

4.1 はじめに

　放射線によるポリマー材料の形状制御は，非常に精度の高い加工を比較的簡便な方法で実現できるため，近年のナノ材料創製の中核技術の一つとしての地位を固めつつある。一方でポリマー材料の形状をナノメートルスケールで制御するという考え方・技術の歴史は古く，ポリマーの分子のサイズや形に関する詳細な議論をベースとして，放射線が引き起こす反応による物性の変化に関する基礎的な研究は，その発端が20世紀中盤までさかのぼる。

　ポリマーの架橋と分解に関する詳細な議論は1章に譲るが，さまざまに形を変えるポリマー中の「長い鎖」は，ポリマー材料の機械的強度や熱安定性，溶解・加工性など，ポリマーの特徴・優位性のほとんどを支配するため，その統計・定量的な解析が盛んに試みられてきた。ポリマーの「大きさ」は，多くの場合，後述する慣性半径として大よそ数ナノメートルの領域であるため，単純な分子に比べてその形態やサイズの検証に適した対象であった。また，その大きさゆえ，ポリマーの形状・機能制御は，ナノ材料の創製・機能制御に直結しているといえる。反面，ナノメートルスケールの大きさを有する「ポリマー」を用いて，数～数10ナノメートルの精度での材料加工の難しさは想像に難くないが，ここでは放射線によるポリマーの分解・架橋反応を巧みに用いて，ポリマー分子のサイズに匹敵する加工・制御に関する研究の一端について紹介する。

4.2 放射線によるポリマーの化学反応

　高いエネルギーを有する光子や電子・イオンといった放射線は，それらが材料に与えるダメージ（劣化）の観点から議論されることが多く，放射線が材料に与えるエネルギーは，光や熱などの他の化学反応を誘起する手段に比べて，格段に大きいと考えられがちである。ところが，通常放射線として用いられるγ線（高エネルギー光子）は，物質中で高い透過性を有していることからも明らかなように，材料全体に与えるエネルギーに換算すると，熱化学反応に比べ著しく小さい。放射線によって物質に与えられるエネルギーの総量（吸収線量：Absorbed Dose）は，通常 Gy（J/kg）という単位で示される。一般的な放射線源で時間～日の照射時間を必要とする100 kGyを例に取れば，水をターゲットとした場合，この線量が瞬間的に材料に与えられたと仮定しても，高々20℃程度の温度上昇を引き起こす程度であり，通常の放射線反応を議論する場合，マクロな温度上昇はほとんど無視することができる。これは，一つ一つの光子や電子・粒子などの放射線が材料中で引き起こす相互作用・物理化学反応でも同様で，単一の量子（放射線）は極め

---

　　* Shu Seki　大阪大学　産業科学研究所　准教授

第6章 微細加工における光架橋の活用

て限られたエネルギーの付与と化学反応しか引き起こすことができない。したがって，"一発"の光子や電子で材料形成を行うことはほとんど不可能である。

ところが，粒子線を用いた場合，事情は大きく異なる。この粒子と物質の相互作用について簡単に考察してみよう。一般に原子番号Z_iの粒子が原子番号Z_tの元素で構成されたターゲットに入射するときの相互作用の大きさ（阻止能：Stopping Power, S）は，最も単純化されたBetheの公式として次のように示される。

$$S = \frac{2\pi m_p N Z_t Z_i^2 e^4}{m_e E} \ln\left(\frac{4m_e E}{m_p I}\right) \tag{1}$$

$$S = \frac{2\pi N Z_t e^4}{E} \ln\left(\frac{E}{I}\right) \tag{2}$$

ここで，eは電荷素量，Nはターゲットに含まれる単位質量あたりの原子の数，Eは入射する粒子のエネルギー，m_e, m_pはそれぞれ電子の質量と入射する粒子の質量を示す。Iは平均励起エネルギーと呼ばれ，ターゲット中で電離の対象となる全電子の束縛エネルギーを平均化したものと考えることができる。一般に本項の対象である有機物中の反応では，第2周期以内の軽元素がターゲットの主要な構成元素となるため，Iは一般に小さく，約30-60 eV程度の値となることが多い（過去の理論・実験的検証によれば，およそ$I = 10\ Z_t$ eVという近似が適当である。また，本項で紹介する材料の場合，そのほとんどが内殻電子の電離・イオン化を考慮する必要は無いが，重元素を含むターゲットや入射粒子の条件によって，Iに対する補正が必要となることを付記しておく）。上の式(1)及び(2)はそれぞれ入射する粒子が原子（粒子線・イオンビーム）・電子（電子線）の場合について示した（電子の場合，衝突する相手も電子となるため，換算質量を用いた結果，(2)式のような表式となる）。また，入射粒子のエネルギーが小さい場合，たとえば(2)式において$E = I$となるような場面では，対数項が0となるため上式は全く意味を成さない。これは上述のIの定義を考えれば，「ターゲットに含まれる元素中の電子の軌道速度」に対して「入射する粒子の速度」が十分速くなければ上式は成立しないことを示しており，Bohrの量子条件と呼ばれている。また，入射粒子のエネルギーが極めて大きくなる場合（速度が光速に対して無視できなくなる場合）は相対論的な補正が必要になり，やはり上式は適用できないことに注意されたい。

さて，式(1)及び(2)のエネルギー依存性について考えてみる。入射する粒子のエネルギーが大きくなっていくにつれ，Sは対数項の影響を受けて大きくなるが，あるところで最大値に達し，後に反比例項の影響を受けて減少に転じる。式(1)及び(2)のエネルギーに関する微分を行えば，

$$\frac{dS}{dE} = \frac{2\pi m_p N Z_t Z_i^2 e^4}{m_e} \frac{1}{E^2}\left\{1 - \ln\left(\frac{4m_e E}{m_p I}\right)\right\} \tag{3}$$

$$\frac{dS}{dE} = 2\pi N Z_t e^4 \frac{1}{E^2}\left\{1-\ln\left(\frac{E}{I}\right)\right\} \qquad (4)$$

と簡単な表式となる。相互作用の大きさが最大となるときの入射粒子のエネルギーは，$dS/dE = 0$ より求められるが，水素イオンビームの場合：$I = 50$ eV とすればおよそ60 keV，電子線の場合：140 eV 程度と見積もられる。たとえば微細加工においてよく用いられる数10〜100 keV 程度のエネルギー領域の電子線では，エネルギーの増加と共に相互作用効率はどんどん低下し，反応が起こりにくくなるのに対して，集束イオンビームなどでは入射粒子のエネルギーの増加によって，エネルギー付与効率が上昇する余地が大きいことを示している。

入射する粒子のエネルギーにおいて，その相互作用の大きさが最大となる（最大の S を与える）値近傍を"Bragg Peak"と呼ぶ。入射粒子のエネルギーがこれよりも十分に大きいと，ターゲット中を粒子が進行するにつれ，最初の段階ではあまり相互作用せずに"スカスカ"と通過していくが，やがて S の上昇にともない，爆発的にエネルギーを放出して停止することになる。この原理を生体において利用している一例が粒子線がん治療であり，体内の一定の深度にあるがん組織を選択的に狙い打つことが可能となる。また，(1)式及び(2)式を比較すれば明らかなように，粒子の質量が軽く（Z_i が小さい）速度が非常に速い（前項の $1/E$ が支配的な領域）場合は，電子線や γ 線と相互作用過程がほとんど変わらない反面，重粒子（Z_i が大きい）かつ Bragg Peak 近傍のエネルギーを有する粒子では，ナノスケールの限定された空間内に莫大なエネルギーを付与することが可能となる。

放射線のエネルギー付与効率は，線エネルギー付与（Linear Energy Transfer: LET）で示されることが多いが，これは上記の議論における阻止能：S とほぼ同様の概念であり，前者が入射する粒子の軌道に沿ったエネルギーの"損失"を微分的に評価するのに対し，後者はターゲットの単位深さあたり入射粒子から受け取ったエネルギーの"付与"を表す（ターゲットのある深さにおいて，入射粒子の軌道が仮に曲がったとしても，LETの場合厳密には考慮されない）。ターゲットとなる材料に粒子が入射した直後で，かつ材料の厚みが入射粒子のエネルギー全体から見て無視できる程度の損失しか引き起こさない場合，両者の値は一致する。したがって，材料に"与えられた"エネルギーから引き起こされる反応を議論する本項の場合，LETを用いたほうが便利であり，以後粒子線による反応の空間分布についてLETを用いて議論する。

一般的な γ 線のLET値はおよそ0.2-0.3 eV/nm 程度である。これは γ 線が材料中を 1 nm 通過するごとに，材料は0.2-0.3 eVのエネルギーを受け取ることを示しているが，実際に γ 線はこのエネルギーを"連続的"に与え続けるのではなく，1回の相互作用あたり50-100 eV程度を衝突（主にCompton散乱現象）で失うと考えられている。逆算すれば相互作用がおこる場所間の距離は数100 nm程度離れている。しばしば用いられる100 keV 〜 1 MeV程度の電子線の

第6章 微細加工における光架橋の活用

LETも，(2)式より0.2-0.5 eV/nm程度と見積もられ，本質的にγ線による相互作用過程と違いが無い。それに対して，1万倍以上大きなLETを示す400 MeV程度のKr粒子では，相互作用間の距離は極めて小さくなり，それぞれの空間がかさなりあって粒子飛跡に沿ったナノサイズの円筒状の"活性"な空間となる[1]。これがイオントラック（ion track, particle track）であり，図1に模式的に示した。一見，この付与エネルギー密度は極めて莫大に感じられるが，決定的な化学変化を引き起こすために決して十分ではない。たとえば，上記Kr粒子のLETは5000 eV/nm（密度1 gcm^{-3}の有機材料中）程度であり，このエネルギーが粒子の飛跡に沿った半径5 nm厚さ1 nm程度の円筒に付与されると仮定してみよう。代表的な有機化合物としてベンゼンを例に取ると，この円筒内のベンゼン分子数はおよそ600個である（図2）。分子1個あたり1化学反応を起こすために消費できるエネルギーはおよそ8 eV程度しかなく，一般的なσ結合のエネルギーよりも小さい。さらに付与されるエネルギーは円筒の中央部ではより密度が高くなり，外周部ではより低くなるため（実際にはここで仮定している円筒の外部にも多くのエネルギーが分配される），"一つの粒子"のみで一定の円筒空間内の有機物に対して，十分な化学反応を引き起こすことは困難であるかにみえる。

　ターゲットとなる材料に高分子材料を用いた場合，事情は大きく異なる。長い鎖を有する高分子の特性変化，特にその溶解性は，少ない化学反応点によって劇的な変化を受けることが明らかである。たとえば分子量10万の高分子材料を完全に不溶化させるのに必要な架橋点の数は，たかだか高分子鎖あたり数個に過ぎない。即ち，高分子材料は"構造的"に化学反応の効果を増幅させる効果を有している。一方で，高分子材料は"長い"鎖を有するがゆえに，ナノ構造化，特に

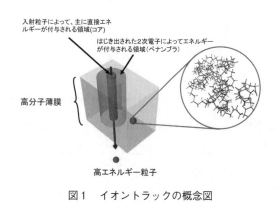

図1　イオントラックの概念図

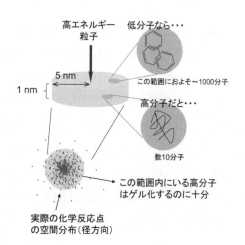

図2　イオントラックの空間的スケールと高分子架橋反応の分布

分子量が増大する架橋反応・ゲル化を利用したナノ構造化には不向きと考えがちである。固体内での高分子の構造・形は，さまざまに議論がなされてきているが，端的に述べれば，数nmスケールの空間は，高分子の分子サイズに対して十分に大きい。広く用いられている非晶質固体型高分子を例に取れば，その多くはやわらかいランダムコイル型の分子形状を持ち，平均持続長は1nm以下である[2]。先に述べた600個のベンゼン分子に匹敵する分子量約5万の鎖が，このようなやわらかい鎖を持っていると仮定すると，十分に自由鎖近似が成立し，およそ半径3～4nmの球体中に詰め込んでしまうことが可能である。

以上の議論は，"一発の粒子"による極限的な微細加工が十分に可能であること，また形成されるナノ構造は，通過する粒子が落としていくエネルギーの空間的な分布に加えて，化学反応の効率やターゲットとなる分子の"大きさ"，"かたち"といった材料側の特質を色濃く反映し，出来上がるナノ材料の大きさや構造が決定されていくことを示唆している。以下，"一発の粒子"の飛跡に沿った空間内に存在する高分子を不溶化させることではじめて可能となるナノ細線（ナノワイヤー）の形成ついて紹介し，同時に高分子の微視的な"大きさ"・"かたち"について考える。

4.3 ナノワイヤーの形成過程

前項で述べたように，高エネルギー粒子線（イオンビーム）を高分子の薄膜に入射させ，飛跡に沿ったイオントラック中のみでの架橋反応をナノ構造形成に利用することができる（図3）。照射後のサンプルを，もとの高分子が可溶な有機溶媒にて現像（洗浄）を行うと，同一の薄膜内において架橋反応が起こっていない部位は完全に溶解し，基板上から除去されていくが，イオントラック内で架橋反応を起こした部位は，ゲル化による不溶化にともない円柱状ナノ構造体として基板上に単離される[3]。以下，形成される一次元ナノ構造体をナノワイヤーと呼称する。

この手法では，形成されるナノ構造体の長さ，太さ，数密度の制御が極めて容易である。まず長さについて，入射イオン自身はエネルギーを材料に与えると同時に薄膜中を直進し突き抜けていく。そのため形成されるナノワイヤーの長さは粒子の通過距離である薄膜の膜厚を完全に反映する。ナノワイヤーの太さは，ターゲットとなる高分子の分子量と照射するイオン種の2種類のパラメーターによって決まる。一般的には，低分子量ほど細く，高分子量になるほど太くなり，また，LETが小さいほど細く，大きいほど太くなる。最後の数密度制御については，入射粒子数とナノワイヤー数が1対1の関係にあることから，照射量によって形成されるナノワイヤーの数密度は決定される。

第6章　微細加工における光架橋の活用

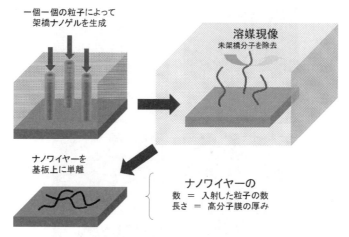

図3　イオントラック内の高分子架橋反応を利用したナノ細線（ナノワイヤー）の形成プロセス

4.4　ナノワイヤーの形状制御を支配する因子

ここでは，対象高分子として放射線に対しての分解反応が無視できるPolystyrene(PS)を用い，"高分子サイズ"レベルでの形状制御について議論する。高分子の分子量（PS1～PS8：数が増える順に分子量が増加），及び入射粒子を変化させ，得られたナノワイヤーのAFM像を図4に示した[4]。形成されたナノワイヤーの太さは，ここでは特に分子量に強い依存性を示し，その断面半径の変化を表1にまとめた。

さて，先に述べた円筒状イオントラック内で材料に与えられるエネルギー密度（ρ）の空間分布について，軌道中心からの距離：rの関数として次式が提案されている[5]。

$$\rho(r) = \frac{LET}{2}\left[2\pi r^2 \ln\left(\frac{e^{1/2} r_p}{r_c}\right)\right]^{-1} \tag{5}$$

ここで，r_c, r_pは入射粒子によって直接エネルギーが与えられる領域（Core：図1の軌道に沿った中心部分），及びはじき出された2次電子によってエネルギーが付与される領域（Penumbra：図1の円筒外周部分）のサイズを示し，入射粒子の速度によって決定される。eはExponential Factorである。この円筒状の空間内において，ナノワイヤーを与える境界領域（ナノワイヤーの断面半径：r_{cc}）では単純な高分子架橋が進行すると仮定する。さまざまな分子量を有するPS分子がゲル化するのに必要なエネルギー付与密度は（ρ_{cr}），架橋反応の効率$G(x)$（(100 eV)$^{-1}$）及び1分子あたり平均1個の架橋点密度から，

$$\rho_{cr} = \frac{100\ A}{G(x)\ mk} \tag{6}$$

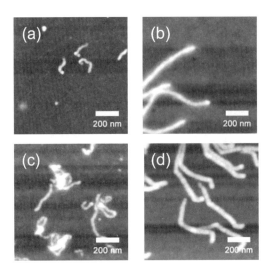

図4 PSをベースに形成されたナノワイヤーの原子間力顕微鏡像

各ワイヤーの形成に用いたPSの分子量と粒子線の条件は次のとおり。(a,b) 450 MeV Xe, 5.1 × 10^8 ions/cm², (a) PS1 ($Mn = 2.1 \times 10^3$), 180 nm thick, (b) PS4 ($Mn = 1.15 \times 10^5$), 800 nm thick, (c,d) PS3 ($Mn = 5.15 \times 10^4$), (c) 400 MeV Kr, 1.1 × 10^9 ions/cm², (d) 500 MeV Au, 5.1 × 10^8 ions/cm²。

表1 さまざまな分子量を有するPSをベースに形成されたナノワイヤーの径

Particles	LET (eV/nm)	PS1*	PS2*	PS3*	PS4*	PS5*	PS6*	PS7*	PS8*
				r (nm)					
500 MeV Au	13500	6.2	6.9	10.7	12.0	14.4	18.4	26.0	27.6
450 MeV Xe	10000			8.1	10.8	12.1	17.0	20.1	21.4
400 MeV Kr	5400			5.6					

* PS1 ($Mw = 2.1 \times 10^3$), PS2 ($Mw = 9.0 \times 10^3$), PS3 ($Mw = 5.15 \times 10^4$), PS4 ($Mw = 1.15 \times 10^5$), PS5 ($Mw = 1.9 \times 10^5$), PS6 ($Mw = 3.5 \times 10^5$), PS7 ($Mw = 6.0 \times 10^5$), PS8 ($Mw = 1.09 \times 10^6$)

で与えられる。ここでm及びkはモノマーあたりの分子量及び重合度である。式(5)及び(6)により，化学活性種の拡散や分子サイズ・形状を考慮しないナノワイヤー径r_{cc}は次のように与えられる。

$$r_{cc}^2 = \frac{LET \cdot G(x) mk}{400\pi A}\left[\ln\left(\frac{e^{1/2}r_p}{r_c}\right)\right]^{-1} \tag{7}$$

表1にまとめた実測値（r）と，式(7)より算出した理論値（r'）の比較を図5に示す。両者は良い一致を示し，イオントラック内のエネルギー付与密度分布及び高分子架橋反応効率を基礎としたモデリングは良い近似を与えること，ならびに本手法によるナノワイヤー形成における高い

第6章 微細加工における光架橋の活用

サイズ制御性が確認された。一方で半径が10 nmを切るような微細領域では実測値（r）が理論値（r'）より大きくなる傾向が観測された。PS架橋反応において，イオントラック内部におけるエネルギーの散逸・活性種の拡散の影響は，高々1 nm程度であることが明らかとなっている[6]。したがってこの領域における不一致は，高分子鎖の現実的な"大きさ"を取り込んで，形成されるナノワイヤー径を精密に予測する必要があることを示唆している。

一般に，非すぬけ流体モデルにおいて，溶液の粘度と溶質の"剛体球（この場合は高分子のかたまり）"の慣性半径（R_g）との間にはEinsteinの式がよく知られている[3]。これに対し高分子溶液の場合，溶液粘度と高分子の分子鎖長（N）の間にはMark-Houwinkの関係が成立し，両者の連立によってR_gとNの間に次式が得られる。

$$R_g = \kappa N^\alpha \tag{8}$$

ここでαは，分子のコンフィグレーションに依存するパラメーターで，一般に0.4（randam-coil）から0.5（rod-like）である[3]。この慣性半径の値から単純に1分子サイズを$4/3\pi R_g^3$と見積もり，これを式(8)で1分子鎖の占有体積を球状近似していた$mk/\rho A$の項に代入すると，

$$r_{cc}^2 = \frac{LET \cdot G(x) N^{3\alpha}}{400\pi\beta} \left[\ln\left(\frac{e^{1/2}r_p}{r_c}\right)\right]^{-1} \tag{9}$$

が得られる。ここで，βはモノマーユニットの有効密度である。この式を用いて計算した理論値と実測値をプロットしたのが図6である。双方の値において，ほぼ全域にわたり良好な対応関係が見られたが，依然として半径数nmの領域では，式(9)による予測が実測半径を若干下回ってい

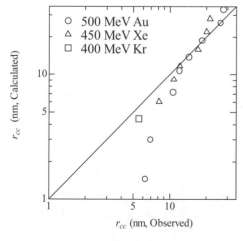

図5 AFMにより実測されたナノワイヤー断面半径（r_{cc}）と理論的に予測された半径（r_{cc}）の比較

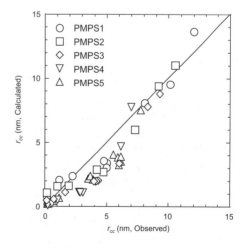

図6 AFMにより実測されたナノワイヤー断面半径（r_{cc}）と式(9)によって分子サイズを考慮して理論的に予測された半径（r_{cc}）の比較

る。ナノワイヤーの境界において導入される架橋点は，1本の高分子鎖に対して平均して1つ程度であると予想されるため，ナノワイヤーの表面での高分子鎖は内部の高分子鎖に比べて自由に動くことができる。従ってナノワイヤーの表面は高分子の平均的な"大きさ"だけでなく，"かたち"の影響を受け"粗い"表面を持つと同時に，特に膨張した高分子鎖がワイヤーの平均径を増加させると考えられる。

これまでのAFM法によるサブナノメートルレベルでのナノワイヤー観察は，基板上での高分子の"かたち"を直接観測できる可能性を示唆している[7]。そこで，さまざまな分子量のPSを用いて形成されたナノワイヤーの断面半径の分布を図7に示した。形成されるナノワイヤーの平均径は，用いたPSの分子量にしたがって増加するが，これと同時に径の分布も分子量の増加にともなって顕著に大きくなる。この径の分布について，径の標準偏差σが直接分子の大きさを反映するとすれば，(8)式より次式の関係が得られる。

$$a\sigma = R_g = \kappa \left(\frac{N}{M_m} \right)^\nu \tag{10}$$

図8に各溶媒で現像を行った場合のσとN/M_mを対数プロットした。両者の関係は，実験的に求められたナノワイヤー表面の粗さを示すσが，十分に式(10)によって解析可能であることを示している。一般に指数νは，理想鎖において0.5，完全膨張鎖では0.8となる[3]。各溶媒中でのPSの

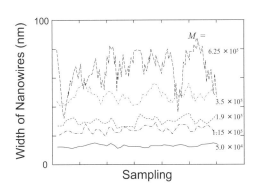

図7　PSをベースに形成されたナノワイヤーの断面半径の分布
　　ナノワイヤーは450 MeV Xe を用いて形成。

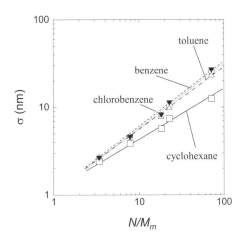

図8　PSをベースに形成されたナノワイヤーの半径分布の標準偏差(σ)と重合度(N)との相関
　　□，○，△，▲はそれぞれcyclohexane, benzene, toluene, 及びchlorobenzeneを現像溶媒として用いた場合の違い。

第6章 微細加工における光架橋の活用

指数νの値は，～0.74（benzene），0.69-0.75（toluene），0.75（chlorobenzene），0.50（cyclohexane）と報告されている。図7における勾配から求められたνの値は，対応する溶媒においてそれぞれ，0.76，0.70，0.76，0.54と算出された。両者の値は良く一致し，各溶媒での現像によりナノワイヤー表面での高分子鎖は，良溶媒では伸びきった状態，貧溶媒では凝集した状態で保持される。ここでAFMによる観察は，溶媒による現像後，完全に乾燥した状態・大気中において行われていることに注意すべきである。ナノワイヤーの表面において，現像過程では溶媒との相互作用に応じた分子の"かたち"をとっていると考えるのは当然であるが，これを乾燥させた場合でも，基板との相互作用によってその分子の"かたち"が基板上に"記憶"されるのである。溶媒中における高分子鎖の"コンホメーション"の直接的な可視化とその定量解析は他に例が無く，上記のようなプロセスによって初めて可能となった。

4.5 ナノワイヤーの制御と応用

これまで述べてきたように，イオンビームを用いた単一粒子ナノ加工法の利点は，サイズ・数密度を完全に制御したナノワイヤー形成が可能であるという点に加え，加工対象とする材料を"選ばない"という点が重要である。一般的なボトムアップ型ナノ材料形成では，ナノ構造を形成する材料系の探索・設計にほとんどの労力が注がれるが，本手法では単に高分子を"架橋させること"が唯一の条件である。

一般に放射線照射にともなうイオン化・励起状態は，多くの放射線高分子反応，特に高分子劣化に直結する主鎖分解反応の出発点である。ところが分子鎖内に広がった共役系を有する主鎖共役高分子材料には，このようなイオン再結合により生じた励起状態を直接遷移又は間接遷移過程により失活させる経路が多く存在する[8]。このため，共役高分子の主鎖分解効率は，共役系を持たない高分子に比べて一般的に小さく，架橋型高分子としての性質を有するか，あるいは添加物により架橋型に転化させることが容易である。

代表的な共役高分子として，Poly（3-n-hexylthiophene）（P3HT），Polyfluorene（PF），及びPoly（methylphenylsilane）（PSi）をベースに形成されたナノワイヤーのAFM像を図9に示す[9]。石英基板上に固定化されたナノワイヤーのUv-vis吸収と蛍光スペクトルは，元の薄膜とほぼ同一のスペクトルを示した。イオントラック内架橋反応を経た後でも，もとのP3HTと大差の無い光学特性を示す部分を確かに有していると考えられる。ナノワイヤー外周部が単純な高分子架橋体によって形成されているというこれまでの議論と矛盾が無く，ナノワイヤーの形成が粒子の飛跡に沿った極端な構造変化によるものでは無いことを明確に示唆している。逆に，ターゲットとなる高分子材料の特質を活かしたナノ構造体の設計が十分に可能であることも明白であろう。また，ナノワイヤー化することで明確な発光効率の向上・スペクトルの単色化を示すケース

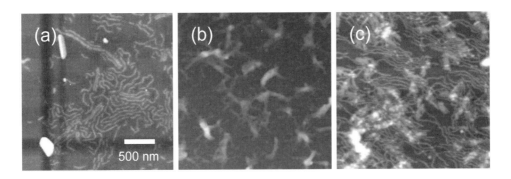

図9 共役高分子をベースとして形成されたナノワイヤーのAFM像
(a) P3HT, (b) PF, (c) PSi。ナノワイヤーは入射粒子:450 MeV Xe, 入射粒子数:4.0×10^9 ions/cm^{2}により形成。

も報告され[10], ナノ構造化にともなう間接遷移－直接遷移型半導体への転移, あるいは飛躍的に増大した表面積にともなう界面発光の量子効率の増大などの, 高機能発光素子としての副次効果も期待できる。

一方でPSi, Polycarbosilane (PCS) 等の無機骨格を有する高分子は高い効率でSiCへの転換反応を引き起こす事が知られている。ここではPCSナノワイヤーを雰囲気制御熱転換反応によって, Si-Cセラミック構造を有する構造体へ転換反応を行った結果について紹介する。PCSをベースとしたナノワイヤーは1000℃を超える温度条件において安定に焼成され, セラミクスナノワイヤーへ転化すると同時に, 極めて高い耐熱性を有する。その転換反応前後のAFM像を図10に示した[5,11]。焼成反応にともない, 顕著な動径方向の収縮が観測され, この体積変化から算出された元素組成比の変化は, 通常のPCS-β-SiC転化反応における変化と良い一致を示した。動径方向の顕著な収縮に対して, ナノワイヤーの長軸方向の収縮はほとんど認められず, 基板と

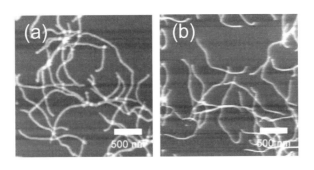

図10 PCSをベースとして形成したナノワイヤーの焼成前後のAFM像
ナノワイヤーは450 MeV Xeを用いて形成。焼成温度:1000℃。

第6章 微細加工における光架橋の活用

の強い相互作用によって動径方向の収縮が優先されたためであると考えられる。これは架橋PCSナノワイヤーの長さが，最終的なSiCナノワイヤー長によく反映できることを示唆しており，さまざまに長さをコントロールした架橋PCSナノワイヤーをベースに焼成されたSiCナノワイヤーの形成に成功している[5,11]。このように，単一粒子ナノ加工法におけるナノワイヤーの長さ・太さ・数密度の制御性は，SiCナノワイヤーの形成においても十分に有効であり，「任意」の長さ・太さのセラミックナノワイヤーを必要な数だけ創ることが可能となった。

　入射する粒子の飛程が十分確保できる場合には，異種の高分子から構成される高分子多層膜をターゲットとして，それぞれの層を構成する高分子をベースとしたナノワイヤーの"連結体"を形成できる可能性がある。ここでは溶媒に対する親媒性の大きく異なる高分子を多層化し，"連結型"ナノワイヤーの形成を試みた結果について紹介する[12]。高分子多層膜として極性・非極性溶媒に溶解する高分子を交互に積層して2層膜とし，粒子を入射させてナノワイヤーを形成した後，第2層のみを現像した結果，観測されたナノワイヤーのAFM像を図11(a)に示す。第1層の高分子膜上に，第2層目の高分子をベースとしたナノワイヤーが確かに観察され，その長さは第2層の厚みをよく反映している。続いて第1層の現像を行った結果が図11(b)である。ナノワイヤーの長さは両層の厚みの総和を反映し，太さの異なる2段構造ナノワイヤーの形成が確認できる。

　次に疎水–親水–疎水構造の3層膜を用いて3段構造を持つナノワイヤー形成を試みた結果，観測されたAFM像を図12に示した。ナノワイヤーの表面密度を入射する粒子数によってコントロールし，その密度が低い場合，それぞれのナノワイヤーは基板上で完全に単離されている（図12(a)）。疎水部が伸張・親水部が凝集する条件により現像を行ったため，中央の親水ユニットだけが選択的に自己凝集をおこし，ナノ粒子から2本のワイヤーが"生えて"いる構造体が観察

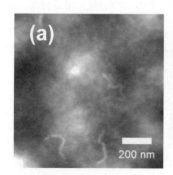 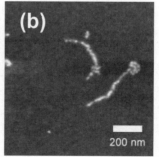

図11　Poly（vinylphenol）/PSi 2層膜を用いて形成されたナノワイヤー
　ナノワイヤーは入射粒子：322 MeV Ru，入射粒子数：1.0×10^9 ions/cm^{2}により形成。
　(a) ベンゼンによるPSi層の現像後，(b) IPAによる第1層現像後。

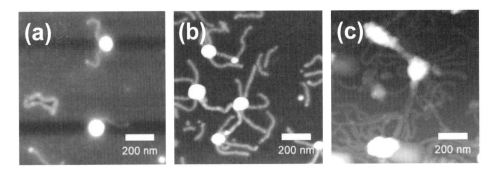

図12 PSi/polyvinylphenol/PCS 3層膜を用いて形成されたナノワイヤー
ナノワイヤーは 454 MeV ^{129}Xe^{25+} を用いて形成。入射粒子数はそれぞれ，(a) 1.1×10^9, (b) 5.3×10^9, (c) 1.0×10^{10}, toluene/IPA solution（2：1）の混合溶媒を用いて一括現像後。

される。一方，ナノワイヤーの表面密度を増加させると，中央層の凝集は，ワイヤー1本中での凝集からワイヤー数本の凝集へと広がり，図12(b)に見られるようなナノ粒子から放射状に疎水ナノワイヤーが"生えた"構造体へと形態を変化させた。このとき"3段"構造を反映して，中央の凝集部分から"生えた"ナノワイヤーの数は必ず偶数として観測される。さらにフルーエンスを上げていくと，溶媒中での親水部の選択凝集に参加するナノワイヤーの物理的本数が増加するため，図12(c)に見られるようにスターバースト型ナノ粒子が形成できる。

4.6 まとめ

ここでは放射線，特に粒子線による高分子の形態制御によって実現する高分子ナノワイヤーの形成について紹介した。この手法は，さまざまな高分子材料を，好きな長さ・太さを持った0・1次元構造体へと成形できると同時に，プロセスそのものが極めて簡便であることも見逃せない。高分子を用いて，その分子の大きさや形状に至るレベルでの超微細材料の形成が十分可能である。これまでさまざまな放射線を用いて行われてきたプロセスは，今一度その長所・短所を見直すことで，全く新しい材料形成が可能となる可能性を秘めている。

第6章 微細加工における光架橋の活用

文　　献

1) こういった計算によく使われるコードとして，TRIM（SRIM） 2003（Ziegler, J. F., Biersack, J. P., Littmark, U., "The Stopping and Range of Ions in Solids", 2003（Pergamon Press, New York））を挙げておく
2) 教科書として，Flory, P.J., "Statistical Mechanics of Chain Molecules", Wiley Interscience, NewYork, (1969); Strobl, G.R., "The Physics of Polymers", Springer, Berlin (1990)
3) Seki, S., Maeda, K., Tagawa, S., Kudoh, H., Sugimoto, M., Morita, Y., Shibata, H., *Adv. Mater.*, **13**, 1663 (2001); Seki, S., Maeda, K., Kunimi, Y., Tagawa, S., Yoshida, Y., Kudoh, H., Sugimoto, M., Morita, Y., Seguchi, T., Iwai, T., Shibata, H., Asai, K., Ishigure, K., *J. Phys. Chem. B*, **103**, 3043 (1999)
4) Tsukuda, S., Seki, S., Sugimoto, M., Tagawa, S., *Appl. Phys. Lett.*, **87**, 233119 (2005)
5) Magee, J. L., Chatterjee, A., *J. Phys. Chem.*, **84**, 3529 (1980); Chatterjee, A., Magee, J. L., *J. Phys. Chem.*, **84**, 3537 (1980)
6) Seki, S., Tsukuda, S., Maeda, K., Matsui, Y., Saeki, A., Tagawa, S., *Phys. Rev. B*, **70**, 144203 (2004)
7) Seki, S., Tsukuda, S., Tagawa, S., Sugimoto, M., *Macromolecules*, **39**, 7446 (2006)
8) Seki, S., Yoshida, Y., Tagawa, S., Asai, K., *Macromolecules*, **32**,1080 (1999); Seki, S., Koizumi, Y., Kawaguchi, T., Habara, H., Tagawa, S., *J. Am. Chem. Soc.*, **126**, 3521 (2004); Seki, S., Matsui, Y., Yoshida, Y., Tagawa, S., Koe, J.R., Fujiki, M., *J. Phys. Chem. B*, **106**, 6849 (2002)
9) Tsukuda, S., Seki, S., Sugimoto, M., Tagawa, S., *Jpn. J. Appl. Phys.*, **44**, 5839 (2005)
10) Saeki, A., Seki, S., Tagawa, S., *J. Appl. Phys.*, **100**, 0237031 (2006); Sharma, A., Katiyar, M., Deepak, G., Seki, S., Tagawa, S., *Appl. Phys. Lett.*, **88**, 143511 (2006); Saeki, A., Seki, S., Koizumi, Y., Sunagawa, T., Ushida, K., Tagawa S., *J. Phys. Chem. B*, **109**, 10015 (2005)
11) 関　修平，佃　諭志，田川精一，杉本雅樹，吉川正人，"イオンビーム照射によるセラミックナノワイヤーの製造法"，特願2005-269602.
12) Tsukuda, S., Seki, S., Sugimoto, M., Tagawa, S., *J. Phys. Chem. B*, **110**, 19319 (2006)

第7章 分解反応：機能性高分子の開発および ケミカルリサイクル

1 酸化分解性ポリアミドの合成とその応用

木原伸浩*

1.1 酸化分解性ポリマー

　どのようなポリマーでも使用環境下で徐々に劣化する．通常，劣化は好ましくないものとして受け止められるが，劣化を積極的に利用すれば，分解性ポリマーとして応用可能である．原理的に，ポリマーを劣化させるような刺激であればどのようなものでも分解性ポリマーの刺激として利用することができる．しかし，使用環境下で受ける刺激だけで簡単に分解してしまうようなポリマーでは材料として利用することはできない．分解性ポリマーとして意味があるのは，通常の使用環境に存在する刺激では劣化を受けず，強度あるいは質の異なる刺激を受けることで分解するポリマーである．

　通常，ポリマーは光照射下や高温環境下で徐々に劣化する．この劣化は，主に，厳しい条件下でポリマーが空気中の酸素で酸化されることで起こる．したがって，ポリマーの酸化分解性といえば，通常，そのような光酸化分解や熱酸化分解を意味する．ここで重要なことは，酸素は基底三重項の安定ラジカル分子であり，酸素は直接ポリマーと反応しない，という点である．厳しい環境ではポリマー上にラジカルが発生することがあり，酸素はそのようなラジカルと速やかに反応し，ポリマーを劣化させる．もし酸素が直接有機ポリマーと反応するならば，ポリマーを高濃度の酸素を含む空気中で使用することはできない．我々がポリマーなどの有機物を空気中で使うことができるのは，酸素が他の酸化剤とは質的に異なった，特殊な酸化作用を持つためである．

　このことは，「酸素に安定な酸化分解性ポリマー」がありうるということを意味する．酸素と他の酸化剤とは質的に異なるので，酸素では酸化されないが，その他の酸化剤によっては酸化されて分解するような多くの官能基がある．そのような官能基を持つポリマーは「空気中で安定な酸化分解性ポリマー」になりうる（図1）．

　「空気中で安定な酸化分解性ポリマー」は魅力的である．大気は酸化環境であるので，様々な安価で安定で扱いやすい酸化剤が容易に入手可能である．しかし，我々の身の回りには，空気中の酸素以外の酸化剤は基本的には存在しない．したがって，「空気中で安定な酸化分解性ポリマー」は，通常の使用条件下では安定であるにも関わらず，分解が必要な時には容易に分解できる

　＊　Nobuhiro Kihara　神奈川大学　理学部　化学科　教授

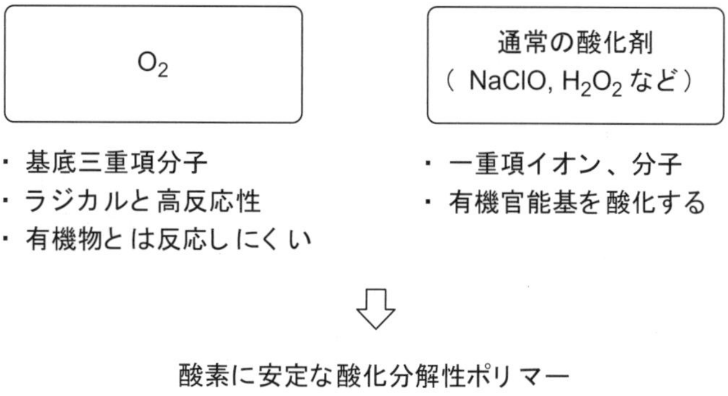

第7章　分解反応：機能性高分子の開発およびケミカルリサイクル

図1　酸素と他の酸化剤の違い

ような分解性ポリマーとなると期待できる。だからといって，酸化剤として重金属塩などの毒性の高い化合物を利用しなければならないのでは，全く話にならない。有用な「空気中で安定な酸化分解性ポリマー」を実現するにはどのような官能基と酸化剤を用いればよいのだろうか？

1.2　ナイロン-0,2[1)]

我々は，高エネルギー化合物の合成研究の過程で，最も簡単なナイロンであるナイロン-0,2に興味を持った。ナイロン-0,2は酸化することにより，高エネルギーポリマーである（はずの）一酸化炭素・窒素共重合体を与えると期待できたからである。

ナイロン-0,2は常法に従いシュウ酸ジフェニルとヒドラジンとの重縮合で合成した[2)]。しかし，ナイロン-0,2は有機溶媒に全く溶けないため重合中に沈殿し，分子量は上がらなかった。比較的高分子量まで溶解するDMSOを溶媒として用い，塩化リチウムを添加して重合を行うことによって比較的高分子量のナイロン-0,2が得られたが，分子量は6,000程度で頭打ちであった(スキーム1）。

ナイロン-0,2は空気中での熱分解開始温度360℃を示した。また，熱分解開始温度以下にはT_mもT_gも観測されなかった。空気中で勝手に酸化されてしまっては反応を制御できないので，ナイロン-0,2が耐熱性ポリマーであるというだけでなく，酸素に対して安定で，空気中で高い安定性を持つことは，高エネルギーポリマー前駆体としては理想的な性質であると考えられた。

ジアシルヒドラジンは様々な酸化剤で容易に酸化され，アゾジカルボニル化合物を与えることがよく知られている[3)]。そこで，トリエチルアミンを含むDMAcにナイロン-0,2を分散し，臭素で酸化した。ナイロン-0,2は気体を発生しながら溶解していき，透明な溶液を与えた。しかし，反応混合物を水にあけても一切の沈殿は見られなかった。この結果は，一酸化炭素・窒素共重合体が生成し，直ちに分解したことを示しているように見える。しかし，アゾジカルボニル化合物

299

高分子架橋と分解の新展開

$$H_2N-NH_2 \cdot H_2O + PhO-CO-CO-OPh \xrightarrow[DMSO]{LiCl} \left[\begin{array}{c} H \\ N-N \\ H \end{array} \begin{array}{c} O \\ \| \\ C-C \\ \| \\ O \end{array} \right]_n$$

M_n ~6000
T_d 360°C（空気中）
水・有機溶媒に不溶
塩・アミン水溶液に可溶

$$\left[\begin{array}{c} H \\ N-N \\ H \end{array} \begin{array}{c} O \\ \| \\ C-C \\ \| \\ O \end{array} \right]_n \xrightarrow[?]{[O]} \left[N=N-C(=O)-C(=O) \right]_n$$

一酸化炭素－窒素共重合体

スキーム 1

に特徴的な赤色の着色が一切見られないことが謎であった。

ナイロン-0,2のDMAc中での酸化は再現性に乏しく，気体の発生量や発生速度は一定しなかった。これは系に含まれる水によるものと考え，水溶液中での酸化を検討した。酸化剤として次亜塩素酸ナトリウム水溶液を用いて酸化反応を行ったところ，再現性よく，直ちに激しく発泡しながら分解が起こり，水相には有機物は何も残らなかった。この酸化反応で生成する気体の体積を測定したところ，ナイロン-0,2の1ユニットあたり3モルの気体が発生していた。これは，一酸化炭素・窒素共重合体の分解という想定によく一致する。しかし，発生する気体の組成を分析したところ，窒素1に対して一酸化炭素は0.16含まれるだけであり，残りは全て二酸化炭素として放出されていた。このことは，分解反応の中間体が一酸化炭素・窒素共重合体ではないことを意味している。ではどのように分解は起こっているのであろうか。

ジアシルヒドラジンについて知られている反応を総合すると，ナイロン-0,2は次のように分解していると考えられる（スキーム2）。ナイロン-0,2は部分的に酸化されてアゾジカルボニル部位を生成する。アゾジカルボニル部位は，高反応性活性エステルとして加水分解されジイミドとシュウ酸モノアミド末端を生成するか[4]，ラジカル的に分解してアシルラジカルとなるか[5]，どちらかの運命をたどる。シュウ酸モノアミド末端は反応条件下で速やかに酸化され，二酸化炭素を発生してヒドラジド末端となり，さらに酸化されていく。一方，アシルラジカルは，一酸化炭素を放出してヒドラジド末端となり，やはりさらに酸化されていく。生成物に一酸化炭素の混入が見られたことはラジカル反応経路の存在を示しているが，生成物分布から主たる経路が加水分解と酸化による分解過程であることは明らかで，これが，ナイロン-0,2の酸化分解を効率的に再現性よく起こすためには水の存在が必須である理由であると考えられる。

ナイロン-0,2の酸化分解において重要な点は，ジアシルヒドラジン部位が酸素にも水にも非常

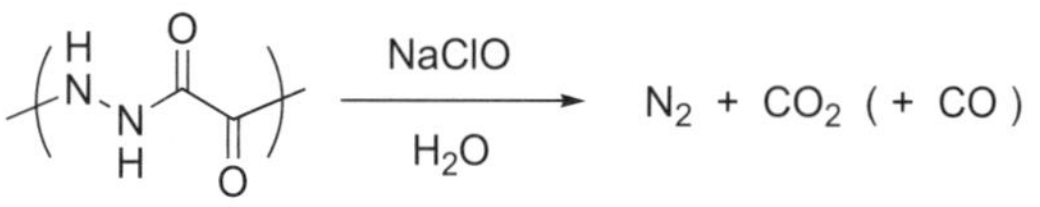

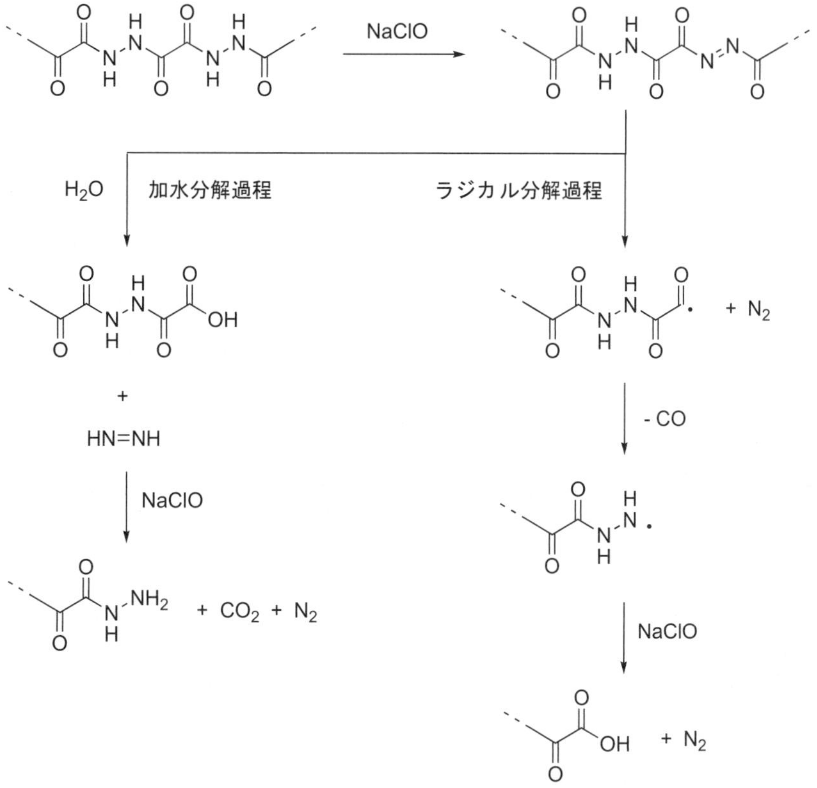

第7章 分解反応：機能性高分子の開発およびケミカルリサイクル

スキーム2

に安定であるにも関わらず，ハロゲンなどの酸化剤によって容易に酸化を受け，極めて反応性の高いアゾジカルボニル部位へと変化する点である。ジアシルヒドラジンのこの性質は，実用的な酸化分解性ポリマーに要求される基本的な性質に合致する。そのため，ナイロン-0,2は「空気中で安定な酸化分解性ポリマー」となるのである。

1.3 ポリ（イソフタルヒドラジド）

では，一般的なポリ（ジアシルヒドラジン）は酸化分解性を示すのであろうか。ポリ（ジアシルヒドラジン）は高耐熱性ポリマーであるポリ（オキサジアゾール）の前駆体ポリマーとして古くから知られている[2]。しかし，ポリ（ジアシルヒドラジン）そのものの性質は十分には検討さ

れていない。そこで，代表的なポリ（ジアシルヒドラジン）としてイソフタル酸を基本構造とするポリ（イソフタルヒドラジド）[6]について検討することにした（スキーム3）。

まず，常法に従ってイソフタル酸ジフェニルとイソフタル酸ジヒドラジドとの重縮合を検討したが，高分子量のポリマーは得られなかった（スキーム4）。得られたポリマーは濃硫酸やトリフルオロ酢酸のような溶媒にしか溶解せず，また，イソフタル酸ジヒドラジドの溶解性も非常に悪いためであると考えられる。

そこで，溶解性を上げるために5位にtert-ブチル基を導入したポリ（イソフタルヒドラジド）PTBIPHについて検討した。対応するジフェニルエステルとジヒドラジドとの重縮合を行うことで，高分子量のPTBIPHが得られた。特に，モノマーとしてp-ニトロフェニルエステルを用いると非常に分子量の高いポリマーが得られた。いずれの場合も分子量分布が広いだけでなく多峰性のGPCを示しており，架橋反応を伴うような重合が起こっていることが示唆される。これは，PTBIPHのNH基も重合に関与しているからであると考えられるが，スペクトル的な裏付けは得られていない。一方，ジフェニルエステルを用いて240℃で溶融重縮合を行ったところ，ポリ（オキサジアゾール）と考えられるポリマーが得られた。次に述べるように，PTBIPHを単に加熱しても290℃までは分解しないので，重合に伴って発生するフェノールがポリ（オキサジアゾール）への脱水を促進しているものと考えられる。

PTBIPHの熱分解開始温度は空気中で290℃であり，ナイロン-0,2と同じく熱安定性と酸素に対する安定性の高いポリマーであった。また，ナイロン-0,2と同様に，熱分解温度以下にガラス転位点は見られなかった。ナイロン-0,2と異なるのはその高い溶解性であり，PTBIPHは濃硫酸やトリフルオロ酢酸はもとより，DMSOやDMFのような非プロトン性極性溶媒に可溶である。そのため，DMF溶液から容易に自立性のフィルムを調製することができた。

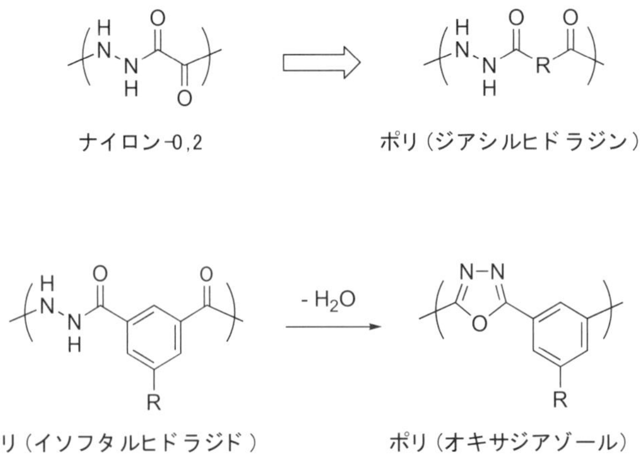

ナイロン-0,2　　　　　　　ポリ（ジアシルヒドラジン）

ポリ（イソフタルヒドラジド）　　　　　　　ポリ（オキサジアゾール）

スキーム3

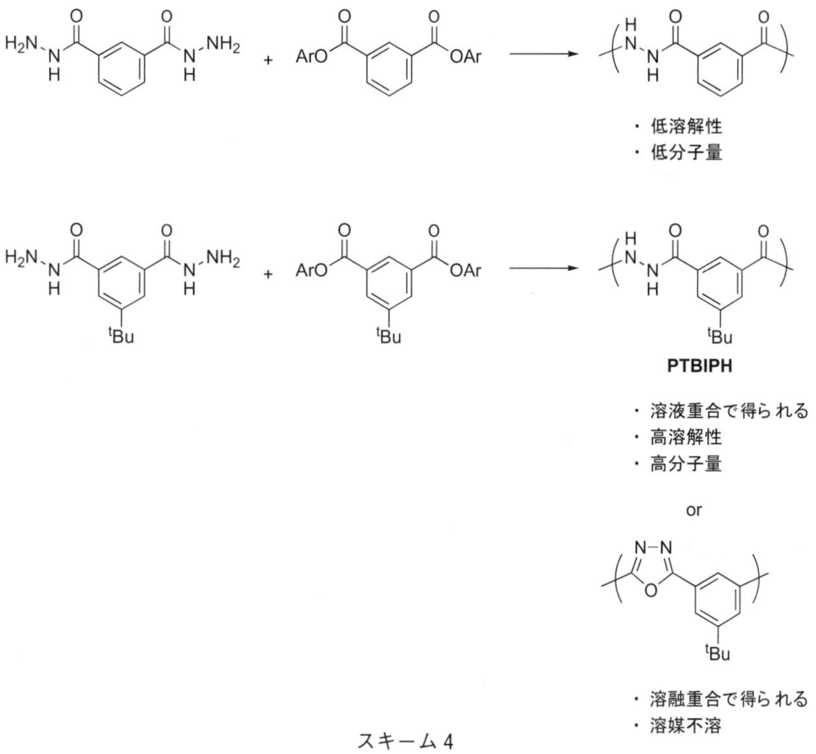

第7章　分解反応：機能性高分子の開発およびケミカルリサイクル

スキーム4

　PTBIPHを次亜塩素酸ナトリウム水溶液で処理したところ，気体の発生を伴いながら分解した（スキーム5）。分解は，ナイロン-0,2に比べるとかなり遅く，粉末状でも数分を要した。分解終了後の水溶液からは，PTBIPHのカルボン酸部位であるTBIPAが定量的に得られた。分解途中のポリマーには，アゾ基に特徴的な赤色が認められ，この色は分解後には完全に消失した。このことから，PTBIPHはナイロン-0,2と同様にアゾ中間体を経由して分解しているものと考えられる。すなわち，酸化によって生成するアゾジカルボニル部位は活性エステルとして直ちに加水分解され，それによって窒素と対応するカルボン酸にまで分解するものと考えられる。分解速度がナイロン-0,2に比べて遅いのは，PTBIPHがナイロン-0,2に比べるとはるかに疎水性であることと，ナイロン-0,2とは異なり，ジッパー式の分解をしないためであると考えられる。ラジカル的な分解過程はあるのかも知れないが，それを示唆するような分解生成物は回収されていない。

1.4　酸化分解性ポリマーの応用：分解性接着剤

　酸化分解性ポリマーの応用には様々なものが考えられるが，必要な時に分解して除去することのできる分解性接着剤は最も期待できるものであろう。PTBIPHは接着性を示さなかったが，ナイロン-0,2は接着性を示したので，分解性接着剤としての応用について検討した。

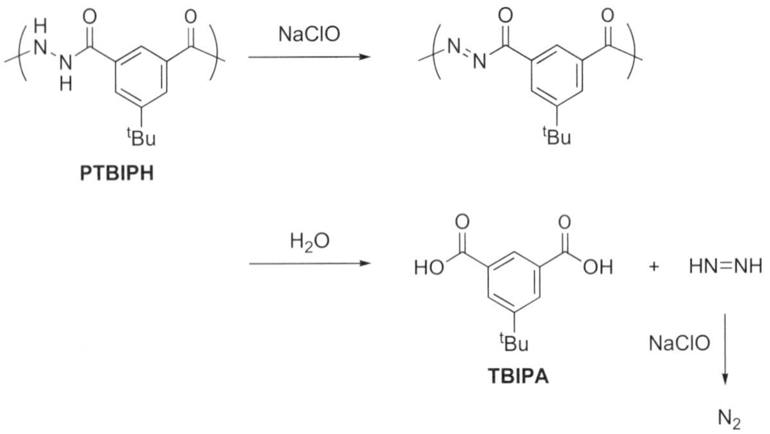

スキーム 5

　ナイロン-0,2は溶融しないので，接着剤としては溶液の状態で用いる必要がある。ナイロン-0,2は有機溶媒はもとより強酸にも溶解しなかったが，少々意外なことに，塩類やアミン類の水溶液には溶けることが分かった。そこで，トリエチルアミン水溶液にナイロン-0,2を溶かし，この溶液を接着剤として用いた。様々な物質の接着を検討したところ，分子量が低いので強度は低いもののガラスがよく接着された。このようにして接着されたガラス板を次亜塩素酸ナトリウム水溶液で処理したところ，接着剤となっているナイロン-0,2が発泡しながら分解した。分解に伴い次亜塩素酸ナトリウム水溶液がガラス板の隙間に侵入していき，ガラス板同士は自発的に剥離した。剥離面にはナイロン-0,2はもちろんのこと，どのような有機物も全く残らない。これは，ナイロン-0,2が完全に気体にまで分解する酸化分解性ポリマーであるからこそである。

　一般に，接着剤を溶剤で溶かして剥離させようとしても，高粘度のポリマー溶液は狭い隙間の中でほとんど流動しないことから，容易には剥離しない。しかし，ナイロン-0,2では低分子量化合物に分解されるので分解液の粘度も上がらず，また，発泡することで撹拌されて剥離が促進されていた。

1.5　おわりに

　ジアシルヒドラジン部位を持つポリマーは「空気中で安定な酸化分解性ポリマー」であり，酸化分解によって窒素とカルボン酸部位にまで分解することが明らかになった。ジアシルヒドラジンの酸化分解には，次亜塩素酸ナトリウムのような安価で扱いやすい酸化剤を用いることができ，分解生成物は窒素ガスの他にはカルボン酸だけと非常に明確である。得られたカルボン酸は再びポリマーの原料として使用可能であることからリサイクル性も高い。また，ナイロン-0,2のように，カルボン酸がさらに酸化されるようなポリマーでは，完全に気体にまで分解させること

第7章 分解反応：機能性高分子の開発およびケミカルリサイクル

もできる。さらに，ポリ（ジアシルヒドラジン）は分解性だからといって物性が悪いわけでもない。通常のポリアミドと同様の高耐熱性ポリマーである。

酸化分解性ポリマーとしてのポリ（ジアシルヒドラジン）のこのような特徴は，既存の分解性ポリマーには期待できないものであり，分解性ポリマーの応用範囲を大きく広げるものであると考えられる。特に，分解機構が明確であることは，酸化分解性ポリマーとその応用を分子設計する上で重要である。例えば，ヒドラジンで変性することで汎用ポリマーに分解性を付与することもできるであろうし，酸化分解性を架橋ポリマーの脱架橋に利用することもできるであろう。これらの可能性については検討を開始している。

我々は，酸化分解性を実現するための官能基としてジアシルヒドラジンしか明らかにしていないが，同様の分解が期待できる官能基は他にもある。様々な酸化分解性官能基を使い分けることで，様々な特性の酸化分解性ポリマーが実現できるものと期待している。

文　　献

1) N. Kihara et al., *J. Polym. Sci., Part A: Polym. Chem.*, **45**, 963 (2007)
2) (a) V. A. Shenai, *Fibres & Polymers*, **1**, I (1970); (b) 卯西昭信，真空化学，**16**, 73 (1969); (c) M. Hasegawa, *Encycl. Polym. Sci. Tech.*, **11**, 169 (1969)
3) (a) 日本化学会編，「新実験化学講座15酸化と還元［I-1］」，丸善 (1976); (b) R. B. Wagner et al., "Synthetic Organic Chemistry", p.766, Wiley, New York (1953)
4) (a) J. Nicholson et al., *J. Am. Chem. Soc.*, **88**, 2247 (1966); (b) C. L. Bumgardner et al., *J. Org. Chem.*, **48**, 2287 (1983); (c) J. E. Leffler et al., *J. Am. Chem. Soc.*, **78**, 335 (1957); (d) S. G. Cohen et al., *J. Org. Chem.*, **30**, 1162 (1965)
5) (a) R. Stolle, *Ber.*, **45**, 273 (1912); (b) R. Stolle et al., *J. Prakt. Chem.*, **123**, 82 (1929); (c) D. Mackay et al., *J. Chem. Soc.*, 4793 (1964); (d) J. Nicholson et al., *J. Am. Chem. Soc.*, **88**, 2247 (1966)
6) (a) M. Hasegawa et al., *J. Polym. Sci.*, [B] **2**, 237 (1964); (b) T. Unishi et al., *J. Polym. Sci.*, [A] **3**, 3191 (1965)

2 ペルオキシド構造をもつポリマーゲルの合成と分解

松本章一*

2.1 はじめに

　ネットワーク構造をもつ架橋ポリマーは，多官能性モノマーの重合によって得られ，反応性基の導入位置や数などを工夫してネットワーク構造の制御が試みられている。ゲル化理論が古くから確立されているものの，現実の重合で起こる架橋反応の詳細な機構は複雑であり，理論と実験の合致は難しく，また，架橋構造を精密に制御しながら重合することは容易ではない。一方，ポリマーの一部に反応性基が含まれると，高分子反応によってネットワーク構造が形成され，架橋ポリマーが容易に生成する。ここで，鎖状ポリマーの合成に欠かせない重合反応の精密制御はここ十数年の間に著しく発展し，分子量や分子量分布，末端構造，立体規則性制御が多くのモノマーの重合で可能となっている。近年，新しい重合技術を駆使した環境低負荷型のポリマー材料の開発が盛んに進められ，ポリマーの再使用や再資源化によるエネルギーと物質の有効利用が行われている。ポリマーゲルがもつ様々な優れた性能や機能に，さらに分解性が加われば，次世代材料の開発に向けた環境調和型の材料設計が可能になると考えられる[1~3]。

　われわれは，ジエンモノマーの一種であるソルビン酸誘導体を酸素とラジカル交互共重合すると，主鎖中にペルオキシ結合を含む新規な分解性ポリマー（ポリペルオキシド）を簡便に合成できることを見出し，報告してきた[4~8]。ポリペルオキシドは加熱によって容易に分解するだけでなく，光，酵素，化学反応など様々な刺激によっても，低分子にまで一気にラジカル連鎖分解できる新しいタイプの分解性ポリマーである。ポリペルオキシドの分解特性や分解生成物の化学構造を分子レベルで設計できるため，様々な分野での応用展開が期待されている。本稿では，まずポリペルオキシドの特徴について述べ，続いてポリマーの架橋や分解に関連する事例として，ポリペルオキシド構造を組み込んだ分解性ゲルの合成に関するごく最近の研究成果を紹介する。

2.2 ポリペルオキシドの特徴

　まず，ポリペルオキシドの基本的な特性についてまとめる[4]。一般に，生分解性ポリマーは主鎖中に切断しやすいエステルやグリコシド結合を含み，その分解過程は酵素分解反応や加水分解反応が中心となる。一方，不飽和モノマーの重合で合成されるビニルポリマーやジエンポリマーは，主鎖が炭素-炭素間の結合でつながったポリマー構造をもつため，熱や化学的刺激に対して比較的安定であり，特に生分解性に乏しい。対照的に，ポリペルオキシドは酸素との共重合によって生成し，主鎖中に分解しやすいペルオキシ単位を繰り返し構造として含む。このように，同

---

　*　Akikazu Matsumoto　大阪市立大学　大学院工学研究科　化学生物系専攻　教授

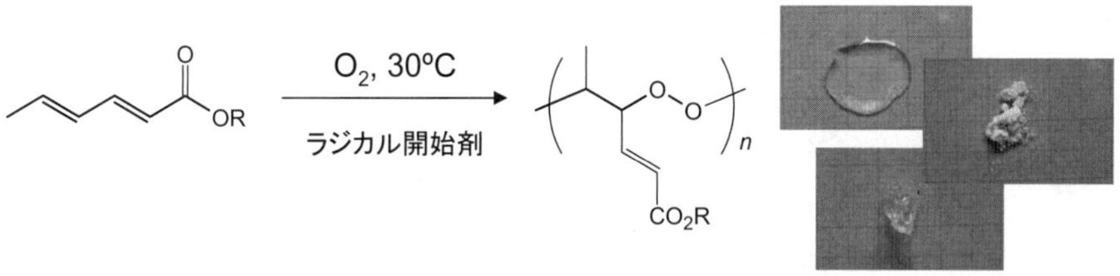

第7章　分解反応：機能性高分子の開発およびケミカルリサイクル

図1　ソルビン酸エステルと酸素のラジカル重合によるポリペルオキシドの合成反応と生成するポリペルオキシドの形状

一の原料（ジエンモノマー）から同一の重合方法（ラジカル重合）を用いるにもかかわらず，重合反応を酸素遮断下で行うか，酸素雰囲気下で行うかによって，全く異なる構造と性質をもつポリマーが生成する。

　ポリペルオキシドの合成面での利点として，空気や酸素雰囲気下で重合を行うため，簡便な装置や反応で合成できることが挙げられる。モノマーの選択や組み合わせにより，液状，ゴム状，粉末状，ゲル状など生成物の形態を様々に変化できる（図1）。ポリペルオキシドの側鎖に機能性基を導入することができ，ポリペルオキシドにさらに第二，第三の機能性を付与できる。ジエンモノマー間での共重合はポリペルオキシドの主鎖の繰り返し構造に影響を与えないので，異なる置換基をもつ複数のジエンモノマーを酸素と共重合すれば，様々な側鎖構造を必要な量だけポリペルオキシドに導入することができる。また，ポリペルオキシドは容易に分解し，分解反応はラジカル連鎖的に進行するため，一度反応が開始するとオリゴマーの生成を伴わずに瞬時に低分子にまで分解が進むことが知られている。加熱，紫外線照射，あるいは還元剤や酵素の添加によって分解が可能であるので，用途に合わせた分解の形態が選べることも，重要な特徴のひとつである。

2.3　ポリペルオキシドの機能化

　上で述べたように，ポリペルオキシドの側鎖部分に機能団を導入すると，ポリペルオキシドに分解以外の機能を容易に付与できる。ポリマー側鎖への機能団の導入方法として，モノマー合成段階で行う方法と，ポリペルオキシドとしてから機能団を導入する方法がある（図2）。いずれの経路でも，アジドやイソシアネート基など反応性の高い置換基をあらかじめ導入しておいて，官能基や機能団を含むアルコールやアミンと反応して目的の機能を組み込むのが効果的である[9]。ポリペルオキシドを合成した後に側鎖置換基と反応する場合には，ポリペルオキシドが分解しない条件下で反応を行う必要があるので，反応条件に制約を生じることがある。側鎖に導入できる官能基の例として，抗癌剤，多糖類，薬理活性置換基，オリゴペプチド，オリゴヌクレオ

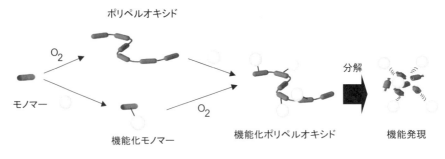

図2　機能化ポリペルオキシドの合成経路

チドなど，様々なものが挙げられる。また，メタクリロイル基などの反応性基を導入すると，側鎖間の重合によってポリペルオキシドを架橋でき，分解によって主鎖のポリペルオキシド部分が分解し，再び可溶化できる。

　また，側鎖に親水基を導入すると水溶性ポリペルオキシドが合成できる[10]。カルボン酸やヒドロキシ基の導入でアルコールに可溶となるが，主鎖の疎水性が高い（ペルオキシ結合は親水性を示さない）ため，水溶性ポリマーを得るには側鎖にオリゴエチレングリコール単位を導入する必要がある。側鎖エステル基に極性基などを導入しても，主鎖の分解の特性にはさほど違いはみられないので，側鎖構造によって分解性以外の物性を制御できる。

　ここで，疎水性のメチルエステル基と親水性のテトラエチレングリコールエステル基の両方を含むポリペルオキシドは，室温付近でLCST（下限臨界溶液温度）型の相分離挙動を示す。低温では水に溶解するが，ある温度以上で不溶となるポリマーは温度応答性ポリマーとして応用でき，ポリN-イソプロピルアクリルアミド，メチルセルロース，ポリエチレンオキシド，ポリビニルエーテルなどのLCST型の相分離現象がよく知られている。二官能性モノマーをポリペルオキシド合成に併用するとゲルが合成でき，温度応答性のポリマーゲルに分解性を付与することができる。

　原料としてビニルモノマーを用いて合成したポリペルオキシドは，発生する分解生成物中にホルムアルデヒドを含む。同様に，ソルビン酸誘導体から合成したポリペルオキシドは，アセトアルデヒドを発生する。そこで，ポリペルオキシドの分子設計により，分解生成物中に揮発性のアルデヒドを含まない新しいタイプのポリペルオキシドの開発を進めてきた[11]。例えば，ソルビン酸エステルの代わりにジエンの片末端にプロピル基を導入したモノマーを用いてポリペルオキシド合成すると，分解性ポリマーの生成物は不揮発性のブチルアルデヒドとなる。同様に，ジエンの末端部分を2つのメチル基で置換したモノマーを用いると，分解過程でアセトアルデヒドの代わりにアセトンが生成する[11]。さらに，メチル置換する数を増やすと，分解生成物中に全くアル

第7章　分解反応：機能性高分子の開発およびケミカルリサイクル

デヒドを含まないポリペルオキシドも合成できる[12]。この場合，分解生成物はすべてケトン誘導体となる。一方，フェニル置換したモノマーから出発すると，毒性の低い化合物（ベンズアルデヒド，フマルアルデヒド，グリオキシル酸エステル，ケイ皮アルデヒド）のみを生じるポリペルオキシドを設計できる[11]。1,4-ジフェニルブタジエンを出発原料として用いると，得られるポリペルオキシドの分解生成物はベンズアルデヒドとケイ皮アルデヒドのみとなる。

2.4　分解性ポリマーゲルの合成

多くのポリペルオキシドは高粘性の液状，もしくは非晶性や部分結晶性の固体であるため，静電気，摩擦，衝撃などによる爆発の危険は低い。しかしながら，ポリペルオキシドは過酸化物の一種であるので慎重に取り扱う必要があり，他の材料との複合化を行って，利便性を高めた形での利用が望ましい。そこで，われわれはポリマーの末端や側鎖にジエン構造（ジエニル基）を導入し，酸素の反応によって分岐点や架橋点がポリペルオキシド構造からなる分岐ポリマーやゲルを合成した。このように，ポリマーの一部にポリペルオキシド構造を含む場合には，ポリマーの取り扱いは比較的容易であり，一部に分解可能な構造を組み込んだ汎用ポリマーとしての新しい用途が期待できる。ポリマーの側鎖や末端に効率よくジエニル基を導入するため，リビング重合を活用することにした。リビング重合は，定量的に末端基に官能基を導入するための確実な方法であり，以下にポリ乳酸（PLLA）のポリマー鎖末端にジエニル基を導入した例を示す。

2.5　分解性ポリ乳酸ゲル

PLLAは加水分解によって乳酸となる生体内で代謝吸収可能な材料として開発され，その後，分解特性だけでなく，植物由来の原料から生産できるカーボンニュートラルの考えに基づく資源循環型ポリマー材料として将来性が高く評価され，実用化に向けた材料開発が急速に進められている。例えば，PLLAの物性と分解性の両者を制御しながら，用途に合わせた複合化技術や材料設計が行われている。環状二量体であるラクチドをリビングアニオン重合や金属触媒重合すると，開始や停止反応で末端に特定の官能基を導入でき，分子量や末端基などのポリマー構造が制御されたPLLAが合成できる。そこで，ジエニル基を含む開始剤や停止剤を用いて重合を行い，ポリマー鎖の末端にジエニル基を導入したPLLAを合成した。さらに，これら末端反応性のポリマーを酸素と共重合して，分解性を付与したグラフトポリマーやゲルを得た[13]。

ジエニル基を含む開始剤あるいは停止剤のいずれかを単独で用いるとマクロモノマーを，両者を組み合わせて用いるとテレケリックポリマーを合成できる。実際に，異なる構造をもつ開始剤と停止剤の組み合わせによって，図3に示す様々な末端構造をもつPLLAを得た。また，ジエニル基を複数個含む開始剤を用いて重合を行うと，片末端にのみ複数個の反応性基をもつPLLAが

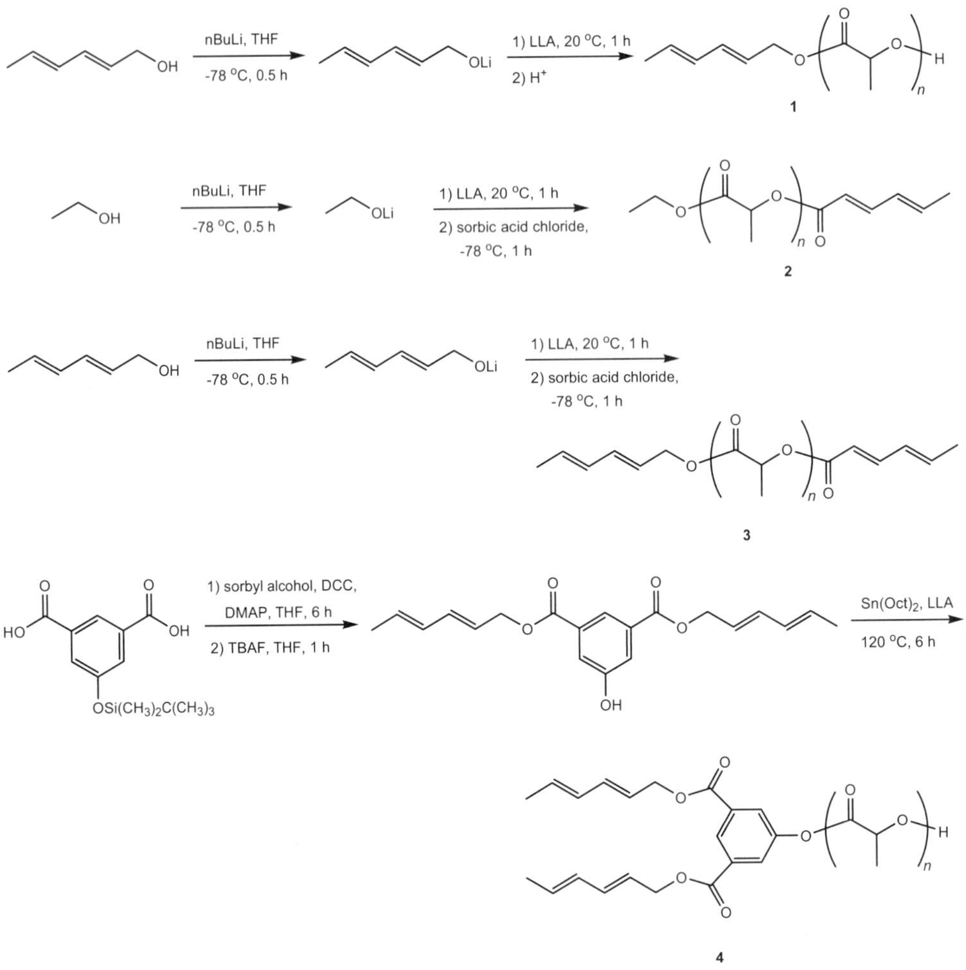

図3 PLLAマクロモノマーとテレケリックポリマーの合成経路

これらの末端反応性PLLA（**1-4**）を酸素と共重合すると多分岐ポリペルオキシドやポリペルオキシドゲルが生成する。nBLi：*n*-ブチルリチウム，THF：テトラヒドロフラン，LLA：L-ラクチドモノマー，DCC：ジシクロヘキシルカルボジイミド（縮合剤），DMAP：4-ジメチルアミノピリジン（触媒），TBAF：フッ化テトラブチルアンモニウム，Sn(Oct)$_2$：オクタン酸スズ

得られる。マクロモノマーを酸素と共重合すると，グラフトポリマー（ポリマクロモノマー）が得られる。その重合度は低く，数量体から十数量体程度である。グラフトポリマーの主鎖骨格はポリペルオキシドであるので，加熱によって主鎖のポリペルオキシド部分のみが速やかに分解し，側鎖の直鎖状PLLAは分解に関係なくそのまま残る。しかしながら，ポリマーの形態が多分岐構造から比較的低分子量の直鎖状ポリマーに変わるため，分子量や結晶性に変化が生じる。

第7章 分解反応：機能性高分子の開発およびケミカルリサイクル

表1 様々な分岐構造をもつポリ乳酸（PLLA）の特性解析

ポリマー	構造	分子量	結晶化度(%)	フィルム形成能
マクロモノマー1	直鎖状	3.5×10^3	—	なし
ポリ(1)	櫛状	7.3×10^3	—	なし
マクロモノマー3	直鎖状	3.5×10^3	41	なし
マクロモノマー3	直鎖状	7.3×10^3	—	なし
ポリ(3)（可溶部）	多分岐状	7.3×10^3	22	あり
ポリ(3)（熱分解後）	直鎖状	5.2×10^3	38	なし
ポリ(3)（不溶部）	ゲル状	—	—	なし
マクロモノマー4	直鎖状	5.5×10^3	44	なし
ポリ(4)	星型	13.0×10^3	34	なし
ポリ(4)（熱分解後）	直鎖状	6.3×10^3	43	なし

様々な構造をもつPLLAの構造の分類，分子量，結晶化度，透明フィルム形成能を表1にまとめる。このように，ポリペルオキシドとPLLAを組み合わせて分岐構造を制御すると，PLLAの結晶性が変化することがわかった。

両末端にジエニル基を導入したテレケリックPLLAからはPLLAゲルが生成する。このPLLAゲルも，直鎖状や分岐状のポリマーと同様の機構で分解する。架橋点となっている部分がポリペルオキシドの構造であるため，刺激によって架橋点のみが速やかに分解し，可溶性のPLLAが生じる。例えば，トルエンで膨潤したPLLAゲルを100℃で加熱するとポリマーがすべて可溶化する。

2.6 分解性ポリアクリル酸ゲル

さらに，ポリマーの末端や側鎖に効果的にジエニル基を導入するため，エポキシ基や酸無水物構造をもつジエン化合物をジエニル化に有効な新しい反応剤として開発した。予備検討の結果，合成や原料入手が容易なソルビン酸グリシジルエステル（GS）とソルビン酸無水物（SAn）をジエニル化剤として選び（図4），汎用ポリマーへのジエン構造の導入，酸素とのラジカル共重合による架橋ポリマーの合成，得られたゲルの分解性について検討した（図5）[14]。

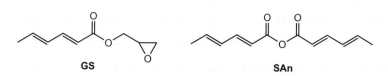

図4 ジエニル化剤の化学構造

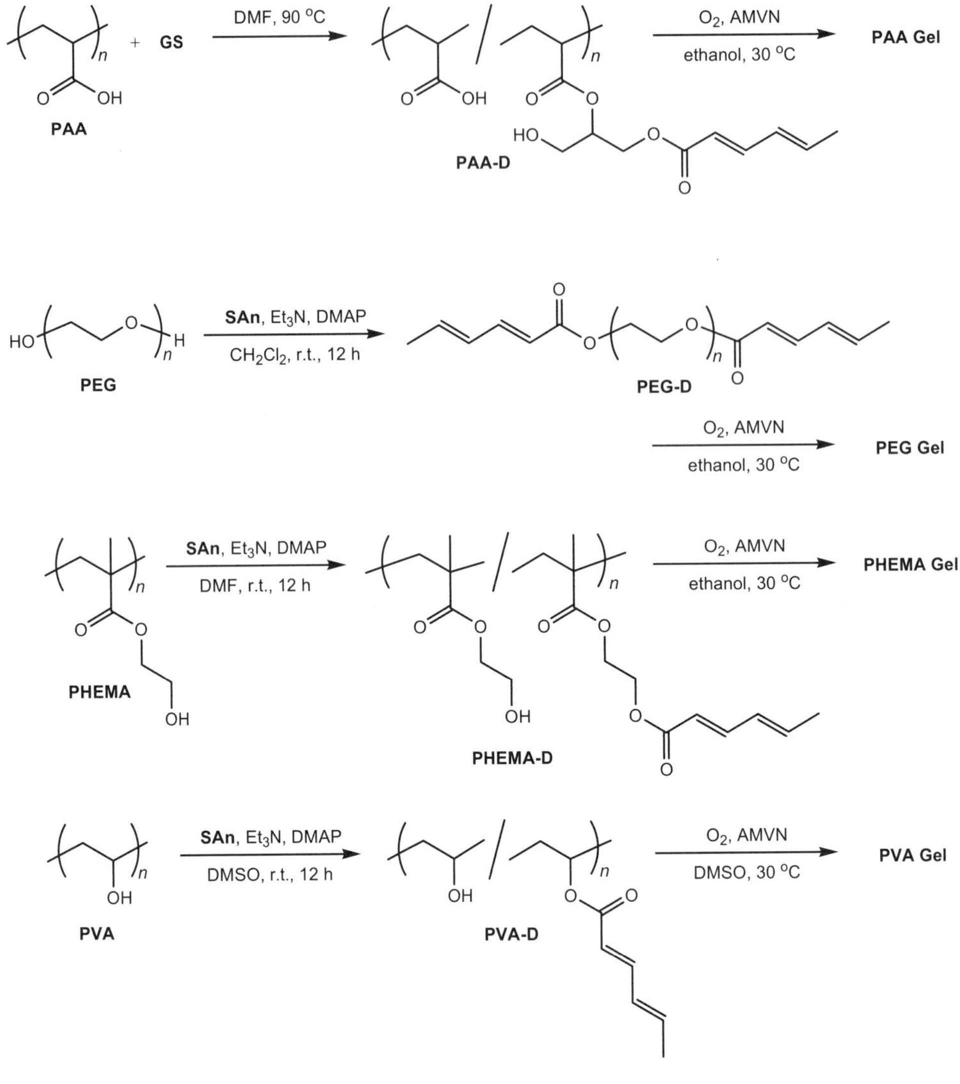

図5 ビニルポリマーのGSおよびSAnを用いるジエニル化反応ならびに酸素とのラジカル共重合による分解性ハイドロゲルの合成反応

ポリアクリル酸（PAA）とGSの反応による側鎖へのジエニル基の導入と酸素架橋の結果を表2にまとめる。DMF中，PAAに5〜20％（PAAのカルボン酸に対するモル比）のGSを加えて，90℃で数時間から十数時間加熱すると，エポキシ基が開環しながらカルボン酸と反応し，PAA側鎖へジエニル基が導入される。用いたGSの約50％がポリマー中に導入，固定される。側鎖にジエニル基を導入したPAA（PAA-D）を酸素とラジカル共重合すると，PAAゲルが生成する。PAAゲルの生成量（ゲル化率）は，ポリマーの側鎖に導入したジエニル基の割合に応じて80％

第7章　分解反応：機能性高分子の開発およびケミカルリサイクル

表2　ソルビン酸グリシジル（GS）を用いたポリアクリル酸ゲル（PAAゲル）の合成

[GS]/[CO$_2$H]	ジエニル基の導入率(%)	PAAゲルの生成量(%)	PAAゲルの膨潤度(%)		
			水	メタノール	エタノール
0.05	2.0	34.1	510	750	500
0.10	4.8	77.9	530	630	340
0.20	12.2	65.8	160	250	210

ジエニル化反応の条件：DMF中，90℃，12時間。酸素架橋によるPAAゲル合成の条件：ポリマー 0.5 g，低温用ラジカル開始剤（AMVNはV-70として市販されている）10 mg，エタノール 2.5 g，酸素吹き込み，30℃，12時間。

程度まで増大し，同時にそれぞれ架橋密度に対応した水やアルコールへの膨潤挙動を示す。PAAゲルは加熱や光照射すると，架橋点の分解が容易に起こり，ポリマーは可溶化する。例えば，エチレングリコール中で膨潤したPAAゲルを140℃で0.5時間加熱すると，透明で均一なPAA溶液が得られる。ジエニル基の導入率が高くなると可溶化の割合は低下する傾向にある。

2.7　その他の分解性ポリマーゲル

ヒドロキシ基を含むポリマーのジエニル化剤としてSAnが優れている[14]。両末端にヒドロキシ基を含むポリエチレングリコール（PEG）とSAnを，触媒量のトリエチルアミン（TEA）とジメチルアミノピリジン（DMP）の存在下，室温で半日撹拌するだけで，ほぼ定量的にポリマー末端にジエニル基を導入できる。NMRスペクトルにより見積もった末端基導入率は98％であり，ポリマー鎖の両末端に確実にジエニル基が導入できることを確認した。ジエニル化したPEG（PEG-D）を酸素と反応すると容易にゲルが生成する。最初に用いるPEGとして分子量分布の狭いPEGを用いると，得られたPEGゲルの架橋点間の距離（網目の大きさ）が揃ったものとなる。PEGゲルは加熱や紫外線照射により分解し，可溶化する。反応条件に依存するので一概には言えないが，一般に短時間で可溶化するためには加熱の方が効果的である。

同様に，側鎖にヒドロキシ基をもつポリメタクリル酸2-エチルヘキシル（PHEMA）やポリビニルアルコール（PVA）へのジエニル基の導入を行った。結果を表3にまとめる。ジエニル化剤であるSAnの使用量に応じてジエニル基の導入率（導入されたジエニル基の元のポリマーのヒドロキシ基に対する割合）は決まり，同時に酸素架橋後の架橋密度も決まるので膨潤度は最初に用いるSAnの割合に依存することとなる。

また，カルボン酸を含むポリマーのジエニル化剤として用いたGSをモノマーとして用い，そのまま酸素と反応するとGSの繰り返し単位を持つ，すなわち，側鎖にエポキシ基をもつポリペルオキシドが生成することが期待される。しかしながら，酸素とのラジカル共重合を行う段階

表3 ジエニル化剤としてソルビン酸無水物（SAn）を用いた種々のポリマーゲルの合成

ポリマー	溶媒	[SAn]/[OH]	ジエニル基の導入率(%)	ゲルの生成量(%)	ゲルの膨潤度（%）		
					水	メタノール	DMSO
PEG	CH_2Cl_2	1.5	7.9	48.8	560	210	590
PHEMA	DMF	0.1	8.6	70.9	−	260	510
PHEMA	DMF	0.2	19.0	84.0	−	250	350
PVA	DMSO	0.1	6.4	45.7	160	190	480
PVA	DMSO	0.2	13.6	57.8	−	110	260

ジエニル化反応の条件：室温，12時間。CH_2Cl_2: 塩化メチレン，DMF: ジメチルホルムアミド，DMSO: ジメチルスルホキシド。酸素架橋によるPAAゲル合成の条件：ポリマー 0.5 g，低温用ラジカル開始剤（AMVN）10 mg，エタノールあるいはDMSO中（ポリマー/溶媒 ＝ 1 / 2〜1 /10），酸素吹き込み，30℃，12時間。

で，一部側鎖のエポキシ基が重合に関与すると考えられ，重合中にポリマーの不溶化が起こる。同様の現象は，ソルビン酸イソシアネートでも観察され[9]，エステル部位に反応性の高い基を含むソルビン酸誘導体を酸素と直接ラジカル重合して，可溶性の直鎖状ポリマーを得ることは難しい。

一方，ヒドロキシ基を含むポリマーのジエニル化剤として用いたSAnを酸素と共重合すると，主鎖の繰り返し構造としてポリペルオキシ構造をもち，酸無水物単位で架橋されたポリマーゲルが得られる。架橋点をメタノールや末端にヒドロキシ基を含むPEGで反応すると，容易にポリマーゲルの可溶化が行える[14]。

2.8　新規分解性ポリマーゲルの特徴

ジエンモノマーと酸素の交互共重合によって得られるポリペルオキシドは，ペルオキシ結合を繰り返し単位としてポリマーの主鎖構造に含むため，分解特性に優れる反面，分解の伴う発熱量は大きなものとなる。例えば，ソルビン酸メチルと酸素を出発原料として用いて合成したポリペルオキシドを分解すると，ポリマー1 gあたり500 J近い発熱を示す。水の比熱は4.2 J/gKであり，1 gの水が100℃も温度上昇する計算となる。これに対して，架橋点のみにポリペルオキシ結合を含むポリマーゲルでは，架橋密度に応じて5〜50 J/g程度の発熱量となる[14]（表4）。

このように，本稿で紹介したポリマーゲルは，架橋点のみが分解可能なポリペルオキシ構造をもつため，分解に伴う発熱量が抑えられ，そのため取り扱いにも優れた分解性ポリマー材料を提供できることがわかった。

第7章　分解反応：機能性高分子の開発およびケミカルリサイクル

表4　分解性ゲルの発熱量

ポリマー	ジエニル基の導入率（％）	発熱量（J/g）
PAAゲル	2.0	5.2
PEGゲル	7.9	7.4
PHEMAゲル	8.6	16.9
PHEMAゲル	19.0	55.5
PP-MS（直鎖状ポリペルオキシド）	–	474
ポリペルオキシドゲル	–	440

最下段のポリペルオキシドゲルはソルビン酸メチル（MS）とジソルビン酸エチレングリコール（EDS）を3/7のモル比で酸素とラジカル共重合して合成したものを使用。

文　献

1) 特集「つけてはがす高分子」，高分子，6月号，高分子学会（2005）
2) 特集「解体性接着技術の最前線」，エコインダストリー，**11**，1月号（2006）
3) 「接着とはく離のための高分子-開発と応用」，松本章一監修，シーエムシー出版（2006）
4) 文献3）のp.78
5) A. Matsumoto, H. Higashi, *Macromolecules*, **33**, 1651（2000）
6) 松本章一，日本接着学会誌，**39**，308（2003）
7) 松本章一，日本接着学会誌，**41**，289（2005）
8) 竹谷秀司，杉本祐子，松本章一，高分子加工，**54**，51（2005）
9) Y. Sugimoto, S. Taketani, T. Kitamura, D. Uda, A. Matsumoto, *Macromolecules*, **39**, 9112（2006）
10) S. Taketani, A. Matsumoto, *Chem. Lett.,* **34**, 104（2006）
11) S. Taketani, A. Matsumoto, *Chem. Lett.,* **33**, 732（2004）
12) A. Matsumoto, S. Taketani, *J. Am. Chem. Soc.*, **128**, 4566（2006）
13) T. Kitamura, A. Matsumoto, *Macromolecules*, **40**, 509（2007）
14) T. Kitamura, A. Matsumoto, *Macromolecules*, in press

3 熱可逆ネットワークの構築とリサイクル性エラストマー

知野圭介[*]

3.1 はじめに

ゴム・エラストマーは、一般に分子の流れを止めて機械的物性や耐熱性を向上させる目的から、分子間の橋かけ（架橋）が行われる。しかしながら、一旦架橋してしまうと、流動性はなくなり、再成形（リサイクル）することは難しい。この架橋がマテリアルリサイクルを阻んできた大きな原因と考えられる。可逆的な架橋、つまり何らかの外部刺激に応答して結合と解離を可逆的に行える反応を架橋部位に組み込めれば、マテリアルリサイクルが可能になると期待される。本節では、熱可逆ネットワーク（架橋）を用いたリサイクル性高分子の研究例についてゴム・エラストマーを中心に概説するとともに、当社で研究開発中の水素結合を用いたリサイクル可能なゴム「THCラバー」について解説する（THC: Thermoreversible Hydrogen-bond Crosslinking）。

3.2 可逆的共有結合ネットワーク[1]

3.2.1 Diels-Alder反応

Diels-Alder反応は可逆反応性が高く、Diels-Alder反応部位を架橋部位として導入した熱可逆架橋の高分子がこれまでも多く検討されてきた。1969年にCravanは、縮合系高分子の側鎖にフラン骨格を導入し、100℃でビスマレイミドで架橋することにより、強度の高いゴム状のフィルムが得られ、140℃で架橋が外れ再成形が可能になることを見出した[2]。これ以来、マレイミド－フラン間の可逆反応を用いた応用例が数多く知られている[3~5]。最近NECは、末端にフラン骨格を持つポリ乳酸と3官能マレイミドを反応させることにより、リサイクル可能な樹脂を開発した。このポリマーは、形状記憶性も有することから、形状記憶性とリサイクル性を併せ持つバイオプラスチックとして注目を集めている[6]。しかしながら、このDiels-Alder反応は不飽和結合を持つポリマーには、利用できない。それは、マレイミド等のジエノフィルが、主鎖の二重結合とエン反応を併発してしまい、永久架橋してしまうことに起因していると考えられる[7]。その他、シクロペンタジエンの自己Diels-Alder反応による二量化を利用したものも知られている[8~12]。

3.2.2 エステル形成反応

1972年にZimmermanは、無水マレイン酸とビニルモノマーとの共重合体と様々なポリオールによる熱可逆架橋を報告している。無水マレイン酸とスチレンとの共重合体をブタンジオールで架橋させた場合は、260℃、30分で解架橋することを溶解性、流れ性、赤外分光分析などから確認している。しかしながら、リサイクル性は乏しく、リサイクルの回数に従って物性が急激に低

---

[*] Keisuke Chino 横浜ゴム㈱ 研究本部 主幹

第7章　分解反応：機能性高分子の開発およびケミカルリサイクル

下していく。これは，高温での側鎖や主鎖部分の分解に起因していると考えられる[13, 14]。

3.3　可逆的イオン結合ネットワーク
3.3.1　アイオネン形成
　メンシュトキン反応により生成したアイオネン構造を持つポリマーの可逆架橋性が報告されている。2官能と3官能アミンを併用し，ジアルキルハライドと反応させることにより，主鎖形成と架橋を同時に起こさせる。解重合反応は酸化防止剤が大きな影響を及ぼし，リサイクル性は悪い[15]。最近では，Ruckensteinらの例も報告されている[16]。

3.3.2　アイオノマー[17]
　アイオノマーは，疎水性高分子主鎖に，側鎖として部分的にカルボン酸またはスルホン酸などの金属塩を含んだイオン性高分子である。疎水性高分子マトリックス中のイオン基部はミクロ相分離を起こし，イオン会合体相（イオンクラスター）を形成し，架橋点として作用する。熱可塑性を示すが，イオン会合体相が解離しているかどうかは不明のようである。

3.4　可逆的水素結合ネットワーク
　水素結合は，温和な条件で解離と形成を可逆的に行えるため，分子間相互作用を介して組織化された集合体の形成を行う超分子化学の分野で広く利用されている[18〜20]。次に，より積極的に強い水素結合を高分子の架橋，修飾に利用した例について述べる。

3.4.1　ポリマーへの核酸塩基の導入
　竹本らは，古くよりチミンやアデニン等のDNAの塩基をポリマーに導入し，RNAや他の合成高分子との水素結合による相互作用について検討してきた。さらに，これらのポリマーを利用した核酸の分離やテンプレート重合等についても検討している[21]。

3.4.2　エラストマーの架橋…ウラゾール骨格
　エラストマーへの応用としては，ウラゾールの水素結合を架橋に使ったポリブタジエンベースの熱可塑性エラストマーが知られている[22〜24]。この系は，側鎖が凝集，配向して，ミクロ相分離構造を形成し，架橋点として働く。この凝集相は熱により融解し，冷却すると再び相分離構造が形成する。高分子材料の架橋に積極的に熱可逆的な水素結合を利用した例として特筆すべき研究である。しかしながら，この系は，強度があまり高くないこと，主鎖がポリブタジエンに限られること，コストが高い等の問題を抱えている。

3.5　熱可逆架橋ゴム「THCラバー」[25〜28]
　我々は，アミノトリアゾールと無水マレイン酸との反応により生成するカルボン酸–アミドト

リアゾール骨格の多点水素結合を架橋部位に用いた熱可逆架橋ゴム「THCラバー」を開発した。以下，本開発について詳しく述べる。

3.5.1 合成

ゴムへの水素結合部位の導入方法として，無水マレイン酸のグラフト反応，およびそれに続く活性水素化合物の付加反応を用いた。固体タイプのTHCラバーの合成に先立って，容易にかつ迅速に水素結合部位の探索を行う目的から液状ゴムでの検討を行った。マレイン化液状イソプレンゴムに，約100種類のアミン，アルコール，チオールなどの活性水素化合物を加えて，その反応前後での粘度変化を測定した。その結果，5員環と6員環複素環状アミンが優れており，特に3-アミノ-1,2,4-トリアゾール（ATA）が最も優れることを見出した。これは，側鎖に導入されて生成したアミドトリアゾール－カルボン酸ユニット同士の多点水素結合による架橋に起因していると考えられる。この結果をもとに，固体状ゴムでの検討を行い，効率よく対応するエラストマーが得られた[25～27]（式1）。

3.5.2 物性

THCラバー（THC-IR）の引張り特性は，SEBSなどの一般的な熱可塑性エラストマーと明らかに異なり，イオウ架橋ゴム（加硫ゴム）に類似しており，強度も十分であった。図1に水素結

式1 イソプレンゴム（IR）からのTHC-IRへの合成ルート

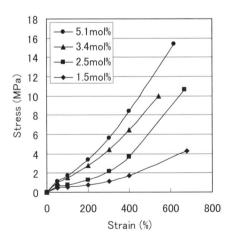

図1 水素結合部位の導入量の違いによるTHC-IRの歪－応力曲線

第7章 分解反応：機能性高分子の開発およびケミカルリサイクル

合部位の導入量を変えたTHC-IR（CB30phr配合）の500mm/minの速度での引張り試験の結果を示す。水素結合部の導入率が高くなるに従って，歪みに対する応力は増加した。これは，水素結合による架橋部位の増加を意味していると思われる。引張り曲線は，低伸張時，低モジュラスで高い柔軟性を示し，さらに十分な破断強度を示した。また，一般的な熱可塑性エラストマーやStadlerらのエラストマー[22~24]に見られるようなクリープ現象を示していない。これは，この水素結合部位が常温で十分高いエネルギーを持ち，比較的速い引張り速度ではイオウ加硫ゴムと類似した機械特性を持つことを示している。すなわち，実使用においてTHCラバーはカーボンブラック配合加硫ゴムに取って代わる可能性を示唆するものと考える。

次に，この架橋システムのエチレン・プロピレンゴム（EPM）への応用例を表1に示す[28]。加硫EPDM（CB50phr配合），TPV（Thermoplastic Vulcanizates，ポリプロピレン・EPDMベース，動的架橋タイプ）でほぼ同じ硬度のものとの比較を行った。THC-EPMは，十分な破断強度を示した。また，TPVや加硫EPDMに比べては，破断強度がそれほど大きく変わらないにもかかわらず，低伸張時のモジュラスが低く，TPVやEPDMよりも柔軟性が高いことを示している。THC-EPMの引裂き強度は，加硫EPDMやTPVよりも高かった。これは，フィラーや加硫ゴム粒が入っていないことに起因していると考えられる。圧縮永久歪は40％以下であり，加硫ゴムの22％には及ばないものの，TPVとほぼ同等であった。リサイクル性に関しては，10回のくり返しプレス成形において，10回目でもバージンに比べて破断強度が＋3％，破断伸びが－15％とそれほど大きな変化はなかった。接着性に関しては，被着体がガラスの場合は，プライマーを使うことにより，THCラバーが凝集破壊した。加硫EPDMとの接着については，熱プレスで接着させることにより，3.4MPaの接着強度を示した。また，ステンレスやアルミ等の金属類に対しても弱いながら接着性を示した。これは，側鎖に含まれる含窒素複素環が，金属と強い親和性を持つことによると考えている。また，いずれの場合にも加熱することにより剥離が可能であることを確認している。

表1 THC-EPM，加硫EPDM，TPVの物性比較

	THC-EPM	加硫EPDM	TPV（PP/EPDM）
硬度（JIS-A）	73	72	71
100％モジュラス（MPa）	2.4	5.3	4.6
破断強度（MPa）	9.3	11.3	11.3
破断伸び（％）	660	257	520
引裂き強度（N/m）	40	33	28
圧縮永久歪（％，70℃，22H）	38	22	41
リサイクル性	OK	NG	OK

3.5.3 解析

次にこれらのゴムの構造を解析する目的から示差走査熱量測定（DSC），小角X線散乱（SAXS）を行った。DSC測定によって，得られたゴムのガラス転移温度（Tg）は，元のマレイン化イソプレンゴムとほぼ同等（約-60℃）であることが示され，水素結合の開裂によると考えられる吸熱ピークが185℃付近に観測された。また，SAXS測定から，0.84°のところにピークが観測され，5.2nmのサイズの集合体が形成していることが示唆された。

これらの結果から，水素結合ネットワークの構造は図2a)（全体図）のように予想される。ATAと酸無水物骨格によって形成されるアミドトリアゾール－カルボン酸ユニットは，理論的には図2b)（結合部）のように，7点で水素結合が可能であり，いわば超分子的な水素結合により強い架橋部位（集合構造）を形成していると考えられる。この集合構造の大きさが5.2nmであると推察される。分子動力学計算からも水素結合部が横に3つ並んだ場合の長さが約3.5nmと算出されており，モデルに近い構造が形成されていると考えている。

図3に代表的なエラストマー材料の構造を示す。ブロックコポリマーからなる熱可塑性エラストマー（TPE）はハードセグメントとソフトセグメントよりなり，ハードセグメントが凝集して架橋部として機能し強度を発現するが，その凝集層が大きく，樹脂的な性質が強い。一方，TPVは熱可塑性樹脂のマトリックスに架橋ゴムが分散したものであり，樹脂的な性質を残して

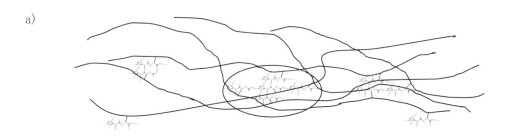

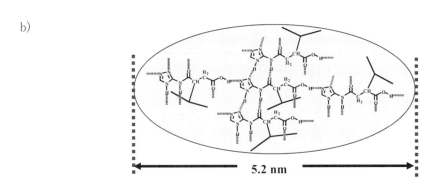

図2　a) THCラバーの構造（全体図）　b) THCラバーの架橋部の構造（7点水素結合）

第7章　分解反応：機能性高分子の開発およびケミカルリサイクル

いる。一方，THCラバーは，架橋部が小さく架橋ゴム（加硫ゴム）と類似した構造をとっていると予想される。そのため，柔軟性が高く，フィラー補強性があると考えている。

3.5.4　配合

次に，THC-EPMの配合について検討した。表2にオイル等の添加剤を加えて，硬度を調整した配合物の結果を示す。配合により，硬度を，40から70まで変えることができ，モジュラス，破断強度も実用上十分であった。圧縮永久歪は，40%以下であった。230℃の粘度（せん断速度243sec^{-1}）は，850Pa・s以下であり，射出成型できるレベルまで粘度を低減できた。硬度を変えることにより，種々の用途への適用が期待される。

3.5.5　他のエラストマー材料との物性比較

次にTHC-EPMと加硫ゴム，TPVとの物性比較を表3に示した。加硫ゴムは熱可塑性ではなく，リサイクル性は低いが，THCラバーは，TPVと同等で良好である。THCラバーの引裂き強度，柔軟性，耐摩耗性等の機械物性に関しては，TPVよりも良好で，加硫ゴムとほぼ同等であった。耐熱性，耐圧縮永久歪に関しては，加硫ゴムが非常に優れており，THCラバーは，TPVとほぼ同等である。ただ長期の圧縮永久歪は，加硫ゴムが劣っている。着色性，色つや，耐傷付き性等の外観に関する指標はTHCラバーが非常に優れている。THCラバーは，配合性についても自由度が高く，加硫ゴム粒等を含有していないため，発泡性に優れる。また，加硫ゴムは，物

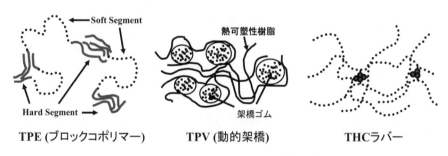

図3　TPE，TPV，THCラバーの構造の違い

表2　THC-EPM 硬度別配合品の物性

	THE-40	THE-50	THE-60	THE-70
JIS A 硬度（5秒後）	40	50	60	70
100%モジュラス(MPa)	1.4	1.4	1.6	2.9
300%モジュラス(MPa)	2.8	2.9	2.9	5.2
破断強度(MPa)	5.3	4.5	3.5	5.8
破断伸び(%)	591	490	390	360
圧縮永久歪(%, 70℃, 22H)	37	38	30	31
溶融粘度(Pa・s, 230℃, 243 sec^{-1})	800	700	740	850

表3 THC-EPM, 加硫EPDM, TPVの特性比較

		加硫ゴム（EPDM）	TPV（PP/EPDM）	THCラバー（EP系）
加工性	加工性	×	○	△
	加工コスト	×	△	○
	リサイクル性	×	○	○
機械物性	引裂き強度	△	×	○
	柔軟性	△	×	○
	耐摩耗性	○	×	△
耐熱性	耐熱性	△	×	×
	耐圧縮永久歪（短期）	○	△	△
	耐圧縮永久歪（長期）	×	○	△
外観	着色性	△	○	○
	色つや	○	×	○
	耐傷付き性	○	×	○
配合性	配合自由度	○	×	○
	軽量	×	○	○
	発泡性	○	×	△

性を向上するためにカーボンブラック等のフィラーが必要であり，そのために重量が重くなってしまうが，THCラバーはフィラーを配合する必要がなく，比重は低い。

以上，THCラバーの特徴をまとめると以下のとおりである。① 環境に優しい材料であり，物性低下なく何度でもリサイクルして使用できる ② 熱可塑性なので，押し出し，射出成形が可能であり，加硫工程が不要である ③ 加硫ゴムに近い性能を持つ（高い柔軟性，フィラー補強性，引裂き強度） ④ 外観（色つや，耐傷付き性）が良好である ⑤ 配合の自由度が高い ⑥ 様々なゴムに適用できるため，多種多様な性能を発現できる。

3.6 おわりに

共有結合，イオン結合および水素結合を用いた熱可逆架橋の高分子材料への応用について概説し，当社で研究開発中の水素結合ネットワークを用いた熱可逆架橋ゴム「THCラバー」について解説した。架橋の可逆化は，リサイクルの観点から非常に重要な研究課題である。本節では，刺激として熱だけを取り上げた。熱を刺激とすることがもっとも簡便で効率的であると考えられるが，熱で架橋が開裂してしまうため，耐熱性が問題となる。架橋を強め，耐熱性を向上させるとどうしても流動性が悪化してしまう。架橋と解離の温度応答性をより高めることができれば，流動性を悪化させずに耐熱性が向上できると考えられる。また，熱以外の刺激による架橋の可逆化はこれまでほとんど検討されてこなかったが，今後の検討課題である。

第 7 章　分解反応：機能性高分子の開発およびケミカルリサイクル

文　　献

1) L. P. Engle *et al.*, *J. M. S.-Rev. Macromol. Chem. Phys.*, **C33**, 239 (1993)
2) J. M. Cravan, U.S.Patent 3,435,003 (1969)
3) Y. Chujo *et al.*, *Macromolecules*, **23**, 2636 (1990)
4) Y. Imai *et al.*, *Macromolecules*, **33**, 4343 (2000)
5) C. Gousse *et al.*, *Macromolecules*, **31**, 314 (1998)
6) 井上和彦ほか，高分子論文集，**62**, 261 (2005)
7) 知野圭介，高分子，**51**, 1 (2002)
8) Y. Takeshita *et al.*, U.S.Patent 3,826,760 (1974)
9) J. P. Kennedy *et al.*, *J. Polym. Sci., Polym. Chem. Ed.*, **17**, 2039 (1979)
10) J. P. Kennedy *et al.*, *J. Polym. Sci., Polym. Chem. Ed.*, **17**, 2055 (1979)
11) J. P. Kennedy *et al.*, U.S.Patent 4,138,441 (1979)
12) J. C. Salasmore *et al.*, *J. Polym. Sci., Part A, Polym. Chem. Ed.*, **26**, 2923 (1988)
13) R. L. Zimmerman *et al.*, U.S.Patent 3,678,016 (1972)
14) J. C. Decroix *et al.*, *J. Polym. Sci., Polym. Symp.*, **52**, 299 (1975)
15) L. Holliday Ed., "Ionic Polymers", Applied Science Publishers, London (1975)
16) E. Ruckenstein *et al.*, *Macromolecules*, **33**, 8992 (2000)
17) 矢野紳一，平沢栄作監修，「アイオノマー・イオン性高分子材料」，㈱シーエムシー出版 (2003)
18) J.-M.レーン著，竹内敬人訳，「超分子化学」，㈱化学同人 (1997)
19) 日本化学会編，「超分子をめざす化学」，学会出版センター (1997)
20) 加藤隆史，表面，**34**, 17 (1996)
21) 総説としてK. Takemoto, *J. Polym. Sci., Polym. Symp.*, **55**, 105 (1976)
22) J. Hellman *et al.*, *Polym. Adv. Tech.*, **5**, 763 (1994)
23) C. Hilger *et al.*, *Makromol. Chem.*, **191**, 1347 (1990)
24) C. Hilger *et al.*, *Polymer*, **32**, 3244 (1991)
25) K. Chino *et al.*, *Macromolecules*, **34**, 9201 (2001)
26) K. Chino *et al.*, *Rubber Chem. Technol.*, **75**, 713 (2002)
27) 知野圭介ほか，日本ゴム協会誌，**75**, 482 (2002)
28) K. Chino, *Kautsch. Gummi Kunstst.*, **59**, 158 (2006)

4 FRP（繊維強化プラスチック）の亜臨界水分解リサイクル技術

中川尚治*

4.1 はじめに

　FRP（繊維強化プラスチック）はガラス強化繊維，無機充填材と熱硬化性樹脂の複合材料である。浴室ユニット，プレジャーボート等に幅広く使われているが，熱硬化性樹脂なので再成形できず，無機物の比率が高くて自己燃焼しないため，リサイクルが非常に困難であり，現状，年間約40万ｔ排出される廃FRPのほとんどが埋め立てられている。最終処分場の枯渇と不法投棄が深刻化していく中，今後，大量排出が予想される廃FRPの再資源化技術が必要となってくる。

　FRPの再資源化において，貴重な石油資源の有効活用という観点から，熱硬化性樹脂も含めた再資源化技術を考える必要がある。また樹脂原料を生産する際のCO_2排出や将来，焼却せざるをえなくなる場合のCO_2排出の抑制という観点からも熱硬化性樹脂の再資源化は重要である。

　しかし，熱硬化性樹脂の再資源化は非常に困難で，従来のリサイクル技術であるセメント原燃料化法[1]，アルコール常圧溶解法[2]等では熱硬化性樹脂は再資源化されていない。そこで強力な加水分解を有する亜臨界水に着目し，FRPの熱硬化性樹脂を含めた水平リサイクルと，樹脂廃材の一部を高付加価値化リサイクルする可能性を検証した。

4.2 FRPの亜臨界水分解リサイクルのコンセプトとプロセス・フロー

　FRPの樹脂は図1に示すように，グリコールと有機酸を脱水縮合した不飽和ポリエステル（UP）樹脂に架橋材としてスチレンを加え，加熱するとスチレンが架橋部を形成し，格子状の構造の熱硬化性ポリエステル樹脂となる。格子状の構造は加熱しても変形せず，熱可塑性樹脂のように加熱再成形できないため再資源化できない。

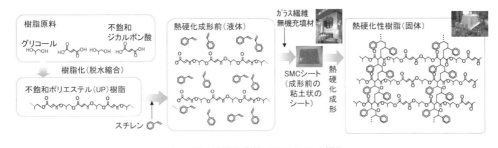

図1　FRPの熱硬化性ポリエステル樹脂

＊　Takaharu Nakagawa　松下電工㈱　先行技術開発研究所　エコプロセス研究室　室長

第 7 章　分解反応：機能性高分子の開発およびケミカルリサイクル

　亜臨界水とは超臨界点（374℃，22.4MPa）未満の温度の高温高圧の水である。加水分解に必要なイオンの積が常温の1,000倍で，誘電率が有機溶剤並みに低下し，樹脂とのなじみがよくなるために非常に高い加水分解能を有することが知られている[3]。

　FRPの亜臨界水分解リサイクルのコンセプトを図2に示す。亜臨界水により熱硬化性樹脂のエステル結合を加水分解すると樹脂原料とスチレン架橋部に分解される。樹脂原料は脱水縮合すればUP樹脂に再生できる。スチレン架橋部はスチレン-フマル酸共重合体（SFC）という機能性高分子として回収でき，様々な用途展開が考えられる。その用途展開の一つとして，先ず，FRP成形時の収縮を低減する低収縮剤という機能性高分子への応用の可能性を検証した。

　図3にFRPの亜臨界水分解リサイクルのプロセス・フローを示す。FRPはガラス繊維と無機充填材に低収縮剤を添加して，熱硬化性ポリエステル樹脂で熱硬化成形したものである。そのFRPを，亜臨界水により，熱硬化性樹脂を溶解し，無機物と分離する。無機物は再生無機充填材として使える。熱硬化性樹脂は樹脂原料とスチレン-フマル酸共重合体（SFC）に加水分解され，それらを分離し，樹脂原料は再度，UP樹脂に再生する。SFCは改質して，再生低収縮剤として

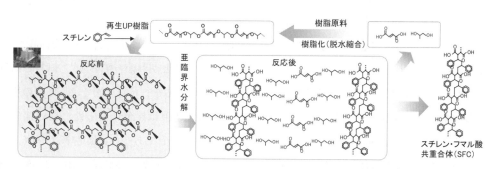

図2　亜臨界水によるFRPのケミカルリサイクルのコンセプト

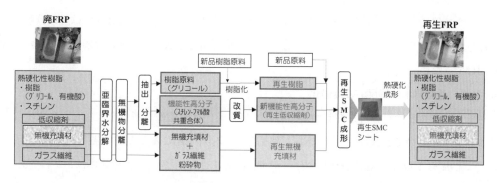

図3　FRPの亜臨界水分解リサイクルのプロセスフロー

低収縮剤を代替する。再生無機充填材，再生UP樹脂，再生低収縮剤を新品原料に配合して，粘土状の再生SMCシートを作製し，それを熱硬化成形してFRPに水平リサイクルする。

次にFRPの亜臨界水分解リサイクルの主な特長を示す。

① 従来，再資源化できなかった熱硬化性樹脂の70％が再資源化できる。

無機物と合わせるとFRP全体では80％以上の再資源化率になる。

② 熱硬化性樹脂も含めてFRPに水平リサイクルできる。

熱可塑性樹脂の水平リサイクルは実用化例があるが，熱硬化性樹脂では世界的にも前例がない。

③ 樹脂廃材の一部が高付加価値化リサイクルできる。

構成原料と比較すると，リサイクルすることで5〜10倍も付加価値の高い再生品が得られる。樹脂の"高付加価値化リサイクル"というのは従来にない概念である。

4.3　FRPの亜臨界水分解リサイクルの技術開発

4.3.1　高温（360℃）における亜臨界水分解反応

亜臨界水分解反応実験はグリコール：24％，フマル酸：24％，スチレン：52％からなる熱硬化性樹脂試料を，水との比率，1：5で反応菅（容積：20cc）に投入し，加熱した。圧力は飽和水蒸気圧になる。反応後，反応物を水および溶剤で洗浄し，水可溶成分と溶剤可溶成分を回収した。

反応温度300℃以上の条件ではCaCO$_3$が最適な触媒であることがわかっており[4]，試料と同重量添加して，反応温度360℃，反応時間20分，亜臨界水分解反応を行った。図4は反応後の反応液と反応物のGC-MSの分析結果である。図4のように反応液は黒色になった。白い部分はCaCO$_3$であり，反応物の65％が溶剤可溶成分，35％が水可溶成分であった。反応率は100％，グリコール，フマル酸の回収率は45.8％，20.6％で，再利用可能な成分は熱硬化性樹脂の16％に過ぎなかった。そこで回収率向上のために反応物をGC-MSで分析した結果，溶剤可溶成分中にはスチレン架橋部の熱分解物と考えられる多種多様な物質が数多く観られた。水可溶成分中にはグリコールの他にも副次反応物のピークが多数，観られた。このようにこの条件では加水分解の他に熱分解が示唆された。水可溶成分中に存在する樹脂原料も副次反応物との分離が困難なため再利用はできない。

4.3.2　亜臨界水分解反応の最適化

スチレン架橋部の熱分解を抑制するために，反応条件と触媒の最適化を検討した。FRPのグリコリシスにおいて230℃以上でスチレン架橋部の熱分解が起こることが報告されている[5]。そこで反応温度：230℃でCaCO$_3$を用いて，4時間，反応させた。試料と水との比率は1：11である。

図5は230℃の場合の反応液と反応物のGC-MSの分析結果である。図5に示すように反応液

第7章 分解反応：機能性高分子の開発およびケミカルリサイクル

は透明になった。反応率は30.8%と低いものの，360℃の場合には65%を占めた溶剤可溶成分は消失し，分解物は全て水可溶成分となった。その水可溶成分の中にはグリコールのピークしか見られず，副次反応物のピークは消失した。グリコールは32%，フマル酸は1.2%の回収率であった。

　熱分解が抑制され，加水分解が支配的になっていることは明白である。そこでさらに触媒の最適化を行った結果を表1に示す。230℃，4hにおいてはKOHが最適であり，グリコール，フマル酸の回収率がそれぞれ70.7%，21.8%となった。不純物がないため，再利用可能と考えられる。

反応液（360℃, 20min）

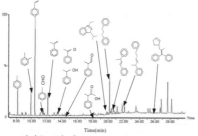
溶剤可溶成分のGC-MSチャート

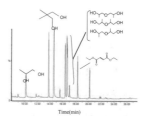
水可溶成分のGC-MSチャート

図4　亜臨界水分解反応（360℃, 20min）後の反応液と反応物のGC-MS分析

反応液（230℃, 4h）

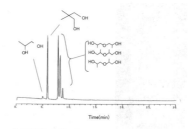
水可溶成分のGC-MSチャート

図5　亜臨界水分解反応（230℃, 4h）後の反応液と反応物のGC-MS分析

表1 反応条件（230℃，4h）における触媒の比較

Catalyst	Reaction ratio	Glycol recovery ratio	Fumaric-acid recovery ratio
No Catalyst	15.9%	33.7%	9.0%
$CaCO_3$	30.8%	32.2%	1.2%
K_3PO_4	41.5%	58.6%	3.6%
KOH	96.9%	70.7%	21.8%

4.3.3 スチレン-フマル酸共重合体の構造解析

加水分解が支配的になったので，スチレン架橋部もスチレン-フマル酸共重合体として生成していることが期待された。pHを調整すると熱硬化性樹脂の75％の重量の白色の固体が析出した（図6）。それがスチレン-フマル酸共重合体かどうかを確認するために構造解析を行った。GPC分析により分子量は約30,000であった。加熱により無水化物が生成するかどうかを，FT-IRで分析し，フマル酸由来のカルボキシル基の存在を確認できた（図7）。2次元NMRスペクトルによりスチレンとフマル酸が直接結合していることが確認できた（図8）。図9に白色析出物の加熱閉環後の^{13}C-NMRスペクトルを示す。ピーク面積比から，スチレン：フマル酸のモル比は，およそ2.2：1であることがわかった。

以上の構造解析結果より，白色析出物は図10に示す構造式のスチレン-フマル酸共重合体であることが確認できた。反応液中のグリコール，フマル酸および析出したスチレン-フマル酸共重合体の重量を合わせると再利用可能な成分は熱硬化性樹脂の96％であった。このように亜臨界水分解反応を最適化した結果，ほぼ理想的に加水分解が主反応とすることができた。

図6 白色析出物

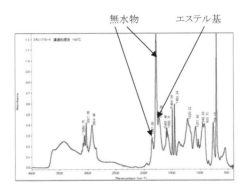

図7 FT-IRスペクトル

第7章 分解反応：機能性高分子の開発およびケミカルリサイクル

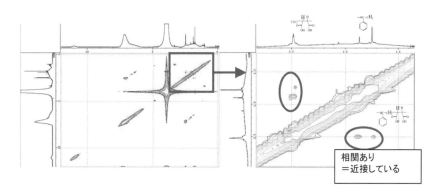

図8　2次元NMRスペクトル

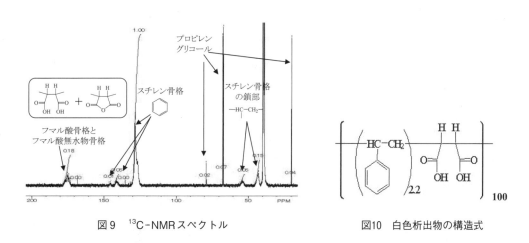

図9　^{13}C-NMRスペクトル

図10　白色析出物の構造式

4.3.4　UP樹脂の再生

回収したグリコール：10％に新品グリコール：90％を加えて，無水マレイン酸と共にUP樹脂への再生を試み，分子量，4,000以上の再生UP樹脂を得ることに成功した。それを用いて成形板を試作し，新品樹脂を使った場合とほぼ同等の外観と強度であることを確認した（図11）。

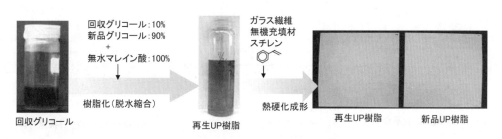

図11　回収グリコールからのUP樹脂の再生

4.3.5　スチレン-フマル酸共重合体（SFC）の低収縮剤化

SFCの機能性高分子としての用途を探索し，その分子構造が図12に示すように市販のFRP用のポリスチレン（PS）系低収縮剤と類似していることに着目した。低収縮剤とはFRPの熱硬化成形時の寸法収縮を低減させるための機能性高分子である。低収縮機能発現のためにはスチレンとの相溶性が必要である。しかし，SFCは親水性のカルボキシル基のためにスチレンに不溶であった。

そこで低収縮機能を発現させるためにSFCのカルボキシル基末端を疎水化することを考えた。SFCを先ず，15～20wt％の濃度のカリウム塩水溶液とした。改質剤としてベンジルクロライド，相間移動触媒にはテトラ-n-ブチルアンモニウムブロマイドを利用し，反応させた結果，図13に示すスチレン-ベンジルフマレート共重合体（SBFC）という新しい機能性高分子を創製した。

SBFCを用いて成形板をハンドメイドで作製し，低収縮剤機能を市販低収縮剤と比較・評価した。収縮率の結果を表2に示す。ブランクの成形板では，収縮率が約4％であったが，市販低収縮剤を約9wt％配合した場合，収縮率が1.7％，SBFCを6wt％配合したところ，収縮率が1.9％となり，ほぼ同等の低収縮機能であった。次に実際のFRPに使った場合を評価するために無機充填材及びガラス繊維を配合して，SMC装置により成型板を作製して評価を実施した。評価結果を表3に示す。同様に市販低収縮剤と同等の低収縮性能であった。

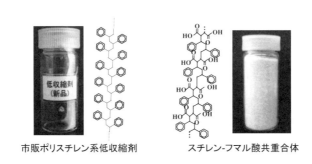

図12　市販ポリスチレン系低収縮剤とスチレン-フマル酸共重合体

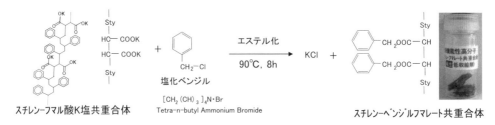

図13　スチレン-フマル酸共重合体の改質反応とスチレン-ベンジルフマレート共重合体

第7章 分解反応：機能性高分子の開発およびケミカルリサイクル

表2 ハンドメイド成形板による低収縮性能評価

	ブランク	市販低収縮剤	SFBC
添加量	0wt%	9wt%	6wt%
収縮率	4%	1.7%	1.9%

表3 SMC装置による成形板による低収縮性能評価

	ブランク	市販低収縮剤	SFBC
添加量	0wt%	1wt%	1wt%
収縮率	0.338%	0.196%	0.202%

　以上のようにSBFCが市販低収縮剤とほぼ同等の低収縮機能を発現することが検証できた。市販低収縮剤はSBFCを構成している原料と比較すると5～10倍の付加価値の高価な機能性高分子である。リサイクルすることによりリサイクル前の5～10倍もの再生品が得られるという，"高付加価値化リサイクル"の可能性が検証された。

4.3.6　亜臨界水分解プロセスのベンチスケール実証

　亜臨界水分解プロセスのスケールアップを検討し，ベンチプラントを設計・製作した。図14が亜臨界水分解ベンチプラントの外観である。反応槽の有効容積が200Lで1バッチ，40kg（浴槽2個分）を処理できる能力がある。反応管（20cc）による実験とほぼ同等の結果が得られ，約

図14　亜臨界水分解ベンチプラント

10,000倍のスケールアップに成功した。亜臨界水分解ベンチプラントで反応させた分解物から無機物分離についてはフィルタープレス方式のベンチプラントを設計・製作し，ベンチスケール実証実験を実施した。反応液は90%，無機物は95%が回収できた。回収した反応液の中からのSFCとグリコールの分離・回収もラボスケール実証実験を行い，最終的に熱硬化性樹脂の70%をSFC，グリコールとして回収できることを確認した[6]。

4.4 まとめ

FRPの亜臨界水分解において，反応条件を最適化することで，ほぼ理想的な反応を実現し，熱硬化性樹脂の96%を反応液中に再利用可能な成分として生成させることに成功した。さらに分離プロセスを検討し，熱硬化性樹脂の70%，FRP全体としては80%の再資源化率を達成した。回収グリコールは新品原料と配合することによりUP樹脂に再生できることを確認した。また，スチレン-フマル酸共重合体を改質することにより，スチレン-ベンジルフマレート共重合体という新しい機能性高分子を創製し，市販のFRP用低収縮剤とほぼ同等の低収縮機能を発現させることに成功した。原料と比較すると5～10倍も付加価値の高い再生品が得られるという，従来の概念にない"高付加価値化リサイクル"の可能性を検証できた。

また1バッチ，40kg（浴槽2個分）を処理できる亜臨界水分解プロセスのベンチプラントを設計・製作し，ベンチスケール実証に成功した。

4.5 将来展望

現在，ベンチプラントの10倍の規模のパイロットプラントへのスケールアップに取り組んでいる。併せてSFCの分離・改質プロセスの低コスト化，装置化，再生品の品質向上，SFCの新しい用途開発にも取り組んでいる。それらの技術を確立し，2012年から年間200 t規模のFRP浴室ユニット工場の製造工程端材のリサイクルの実用化を目指している。製造工程端材のリサイクルを実現した後は，使用済み浴室ユニットや，プレジャーボート，給水タンクなど浴室ユニット以外のFRPへの応用展開など，本格的な普及を図り，循環型社会の実現に貢献していきたい。

熱硬化性樹脂はリサイクルの点では従来，劣等生扱いされてきた。しかし，元の原料よりも高付加価値の再生品を得ることは熱可塑性樹脂では無理で，機能性高分子構造の架橋部を形成する熱硬化性樹脂にしかできない。本技術は経済性の点で，熱可塑性樹脂よりもリサイクルし易くなる可能性を提示しており，これをきっかけに熱硬化性樹脂のリサイクル研究が活発化し，さらなる地球環境への貢献が拡がることを期待している。

第 7 章　分解反応：機能性高分子の開発およびケミカルリサイクル

謝　辞

　本研究は，経済産業省からの産業公害防止技術開発費補助金を受け，㈶国際環境技術移転研究センター（ICETT）との共同研究の一環として平成14〜16年度に実施したものである。

　亜臨界水分解技術については大阪府立大学　吉田弘之教授にご指導頂いた。また再生UP樹脂およびSMC成型板の試作等には昭和高分子㈱様にご協力を頂いた。

　関係者各位に感謝の意を表したい。

文　　献

1) 平成11年度新エネルギー・産業技術総合開発機構委託　廃強化プラスチック製品再資源化実証システム研究　成果報告書, ㈶クリーン・ジャパン・センター (2001)
2) 前川誠一, 強化プラスチックス, **52**(6), 251 (2006)
3) J.W. Tester *et al*, *Asc Symp. Ser.*, **518**, 35 (1993)
4) 中川尚治, 吉田弘之ほか, 化学工学会第72年会研究発表講演要旨集, 275 (2007)
5) 久保田静男, 伊藤修, 和歌山県工業技術センター, 平成 6 〜 8 年度技術開発研究費補助事業成果普及講習会テキスト（広域共同研究②), 6 (1997)
6) 中川尚治, 吉田弘之ほか, 強化プラスチックス, **52**(10), 478 (2006)

5 架橋エポキシ樹脂硬化物の分解とリサイクル

久保内昌敏[*1]，酒井哲也[*2]

5.1 はじめに

エポキシ樹脂を含む熱硬化性樹脂は，線状の高分子に硬化剤（架橋剤）が反応し，三次元化したもの，いわゆる架橋高分子であるために，不溶・不融の安定した化学構造である。このため，熱可塑性樹脂とはリサイクルの考え方が異なってくる。熱可塑性樹脂の場合，熱溶融（あるいは溶媒で溶解）することにより理想的にはリサイクル前の樹脂と同様の新しい成形品を得ることが可能で，樹脂分として新規樹脂に混合して用いることも容易に可能である。しかしながら，熱硬化性樹脂では化学的に分解反応させて，低分子量化してモノマーとする以外は，粉砕しフィラー化したものを配合するマテリアルリサイクルか，燃焼しエネルギーとして用いるサーマルリサイクルしか実用化には至っていない[1]。なお，熱硬化性樹脂の中でも不飽和ポリエステル樹脂やポリウレタンでは，エステル結合，ウレタン結合といった，加水分解を生じやすい結合が含まれているため，この分解反応を利用したリサイクル手法がいくつか検討されている[2]。以下では材料として循環させることを前提としたエポキシ樹脂のケミカルリサイクルについて取りあげることとする[3]。

5.2 エポキシ樹脂の分解とケミカルリサイクル

エポキシ樹脂の中でもいわゆる家電リサイクル法により規制されている電気・電子部品あるいは工場成形品，加工時の端材，廃材として排出されるものが，現在の研究対象となっている。

硬化エポキシ樹脂は，エポキシ基を複数有するエポキシ主鎖と，架橋を担う硬化剤により構成される。両者とも多くの種類，例えば主鎖であればビスフェノール型，ノボラック型，脂環式等が，硬化剤であればポリアミン系，酸無水物系，フェノール類，あるいはイミダゾール等があり，その組み合わせによってさまざまな物性が得られることが特徴でもある[4,5]。しかし，同時にその組み合わせの数に従って異なる構造が存在し，分解方法が一律に同じにならないばかりでなく，結果として分解した際の生成物も同様に多数生じてしまうことなどがケミカルリサイクルの大きな障害となっている。さらに，多くの場合，強化繊維や粒子（フィラー），あるいは，希釈剤，可塑剤，離型剤，着色剤といった副資材が混在しており，その分離技術もさらに要求されることも困難な理由となっている。したがって，現状ではエポキシ樹脂からエポキシ樹脂への循環再生するケミカルリサイクルは基礎研究のレベルであり，実用化の例は未だにない。

[*1] Masatoshi Kubouchi 東京工業大学 大学院理工学研究科 化学工学専攻 准教授
[*2] Tetsuya Sakai 東京工業大学 大学院理工学研究科 化学工学専攻 助教

第7章 分解反応:機能性高分子の開発およびケミカルリサイクル

　エポキシ樹脂の分解のみを考えた場合,分解反応を容易に受ける構造を持った樹脂あるいは硬化剤を用いれば容易に溶解レベルまで分解することは可能である。例えば,Buchwalter[6]らはアセタール結合を有する脂環式エポキシ樹脂の酸無水物硬化物について,酸条件下でアセタール開裂により溶解することを報告している。しかし,この場合樹脂は実用上の信頼性に問題があり,また,既に市場にある樹脂の廃棄物処理を根本的に解決することはできない。

　エポキシ樹脂における主鎖の大部分はビスフェノールまたはノボラックであり,これらが分解された場合フェノールの誘導体となる。そこで,フェノール誘導体として利用するか,ここからエピクロルヒドリンを利用してエポキシドに再合成することが考えられる。ケミカルリサイクルを目的とした分解法は大別して次の三つのアプローチから研究が行われている。

① 熱分解により利用可能な生成物を得る方法

　　高温熱分解(400℃程度)あるいは超臨界水等の条件で,ネットワークを形成する樹脂骨格,架橋部を分解し,分解生成物としてフェノール誘導体混合物を得る方法である。できるだけ炭化を防ぎ,分解に要するエネルギーコストを抑えることがポイントとなる。この分解が進むと,いわゆる油化,ガス化となる。

② 硬化樹脂を可溶化し,分解物を新しい樹脂の成分として利用する方法

　　元の樹脂骨格の一部,あるいは架橋部のみを分解し,元の樹脂の主要な骨格や官能基を残した分解物を得ることがポイント。理想的にはモノマーに近い分解物を得て,これを化学的に反応させてモノマーとする可能性もあるが,その場合も分離技術とコストが問題となる。

③ 硬化樹脂から樹脂以外の化合物を目指す方法

　　例えば炭化させて,活性炭などの高機能性炭素材料を得る方法。

5.3 ケミカルリサイクルの研究動向

　エポキシ樹脂をターゲットとするケミカルリサイクルについては,前述のように未だコストを含めた問題点が多く,現状では溶媒可溶な分解物を得てそのキャラクタリゼーションを行うまでの研究がほとんどで,再度樹脂に戻してその物性を評価するところまで至っているものはわずかである。以下に,報告されている研究例について紹介する。

5.3.1 超臨界・亜臨界流体を利用した分解

　超臨界もしくは亜臨界を利用した熱分解が,PET[7,8]や架橋PE[9],多層フィルム[10]あるいは不飽和ポリエステル樹脂をマトリックスとしたFRP[11]などプラスチックリサイクル全般において報告されている。一般的に物質は臨界温度,臨界圧力以上では気・液の両方の性質を有する高密度の非凝縮性流体となり,気体と同等の高い運動エネルギーと液体と同等の高い分子密度があるため,高い反応場を与える溶媒として注目されている。特に安価で取り扱いやすく,かつ環境負

荷が少ないために，水（374℃，22.1MPa）やメタノール（239℃，8.09MPa）の使用例が多い。超臨界水では誘電率（溶媒極性の尺度）とイオン積という反応場に重要な因子を大幅にかつ連続的に制御できる特徴を有するため，室温・大気圧下では溶解しない炭化水素を溶解し，さらに水の解離で生じる酸・アルカリが触媒となって加水分解を促進する[12,13]。

後藤らは，硬化剤を変えたビスフェノールA型エポキシ樹脂について400℃，35MPaの超臨界水10分で処理した結果，アミン硬化，酸無水物硬化物はほぼすべてが分解したが，フェノールノボラックで硬化したものでは50％程度の分解しかしないことを報告している[14]。岡島ら[15]も，酸無水物硬化系のビスフェノールA型エポキシ樹脂について超臨界水による分解を試みている。圧力25MPa，反応時間30分で比較した場合，300℃で完全に分解し，温度を上げるとメタノールへ可溶なベンゼン環1個程度の低分子量成分が増すが，450℃に至るとガス成分や残渣が増して可溶分の収率は下がる。臨界温度より下の温度では，密度の高い水相が存在するため加水分解が優先しているが，さらに高温にすると水密度が下がり，熱分解あるいは熱分解後の再結合が起きるためにガス成分や残渣が増えてしまう。したがって，エポキシ樹脂の低分子量化するにはむしろ亜臨界～超臨界の境界付近の条件がよい。彼らは，エポキシ樹脂をマトリックスとする炭素繊維強化複合材料についても同時に検討を行っており，320℃以上で炭素繊維の回収ができることを示している。

電子機器や家電製品の配線基板に用いられるガラス繊維強化エポキシ樹脂板は，難燃性を付与するために臭素が含有されており，ダイオキシン類の発生が懸念されるために熱回収さえ難しい材料である。岡島らは含臭素エポキシ樹脂を亜臨界～超臨界水で分解して脱臭素した例を報告している[16]。圧力25MPa，反応時間30分の条件で，280℃ではほとんど分解しないが，290℃以上で分解し，300℃では樹脂は全て分解され，さらに温度を上げると，炭化物が生成してTHF可溶成分は減少する。図1に臭素の行き先と分解率を示すが，300℃，25MPaの亜臨界水で，臭素をほとんど外界に放出せずにエポキシ樹脂を分解することに成功している。

5.3.2 加溶媒分解

溶媒中に樹脂を入れたときに溶媒が樹脂の一部と結合する形で分解を起こすもので，ポリエステルにおいてグリコール類を用いたグリコリシスがその代表的な例である[17,18]。エポキシ樹脂についてもグリコリシスによって分解するケミカルリサイクルが数例報告されている。アミン（TETA）で硬化したビスフェノールA型エポキシ樹脂は，ジエチレングリコール（DEG）の沸点（245℃）程度で分解でき[19]，酸無水物硬化の樹脂でもDEGで分解することが報告されている[20]。

5.3.3 水素供与性溶媒を利用した分解

Braunら[21]，寺田ら[22]によって高温の水素供与性溶媒（テトラリン，ジヒドロアントラセン，インドリン等）中で硬化物を分解する方法が報告されている。エポキシ樹脂をはじめとする熱硬

第7章　分解反応：機能性高分子の開発およびケミカルリサイクル

化性樹脂は，分解すると分解時に発生する炭素ラジカルが再結合を含む結合反応を起こすために炭化が進行してしまう。例えばテトラリンのような水素供与性の溶媒中では図2のように水素ラジカルが供給されるため，この炭化を抑えることができる。具体的には，イソシアネートおよびジシアンジアミドで硬化させたビスフェノールA型エポキシ樹脂を300℃のテトラリン中で3時間加熱すると，ほぼ全量が崩壊してTHFに可溶となる。熱分解温度は約350℃であるから，単なる熱媒としてだけでなく加溶媒分解あるいは触媒としても働いている。彼らはさらにボンド磁石（希土類合金粉末にエポキシ樹脂をバインダとして結合した成形磁石）に応用し，磁性粉末と樹脂が分離可能であることを示した。回収された磁性粉末を再度ボンド磁石に成形したリサイクル品は70％の保磁力を有しており，反応性が高く酸化しやすい希土類を空気雰囲気で300℃に曝しても，テトラリンの還元性が発揮されている[23]。

5.3.4　有機アルカリによる方法

有機アルカリ水溶液を利用して常圧かつ比較的低温でエポキシ樹脂を分解する手法が検討されている。タイら[24]は，酸無水物硬化ビスフェノールA型エポキシ樹脂に対して，アミン化合物の高い分解性を利用したケミカルリサイクルを提案している。具体的にはキシリレンジアミンで200℃に加熱すると1時間弱で水飴状になり，架橋点のエステル結合部が分解されてエポキシ主鎖骨格のジオール化合物と硬化剤骨格のジアミンが得られた。両者ともにエポキシ硬化剤として反応するばかりでなく，溶媒兼分解薬液として使用したキシリレンジアミンも硬化剤として反応するため，分解物相に残存するキシリレンジアミンを分離することなく新たなエポキシ硬化剤として利用できる（図3）という大きな特徴を持つ[25]。同様にポリウレタンをジエタノールアミンで分解した分解生成物もエポキシ硬化剤に展開できることを報告している[26]。

熊田ら[27]は，アルミナフィラーを50wt％含有する酸無水物硬化エポキシ樹脂を100℃，4時間

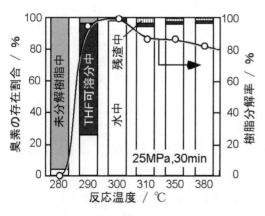

図1　臭素含有エポキシ樹脂の分解率と臭素存在割合

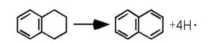

図2　テトラリンにおける水素ラジカルの発生

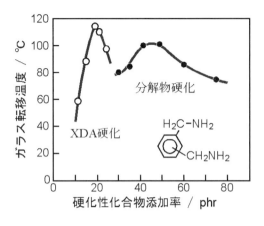
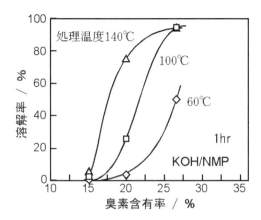

図3 キシリレンジアミンおよび分解物で硬化したビスフェノールA型エポキシ樹脂のガラス転移点

図4 臭素化エポキシ樹脂のアルカリ・溶媒分解

の条件で、無機アルカリを含むさまざまなアルカリ水溶液で処理したところ、無機アルカリおよび4級アンモニウムヒドロキシド塩類で分解できることを得た。彼らは、樹脂のリサイクルというよりモールド品の埋め込み金属の回収を目的としているが、NaOHにおいて高濃度では分解性が低下するのに対し、テトラメチルアンモニウムヒドロキシド（TMAH）水溶液では高い分解性を維持し、上述のキシリレンジアミンよりさらに高い分解性が得られている。

5.3.5 有機溶媒とアルカリを組み合わせる方法

無機アルカリと有機溶媒の組み合わせによって、臭素化エポキシ樹脂を含有するプリント配線基板を分解する方法が堀内らにより検討されている[28]。臭素化エポキシ樹脂をフェノールノボラックまたはジシアンジアミドで硬化させたガラス布をKOHとN-メチル-2-ピロリドン（NMP）で100℃、1時間の処理を行うと、図4に示すように単独ではほとんど溶解しないものが、場合によって94%の溶解率を示す。この場合、臭素化率の高いものほど分解率が高いのが特徴である。

5.4 硝酸を用いたエポキシ樹脂のケミカルリサイクル

5.4.1 アミン硬化エポキシ樹脂の硝酸による分解

筆者らは種々の熱硬化性樹脂について酸に対する耐久性を検討してきた中で、エポキシ樹脂の耐酸性について検討したところ[29]、ビスフェノールA型エポキシ樹脂を1,8-p-メンタンジアミン（MDA）で硬化させたものは、高濃度でかつ高温の硝酸水溶液中で激しく分解されることから、この現象を利用したケミカルリサイクル法を検討している[30]。4M、80℃硝酸の中で図5に

第7章 分解反応：機能性高分子の開発およびケミカルリサイクル

示すように，このエポキシ樹脂は150時間で全て溶解し，粘性の高い分解物と針状の析出結晶が得られるとともに，硝酸水溶液からは有機溶媒で抽出して得られる成分が，最大で元の樹脂重量基準で80％回収された。この抽出物は，ビスフェノール骨格を残しながら粘性分解物がさらに分解したものと分析された。一方，析出結晶はさらに分解が進んだピクリン酸であった[31]。ここで用いた，硬化剤MDAの化学構造は図6であり，3級炭素に結合しているアミンが分解を促進していると推察している。汎用的なジアミノジフェニルメタン（DDM）の場合でも，速度は遅くなるが分解は可能であった。エポキシ主剤をテトラグリシジルジアミノジフェニルメタン（TGDDM）とすれば，主鎖と架橋の両方の化学構造骨格が同じとなるため，対称な繰り返し構造をもった硬化物（図7）となる。C-N結合の密度が増えて分解が速くなるとともに，分解生成物の分子量分布がシャープになり，効率的なリサイクルが期待される[32,33]。

5.4.2 硝酸によるケミカルリサイクルの検討

上述の分解では比較的マイルドな条件で初期の樹脂骨格を残した化合物が高収率で得られるので，この抽出回収物によるケミカルリサイクルを検討した。MDA硬化ビスフェノールF型エポキシ樹脂を80℃の4M硝酸100時間浸せき後の抽出物および粘性分解物の分子量分布を測定したところ，抽出物は粘性分解物の分子量分布の形を保ちながら低分子量側にシフトしている（図8）。抽出物には主に4つのピークが存在し，エポキシ樹脂のモノマーおよびダイマー程度のところに分布している。これまでの分析により，主鎖骨格を残した1量体および2量体程度の化合物，およびそれらがニトロ化した化合物など多様な化合物が混合している。

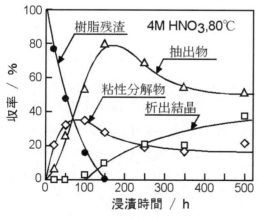

図5　4M硝酸によるBisA-EP/MDAの分解

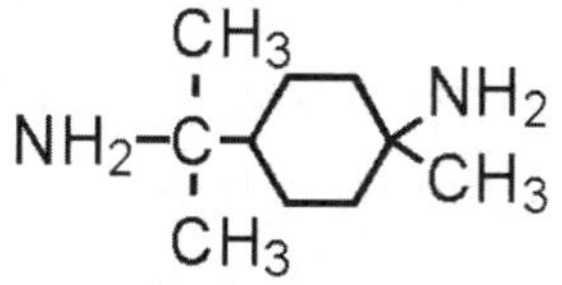

図6　MDA

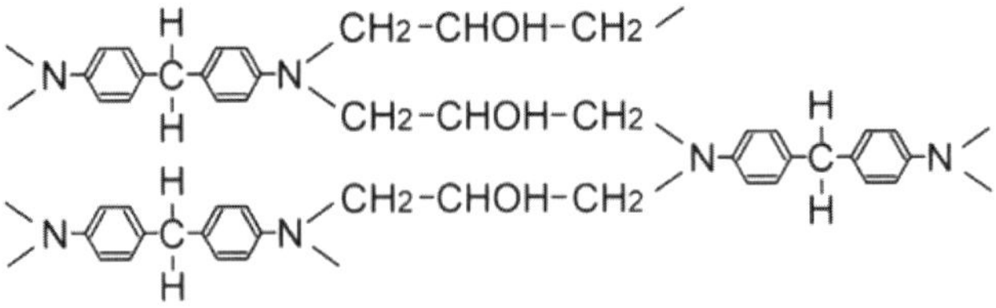

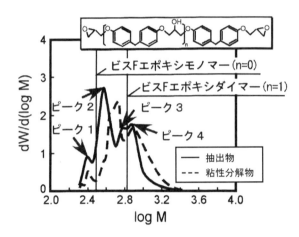

図7 TGDDM/DDM硬化物構造

図8 4M硝酸によるBis-Fエポキシ樹脂/MDA硬化物の分解生成物の分子量分布

5.4.3 リサイクル成形品の作製と評価

　ピクリン酸の生成を抑えて抽出物を得るためには，ビスフェノール骨格中央の切断が抑止できるビスフェノールF型が良く，これを6M硝酸で分解して得た抽出物を酸無水物硬化のエポキシ樹脂中に混合してリサイクル樹脂硬化物を作製した。その結果，図9に示すように，抽出物を加えるとむしろ強度が上昇するというリサイクルとしては極めて特異な結果を得た。同様に，リサイクル材の熱的特性をDSCにより評価したところ，未添加の材料ではTgが約104℃であるのに対し，抽出物を25%加えたものでは122℃に上昇しており，耐熱性も向上することが明らかになった。酸無水物では硬化の反応速度が遅いので，しばしば3級アミンなどの硬化促進剤を添加するが，抽出物中にその働きをする成分が含まれているものと推定される[34]。

　前述の図8で示した抽出物の4つのピークの各成分を分取液体クロマトグラフにより得て，それぞれのリサイクル品（10％添加品）を作製し，その強度と弾性率を評価した[35]。図10に示すようにバージンの樹脂（抽出物添加量0 phr）に比べて，ピーク3あるいはピーク4では比較的高

第7章　分解反応：機能性高分子の開発およびケミカルリサイクル

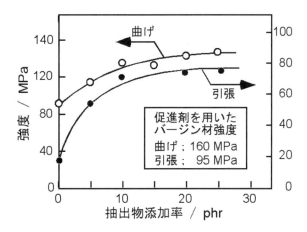

図9　リサイクル硬化物の曲げ，引張強度

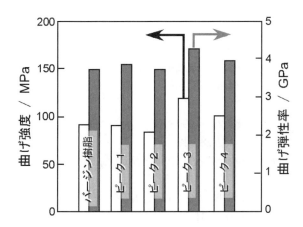

図10　抽出物ピークごとに作製したリサイクル硬化物の曲げ強度と曲げ弾性率

い機械的物性が得られるが，ピーク2ではむしろ悪くなる。5.4.1および5.4.2で考察したように，分解が進むと主鎖骨格が保持されず，最終的にはピクリン酸まで分解が進むので，ピーク2は分解が過度に進んだ化合物を多く含むものと推定される。実際，ピーク3以上の成分を多く含むほど機械物性は高くなるので，現在この観点から分解条件の最適化を検討している[36]。

　FRPの場合には，マトリックスが分解されると同時に繊維と分離される。汎用のEガラス繊維では硝酸によって元の1割程度まで強度が低下するが，Cガラスのような耐酸グレードの繊維は8割程度の強度を保持する[37]。Liuらも同様に硝酸を用いて炭素繊維強化エポキシ樹脂複合材料の分解を試みており，樹脂分解物の構造解析とカーボン繊維の回収を報告している[38]。

341

5.5 おわりに

エポキシ樹脂などの熱硬化性樹脂において，リサイクル，特にケミカルリサイクルは様々な問題があり，実用化のレベルまでには至っていない。しかし，世界的に環境問題への関心が高まっており，例えばヨーロッパでは2005年よりWEEE（Waste Electrical and Electronic Equipment）指令により全ての電子・電気機器の容易なリサイクルが求められている[39]。つまり，リサイクル手段を持たない材料は使用できない時代が始まったと言っても過言ではない。多くの優れた特性を有するエポキシ樹脂を使い続けるためには，様々な方面から根気よくリサイクルに関する研究を行う必要があろう。

文　献

1) 高橋儀徳，強化プラスチックス，**52**，473（2006）
2) 前川誠一，強化プラスチックス，**52**，251（2006）
3) 松井泰雄，『総説エポキシ樹脂 第2巻』，エポキシ樹脂技術協会編，エポキシ樹脂技術協会，146（2003）
4) 端直明ほか，工業材料，**28**，23（1996）
5) 高橋勝治ほか，工業材料，**28**，28（1996）
6) S. L. Buchwalter, *et al.*, *Journal of Polymer Science, Part A. Polymer and Chemistry*, **34**, 249（1996）
7) 阿尻雅文ほか，化学工学論文集，**23**，505（1997）
8) T.Sako, *et al.*, *Polymer Journal*, **31**, 714（2000）
9) 後藤敏晴ほか，高分子論文集，**58**，703（2001）
10) 佐古猛ほか，高分子論文集，**56**，24（1999）
11) 中川尚治ほか，強化プラスチックス，**52**，478（2006）
12) S.H.Townsend, *et al.*, *Industrial and Engineering. Chemistry Research.*, **27**, 143（1988）
13) 岡島いづみほか，日本ゴム協会誌，**77**，353（2004）
14) 後藤純也ほか，第46回ネットワークポリマー講演討論会講演要旨集，29（1996）
15) 岡島いづみほか，化学工学論文集，**28**，553（2002）
16) 岡島いづみほか，高分子論文集，**58**，692（2001）
17) S.Aslan, *et al.*, *Journal of Material Science*, **32**, 2329（1997）
18) K.H.Yoon, *et al.*, *Polymer*, **38**, 2281（1997）
19) K.E.Gersifi, *et al.*, *Polymer*, **44**, 3795（2003）
20) K.E.Gersifi, *et al.*, *Polymer Degradation and Stability*, **91**, 690（2006）
21) D.Braun, *et al.*, *Polymer Degradation and Stability*, **74**, 25（2001）
22) 寺田貴彦ほか，日本金属学会誌，**56**，627（2001）

第7章 分解反応：機能性高分子の開発およびケミカルリサイクル

23) Y.Sato, *et al., Polymer Degradation and Stability*, **89**, 317 (2005)
24) カオミンタイほか，エコデザイン'99ジャパンシンポジウム論文集，242 (1999)
25) C.M.Tai, *et al.*, 39th Annual Conference. Metallurgists of CIM, Environment Conscious Materials; Ecomaterials, 237 (2000)
26) カオミンタイ，日本化学会第79回春季年会講演予稿集Ⅱ，830 (2001)
27) 熊田輝彦ほか，第33回FRPシンポジウム講演論文集，111 (2005)
28) 堀内猛，清水浩，柴田勝司，日立化成テクニカルレポート，**36**, 33 (2001)
29) H.Sembokuya, *et al., Material. Science and Technology.*, **39**, 121 (2002)
30) M.Kubouchi, *et al., Advanced. Composites Letter.*, **4**, 13 (1995)
31) 久保内昌敏ほか，材料，**49**, 488 (2000)
32) 仙北谷英貴ほか，ネットワークポリマー，**23**, 178 (2002)
33) W.Dang, *et al., Polymer*, **46**, 1905 (2005)
34) W.Dang, *et al., Polymer*, **43**, 2953 (2002)
35) 久保内昌敏ほか，ネットワークポリマー，**25**, 146 (2004)
36) 原真紀子ほか，化学工学会関東支部50周年記念大会学生ポスター発表，CD-学生21 (2005)
37) W.Dang, *et al., Progress in Rubber, Plastics and Recycling Technology*, **18**, 49 (2002)
38) Y.Liu, *et al., Journal of Applied Polymer Science*, **95**, 1912 (2004)
39) L.Darby, *et al., Resources Conservation & Recycling*, **44**, 17 (2005)

6 解体できる接着剤の構築とリサイクル

佐藤千明*

6.1 はじめに

　接着接合は他の接合方法にない利点，たとえば安価，軽量，異種材料の接合が容易などの特徴を持ち，多くの分野に普及している。しかし，異種材料の接合が容易であるという点は，リサイクル困難な接合物を安易に作り出す可能性も秘めており，近年問題化しつつある。そこで，使用期間後に接合部を剥離させることが可能な接着剤，いわゆる解体性接着剤の開発が要望されている。

　リサイクル以外にも，解体性接着剤のニーズは存在する。例えば，材料加工の分野でワークを仮止めするため"剥がせる接着剤"が必要とされる。ICやLSIの製造プロセスでは，シリコンウエハーの加工に仮接着剤が多用されており，エレクトロニクス産業に無くてはならない複資材となりつつある。また，LSIチップを基盤に固定する接着剤であるアンダーフィル剤には，修理のためチップを交換する際に解体可能である必要性があり，リワーク性が要求され始めている。このように，エレクトロニクスの最先端の分野でも，"剥がせる接着剤"のニーズが高まりつつある。

6.2 解体性接着剤の種類

　接着剤に剥離性を付与する手法は幾つかあるが，熱可塑樹脂の軟化を利用するものと，発泡剤を混入するものの2つに大別でき，またはこれらの組み合わせとなる。熱可塑樹脂は，加熱により急速に軟化し液状化するので接合部の解体が可能である。ただし冷却すると再融着するため，高温で分離作業を行う必要があり，安全に作業するために工夫が必要となる。

　熱硬化樹脂は，接着剤として強度，安定性および使い勝手に優れており，例えばエポキシ樹脂を使用したいケースも電子部品分野では多く，これらへの熱可塑性導入によるハイブリッド化も重要な技術課題となりつつある。たとえば，基板上のLSIチップに不良やバグがあったとき，これを取り除き他の修正版チップに交換せざるを得ない。これはチップのリワーク作業と呼ばれており，頻繁とは言えないものの実際に行われている。LSIチップは基板にハンダを介して接合されており，さらにアンダーフィル剤と呼ばれる接着剤がチップと基板の間に補強の目的で充填されている。したがって，チップを除去するためにはハンダと接着剤を同時に取り除く必要がある。近年では熱硬化性と熱可塑性の双方を合わせ持つタイプの接着剤が登場しており，たとえば熱溶融エポキシ接着剤は熱硬化するものの，その後の加熱により軟化・溶融が可能である。従って，これをアンダーフィラーに使用すると，加熱でハンダと同時に軟化させることによりチップ

　＊　Chiaki Sato　東京工業大学　精密工学研究所　准教授

第7章 分解反応：機能性高分子の開発およびケミカルリサイクル

の除去が可能となる[1]。

　発泡剤を混入すると，その膨張力により接合部が分離し，解体が可能となる。熱可塑樹脂の場合は，樹脂が柔らかい高温時に接合部の分離が生じるため，温度が低下しても再融着することがない。また，熱硬化樹脂でも高温では軟化するため，種類によっては加熱解体が可能となる。この手法には，加熱により発泡する熱膨張性マイクロカプセルが一般的に使用されており，この膨張力により接着剤層を膨らませ，接着界面に剥離を発生させる。従来から，ICチップのダイシングテープなど，比較的低強度の粘着剤に再剥離性を付与するために使われてきた手法であるが，最近では住建用エマルション系接着剤[2]やシリコン系弾性接着剤をはじめ[3]，より高強度のエポキシ接着剤（図1）にもその適用が進んでいる[4]。このように接着剤の種類を選ばない優れた手法であるが，マイクロカプセルの膨張力と温度特性に剥離性が強く依存するため，マイクロカプセルの基本特性の把握が重要となる。また，耐熱性の優れた樹脂，言い換えるなら高温で高い強度や弾性率を保持する樹脂では，熱膨張性マイクロカプセルの膨張力を持ってしても樹脂の発泡が困難なため，より高性能の発泡剤が必要となる。

6.3　発泡剤の種類と特徴・特性

　解体性付与のために混入する発泡剤は，物理発泡剤，有機系発泡剤および無機系発泡剤に大別される。物理発泡剤には熱膨張性マイクロカプセルが含まれ，材料の気化や軟化などの物理特性が発泡に利用される。この他，ワックスやパラフィンなど，比較的低分子量の炭化水素などもこの範疇に入る。

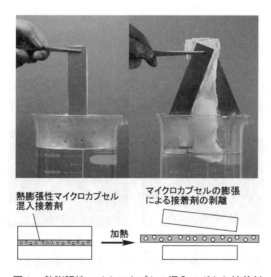

図1　熱膨張性マイクロカプセル混入エポキシ接着剤

有機系発泡剤,例えばADCAやOBSHなどは,加熱を引き金として化学反応を生じ,同時に気体を発生する。プラスチックやゴムなどの発泡に使用される材料であり,使用量が多いのでコストが低く,価格の面で魅力的である。ただ,エポキシ樹脂等とは反応する場合もあるので,組み合わせに注意が必要である。

無機系発泡剤としては,膨張黒鉛が有名であり,ゴムの増量剤として使用されている。発泡倍率が大きく,このため接着剤の剥離力も大きいので近年注目されており,システムキッチンのステンレスシンク接合に適用が検討されている。天然鉱物に酸をインターカレーションしただけの単純な組成のため,価格も低い。問題点としては,粒子径が大きいため,接着剤層が厚くなり,接合強度を向上し難い,また塗工性も悪いなどと指摘されている。

しかし今のところ,接着剤用の発泡剤として一番多く使用されているのは熱膨張性マイクロカプセルである。

6.3.1 熱膨張性マイクロカプセルとその構造

図2に,熱膨張性マイクロカプセルの一例(構造および外観)を示す[5]。図では松本油脂製薬㈱のマツモトマイクロスフェアー(F30)を示しているが,同じ構造を持つマイクロカプセルは他社からも販売されており,例えばアクゾノーベル社のエクスパンセルなどがヨーロッパでは有名である。これらのマイクロカプセルはポリビニリデンもしくはアクリル樹脂のシェルを持ち,内部に液状炭化水素が充填されている。直径はおよそ20μmである。加熱すると内部圧力が上昇し,かつシェルが軟化するため膨張を始め,温度の上昇に伴いその体積も増加し,そのうち飽和する。膨張開始温度および体積増加量はマイクロカプセルのグレードによって異なり,したが

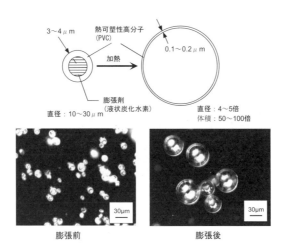

図2 熱膨張性マイクロカプセルの構造と膨張の様子
(構造図は文献[6]より引用)

って接着剤の解体開始温度も選択できる。ここに示したF30は、80℃で膨張するとされるグレードであり、大気圧下で最終的に体積が70倍まで増加する。一般的に、発泡開始温度の低いグレードは発泡倍率が大きく、その逆に発泡開始温度の高いグレードは発泡倍率が小さくなる傾向がある。発泡倍率は接着剤層の膨張や、接着界面の剥離の主な駆動源であるので、解体温度を高くすると、接着剤も剥がれ難くなる傾向がある。

6.3.2 熱膨張性マイクロカプセルの膨張力

前述のように、熱膨張性マイクロカプセルの膨張力が接合部を引き剥がすドライビングフォースとなるため、この把握は重要である。筆者らはこれを測定すべく、圧力と温度を調整しながら試料の体積変化を計るPVT(Pressure-Volume-Temperature)試験を実施した[6]。PVT試験装置を使用し、マイクロカプセルを圧力容器中で加圧しつつ、ヒーターにより加熱し、その体積変化を作動変圧器により測定した。図3に測定結果を示す。ここでは、体積増加率($\Delta V/V$)の温度変化が示されており、曲線の横のサフィックスは加えた静水圧である。マイクロカプセルは60℃で膨張を開始しており、これはカタログデータよりやや低い。大気圧(0.1MPa)下では大幅に膨張しているが、静水圧の増加とともに膨張量は低下しており、たとえば1MPaでは100℃で10倍程度にしか増加していない。これは接着剤層中のマイクロカプセルの膨張量に相当するので、本マイクロカプセルの接着剤中における膨張力は高々数MPaと考えることができる。

6.4 高強度解体性接着

高強度が要求される分野に解体性接着剤を適用する場合には、マトリックス樹脂の変更が必要であり、エポキシ樹脂が主要な候補となる。筆者らは、エポキシ樹脂に熱膨張性マイクロカプセルを混入し、高強度と解体性を併せ持つ接着剤の開発を行っている[4]。

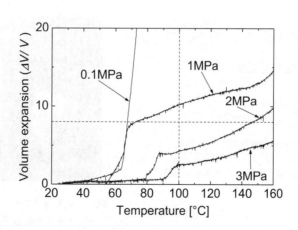

図3 熱膨張性マイクロカプセルの膨張特性とエポキシ樹脂硬化物中における発生膨張力

6.4.1 熱膨張性マイクロカプセル混入エポキシ樹脂の膨張特性

熱膨張性マイクロカプセル(F30)を,図4に示すエポキシ樹脂に混入し硬化させ,バルク材を作成し,加熱により生じる体積変化を調べた。エポキシ樹脂としてはビスフェノールA型エポキシレジン(エピコート828,ジャパンエポキシ)を,硬化剤として変性アミン(エポメートB002,同上)を使用した。このエポキシ樹脂に熱膨張性マイクロカプセルを各種の配合比率で混入し室温で硬化させ,その後にこのバルク材を加熱し,体積変化を観察した。最終的な体積はマイクロカプセルの含有率に依存し,たとえば含有率40wt%で300%近く,含有率50wt%で400%を越える体積増加を見せた。硬化前のバルク材は極めて硬質で柔軟性の片鱗も見せないが,加熱により膨張しスポンジ様の触感を持つ柔軟な材質へと変化する。これは複合材のマトリックスたるエポキシ樹脂が極めて硬質であることを考えると非常に興味深い。加熱前後のバルク材の様子を図5に示す。

6.4.2 解体性および接着強度

熱膨張性マイクロカプセルをエポキシ樹脂に混入し,これを接着剤としてアルミ板を接着してみた。この試験片を室温で24時間放置し硬化させ,その後熱水への浸漬および熱風炉により加熱した。マイクロカプセル含有率50wt%とし,熱水浸漬したものは接着剤層と被着体の界面で完全な界面剥離を生じた。マイクロカプセル含有率を20wt%とした場合は熱水への浸漬でも解体は生じなかった。マイクロカプセル含有率30wt%では界面破壊により自発的に解体が生じるので,解体に必要なマイクロカプセルの限界含有率が存在し20〜30wt%の範囲にあると考えられる。このように,熱膨張性マイクロカプセルを混入することにより,エポキシ樹脂のような高強度接着剤にも解体性を付与できることが分かる。

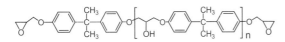

Epikote 828

Epomate B002

図4 高強度解体性接着に使用したエポキシ樹脂と硬化剤

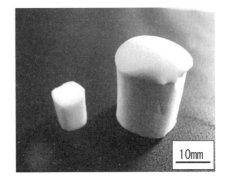

図5 熱膨張性マイクロカプセルを混入したエポキシ樹脂硬化物
　　左:加熱前,右:100℃加熱後

第7章 分解反応：機能性高分子の開発およびケミカルリサイクル

　この解体性接着剤の接着強度は，アルミ板の引張せん断試験で約10MPa程度であり，高強度接着剤の20～40MPaには劣るものの用途に応じては構造用接着剤として使用できる域にあると言える。

6.4.3 解体のメカニズム

　熱膨張性マイクロカプセルの膨張によりなぜ接着接合部が剥離するか？　容易に思い付く仮説はマイクロカプセルの膨張により引き起こされる内部応力により力学的に剥離が生じるというものであろう。実際，剥離は接着端部で生じ，この剥離が亀裂として内部に進展していくので，材料力学的な説明が可能であり，この説は極めて妥当であると考えられる。マイクロカプセルがどの程度の膨張力を持つかPVT装置を用いて測定してみると，その値はしかし高々1～2MPaであり（図3）[7]，したがって室温での接着剤硬化物を膨張させるだけの能力は持ち得ない。したがって，接着剤のマトリックス樹脂が熱軟化を起こし，十分に柔らかくなった時点でマイクロカプセルが膨張するので，接着剤自体も大きく膨らむものと予想される。実際に樹脂の弾性率変化を測定すると，図6のように50℃付近で急峻に軟化し，80℃付近で十分に軟化しきっていることがわかる。このように，エポキシ接着剤への解体性の付与には，膨張力の大きなマイクロカプセルを選択するのは言うまでもなく，この他に熱軟化点以上の温度域で弾性率や強度の低い樹脂，言い換えるならゴム領域で極めて軟弱になるような樹脂の選定が重要と考えられる。

6.5 最近の進歩

　発泡剤の混入は，解体性の付与に極めて有効な手段であるが，万能とは言えず，たとえばゴム変性した高靭性エポキシ接着剤などは未だ剥がす事ができない。この理由は幾つか考えられ，たとえば熱膨張性マイクロカプセルの膨張力不足を挙げることもできよう。この場合，マイクロカプセル以外の発泡剤，たとえば膨張黒鉛を選択するか，マトリックス樹脂の改良を行う必要がある。前者は試行が容易であるが，選択肢は少ない。今後はむしろ後者の方法，すなわち熱軟化点以上の温度域で急速に軟弱となるマトリックス樹脂の開発が重要となるであろう。このような取り組みは既に始まっており，その将来に期待が持てる。

　たとえば岸らは，耐熱性を有する解体性接着剤を開発すべく，この目的に適したマトリックス樹脂の開発を行っている[7]。前述のように，解体性接着剤用樹脂は膨張剤が膨らむ温度で十分に軟化している必要がある。耐熱性の低い樹脂では，ゴム領域で弾性率が低いためこの要求を満たすが，Tgが低いので耐熱要件を満たさない。また一般的に高耐熱樹脂は，Tgが高いものの，ゴム領域で弾性率も高い。解体性接着剤用の樹脂としてはTgが高く，なおかつゴム領域で弾性率の低いものが好ましい。またTg以上の軟化が急峻に生じることも耐熱性を確保する上で重要である（図7）。

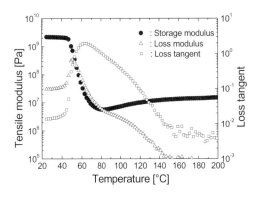

図6 エポキシ樹脂の弾性率変化

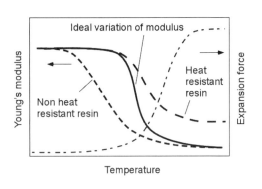

図7 解体性接着剤に求められる理想的な熱軟化挙動

　岸らは，ターゲットを80℃までの十分な弾性率・強度，100℃を超える温度での急峻な物性値低下，並びに150℃を超える領域での低弾性率化とし，樹脂組成設計を行った。その結果，エピコート828（DGEBA828）とエピコート1001（DGEBA1001）を40：60で配合した樹脂中にグリシジルフタルイミド（GPI）を添加する組成を見出した。これを硬化剤：ジシアンジアミド（DICY），硬化触媒：ジクロロフェニルジメチル尿素（DCMU）により硬化させた系では極めて優れた特性が見られた。図8にこれらの分子構造を示す。GPIは高極性の分子構造を持つため，添加によって接着剤のゴム状態における弾性率を効果的に低減しつつもガラス転位点以下では弾性率の低下を阻止できる。図9に樹脂の弾性率変化に及ぼすGPI添加時の影響を示す。GPIの添加により低温での物性をあまり変化させずに高温で大幅に変化させることが可能となった。GPI添加量を変え樹脂の引張せん断接着強度，並びにはく離接着強度を測定したところ，両接着強度ともGPI添加量20～25%までは接着強度の向上が見られた。また，GPIが25%を超えると接着強度が低下し，特にはく離接着強度においてその傾向が顕著であった。したがって，GPIの添加量を25%と

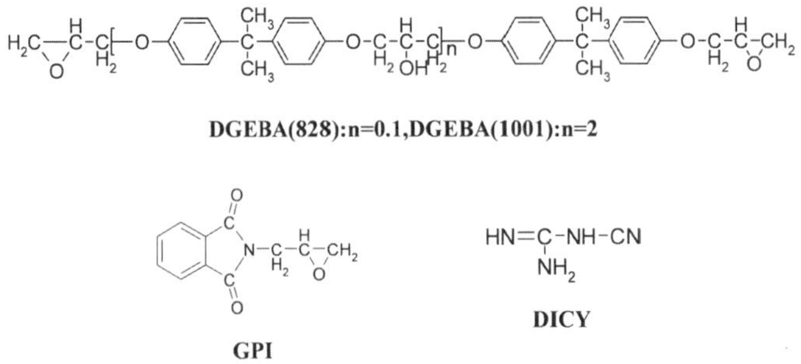

DGEBA(828):n=0.1,DGEBA(1001):n=2

GPI

DICY

図8 高耐熱解体性接着剤用樹脂組成[7]

第7章　分解反応：機能性高分子の開発およびケミカルリサイクル

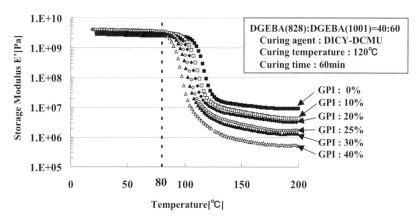

図9　高耐熱解体性接着剤用樹脂の熱軟化特性[7]

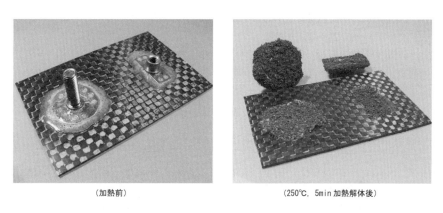

図10　高耐熱解体性接着剤による異種材料接合物の分離

すれば，80℃以上のガラス転位点や3GPa以上のガラス領域内弾性率を保ちつつ，ゴム領域での弾性率が約2MPaと低いエポキシ樹脂組成を得ることができる。

このエポキシ樹脂の耐熱性を生かすために，マイクロカプセルよりも高温で発泡する膨張黒鉛と組み合わせて，岸らは高耐熱解体性接着剤を実現した。図10に，本接着剤で接合したCFRP-金属接合物と，その解体後の様子を示す。この接着剤では膨張黒鉛を10wt％混入しており，250℃，5分の解体が可能である。

6.6　おわりに

解体性接着剤が注目されるようになって，既に10年近い年月が流れた。初期はその将来性に対して懐疑的な意見も多かったが，研究が進むに連れて多くの進展がみられ，堅実な技術に成長し

たといえる。解体因子の検討に止まらず，近年では樹脂設計まで，その範疇が広がりつつある。将来的には，界面現象の積極利用や，分解性樹脂の適用なども考えられる。よりバリエーションのある，多様な技術に変貌していくのであろう。

文　　　献

1) 西口，日本機械学会講習会資料集，No.01-86，1-4（2001）
2) 石川，瀬戸，中川，岸，牧野，佐藤，日本接着学会誌，**40**，184-190（2004）
3) 石川，瀬戸，前田，下間，佐藤，日本接着学会誌，**40**，146-151（2004）
4) Yuichi NISHIYAMA, Nobuyuki UTO, Chiaki SATO and Hiroaki SAKURAI, *Int. J. Adhesion and Adhesives*, **23**, 337-382（2003）
5) 木田，高分子，**40**，248-251（1991）
6) 西山，佐藤，宇都，石川，日本接着学会誌，**40**，298-304（2004）
7) 岸，稲田，今出，植澤，松田，佐藤，村上，日本接着学会誌，**42**，356-363（2006）

7 自動車用架橋高分子の架橋切断とリサイクル

福森健三*

7.1 はじめに

　高分子に架橋を導入することは，多数の鎖状高分子を特定の部位で相互に結合して三次元の網目構造を形成することに対応し，ゴムや熱硬化性樹脂において，実用上極めて重要な位置づけにある。ゴムにおける架橋の役割は，ゴム配合物の熱や変形による流動（塑性変形）を防止し，また天然ゴムのような結晶性ゴムに対しては，低温での結晶化に基づく硬化を抑える働きをもつことが古くから知られている[1]。また，エポキシ樹脂に代表される熱硬化性樹脂に関しては，多くの場合，その分子量は数千程度のオリゴマーであるため，例えば，液体状の接着剤は，被着体表面に均一に塗布する作業が容易であることが特徴であるが，塗布後に固体状の接着剤として機能を発揮するには，鎖延長反応による高分子量化および架橋反応による三次元網目構造形成が不可欠である[2]。更にこれらの架橋高分子について，長期間の安定的な機能確保には，適切な架橋結合の種類や架橋点の数（架橋密度）の設定が重要となる。一方，資源リサイクルという観点から，架橋高分子を主要成分とする部品の製造工程，あるいは使用済み部品から発生する架橋高分子系廃材に目を向けると，高分子中に適切に配置された架橋点が存在するため，熱可塑性樹脂と同様な加熱による可塑化・流動は困難といえる。したがって，架橋高分子系廃材を新材と同等な原料として有効活用（マテリアルリサイクル）するには，系全体の可塑化を抑える架橋結合を切断し，分子間結合をもたない元の鎖状高分子に戻す必要がある。

　本稿では，まず自動車用高分子系部品に由来する架橋高分子を含む高分子系廃材について概説する。つぎに架橋高分子のリサイクルにおける架橋の影響を理解するため，架橋ゴムを主対象として取り上げ，架橋切断を基本に高品質の再生材を得る高品位マテリアルリサイクル技術について紹介する。

7.2 自動車用架橋高分子のリサイクルの現状と課題

　自動車部品を構成する各種材料の中で，高分子材料は，鉄，アルミなどの金属類に比べて再利用あるいは再資源化が不十分であり，有価物を回収した後，最終的に廃棄されるシュレッダーダストの主要成分を占めている。そこで，自動車メーカおよび素材メーカが中心となって，部品重量および解体性を考慮して大物樹脂部品廃材（製造工程あるいは市場からの回収において発生）を対象として種々のマテリアルリサイクル技術の開発が進められている[3]。単純なリサイクル方法（異物除去→洗浄→粉砕→押出・ペレット化）が適用できない対象として，表1[4]に示すよう

---

*　Kenzo Fukumori　㈱豊田中央研究所　材料分野　有機材料基盤研究室　主席研究員

高分子架橋と分解の新展開

表1 自動車に関わる混合樹脂廃材

自動車樹脂部品		混合樹脂廃材の構成	
		非相溶な異種ポリマー	異物（架橋体など）
複合部品（内装）	インパネ	◯	架橋フォーム材
	ドアトリム	◯	架橋フォーム材
	カーペット	◯	
	シート	◯	架橋フォーム材
	天井材	◯	架橋フォーム材 ガラス繊維
塗装部品（外装）	熱可塑性樹脂バンパほか		塗膜
架橋ゴム部品		熱溶融困難な網目構造	

　な非相溶な異種ポリマーの複合構成，熱可塑性樹脂と架橋体（発泡材，塗膜等）との組合せなどにより混合樹脂廃材が発生する部品が挙げられる。これらの混合樹脂廃材は比較的製造コスト（材料，成形工程，塗装工程等に関連）が高い部品から発生する場合が多いため，できる限り元の部品あるいは付加価値の高い用途へのマテリアルリサイクルが望まれる。すなわち，樹脂廃材中の主成分樹脂に対して，本来ブレンドを意図しない非相溶な異種ポリマーや熱溶融しない異物（例えば，3次元的に架橋された熱硬化性樹脂である塗膜）を含む系を対象に，高品位リサイクルを目指すものである。特に塗膜片のような架橋体を含む混合樹脂系については，単純なブレンド・アロイ化手法は必ずしも有効ではなく，その架橋体を破壊の起点とならない程度の大きさまで小さく（無害化）するため，機械的せん断力による微細化，更には架橋の切断に有効な化学反応とせん断力の組合せによる微細化などの方法が必要となる。すでに塗装樹脂バンパの塗膜分解技術[5]や多層内装部品（インパネ，トリム）中の架橋フォーム層に対する架橋切断技術[6]が開発され，一部で実用化させている[7]。

　ゴム部品に関しては，自動車・輸送産業は新ゴム消費量が最も多い分野である。廃ゴムは，通常部品製造工程と市場での使用済み部品（主に廃タイヤ）に起因し，国内では年間約100万トンの廃タイヤが発生している[8]。エネルギー収支の観点から，他のリサイクル方法[9]と比較して，廃ゴムのマテリアルリサイクルが最も望ましい方法と考えられるが，ゴム素材としての活用比率は約10％（ゴム粉，再生ゴムとして利用）のみである[8]。近年のスチールタイヤ，ラジアルタイヤ等の高性能タイヤの開発により高品質のゴム材料の使用が求められ，再生材の適用範囲が益々限定されるようになってきた。一般に廃ゴムは，3次元的に架橋された網目構造を持つため，マテリアルリサイクルにより高品質な再生材を得ることは困難と考えられている。ゴム再生業界において，最も古く，かつ単純な方法で再生ゴムを製造する技術は，一般に「パン法」と呼ばれている。この方法では，架橋結合（$C-S_x-C$）を切断して元の原料ゴムを得ること（脱硫と呼ばれ

第7章 分解反応：機能性高分子の開発およびケミカルリサイクル

る）を目的とし，細かく粉砕したゴムにオイルと脱硫剤を添加し圧力容器に入れ，水蒸気を用いて約200℃で5時間以上の加熱・加圧処理を行う[10]。更に後工程として，再生されたゴム（脱硫再生ゴム）を得るには幾つかの作業が必要とされる。この方法で得られる再生ゴムは，新ゴムに比べて物性が劣り，これは処理工程でゴムの架橋結合と主鎖結合（C-C）の両者を区別なく切断するためである。そこで，主に処理時間を短縮する狙いのもとに，マイクロ波[11]や超音波[12]を用いた新しいマテリアルリサイクル技術が提案されたが，これらの方法で得られる脱硫再生ゴムは品質の点で実用的に広く使用できるレベルには至っていない。また超臨界流体を利用した架橋ゴムのリサイクル技術として，超臨界水による分解手法[13]や超臨界二酸化炭素による脱硫手法[14]が報告されているが，圧力容器を用いたバッチプロセスを基本とするため，連続プロセスへの展開には，設備コスト，品質の安定等の点で未だ多くの課題が残されている。更に好硫黄性の微生物による硫黄を含む架橋結合に対する分解作用を利用する方法[15]が検討されているが，分解に長期間を要することや特殊な微生物の使用による環境への影響を考慮すると，一般的な方法としての普及は困難と思われる。

以下の第3項では，豊田中研-豊田合成-トヨタ自動車の3社で共同開発された自動車用架橋ゴムの高品位マテリアルリサイクル技術[16]を主体に，これまで熱エネルギー回収が主体であった廃ゴム（架橋ゴム）から高品質の（脱硫）再生ゴムや熱可塑性エラストマー（TPE）を連続プロセスにより得る技術について紹介する。そのキー技術は，ポリマーブレンド・アロイの製造にて普及しているリアクティブプロセンシング手法の新たな展開と位置づけられる。その基本的アプローチは，架橋ゴムに対し負荷する温度，圧力及びせん断力を最適制御することにより，主鎖結合の切断をほとんど伴わず架橋結合（すなわち，架橋点）のみを選択的に切断すること，更に再生されたゴムに樹脂を複合化（相容化）する過程でゴム成分を再架橋すること（動的架橋）を連続プロセスとして実現することにある。

7.3 自動車用架橋ゴムの高品位マテリアルリサイクル技術

自動車用ゴムとして，タイヤ以外の用途には，図1[17]に示すようなウェザーストリップ，配管系各種ホース，防振ゴム等の各種部品に使用されている。それらの材料構成について整理してみると，タイヤ以外に使用されているゴムの総重量に対して，EPDM系ゴムは約50％を占めている。そこで，廃EPDM（架橋ゴム）を主たる処理対象とし，高品質な再生材料（再生ゴム，TPE）を高効率に得るゴム再生およびゴム機能化技術の開発が行われた。以下に，各々の技術の詳細について述べる。

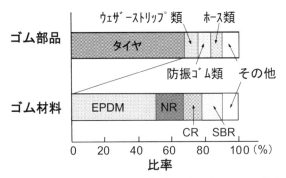

図1　自動車用ゴム部品の材料構成

7.3.1　ゴム再生技術

(1) 基本原理[18]

ゴムの再生は，図2に示すスクリュ回転方式混練機を基本とする連続再生装置を用いて，装置内のせん断流動場の制御によりゴムの架橋点の切断を連続的に行う。この再生装置は，ゴムの充満率，通過時間，温度，圧力およびせん断力を制御因子とし，適切なスクリュ設計に基づき，供給された粉砕ゴム（粒径：約5mm）をせん断力により微粉化して処理温度まで加熱するゾーン（微粉化ゾーン）と，ゴムの再生を短時間で進行させるゾーン（再生ゾーン）で構成される。特に後半の再生ゾーンには，ゴムの流れを抑制してゾーン内の材料充満率を高める工夫があり，ゴムに対して大きなせん断変形・圧力を効率よく負荷することで，架橋点の切断の促進（切断速度の向上と処理時間の確保）を図ることになる。上述の架橋点の選択的切断に関して，図3に示すモデルを用いて基本的な理解を得ることができる。図3(a)に示すゴムの主鎖部分に対応したC−C結合と架橋部分（架橋点）のC−S結合およびS−S結合について結合エネルギーの大きさを比較

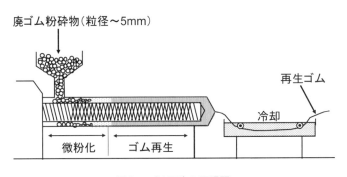

図2　ゴム再生の原理図

第7章 分解反応：機能性高分子の開発およびケミカルリサイクル

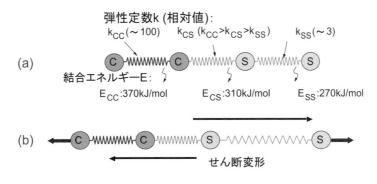

図3　せん断変形によるゴムの架橋点切断メカニズム
(a) 網目鎖モデル
(b) せん断変形による網目鎖の変形（特にS-S結合部分が大きな変形を受ける）

すると，前者の値（E_{CC} = 370kJ/mol）に対して，後者の値（E_{CS} = 310kJ/molおよびE_{SS} = 270kJ/mol）が小さいことがわかる。すなわち，この結合エネルギー差を利用して，結合力が弱い架橋点を選択的に切断することが理想的な再生処理と考えられる。ただし，従来の加熱・加圧条件下での長時間処理が必要なパン法では，両者の結合エネルギーの差だけで架橋点のみを選択的に切断することは困難であり（C-C結合の開裂による主鎖切断が多く生じる），そのため高品質の再生ゴムが得られないものと推定される。一方，上述のゴム再生法では，熱とせん断力の組合せで，短時間で効果的に架橋点にエネルギーを集中させる機構を再生ゾーン内で実現している。その基本的な原理は，各化学結合の弾性定数（k）の大きさを見積もることにより理解できる。例えば，結晶の弾性定数に関する近似的な計算に基づきC-C結合とS-S結合について相対的な比較を行うと，前者の値（k_{CC}）が100に対して，後者の値（k_{SS}）は3程度と極めて小さいことが見積もられる。したがって，図3（b）に示すように，架橋ゴムに外部からせん断変形を与えると，弾性定数が小さい結合部分（架橋結合）が高度に伸ばされ，その部分にひずみエネルギーが集中し選択的な架橋点の切断が生じる機構が推定される。すなわち，このゴム再生法では，架橋ゴムに対して熱とともにせん断変形を効果的に負荷することにより，主鎖切断がほとんど生じることなく，選択的な架橋点の切断が可能となる。

(2) **ゴム再生過程における網目構造の変化**[18]

ゴムの種類に応じて適切な再生条件（スクリュ形状・回転数，反応温度等）を設定することにより，図4に示すように，装置ヘッド部より表面外観が良好な再生ゴムが連続的に押し出される。この表面外観は，得られる再生ゴムのムーニー粘度と密接に関係しており，高品質の再生ゴムを得るためには，原料ゴムを基準にムーニー粘度が適正な範囲内にあることが重要である。ここで，本技術で得られる再生ゴムは，図5の模式図に示すように，架橋点が切断されて溶媒に可

溶となったゾル成分と架橋点が切断された後も緩やかな網目構造（架橋密度は初期の1/10以下）が残存するゲル成分で構成される。通常，再生ゴムのゾル分率が再生状態の尺度として用いられるが，ムーニー粘度との間には良い相関が見られたため，ムーニー粘度を再生状態の尺度としている。図6は，自動車用ウェザーストリップの一部を構成する硫黄架橋系廃EPDMを処理対象とし，連続再生装置内でスクリュの軸方向に沿って採取したゴムの外観とムーニー粘度の変化を示す。最初の微粉化ゾーンでは架橋ゴムの粗粉砕物は高せん断により微細な粒子となり，次のゾーンではそれらの微細粒子が可塑化されている。ゴムのムーニー粘度は，スクリュの軸方向に沿って架橋点の切断反応の進行と対応して低下している。

図7に，図6に示したゴム再生過程の各段階からサンプリングしたゴムに含まれるゾル成分の平均分子量の変化を示す。スクリュ軸に沿った微粉化ゾーン以降（位置B→位置E）におけるゴム中のゾル成分の分子量は原料ゴムと同等でほとんど変化がなく，この結果から，ゴム再生過程中ではゴムの主鎖切断はほとんど生じず，系のムーニー粘度の低下は主に架橋点の切断に基づく

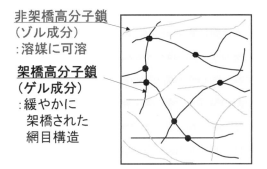

図4　再生ゴムの連続押出し　　　　　図5　再生ゴムの構造：ゾル成分とゲル成分の混合系

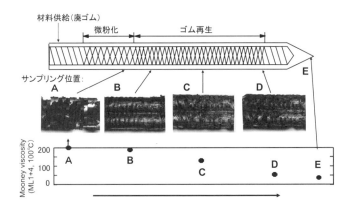

図6　ゴム再生過程でのゴムの外観およびムーニー粘度の変化（ゴムのサンプリング位置：A→E）

第7章　分解反応：機能性高分子の開発およびケミカルリサイクル

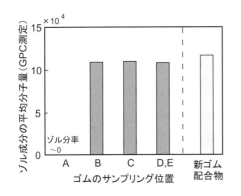

図7　ゴム再生過程でのゾル成分の平均分子量変化(ゴムのサンプリング位置：A→E)

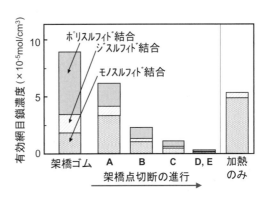

図8　ゴム再生過程における硫黄架橋構造の変化（ゴムのサンプリング位置：A→E)

ものと推定される。

図8は，図6に示したゴム再生の進行に伴う架橋構造（モノ，ジ，ポリスルフィド結合）の変化を示す。ゴム再生の初期段階では，ポリスルフィド結合量が減少し，その一部はモノスルフィド結合の構造に変化する。最終的には全ての架橋結合が減少している。一方，単純な加熱処理では，モノスルフィド結合が多く残存し，架橋結合点の切断が不十分であることがわかる。

(3) 再生ゴムの物性と自動車部品への適用

廃EPDMから得られた再生ゴムは，新ゴムと同様に通常の架橋剤を配合し再び架橋体を得ることができる。再生ゴム（再架橋ゴム）の代表的な応力―伸び曲線を新ゴム配合系との比較により図9[18)]に示す。適切な処理条件で得られた再生ゴム配合系の力学物性は新ゴム配合系と同等レベルとなっている。そして，本技術をもとに，ウェザーストリップ製造工程で発生する廃EPDMを対象に，1997年11月に500トン/年の生産規模での再生ゴム量産設備が立ち上げられ，

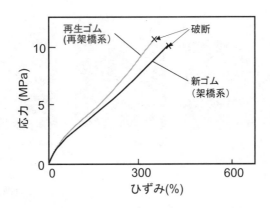

図9　架橋ゴムの応力－ひずみ曲線：再生ゴムと新ゴムの比較

再生ゴムの製造とともに,再生ゴムの自動車部品への適用が継続的に実施されている[17].また本技術は,使用済み自動車ゴム部品からのゴム廃材[19]や各種タイヤゴム[20,21]にも有効であることが報告されている。

7.3.2 ゴム機能化技術

(1) 基本原理と相構造制御[22]

硫黄架橋系廃EPDMを主原料(80wt%)として,ゴム再生技術を更に高度化して熱可塑性エラストマー(TPE)を得るゴム機能化技術が開発された。図10にその原理図を示すように,ゴムの再生に続いて再生したゴムに熱可塑性樹脂(PP:20wt%)をブレンドし,更にそのブレンド系のゴム成分を再(動的)架橋するという連続プロセスにより,オレフィン系TPEを得る技術である。架橋ゴムの架橋点切断と動的架橋反応を適正なレベルにて制御することにより,PPとのブレンドに伴う両成分の相容化過程において狙いとする相構造(海:PP,島:EPDM)の形成が可能となる。その場合,ゴムの再生度(ムーニー粘度)および動的架橋条件の適正化が重要となる。図11に示すように,適切な条件を設定することにより,多量成分であるEPDMがプ

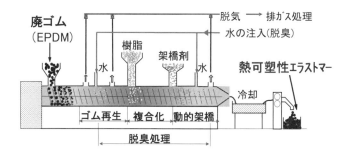

図10 ゴム再生(架橋切断)と動的架橋の連続プロセスによる熱可塑性エラストマ化技術

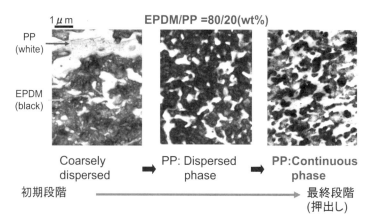

図11 ゴム再生および動的架橋過程におけるEPDM/PP系ブレンドの相構造変化

第7章　分解反応：機能性高分子の開発およびケミカルリサイクル

ロセスの進行に伴ってマトリックスから架橋ゴム分散相を形成する様子が観察される。本プロセスの最終段階では，PPマトリックス中に1μm以下の大きさで架橋されたEPDM成分が分散相となる構造形成が達成される。

(2) TPEの特性と適用

廃EPDMを原料にして得られたTPEは，熱可塑性樹脂と同様に通常の射出成形や押出成形が可能であり，市販の中硬度タイプTPEと同等な力学物性を示した。また，そのTPEについて，図12[22]に示す伸長-収縮過程に相当する応力-ひずみ曲線より，変形を除いた後にほぼ元の長さに回復するというゴム的性質を有することが確認された。本技術に基づくTPEの量産設備は，350トン/年の生産規模で稼働を開始し，現在，図13に示すような各種自動車部品への適用が検討されている[23]。

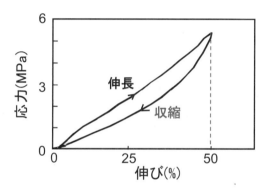

図12　熱可塑性エラストマの伸長-収縮特性

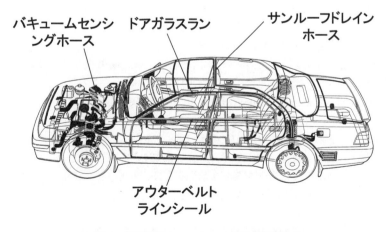

図13　熱可塑性エラストマーの適用検討部品

7.4 おわりに

本稿では,架橋高分子の架橋切断とリサイクルについて,架橋ゴムを主対象に紹介した。高分子中に適度に分布する架橋点は,部品使用時には必要不可欠のものであるが,一旦廃材になると再生を困難にする存在といえる。したがって,架橋高分子系廃材のマテリアルリサイクルを促進するには,架橋の影響を考慮し,かつ再生材の用途先や目標性能に応じて,適切なリサイクル方法の選択が必要と考えられる。なお,本稿で主に紹介した架橋ゴムを対象とする各種リサイクル技術の詳細に関しては,関連する成書[9,10]を参照していただきたい。

文　献

1) L. R. G. Treloar, "Introduction to Polymer Science", Wykeham Publ (1970), 塩川久男訳,「高分子科学入門」, 第6章, 共立出版 (1973)
2) 三刀基郷,「接着の本」, 日刊工業新聞社 (2003)
3) 猪飼忠義ほか, 自動車技術, **48**(2), 16 (1994)
4) 福森健三, 日本ゴム協会誌, **68**, 883 (1995)
5) 龍田成人ほか, 高分子論文集, **57**, 412 (2000)
6) 龍田成人ほか, 高分子論文集, **57**, 561 (2000)
7) 福森健三,「接着とはく離のための高分子―開発と応用―」, 第1章, p.201, シーエムシー出版 (2006)
8) 2002年タイヤリサイクル状況日本自動車タイヤ協会資料
9) H.J. Manuel et al., "Recycling of Rubber", RAPRA Report 99, 9, Rapra Technol. Ltd. (1997)
10) 秋葉光雄,「ゴム・エラストマーのリサイクル」, ラバー・ダイジェスト社 (1997)
11) Goodyear Tire & Rubber Co. Ltd., *Plast. Rubb. News*, Sept., 9 (1979)
12) A. I. Isayev et al., *Rubber Chem. Technol.*, **68**, 267 (1995)
13) 天王俊成ほか, 資源と素材, **112**, 935：941 (1996)
14) 池田裕子, NEDO平成15年度産業技術研究助成事業研究成果報告書（最終版）「超臨界二酸化炭素を利用した加硫天然ゴムのケミカルリサイクル」
15) M. Loeffler et al., *Kautch Gummi Kunstst*, **48**, 454 (1995)
16) 「マジカルポリマー：自動車用ゴムのマテリアルリサイクル」, 高分子, **55**, 902 (2006)
17) S. Otsuka et al., *SAE Paper* 2001-01-0015 (1998)
18) K. Fukumori et al., *Gummi FASERN Kunststoffe*, **54**, 48 (2001)
19) 河西純一ほか, 自動車技術会学術講演会前刷集, No.42-99, 9 (1999)
20) K. Fukumori et al., *JSAE Review*, **23**, 259 (2002)
21) 横浜ゴム㈱ニュースリリース, 2007年1月24日
22) K. Fukumori et al., IRC 2005 YOKOHAMA, 27-S4-I-01 (2005)
23) N. Tanaka et al., *SAE Paper* 2003-01-0941 (2003)

高分子架橋と分解の新展開 《普及版》   (B1115)

2007年 7 月20日　初　版　第 1 刷発行
2015年 3 月 8 日　普及版　第 1 刷発行

監　修　　角岡正弘，白井正充　　　　Printed in Japan
発行者　　辻　賢司
発行所　　株式会社シーエムシー出版
　　　　　東京都千代田区神田錦町 1-17-1
　　　　　電話03 (3293) 7066
　　　　　大阪市中央区内平野町 1-3-12
　　　　　電話06 (4794) 8234
　　　　　http://www.cmcbooks.co.jp/

〔印刷　株式会社遊文舎〕　　　　Ⓒ M. Tsunooka, M. Shirai, 2015

落丁・乱丁本はお取替えいたします。

本書の内容の一部あるいは全部を無断で複写（コピー）することは，法律で認められた場合を除き，著作者および出版社の権利の侵害になります。

ISBN978-4-7813-1008-4　C3043　¥5800E